Regele

Mach was mit 3D-Druck!

Ihr Plus – digitale Zusatzinhalte!

Auf unserem Download-Portal finden Sie zu diesem Titel kostenloses Zusatzmaterial. Geben Sie dazu einfach diesen Code ein:

plus-4HsFi-L3bLi

plus.hanser-fachbuch.de

Stephan Regele

Mach was mit 3D-Druck!

Entwickle, drucke und baue deine DIY-Objekte

2., überarbeitete Auflage

HANSER

Der Autor:
Stephan Regele, Villanueva de la Cañada

Bibliografische Information der deutschen Nationalbibliothek:
Die Deutsche Nationalbibliothek verzeichnet diese Publikation in der Deutschen Nationalbibliografie; detaillierte bibliografische Daten sind im Internet unter *http://dnb.d-nb.de* abrufbar.

www.hanser-fachbuch.de
Lektorat: Julia Stepp
Herstellung: Melanie Zinsler
Titelmotiv: © Stephan Regele
Coverkonzept: Marc Müller-Bremer, *www.rebranding.de*, München
Coverrealisation: Max Kostopoulos
Satz: le-tex publishing Services, Leipzig
Druck und Bindung: Beltz Grafische Betriebe, Bad Langensalza
Printed in Germany

Print-ISBN: 978-3-446-47570-0
E-Book-ISBN: 978-3-446-47753-7
ePub-ISBN: 978-3-446-47790-2

Für Elena und Carmen

Inhalt

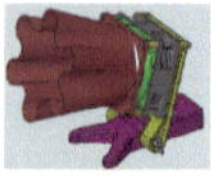

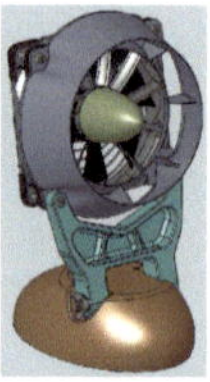

1 Einführung

Lohnt sich die Anschaffung eines 3D-Druckers? Darauf gibt es nur eine Antwort: Es kommt darauf an. Zuallererst muss man sich im Klaren sein, dass 3D-Drucken ein Hobby für Kreative ist. Sich fertig modellierte Teile aus dem Netz herunterzuladen und auszudrucken, ist am Anfang eine gute Möglichkeit, den Drucker und das Druckprogramm näher kennenzulernen, doch mit der Zeit wird die Langeweile siegen. In dir wird sich der Wunsch regen, bestehende Modelle abzuändern und deinen Wünschen anzupassen, oder selbstentwickelte Objekte zu fertigen. Genau hier beginnt es, kreativ zu werden – nämlich dann, wenn man sich Gedanken macht, was für einen Gegenstand man gerne fertigen möchte. Um die eigenen Ideen umzusetzen, ist ein CAD-Programm zum Modellieren der Teile sowie ein Druckprogramm (auch Slicer-Software genannt) unentbehrlich. Im Internet gibt es ein großes Angebot kostenloser Slicing- und CAD-Software. Wenn man in der Anwendung dieser Programme noch ungeübt ist, findet man auf z.B. auf YouTube jede Menge Tutorials, die einem dabei helfen, die Programme leichter und schneller zu erlernen.

Kreativität ist das richtige Stichwort, denn hier setzt dieses Buch an. Nicht ohne Grund lautet der Titel des Buches *Mach was mit 3D-Druck*. Dieses Buch soll zeigen, dass 3D-Drucken mehr als das bloße Nachdrucken von Vorlagen ist, und dir Anregungen geben, was sich mit 3D-Druck alles realisieren lässt. Das Buch ist sowohl für Druckanfänger als auch für erfahrene 3D-Druck-Anwender geeignet. Es geht darin auch nicht nur ums 3D-Drucken, sondern um das Herstellen von Gegenständen. Dieses Buch vermittelt dir Fertigkeiten, die einen echten Erfinder ausmachen. Du erfährst alles, was du wissen musst, um mithilfe von 3D-Druck deine Produktidee zu realisieren: vom Konstruktionsmodell über das Drucken der Einzelteile bis zum Zusammenbau deines DIY-Objekts.

Dieses Buch enthält 25 Beispielprojekte. Dazu zählen sowohl Gebrauchsgegenstände und Arbeitsmittel als auch Gegenstände für Freizeit & Hobby. Von einfachen Utensilien bis zu komplizierten Geräten ist alles dabei. In einigen Projekten sind auch elektronische Komponenten enthalten. Die Projekte sind nach Schwierigkeitsgrad geordnet. Es wird mit einfachen, leicht zu druckenden Teilen begonnen. Zum Ende hin werden die Baugruppen dann immer komplexer. Darüber hinaus werden in Kapitel vier verschiedene Methoden vorgestellt, mit denen Druckteile miteinander verbunden werden können.

Für alle Druckteile werden allgemeine Druckeinstellungen vorgeschlagen. Falls z. B. konstruktive Herausforderungen besondere Einstellungen erforderlich machen, werden diese ausführlich dargestellt. Es wird auch beschrieben, wie man Druckprobleme bereits in der Konstruktion durch die Anwendung bestimmter Tricks umgehen kann.

Alle in diesem Buch vorgestellten Gegenstände habe ich entweder selbst entwickelt oder ich habe ein Modell aus dem Internet heruntergeladen und dieses an meine persönlichen Vorstellungen angepasst. Zu Beginn meiner 3D-Druck-Laufbahn habe ich erst einmal Druckvorlagen verwendet oder Objekte nachkonstruiert. Mit der Zeit kamen dann immer kompliziertere Apparate zustande. Am Ende habe ich mich sogar an den Einsatz von elektronischen Bauteilen herangewagt. Folgenden Tipp kann ich dir mit auf den Weg geben: Außer Kreativität solltest du beim 3D-Drucken auf jeden Fall auch viel Geduld mitbringen. Solltest du diese Geduld nicht besitzen, dann werden dir die Fehldrucke, die du mühsam über einen halben Tag hinweg produziert hast, diesen Charakterzug sicherlich noch nahebringen. Ich weiß, wovon ich spreche ...

Wie man mit diesem Buch arbeitet

Zum Arbeiten mit diesem Buch benötigst du selbstverständlich einen 3D-Drucker. Die technischen Voraussetzungen dieses Druckers sind minimal, das heißt, fast alle Projekte aus diesem Buch benötigen nur einen Extruder und eine Druckplattform von 200 × 200 mm (ohne Heizbett). Lediglich das Vasen-Projekt aus Kapitel 13 benötigt eine Druckplattform von mindestens 250 × 200 mm. Als Druckmaterial wird in fast allen Projekten PLA vorgeschlagen. Falls man über ein Heizbett verfügt, kann man diese Teile auch mit ABS drucken. Einige wenige Projekte benötigen aus hygienischen Gründen PETg als Druckmaterial.

Eine Voraussetzung zum Erstellen der Druckdateien ist der Besitz einer Slicing-Software. Alle Druckbeispiele sind mit dem kommerziellen Programm Simplify3D (Version 4.1.2) erzeugt worden. Dieses Programm hat eine große Vielfalt an Einstellmöglichkeiten und erzeugt sehr gute Druckergebnisse. Das Programm ist kostenpflichtig und lohnt sich deshalb vor allem für Anwender, die häufig drucken. Die allermeisten der hier beschriebenen Befehle können auch mit kostenlosen Druckprogrammen erzeugt werden.

Sämtliche Druckteile, die in den Beispielprojekten aus diesem Buch zum Einsatz kommen, stehen unter *plus.hanser-fachbuch.de* bereit. Ganz vorne im Buch findest du den dafür benötigten Zugangscode. Zusätzlich zu den Druckdateien (stl-Format) werden die Daten auch als neutrale, von allen CAD-Programmen verarbeitbare STEP-Dateien zur Verfügung gestellt. Auf diese Weise können am existierenden Modell Änderungen vorgenommen werden, was bei Daten im stl-Format meistens unmöglich ist. Ein CAD-Programm ist demnach nicht erforderlich, aber gewünscht, damit bei Bedarf Anpassungen an den Modellen vorgenommen werden können, oder kreative Weiterentwicklungen möglich werden.

Viele der Projekte gehen weit über das 3D-Drucken hinaus. Größere Baugruppen bestehen nicht nur aus Druckteilen, sondern enthalten auch (elektronische) Kaufteile, welche man sich beim Baumarkt oder bei Onlineanbietern besorgen kann. Die meisten dieser Teile können bei Amazon oder eBay bezogen werden. Normteile wie Schrauben, Muttern oder Aluminiumrohre können in jedem Baumarkt gekauft werden.

Zu Beginn jedes Beispielprojekts erhältst du eine Übersicht der benötigten Teile. Diese sogenannte Stückliste enthält sowohl die über 3D-Druck erzeugten Teile sowie alle zusätzlich benötigten Teile inklusive der genauen Referenzen und Bezugsmöglichkeiten. Bei komplexeren Projekten findest zu jedem Teil eine Positionsnummer (Abkürzung: Pos.) in der Stückliste. Die Positionsnummer findet sich auch in der technischen Zeichnung zu diesem Projekt wieder, welche die Einzelteile in der Übersicht zeigt. Über die Positionsnummern wird deutlich, um welches Teil aus der Stückliste es sich jeweils handelt.

Ich habe jedes der Teile gekauft und vermessen, um zu gewährleisten, dass die Kaufteile genau in die Druckteile passen. Trotzdem kann es passieren, dass sich im Laufe der Zeit Kaufteile mit gleicher Bestellnummer in ihren Eigenschaften verändern. Deshalb empfehle ich, die Teile zuerst zu erwerben und mit den CAD-Daten zu vergleichen, bevor du das jeweilige Teil druckst.

Hinsichtlich der Elektronikteile möchte ich noch erwähnen, dass immer Anschlusspläne vorliegen. Trotzdem solltest du im Umgang mit Strom nicht unvorsichtig sein, auch wenn nur 5–12 V Gleichstrom anliegen.

Wenn du dir unsicher bist oder keine Erfahrung auf dem Gebiet der Verkabelung hast, ist dringend anzuraten, eine im Umgang mit Elektronik erfahrene Person zurate zu ziehen, denn jeder noch so kleine Kurzschluss kann einen Brand verursachen.

> Falls du noch Fragen oder Anregungen hast, dann kannst du mich gerne unter *info@mach-was-mit-3d-druck.org* kontaktieren. Auf der Webseite zum Buch (*http://mach-was-mit-3d-druck.org*) findest du Hinweise zu Aktualisierungen bzw. Änderungen, welche die Inhalte des Buches sowie den 3D-Druck im Allgemeinen betreffen.

Und nun wünsche ich dir viel Freude bei der Lektüre dieses Buches!

Villanueva de la Cañada, Januar 2023

Stephan Regele

2 Schnelleinstieg in den 3D-Druck

In diesem Kapitel erhältst du einen Schnelleinstieg in die Welt des 3D-Drucks. Du lernst die verschiedenen Druckverfahren kennen, allen voran das FDM/FFF-Verfahren, das bei der Mehrheit der 3D-Drucker für den Heimanwenderbereich zum Einsatz kommt. Du erfährst, wie ein FDM-Drucker aufgebaut ist, wie er funktioniert und auf welche Auswahlkriterien du bei der Anschaffung achten solltest. Außerdem lernst du die verschiedenen Druckmaterialien kennen, die du verwenden kannst. Darüber hinaus erfährst du, wie du von der Idee über das Konstruktionsmodell und die Druckdatei zum gedruckten Gegenstand gelangst.

2.1 Welche 3D-Druckverfahren gibt es?

Der geniale Erfinder Charles W. Hull patentierte 1984 das erste Druckverfahren, die Stereolithografie. Fünf Jahre später patentierte S. Scott Crump das Schmelzschichtverfahren, auf dessen Technik die meisten 3D-Drucker für den Hobbybereich basieren. Vor allem seit Ablauf einiger Patente hat sich ab 2010 ein 3D-Druck-Megatrend sowohl in der Industrie als auch im Heimanwenderbereich entwickelt.

Die technische Realisierung aller Druckverfahren basiert auf der Schichtbautechnologie, das heißt, das Druckteil wird schichtweise erzeugt. Der 3D-Druck ist ein sogenanntes Generatives bzw. Additives Fertigungsverfahren. Mit additiv ist gemeint, dass dem Werkstück Material hinzugefügt wird. Dies unterscheidet den 3D-Druck von herkömmlichen Fertigungsverfahren wie der Subtraktiven (Drehen, Fräsen, Bohren) und der Formativen Fertigung (Gießen, Schmieden, Biegen).

Die Druckverfahren unterscheiden sich im Wesentlichen im Druckwerkstoff, im Zustand des zu verdruckenden Materials und in der Art der Verschmelzung. Die Anforderungen an das Druckteil sind ebenso zu berücksichtigen. Wird das Druckteil hohen oder niedrigen Belastungen ausgesetzt sein oder soll es nur als Anschauungsobjekt dienen? Natürlich spielen auch die Herstellungskosten eine große Rolle. Im Folgenden stelle ich die bekanntesten 3D-Druckverfahren kurz vor.

Stereolithografie (SLA/STL)

Die Stereolithografie (SLA/STL: Stereo Lithography Apparatus[1]) basiert auf einer photochemischen Reaktion des lichtempfindlichen Druckwerkstoffs. Bei diesem Verfahren wird lichtaushärtender, flüssiger Kunststoff (Kunstharz, Epoxyharz) von einem Laser schichtweise ausgehärtet. Eine Druckplattform befindet sich in einem mit flüssigem Kunststoff gefüllten Behälter. Diese senkt sich um die Druckschichtdicke ab, sodass der flüssige Kunststoff über die zuletzt gedruckte Schicht fließt. Dann wird die nächste Druckschicht mit dem Laser ausgehärtet.

Vorteil: Das Verfahren erzeugt sehr glatte Oberflächen und es können filigrane Strukturen gedruckt werden.

Nachteil: Aufgrund der geringen Bauteilfestigkeit dient es vornehmlich für die Erzeugung visueller Prototypen (= Anschauungsmodelle).

Selektives Laserschmelzen/Selective Laser Melting (SLM)

Beim Selektiven Laserschmelzen (Selective Laser Melting, SLM) wird Metall- oder Keramikpulver durch Laserstrahlen verschmolzen. Nachdem eine Druckschicht erzeugt wurde, wird das Druckteil um eine Druckschichthöhe abgesenkt. Anschließend wird weiteres Pulver mithilfe eines Rakels über die gedruckte Schicht verteilt, bevor die nächste Druckschicht mit dem Laser angeschmolzen wird. Dieser Vorgang wiederholt sich, bis das Druckstück fertig gedruckt ist. Um eine Oxidation des Druckmaterials während des Drucks zu vermeiden, wird der hermetisch verschlossene Druckbereich mit einer Schutzatmosphäre (Stickstoff oder Argon) gefüllt.

Vorteil: Man kann glattere Oberflächen als bei den meisten anderen Druckverfahren erzielen. Es ist eine hohe Bauteilfestigkeit gewährleistet und es sind keine Stützstrukturen nötig.

Nachteil: Man kann keine hohlen Körper drucken, ohne dass eine Auslassöffnung für das im Inneren verbliebene Pulver in das Bauteil eingearbeitet wurde. Die Anschaffungskosten für den Drucker sowie die Bauteilkosten (teures Pulver) sind verhältnismäßig hoch.

Selektives Lasersintern (SLS)

Ein weiteres Druckverfahren ist das Selektive Lasersintern (SLS). Es ähnelt dem Prinzip des Selektiven Laserschmelzens. Neben Metallen und keramischen Materialien kann auch Kunststoffpulver gesintert werden. Beim Sintern werden die Oberflächen der Pulverkörner miteinander verschmolzen. Das hat ein gewisses Maß an Porosität (Durchlässigkeit) zur Folge, sodass das Bauteil (falls nötig) nach dem Druck noch mit geeigneten Lacken an der Oberfläche versiegelt werden kann.

---

[1] stereos [στερεός] ist das altgriechische Wort für fest, stabil, im weiteren Sinn auch räumlich; lithos [λίθος] bedeutet Stein und graphein [γράφω] heißt schreiben.

Eine Besonderheit stellt das Versintern von Kunststoffpulver dar. Hier wird der Bauraum bis knapp unter die Schmelztemperatur des Kunststoffes erhitzt, sodass der Laser nur noch geringe Energie aufbringen muss, um das Kunststoffpulver zu versintern.

Fused Deposition Modeling/Fused Filament Fabrication (FDM/FFF)

Die Mehrheit der 3D-Drucker für den Heimanwenderbereich funktionieren nach dem Prinzip der Schmelzschichtung (FDM = Fused Deposition Modeling bzw. FFF = Fused Filament Fabrication). Hierbei wird ein Kunststoff-Filament aus Thermoplast[2] (z. B. PLA, ABS, PET, PVC) über die Schmelztemperatur erhitzt und in Schichten übereinander aufgetragen.

2.2 Aufbau eines FDM-Druckers

Wie bereits erwähnt, basiert das Prinzip des FDM-Druckers darauf, ein Kunststoff-Filament zu erhitzen und mit Positioniervorrichtungen an die gewünschten Stellen aufzubringen. Die mechanischen Grundelemente eines FDM-Druckers sind der Druckkopf (Extruder), das Hotend, die Druckplatte und die Positioniereinheit, welche ich im Folgenden genauer vorstellen werde.

Druckkopf (Extruder)

Der Druckkopf (Extruder) dient der Filament-Zufuhr. Er besteht aus einem Schrittmotor, auf dessen Welle ein gerändeltes Rad sitzt. Ein gefedert gelagertes Anpressrad sorgt für einen schlupffreien Filament-Vorschub (Bild 2.1).

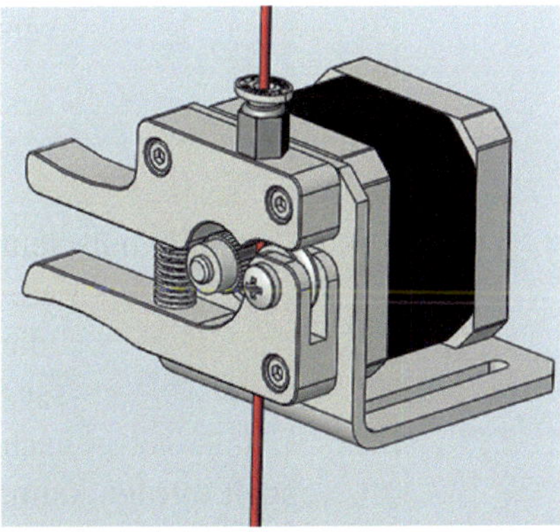

Bild 2.1 Extruder

[2] Thermoplaste sind Kunststoffe, welche sich in bestimmten Temperaturbereichen plastisch verformen und nach dem Abkühlen die Form beibehalten.

Hotend

Im Hotend wird das Filament geschmolzen. Um eine Verstopfung des Zuführrohrs durch geschmolzenes Filament zu unterbinden, ist das Zuführohr mit einem Wärmediffusor (*Heat Sink*) ausgestattet. So wird die überschüssige Wärme an die Umgebung abgeleitet und das vorzeitige Schmelzen des Filaments wird verhindert. Zur Unterstützung der Wärmeabfuhr wird nicht selten ein Ventilator auf den Diffusor gesetzt.

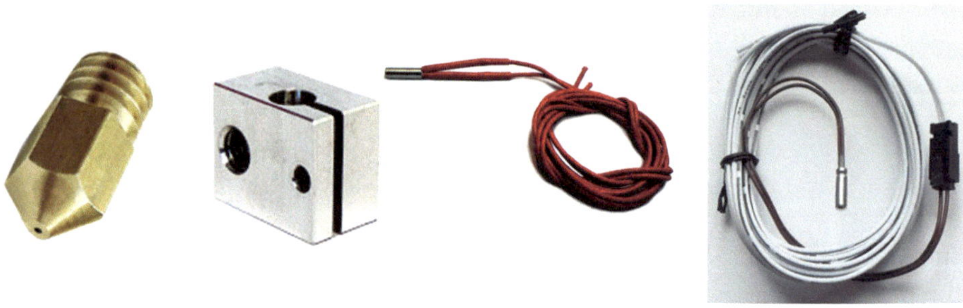

Bild 2.2 Düse, Heizblock, Heizelement und Thermoresistor (von links nach rechts)

Unterhalb des Wärmediffusors befindet sich der Heizblock mit dem Heizelement. Erst dort wird das Filament geschmolzen. Über ein Heizelement wir die Wärmeenergie in den Heizblock gebracht. Mit einem Thermoresistor wird die Temperatur ermittelt. Auf diese Weise kann die gewünschte Temperatur genau über das Druckprogramm eingestellt werden.

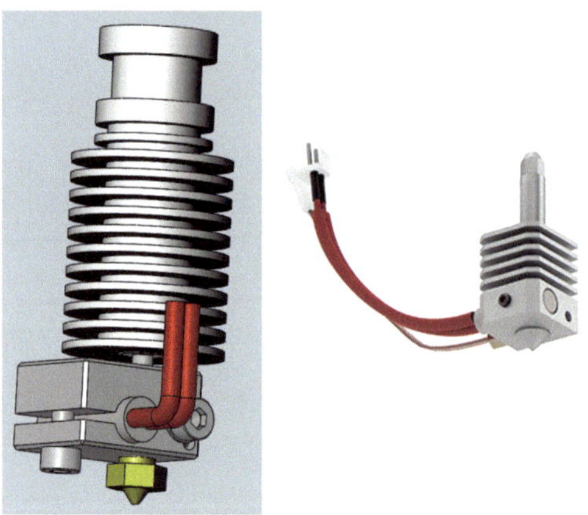

Bild 2.3 Hotend mit Wärmediffusor

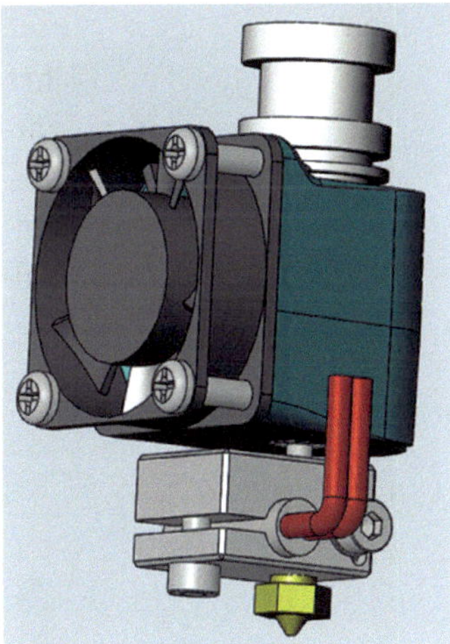

Bild 2.4 Hotend mit Wärmediffusor und Ventilator

Am unteren Ende des Heizblocks befindet sich die Druckdüse. Übliche Düsendurchmesser bewegen sich zwischen 0,3 mm und 0,5 mm. Damit das verdruckte Filament schneller erstarrt, befindet sich an manchen Hotends ein weiterer Ventilator mit einer kleinen Umlenkdüse.

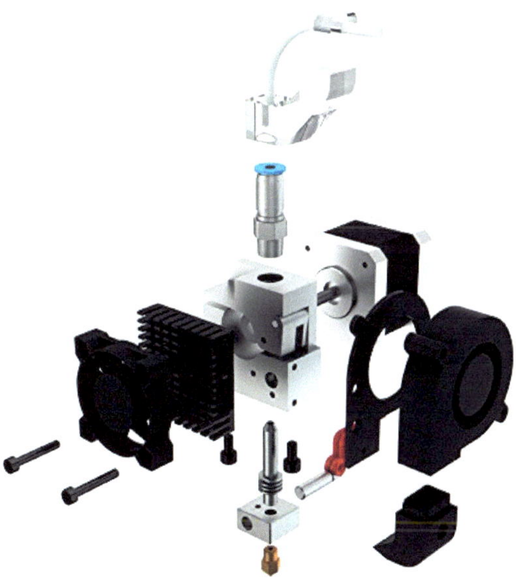

Bild 2.5 Explosionsdarstellung eines Extruders mit Hotend (Druckermodell: BQ)

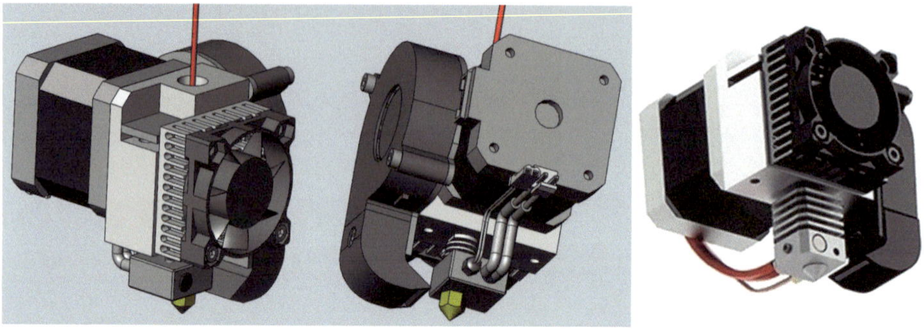

Bild 2.6 Extruder mit Hotend (Druckermodell: BQ)

Besonderheit bei Extrudern

Bei den meisten 3D-Druckern ist das Hotend direkt am Extruder befestigt (Direct Extruder). Es gibt aber auch 3D-Drucker, bei denen das Hotend vom Extruder getrennt ist. Das heißt, der Extruder sitzt fest am Gehäuse und fördert in einem Teflonschlauch das Filament in das Hotend. Diese Form von Filament-Förderung wird Bowden-Extruder genannt. Der Bowden-Extruder hat den großen Vorteil, dass das bewegte Gewicht wesentlich geringer ist als beim Direct Extruder (der Gewichtsunterschied kann durchaus 0,5 kg betragen). Damit sind höhere Beschleunigungen und somit auch höhere Druckgeschwindigkeiten möglich. Ein kleiner Nachteil des Bowden-Extruders ist das Nachtropfen des Filaments, wenn das Hotend ohne zu drucken zu einer anderen Druckposition fährt. Dies führt in der Regel zu Fadenbildung. Mithilfe der Drucker-Software und ein wenig Erfahrung kann man allerdings den Filament-Einzug (*Retract*) optimieren und dieses Problem gut in den Griff bekommen. Für flexible Filamente ist der Bowden-Extruder praktisch nicht geeignet. Die Firma Ultimaker bietet 3D-Drucker auf Basis der Bowden-Technologie an.

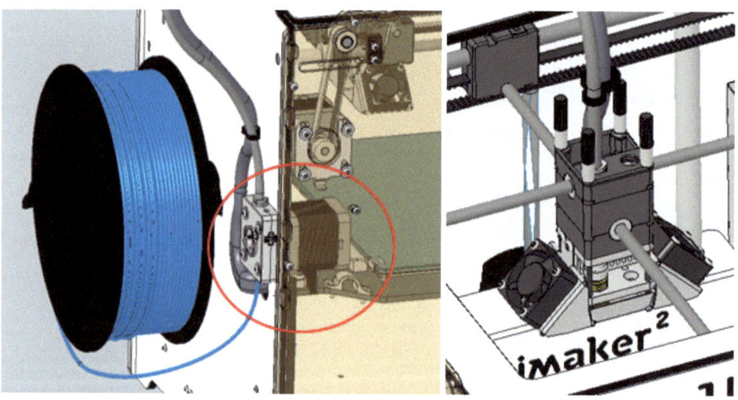

Bild 2.7 Bowden-Extruder auf der Rückseite des 3D-Druckers (links); Hotend eines 3D-Druckers mit Bowden-Extruder (rechts)

Druckplatte

Die Druckplatte besteht üblicherweise aus einer glatt geschliffenen Aluminiumplatte oder aus Glas. Es gibt Kunststoffe (z. B. ABS), die sich beim Abkühlen leicht zusammenziehen und sich dann von der Druckplatte lösen können (*Warping*). Abhilfe schafft ein unter der Aluminiumplatte (die ein guter Wärmeleiter ist) befestigtes Heizbett. So wird während des gesamten Drucks die Wärme auf der Druckplatte gehalten und der Warping-Effekt kann verhindert werden. Andere Kunststoffe (z. B. PLA) haben einen sehr geringen Warping-Effekt und benötigen deshalb keine beheizte Druckplatte.

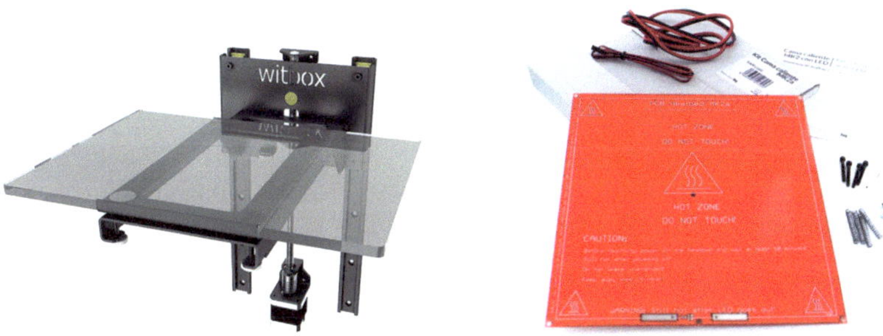

Bild 2.8 Druckplatte und Heizbett (Druckermodell: BQ)

Positioniereinheit

Die Positioniereinheit eines kartesischen FDM-Druckers besteht aus drei senkrecht zueinander stehenden Lineareinheiten (x-, y- und z-Achse). Bild 2.9 zeigt die Funktionsweise eines typischen FDM-Druckers (z. B. Witbox oder MakerBot).

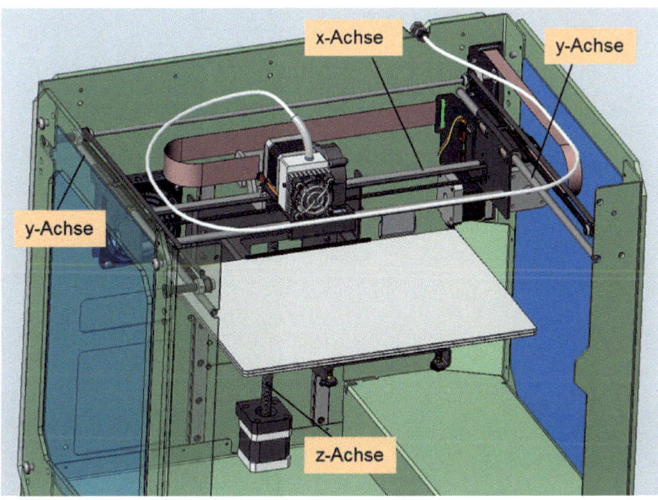

Bild 2.9 Positioniereinheit, bestehend aus drei senkrecht zueinander stehenden Lineareinheiten (x-, y- und z-Achse)

Auf dem Führungswagen der Lineareinheit in x-Richtung befinden sich der Extruder mit dem Hotend und der Zahnriemenantrieb mit einem Schrittmotor. Diese Lineareinheit ist wiederum auf der Lineareinheit in y-Richtung montiert. Das bedeutet, dass der Schrittmotor der y-Achse die gesamte Last der Lineareinheit der x-Achse (mit Extruder, Hotend und Schrittmotor) mitbewegen muss. Die Lineareinheit der z-Achse zum Bewegen der Druckplatte besteht aus zwei Schienen und einem Spindelantrieb mit Schrittmotor.

Der größte Unterschied zwischen den verschiedenen Modellen von FDM-Druckern liegt in der Positioniereinheit. Um ein Bauteil zu drucken, muss der Extruder bezüglich des Bauteils in drei Richtungen bewegt werden. Dies erreicht man, indem die Druckplatte und der Extruder positioniert werden. Daraus ergeben sich die unterschiedlichsten Kombinationen, welche in Tabelle 2.1 zusammengefast sind.

Tabelle 2.1 Verschiedene Positioniermechanismen von FDM-Druckern

Bewegtes Element	Bewegungsrichtung				
Druckkopf	z	xz	yz	xy	xzy
Druckplatte	xy	y	x	z	-
Hersteller	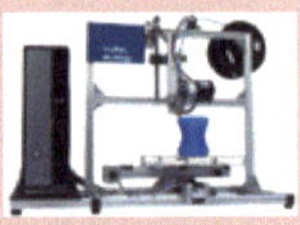 Multec	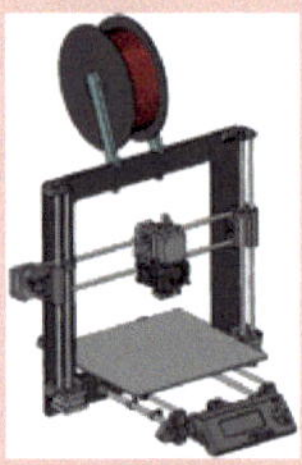 Hephestos, Prusa	 Printrbot	 MakerBot  Witbox 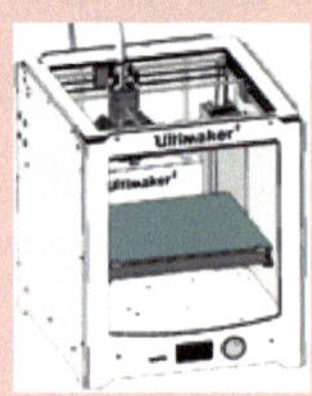 Ultimaker	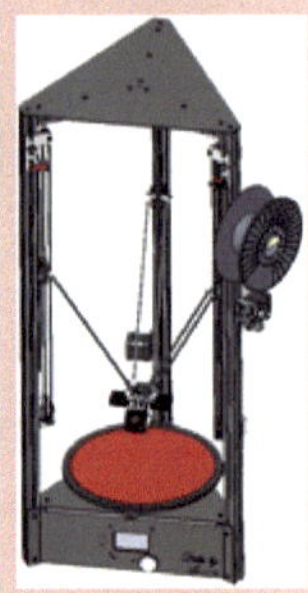 Delta

x: rechts-links; y: vorne-hinten (beide horizontal); z: oben-unten (vertikal)

Eine Besonderheit unter den FDM-Druckern ist der Delta-Drucker. Dieser hat drei senkrecht stehende und in 120° angeordnete Führungsschienen. Auf jeder Schiene wird ein Führungswagen mit einem eigenen Antrieb bewegt. Von jedem der drei Führungswagen führt ein Arm zu einer Halterung, auf der das Hotend befestigt ist. Der Extruder sitzt meist außen am Gehäuse (Bowden-Extruder).

2.3 Auswahlkriterien zur Anschaffung eines 3D-Druckers

Es gibt heutzutage schon 3D-Drucker für weniger als 400 Euro, die akzeptable Teile drucken können. Taugt ein solcher 3D-Drucker für den Privatgebrauch? Die Antwort ist: Jein. Zunächst einmal sollte man sich darüber im Klaren sein, aus welchem Grund man sich den 3D-Drucker anschaffen möchte. Sucht man nach einem Hobby, bei dem man selbst Teile für den Alltagsgebrauch entwickeln kann? Oder soll dem 12-jährigen Sohn mit dem 3D-Drucker eine Ingenieurskarriere schmackhaft gemacht werden?

Bei der großen Anzahl an Herstellern fällt die Auswahl eines 3D-Druckers nicht leicht. Ein wichtiges Kriterium ist der Preis. Die teuren Geräte sind ihr Geld meist wert, wenn man den 3D-Drucker viel nutzt und vielleicht auch kommerziell einsetzt. Für den Hobby-/Privatgebrauch sind die mittel- bis niedrigpreisigen Geräte hervorragend geeignet. Eine weitere Möglichkeit, relativ günstig an ein Gerät zu kommen, ist ein 3D-Drucker zum Selbstbauen (DIY). Dieser bietet außerdem den Vorteil, dass man Erfahrung in Bereichen wie Mechanik und Elektronik sammelt (z. B. durch die Justierung der Mechanik und des Druckkopfes). Mir hat das derart Spaß gemacht, dass ich mir nach dem ersten erfolgreichen Zusammenbau eines DIY-3D-Drucker-Bausatzes einen eigenen Drucker konstruierte.

Anzahl der Druckköpfe (Extruder)

Ein wichtiges Kriterium für die Auswahl eines 3D-Druckers ist die Anzahl der Druckköpfe. Mit einem Druckkopf kann man nur einfarbig drucken. Mit ein wenig Aufwand ist es möglich, mehrere Farben übereinander zu drucken, aber nicht nebeneinander. Dafür benötigt man einen zweiten Druckkopf. Eine weitere Anwendungsmöglichkeit für zwei Druckköpfe ist das Verdrucken von wasserlöslichem PVA als Stützmaterial (*Support*) für zu druckende Überhänge. Es gibt auch 3D-Drucker mit vier und mehr Druckköpfen für Menschen, die vielfarbig drucken möchten.

Verdruckbare Materialien

Beim Kauf eines 3D-Druckers sollte außerdem die Frage des Druckmaterials geklärt sein, was indirekt auch das Heizbett betrifft. Druckmaterialien wie PLA und

PETg benötigen kein Heizbett, für ABS hingegen ist eines notwendig. Da ABS beim Verdrucken Gifte absondert, sollte dieses Material in geschlossenen Räumen (insbesondere in Kinderzimmern) nicht eingesetzt werden.

Druckraum

Natürlich spielt auch der Druckraum eine große Rolle. Meines Erachtens ist eine große Druckfläche wichtiger als eine große Druckhöhe. Ein gutes Druckbett hat die Maße 200 × 300 mm, eine sinnvolle Druckhöhe ist 200 mm.

Positioniergenauigkeit

Mit der Positioniergenauigkeit wird ausgedrückt, wie genau der Extruder in der horizontalen Ebene (x- und y-Richtung) angesteuert werden kann. Dieser Wert sollte bei 0,05 mm (oder darunter) liegen, damit ein möglichst detailgetreues Druckergebnis erzielt werden kann.

Minimale Schichthöhe

Die minimale Schichthöhe gibt an, wie hoch die maximale Auflösung in vertikaler Richtung (z-Richtung) ist. Selbstverständlich gilt auch hier: Je kleiner der Wert, desto höher die Detailgenauigkeit. Die minimale Schichthöhe sollte nicht höher als 0,1 mm sein.

Maximale Druckgeschwindigkeit

Normalerweise wird nicht mit der maximalen Geschwindigkeit gedruckt. Die optimale Druckgeschwindigkeit bei kleinen Druckobjekten liegt bei ca. 40 mm/s und darunter. Bei großen Teilen kann man mit über 60 mm/s gute Ergebnisse erzielen. Die Druckgeschwindigkeit ist natürlich auch abhängig vom Druckmaterial.

Die Verfahrgeschwindigkeit ist definiert durch die Geschwindigkeit, mit welcher der Extruder, ohne zu drucken, bewegt wird. Die Verfahrgeschwindigkeit darf bedeutend höher sein als die Druckgeschwindigkeit, kann allerdings nicht höher sein als die vom Hersteller angegebene maximale Druckgeschwindigkeit. Die maximale Druckgeschwindigkeit sollte nicht über 150 mm/s liegen.

Düsendurchmesser

Der Standard-Düsendurchmesser liegt bei 0,4 mm. Für kleine und filigrane Objekte können auch Düsen mit einem Durchmesser von 0,2 mm eingebaut werden. Für große Objekte reicht eine Düse mit einem Durchmesser von 1,0 mm. Die maximale Schichthöhe sowie die maximale Druckgeschwindigkeit sind abhängig von Düsendurchmesser (Tabelle 2.2).

Tabelle 2.2 Maximale Schichthöhe und Druckgeschwindigkeit in Abhängigkeit vom Düsendurchmesser

Düsendurchmesser [mm]	Maximale Schichthöhe[1] [mm]	Maximal empfohlene Druckgeschwindigkeit mit PLA [mm/s]
0,2	0,15	40[2]
0,3	0,25	60[2]
0,4	0,30	80
0,5	0,38	80
0,6	0,45	80
0,8	0,60	60
1,0	0,75	40

[1] rechnerischer Zusammenhang: max. Schichthöhe = 0,75 · Düsendurchmesser
[2] Da bei kleinen Düsen der Druck im Hotend sehr hoch wird, ist die maximale Druckgeschwindigkeit begrenzt.

Filamentdurchmesser

Für den Heim-Standarddrucker sind folgende zwei Filament-Durchmesser üblich: 1,75 mm und 2,85 mm. Der Extruder kann nur mit einem der beiden Filament-Durchmesser versorgt werden. Deshalb ist schon beim Kauf des Druckers darauf achten, welcher der beiden Filamenttypen verdruckt werden kann. Laut meiner Erfahrung ist das Verdrucken des dünneren Filaments einfacher, da es flexibler ist und dadurch weniger zum Brechen neigt. Die meisten Hersteller von 3D-Druckern fertigen deshalb nur noch Extruder für den kleinen Filament-Durchmesser von 1,75 mm an.

Unter *https://3Druck.com/3D-drucker-liste* findest du eine Übersicht der wichtigsten 3D-Drucker auf dem Markt.

2.4 Druckmaterialien

Es gibt eine Vielzahl von unterschiedlichen Druckmaterialien. Sie unterscheiden sich vor allem in ihren thermischen und physikalischen Eigenschaften. So hat jedes Material sein eigenes Einsatzgebiet. Im Folgenden werden die am häufigsten eingesetzten Druckmaterialien vorgestellt.

2.4.1 PLA

PLA steht für Polyactide (auch Polymilchsäuren genannt) und wird üblicherweise aus regenerativen Rohstoffen wie Maisstärke erzeugt. Es gehört zu den beliebtesten und meist verwendeten Druckmaterialien im Heimanwenderbereich. Es ist praktisch geruchlos beim Druck und kann ohne Heizbett verdruckt werden. Eine Schwäche von PLA ist niedrige Glastemperatur von etwa 55 °C. Oberhalb dieser Temperatur gibt das Material seinen inneren Spannungen nach und deformiert sich. Vom Einsatz gedruckter PLA-Teile im Auto ist daher abzuraten. PLA sollte auch nicht in Kontakt mit Lebensmitteln treten. Nicht, weil es Gifte abgibt, sondern weil PLA Feuchtigkeit aufnimmt und so ein Herd für Bakterien sein kann. Das ewige Argument, dass PLA biologisch abbaubar sei, da es aus regenerativen Rohstoffen hergestellt wird, muss relativiert werden, denn sonst würden die Druckteile ja schon nach wenigen Jahren verrotten, was sie nicht tun. Für die Abbaubarkeit des PLAs sind industrielle Kompostieranlagen notwendig. In der Natur wird sich PLA nicht zersetzen.

2.4.2 ABS

ABS basiert auf Erdöl und ist für den Einsatz von Druckteilen geeignet, die mit hohen Temperaturen gedruckt werden müssen (Glastemperatur: 85 °C). Beim Druck von ABS muss unbedingt auf gute Belüftung geachtet werden. Die beim Schmelzen auftretenden Dämpfe (als scharfer Geruch wahrzunehmen) gelten als gesundheitsschädlich.

Das größte Problem beim Verdrucken von ABS ist das Ablösen des Druckteils vom Druckbett (*Warping*). Warping entsteht aufgrund unterschiedlicher Abkühlgeschwindigkeiten in benachbarten Druckschichten. ABS schrumpft beim Abkühlen sehr viel stärker als PLA. Daher ist ein beheiztes Druckbett unabdingbar. In Abschnitt 3.2.4 werden weitere Maßnahmen zur Vermeidung von Warping-Effekten beschrieben.

Eine Oberflächenveredelung mit Aceton ist möglich. Acetondämpfe schmelzen die ABS-Oberflächen und glätten diese. Bekannteste ABS-Erzeugnisse sind Lego und Playmobil.

2.4.3 PLA und ABS im Vergleich

Im direkten Vergleich lassen sich folgende Unterschiede zwischen PLA und ABS festhalten:

- PLA-Druckteile sind starrer als ABS-Druckteile.
- PLA ist weniger verformungsanfällig als ABS (hat also einen geringeren Verzug). Damit verbunden ist ein höheres Haftungsvermögen auf der Druckplatte.

Die Gefahr, dass sich ein Druckteil von der Druckplatte ablöst, ist demnach geringer.

- PLA kann im Gegensatz zu ABS ohne Heizbett verdruckt werden.
- ABS ist härter als PLA. Bei Biegebeanspruchungen ist PLA spröder als ABS. Damit verbunden ist eine höhere Bruchgefahr.
- PLA hat eine höhere UV-Beständigkeit als ABS.
- ABS ist hitzebeständiger als PLA.
- PLA ist schwer entzündlich. ABS brennt sehr schnell und raucht dabei sehr stark.
- ABS sollte nicht in geschlossenen Räumen verdruckt werden.
- Sowohl ABS als auch PLA sollten nicht in Kontakt mit Lebensmitteln kommen.
- PLA und ABS kosten mittlerweile gleich viel (ca. 20 Euro pro Kilogramm Filament).

2.4.4 PETg

PETg besitzt die positiven Eigenschaften von ABS und PLA. Es ist resistent gegen viele Chemikalien und es ist schwer entflammbar. PETg nimmt sehr wenig Wasser auf und ist unter anderem auch deshalb lebensmittelecht. Durch die hohe Glastemperatur von 70 °C können PETg-Druckteile auch in der Spülmaschine gereinigt werden. Das bekannteste aus PETg gefertigte Produkt sind Plastikgetränkeflaschen. Die Kosten für PETg liegen bei ca. 30 Euro pro Kilogramm Filament.

2.4.5 PVA

PVA ist ein erdölbasierter, wasserlöslicher Kunststoff. Die einzig sinnvolle Funktion von PVA ist, dass es als Stützmaterial (*Support*) verdruckt werden kann. Dafür benötigt man einen 3D-Drucker mit mindestens zwei Extrudern (auch Dual-Drucker genannt). Das lästige Entfernen des Stützmaterials sowie die Nachbearbeitung der abgestützten Flächen entfallen dann komplett. Das fertig gedruckte Teil muss lediglich in Wasser eingelegt werden, bis sich das Stützmaterial vollkommen aufgelöst hat. Da PVA viel Wasser aufnimmt, sollte das Filament gut vor Feuchtigkeit geschützt werden. PVA ist das teuerste aller aufgeführten Materialien (ca. 80 Euro pro Kilogramm Filament).

2.4.6 TPE

TPE ist ein flexibles, thermoplastisches Elastomer. Es verformt sich elastisch unter Belastung und nimmt anschließend wieder seine Ursprungsform an. TPE ist ein guter elektrischer Isolator, besitzt gute Schalldämmeigenschaften und besitzt eine hohe Beständigkeit gegenüber Ölen und Fetten.

2.4.7 Die wichtigsten Druckmaterialien im Vergleich

Tabelle 2.3 zeigt die mechanischen und chemischen Eigenschaften der vorgestellten Druckmaterialien im Vergleich.

Tabelle 2.3 Druckmaterialien im Vergleich

Untersuchte Eigenschaft	Druckmaterial				
	PLA	ABS	PETg	PVA	TPE
Glastemperatur*)	50 - 65 °C	95 °C	70 - 75 °C	55 °C	95 °C
Erweichungs-temperatur	60 - 70 °C	110 - 125 °C	80 °C		110 - 125 °C
Schmelz-temperatur	190 - 210 °C	210 - 240 °C	200 - 230 °C	160 - 180 °C	210 - 240 °C
Drucktemperatur	190 - 220 °C	230 - 250 °C	235 - 240 °C	190 - 210 °C	220 - 250 °C
Druckbett-temperatur	nicht nötig	notwendig (0 - 120 °C)	nicht nötig (70 - 85 °C)	nicht nötig (besser 50 °C)	nicht nötig (30 - 60 °C)
Dichte [g/cm³]	1,21 - 1,43	1,04	1,38	1,19 - 1,31	1,15
Zugfestigkeit [N/mm²]	10 - 60	32 - 56			
E-Modul [N/mm²]	3500	2300	4500		
Bruchdehnung [%]	6	8 - 10	4 - 6		8 - 10
Bruchfestigkeit [N/mm²]	60	70			
Druckgeschwin-digkeit	hoch	hoch	hoch	niedrig	niedrig
lebensmittelecht	bedingt	nein	ja	wasserlöslich	nein
Sonstiges				Dualdrucker nötig	flexibel, weich
Warping-Effekt	gering	hoch	gering bis mittel	gering	gering
Feuchtigkeits-aufnahme	mäßig	gering	keine	sehr hoch	
Witterungs-beständigkeit	mäßig	hoch	hoch	niedrig	hoch
UV-Beständigkeit	hoch	mäßig	hoch		hoch

*) Unterhalb dieser Temperatur ist der Kunststoff formstabil.

Abschließend möchte ich noch darauf hinweisen, dass es eine große Anzahl von exotischen Filament-Materialien gibt, die ich an dieser Stelle nur erwähnen, aber nicht detaillierter vorstellen möchte. Dazu zählen:

- mit Holz vermischte Filamente (z. B. mit Holzfasern vermischtes PLA)
- mit Metall vermischte Filamente (z. B. mit Messing-, Kupfer- oder Bronzepulver vermischtes PLA oder ABS; 50 – 85 % Metallanteil)
- leitende Filamente (z. B. mit Metallpulver vermischtes PLA oder ABS für Niederspannungs-Schaltkreis-Anwendungen)
- mit Kohlefaser vermischte Filamente (z. B. PLA oder ABS)

2.5 Datenerstellung und -aufbereitung für den Druck

3D-Druck ist ein Hobby für kreative Köpfe. Anfangs greift man gerne auf bestehende und kostenlose Druckvorlagen aus dem Netz zurück, doch irgendwann ist die Vitrine voll mit nachgedruckten Objekten, und man entwickelt das Bedürfnis, selbst erdachte Teile zu entwickeln.

Nun kommt eine weitere Komponente ins Spiel: die Konstruktion der Druckteile. Alle Druckverfahren haben eines gemeinsam: Man benötigt ein digitales, dreidimensionales Modell des zu fertigenden Objekts. Dieses Modell erstellt man mithilfe eines CAD-Programms. Im Netz gibt es viele kostenlose CAD-Programme. Diese sind schnell heruntergeladen, aber das Selbsterlernen der vielen Funktionen kann für konstruktiv Unerfahrene eine ziemliche Herausforderung darstellen. Man kann dabei schnell an seine Grenzen gelangen. Man sollte sich dennoch bewusst machen, dass die Realisierung eigener Objekte nicht ohne ein CAD-Programm umzusetzen ist. Erst dann macht es richtig Spaß und der 3D-Drucker kann voll ausgereizt werden.

Nach dem Konstruktionsprozess speichert man sein CAD-Modell im stl-Dateiformat ab. Dieses Format ist eine Standardschnittstelle und erzeugt geometrische Informationen des 3D-Modells für die additive Fertigung. Im nächsten Schritt benötigt man ein Programm, welches das Modell für den 3D-Druck aufbereitet. Diese sogenannten Slicer-Programme (oder Druckprogramme) schneiden das Modell in dünne Scheiben (*Slices*). In jeder Scheibe (= Druckschicht) wird der optimale Verfahrweg des Druckkopfes erzeugt. Im Slicer-Programm können Parameter wie Druckgeschwindigkeit, Extrusionstemperatur, ggf. Druckbetttemperatur und viele weitere Einstellungen, welche die Druckqualität beeinflussen, vorgenommen werden. Dann speichert man die Druckinformationen im G-Code-Format ab. Es handelt sich dabei um eine Textdatei, die sämtliche Druckdaten beinhaltet. Danach übergibt man dem Drucker die G-Code-Datei via USB-Kabel oder SD-Karte. Erst jetzt kann der 3D-Drucker das gewünschte Druckteil erzeugen.

2.5.1 Content-Plattformen

Es gibt eine ganze Reihe von Content-Plattformen, auf denen Druckvorlagen kostenlos zur Verfügung gestellt werden. Die meisten Modelle werden nur im stl-Format veröffentlicht, sodass man an den Modellen keine nachträglichen Änderungen vornehmen kann. So bleibt einem nur die Möglichkeit, das Teil 1:1 zu drucken. Oder man lässt sich inspirieren und kopiert das Modell mit einem CAD-Programm, um es auf diese Weise zu verändern. Tabelle 2.4 zeigt die wichtigsten Content-Plattformen, welche Druckvorlagen zum Download anbieten, und auf denen man sich inspirieren lassen kann.

Tabelle 2.4 Auswahl von Content-Plattformen

Content-Plattform	Webseite
MakerBot Thingiverse	*https://www.thingiverse.com*
MyMiniFactory	*https://www.myminifactory.com*
yeggi	*https://www.yeggi.com*
CHIP	*https://www.chip.de/download/75416_3D-Vorlagen/wochen-charts*
threedom	*https://threedom.de/3d-druck-ratgeber/3d-drucker-vorlagen-3d-drucker-modelle-kostenlos*
Pinshape	*https://pinshape.com*
All3DP	*https://all3dp.com/printables*
3DRUCK.com	*https://3druck.com/3d-druck-vorlagen*
GrabCAD	*https://grabcad.com/library* beeindruckende Teilesammlung, viele druckbare Teile
XYZprinting	*http://www.xyzprinting.com/de-DE/home*
YouMagine	*https://www.youmagine.com*
STLFinder	*https://www.stlfinder.com*

Content-Plattform		Webseite
Cults.		*https://cults3D.com/en*
3DExport		*https://de.3dexport.com*
Zortrax Library		*http://library.zortrax.com*
Instructables		*http://www.instructables.com*
NIH 3D Print Exchange		*https://3Dprint.nih.gov*
NASA		*https://nasa3D.arc.nasa.gov/models/printable* *https://nasa3d.arc.nasa.gov/models*
3D Warehouse		*https://3dwarehouse.sketchup.com/?hl=de*
Walltosh Design		*https://cults3d.com/en/users/WallTosh/creations*
Free3D		*https://free3D.com*
CGTrader		*https://www.cgtrader.com*
Printables		*https://www.printables.com/de/model*
PARTcommunity		*https://b2b.partcommunity.com/community* eher für Konstrukteure geeignet
Threeding		*https://www.threeding.com*
Libre 3D		*https://libre3d.com/categories/3d-models*
DownloadFree3D		*https://downloadfree3d.com/category/3d-printing-models*

2.5.2 CAD-Programme

Für den Fall, dass man noch keine Konstruktionserfahrung besitzt, sollte man das CAD-Programm mit Bedacht auswählen. Ein Kriterium sind die im Netz vorhandenen Anleitungen und Video-Tutorials. Sind diese in großer Zahl vorhanden, kann man die Funktionen des Programms auf einfache und schnelle Weise erlernen. Trotzdem sollte man den Aufwand, sich in ein 3D-Programm einzuarbeiten, nicht unterschätzen.

Solltest du mehr über das Konstruieren von CAD-Modellen für 3D-Druck & Co. erfahren wollen, dann kann ich dir das Buch *CAD für Maker* von Ralf Steck (2. Auflage, Carl Hanser Verlag 2017, ISBN 978-3-446-45 681-5) empfehlen.

Tabelle 2.5 zeigt eine Auswahl von empfehlenswerten CAD-Programmen.

Tabelle 2.5 Auswahl von CAD-Programmen

CAD-Software		Webseite
3D Slash		*https://www.3Dslash.net*
Tinkercad		*https://www.tinkercad.com* importiert unter anderem STEP-Formate
FreeCAD		*http://freecadweb.org* importiert unter anderem STEP-Formate
SketchUp		*https://www.sketchup.com/plans-and-pricing/sketchup-free* importiert unter anderem STEP-Formate
OpenSCAD		*http://www.openscad.org*
LibreCAD		*https://librecad.org*
Blender		*https://www.blender.org* importiertunter anderem STEP-Formate

2.5.3 Slicer-Software

Beim Kauf eines 3D-Druckers wird vom Hersteller üblicherweise eine Empfehlung für das Druckprogramm (auch Slicer-Software genannt) gegeben. Der Slicer erzeugt einen Maschinencode (G-Code) aus den 3D-Daten, mit dessen Befehlen der 3D-Drucker gesteuert wird. Hierzu wird das 3D-Modell horizontal in Schichten zerschnitten („gesliced") und die Druckbahnen werden für jede Schicht berechnet. Bei Nichtgefallen kann man den Slicer ohne Probleme durch einen anderen ersetzen und dadurch ggf. bessere Druckergebnisse erzeugen. Die im Buch beschriebenen Beispielprojekte sind mit Simplify3D generiert worden. Simplify3D ist eine professionelle und kommerzielle Slicer-Software. Meines Erachtens handelt es sich um ein hervorragendes und einfach zu bedienendes Werkzeug. Allerdings kostet die Software inzwischen circa 150 $. Für Vieldrucker und Perfektionisten lohnt sich das Programm, für Sparsame sind die anderen Slicer im Druckergebnis fast genauso gut. Tabelle 2.6 zeigt eine Übersicht der bekanntesten Slicing-Programme.

Tabelle 2.6 Auswahl von Slicing-Programmen

Slicer-Software		Webseite
Craftware (von Craftbot)		*https://craftbot.com/craftware*
Cura		*https://ultimaker.com/en/products/cura-software*
Repetier		*https://www.repetier.com*
Slic3r		*http://slic3r.org*
Simplify3D		*https://www.simplify3D.com*
PrusaSlicer		*https://www.prusa3d.com/de*
OctoPrint		*https://octoprint.org*
MakerBot CloudPrint		*https://www.makerbot.com/3d-printers/cloudprint*
ideaMaker (von Raise3D)		*https://www.raise3d.com/ideamaker*

Tabelle 2.6 Auswahl von Slicing-Programmen (Forts.)

Slicer-Software		Webseite
Z-Suite (von Zortrax)		*https://support.zortrax.com/downloads*
IceSL		*https://icesl.loria.fr* nur für Fortgeschrittene und Profis geeignet
SelfCAD		*https://www.selfcad.com*
3DPrinterOS		*https://www.3dprinteros.com*
All3DP		*https://all3dp.com/de/1/3d-slicer-software-3d-drucker* Slicerprogramme im Vergleich

3 3D-Druck-Grundlagen

In diesem Kapitel werden die wichtigsten Grundlagen des 3D-Druckens vermittelt. Nachdem du dieses Kapitel durchgearbeitet hast, wirst du gut gerüstet für die Realisierung der Beispielprojekte sein. Auf Basis der Slicing-Software Simplify3D erhältst du zunächst eine Übersicht der Einstellungen, die vor Druckbeginn getroffen werden müssen, sowie hilfreiche Hinweise darauf, wie du das optimale Druckergebnis erzielst. Darüber hinaus wird auf typische Druckprobleme und -herausforderungen eingegangen und wie man diese erfolgreich meistert. Außerdem erhältst du die besten Tipps zur Pflege und Wartung deines 3D-Druckers.

3.1 Allgemeine Druckeinstellungen

Nach dem Erstellen oder Herunterladen eines Teils muss eine G-Code-Datei für den 3D-Druck erstellt werden. Diese Datei beinhaltet den Maschinencode zum Steuern des Druckers. Hierfür zerlegt die Slicer-Software das Teil in gleich dicke Druckschichten und erzeugt für jede Schicht den optimalen Verfahrweg zum Drucken.

In Abschnitt 2.3.3 wurden bereits verschiedene Slicing-Programme vorgestellt. Ich nutzte zu Beginn die kostenlosen Programme, bin mittlerweile aber auf die kommerzielle Slicer-Software Simplify3D umgestiegen. Die besten kostenlosen Slicer-Programme erzeugen zwar sehr gute Druckergebnisse, kommen aber nicht an die Vielzahl der Funktionen heran, welche Simplify3D bietet. Viele Funktionen von Simplify3D sind auch in anderen Slicer-Programmen zu finden, aber eben nicht alle. Ich habe mir das Simplify3D-Programm deshalb ausgesucht, da ich schon mit mehreren Slicer-Programmen gedruckt habe und nie so ganz zufrieden mit dem Ergebnis war.

Im Folgenden werde ich die allgemeinen Druckeinstellungen, die vorgenommen werden müssen, am Beispiel von Simplyfy3D vorstellen. Ich werde nicht das komplette Simplify3D-Programm erklären, sondern nur die wichtigen Funktionen hervorheben. Auf viele spezielle Druckeinstellungen wird in den Beispielprojekten (ab

Kapitel 5) eingegangen. Die dargestellten Werte sind natürlich für jeden Drucker und für jedes Druckteil unterschiedlich und sollten nicht eins zu eins übernommen werden. Sie dienen nur zur Orientierung. Bis man die optimalen Einstellungen gefunden hat, muss man einige Probedrucke durchführen. Auch mir geht es regelmäßig so, dass ich schwierige Teile zwei Mal drucke, um das gewünschte Ergebnis zu erhalten.

Die Werte der Einstellungen unter *Extruder* bleiben üblicherweise für alle Drucke unverändert (Bild 3.1). Welche Werte für den eigenen Drucker sinnvoll sind, muss jeder selbst herausfinden.

3.1.1 Extruder

Wichtig für das Druckergebnis ist die Funktion *Überquell-Kontrolle* (*Ooze Control*). Damit wird das Verhalten des Extruders zwischen zwei Druckbereichen gesteuert (Bild 3.1).

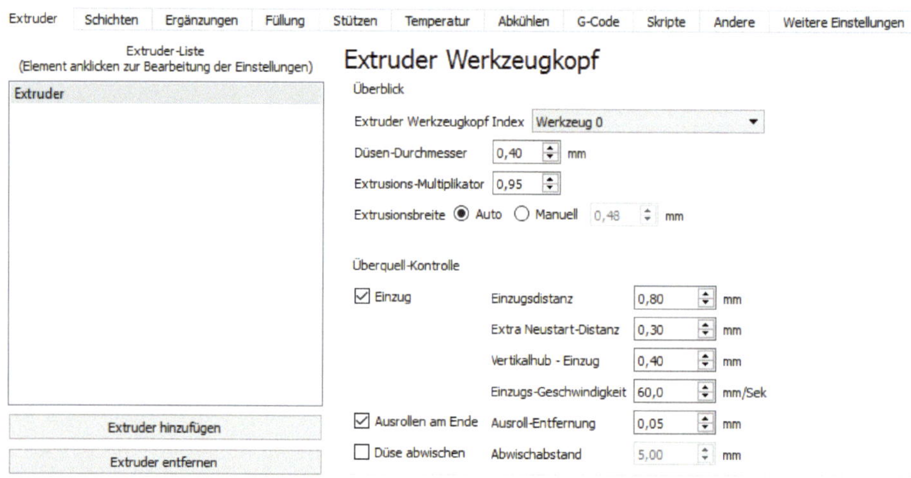

Bild 3.1 Extruder

Die *Einzugsdistanz* gibt die Länge des rohen (ungedrucktes) Filaments an, welches zurück in die Düse gezogen wird.

Mit *Extra Neustart-Distanz* wird der Abstand zum Druckstartort angegeben, ab dem das Filament gefördert werden soll.

Mit dem Abstand *Vertikalhub – Einzug* wird der Absenkweg des Druckbetts definiert. Damit soll vermieden werden, dass die Düse über gedruckte Flächen hinweg fährt und Rillen auf der Oberfläche erzeugt.

Mit der *Einzugs-Geschwindigkeit* wird die Geschwindigkeit bestimmt, mit der das Filament in die Düse gezogen wird.

Die *Ausroll-Entfernung* gibt an, wo die Filament-Förderung vor dem Ende der Bahn aufhören soll. Damit werden die Filament-Anhäufungen am Ende der Bahnen verringert.

3.1.2 Schichten

Die Schichthöhe (Layer) ist ein wichtiges Kriterium für das äußere Erscheinungsbild des Druckteils. Je kleiner der Wert, desto glatter die Außenseiten, desto länger dauert aber auch der Druck. Einstellungen hierzu werden unter *Schichten* vorgenommen (Bild 3.2).

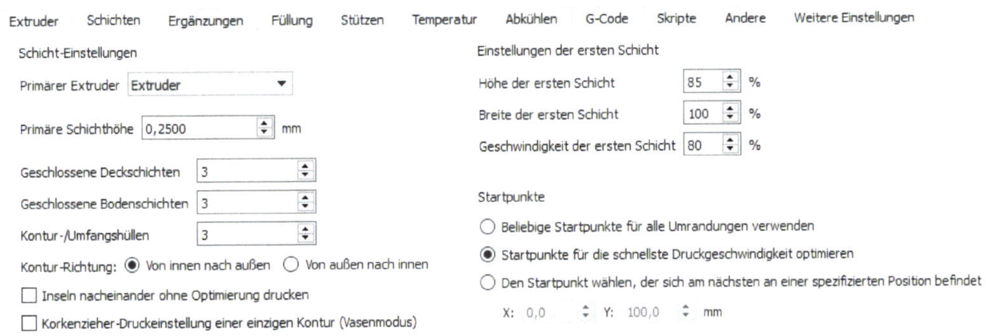

Bild 3.2 Schichten

Die *Einstellungen der ersten Schicht* sind vom Drucker abhängig und muss durch Ausprobieren selbst herausgefunden werden.

Die *Startpunkte* sind meist kleine Anhäufungen, die sich nicht so ganz vermeiden lassen. Deshalb sind bei optisch schönen Druckteilen die Startpunkte (auf jedem Layer) so zu wählen, dass diese in einem wenig sichtbaren Bereich liegen. Bei Schraubgewinden stelle ich immer beliebige Startpunkte ein. Somit verteilen sich die Anhäufungen zufällig entlang des Gewindes.

Mit *Geschlossene Deckschichten* unter *Schicht-Einstellungen* sind die Druckschichten auf der Oberseite des Druckteils gemeint.

Die *Geschlossenen Bodenschichten* unter *Schicht-Einstellungen* sind die ersten Druckschichten des Druckteils und befinden sich direkt auf der Druckplatte.

Die Stärke der Außen- und Innenwände (z. B. Bohrungen) des Druckteils werden mit der Anzahl der *Kontur-/Umfangshüllen* definiert.

3.1.3 Ergänzungen

Die Funktion *Schürze/Rand verwenden* unter *Ergänzungen* sorgt für den perfekten Druckbeginn (Bild 3.3). Ich drucke den Rand allerdings doppelt breit und zwei Druckschichten hoch, damit dieser besser vom Druckbett entfernt werden kann.

Falls die Gefahr besteht, dass sich ein Teil während des Drucks vom Druckbett löst (*Warping*), sollte die Funktion *Raft* aktiviert werden. Dann wird ein Fundament unter dem Teil gedruckt, welches für bessere Anhaftung sorgt.

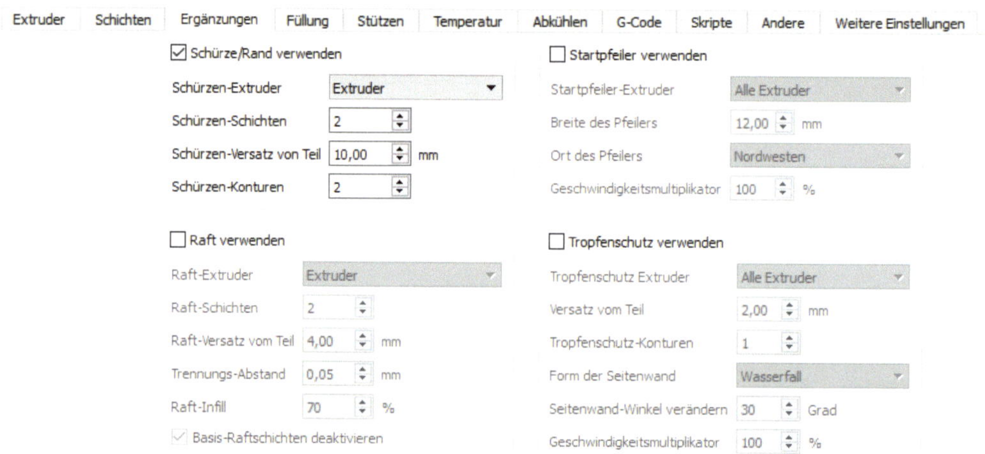

Bild 3.3 Ergänzungen

3.1.4 Füllung

Unter *Infill* kann man das Füllmuster für die Außenflächen (*Äußeres Fill-Muster*) und für das innere Volumen (*Internes Fill-Muster*) bestimmen (Bild 3.4). Üblicherweise stehen beide Muster auf *Rectilinear*.

Mit der Funktion *Innerer Fill-Prozentsatz* (innerer Füllgrad) stellt man die Füllung innerhalb der Außenwandkonturen ein. Der innere Füllgrad liegt üblicherweise zwischen 10–20 %. Will man ein Vollmaterial drucken, muss dieser Wert auf 100 % gestellt werden.

Mit der *Kontur-Überlappung* wird die Verbindung zwischen der Füllung und den Außenkonturen festgelegt. Der Prozentsatz bezieht sich auf die Breite des gedruckten Filaments.

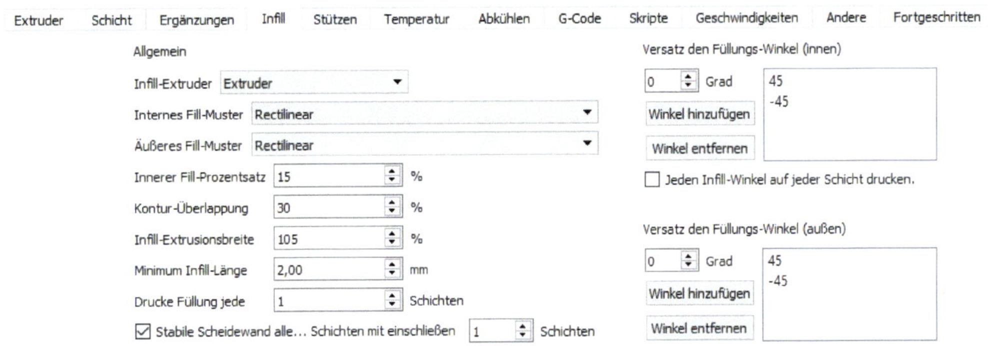

Bild 3.4 Füllung

Mit *Versatz der Füllungs-Winkel (innen)* werden die Winkel bestimmt, mit denen die inneren Füllmuster gedruckt werden sollen.

Mit *Versatz der Füllungs-Winkel (außen)* werden die Winkel bestimmt, mit denen die äußeren Füllmuster gedruckt werden sollen.

3.1.5 Stützen

Falls Stützmaterial benötigt wird, um einen Überhang drucken zu können, muss unter *Stützen* die Funktion *Stützmaterial erzeugen* aktiviert werden (Bild 3.5).

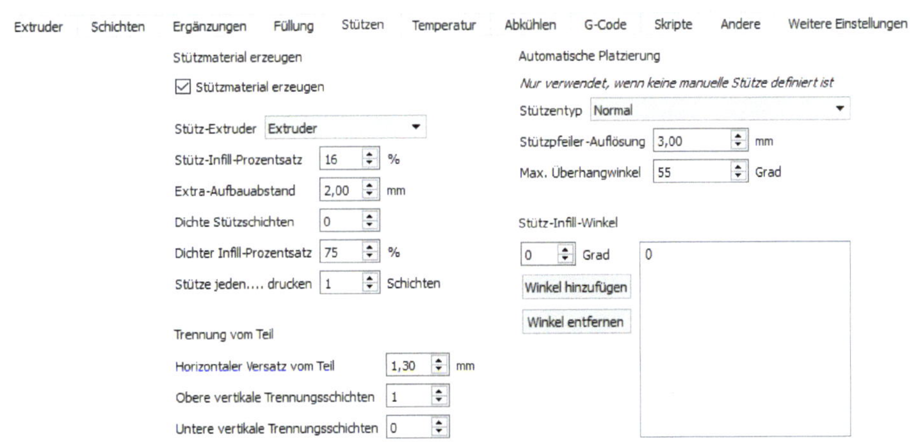

Bild 3.5 Stützen

Der *Stütz-Infill-Prozentsatz* liegt dabei zwischen 10–20 %. Mit dem *Extra-Aufbauabstand* wird das Stützmaterial über die zu stützende Kontur hinaus gedruckt. Das ist besonders sinnvoll bei schmalen Stützen.

Mit *Dichte Stützschichten* wird eingestellt, wie viele dicht gedruckte Trennschichten vor dem zu stützenden Teil gedruckt werden sollen. Dichte Stützschichten lassen sich besser entfernen. Dazu gehört auch ein *Dichter Infill-Prozentsatz*, welcher bei ca. 30 % die beste Stützwirkung bei gleichzeitig planerer Teileoberfläche erzielt.

Die Funktion *Horizontaler Versatz vom Teil* bestimmt den horizontalen Abstand des Stützmaterials vom Teil. Ist dieser Abstand zu klein, kann das Stützmaterial am Teil verschmelzen. Ist der Abstand zu groß, hängt das Filament vom Teil bis zur Stützkontur durch. Ich stelle Werte meistens zwischen 0,5 mm und 3 mm ein.

Damit das Stützmaterial sich nicht zu sehr mit dem Teil verbindet, fügt man einen Wert bei *Obere vertikale Trennungsschichten* ein. Falls das Stützmaterial sich auf einem Teil befindet, kann der Wert bei *Untere vertikale Trennungsschichten* zur besseren Entfernung desselben auf 1 gestellt werden.

Der *Überhangwinkel* wird von der Vertikalen gemessen. Das heißt, 0° ist eine senkrechte Wand und 90° ist eine horizontale Wand. Nach der Kalibrierung des Druckers kommt man in Abhängigkeit der Schichtdicke auf einen maximalen Überhangwinkel von ca. 70°, bei dem noch kein Stützmaterial benötigt wird.

Praxistipps zur Erzeugung von Stützmaterial

Die Erzeugung von Stützmaterial ist eines der komplexeren Themen im 3D-Druck, weshalb ich gerne alle Funktionen und deren Einflüsse auf den Druck vorstellen möchte. Bild 3.6 zeigt beispielhafte Stützkontureinstellungen.

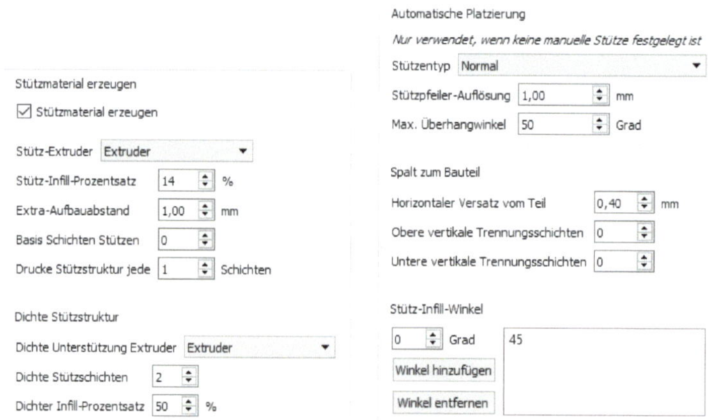

Bild 3.6 Stützkontureinstellungen

Stützmaterial erzeugen

Unter *Stückmaterial erzeugen* gibt es diverse Optionen, auf die ich im Einzelnen eingehen werde. Der *Stütz-Infill-Prozentsatz* definiert die Auflösung bzw. Dichte der Stützstruktur (Bild 3.7).

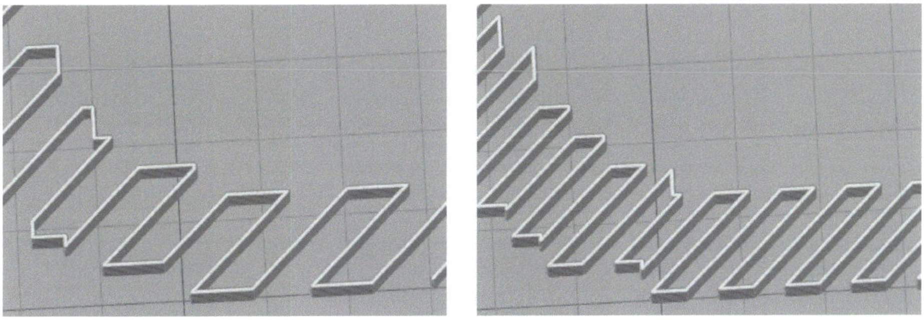

Bild 3.7 *Stütz-Infill-Prozentsatz:* links 14 %, rechts 25 %

Mit *Extra-Aufbauabstand* wird die Verbreiterung des Stützmaterials über das Druckteil hinaus eingestellt (Bild 3.8).

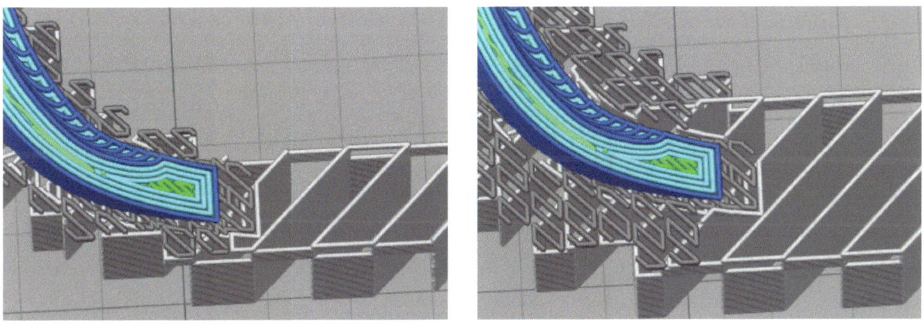

Bild 3.8 *Extra-Aufbauabstand:* links 1 mm, rechts 3 mm

Mit *Basis Schichten Stützen* wird ein Raft für die Stützstruktur erstellt, der für eine bessere Haftung der Stützstruktur sorgt (Bild 3.9).

Bei *Drucke Stützstruktur jede X Schichten* sollte 1 ausgewählt werden, sodass in jeder Druckebene eine Stützkontur gedruckt wird. Andere Einstellungen sind meines Erachtens wenig sinnvoll.

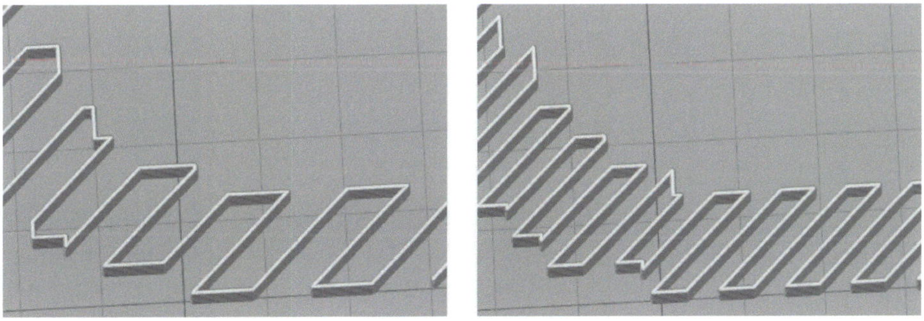

Bild 3.9 *Basis Schichten Stützen:* links 0, rechts 3

Dichte Stützstruktur

Auch unter *Dichte Stützstruktur* gibt es verschiedene Einstellungsmöglichkeiten. Mit *Dichte Stützschichten* wird die Anzahl von dicht gedruckten Stützstrukturen (dunkelgrau) als Schnittstelle zwischen der normalen, mit geringerer Dichte (hellgrau) gedruckten, Stützstruktur und dem Druckteil ausgewählt (Bild 3.10).

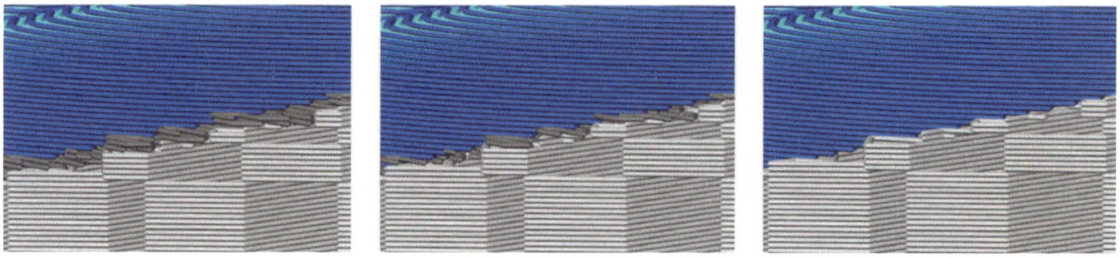

Bild 3.10 *Dichte Stützschichten* (dunkelgrau): links 2 (empfehlenswert), in der Mitte 1 und rechts 0 (deaktiviert)

Unter *Dichter Infill-Prozentsatz* ist die Dichte der dicht gedruckten Stützstruktur zu verstehen (Bild 3.11).

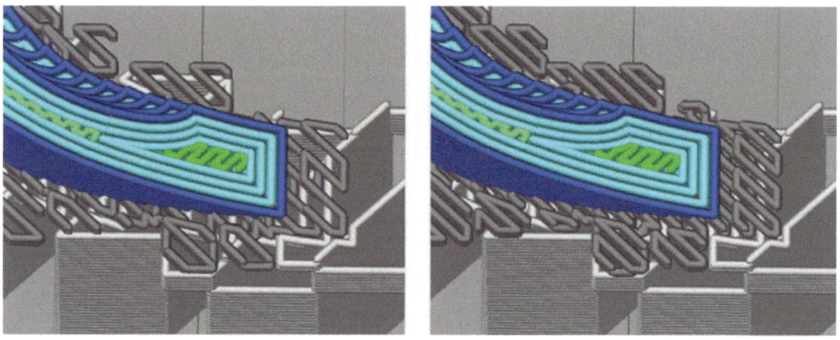

Bild 3.11 *Dichter Infill-Prozentsatz:* links 50 %, rechts 80 %

Automatische Platzierung

Im Folgenden stelle ich die unter *Automatische Platzierung* zur Verfügung stehenden Optionen vor. Mit *Stützpfeiler-Auflösung* ist die Genauigkeit der Verteilung der zu erzeugenden Stützstruktur gemeint (Bild 3.12).

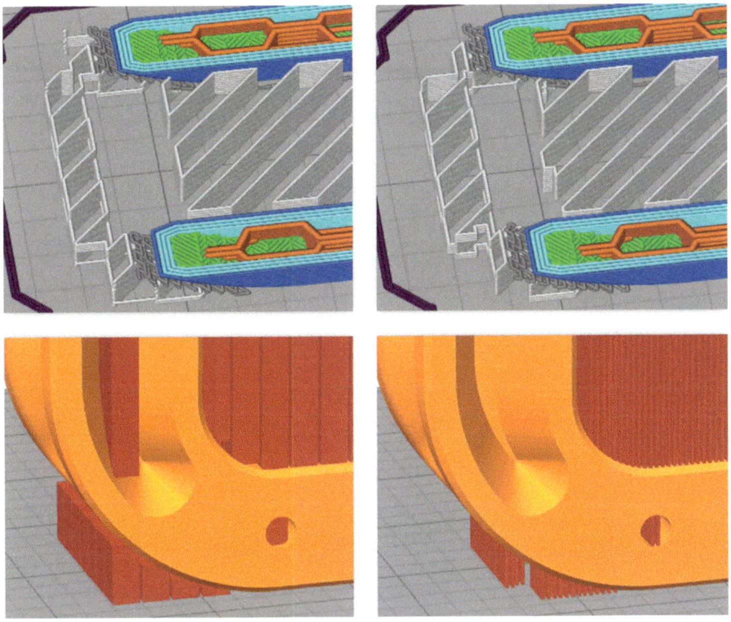

Bild 3.12 *Stützpfeiler-Auflösung:* links 3 mm, rechts 1 mm

Mit *Max. Überhangwinkel* wird definiert, bis zu welchen Winkel, gemessen von der Vertikalen, Stützmaterial angebracht wird (Bild 3.13). 0° bedeutet, dass sämtliche Schrägen mit Stützmaterial versehen werden. 89° bedeutet, dass nur für den horizontalen Bereich Stützmaterial verwendet wird.

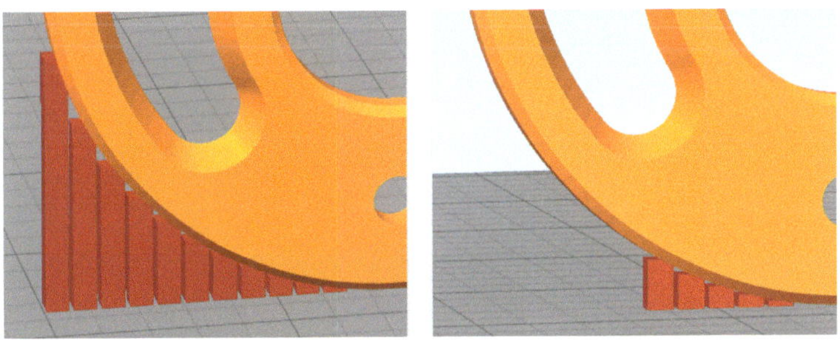

Bild 3.13 *Max. Überhangwinkel:* links 15°, rechts 60° (empfehlenswert)

Spalt zum Bauteil

Im Folgenden stelle ich die Optionen unter *Spalt zum Bauteil* vor. Mit *Horizontaler Versatz zum Teil* wird der Abstand der Stützstruktur von Wänden eingestellt (Bild 3.14). Dies erleichtert die Stützmaterialentfernung.

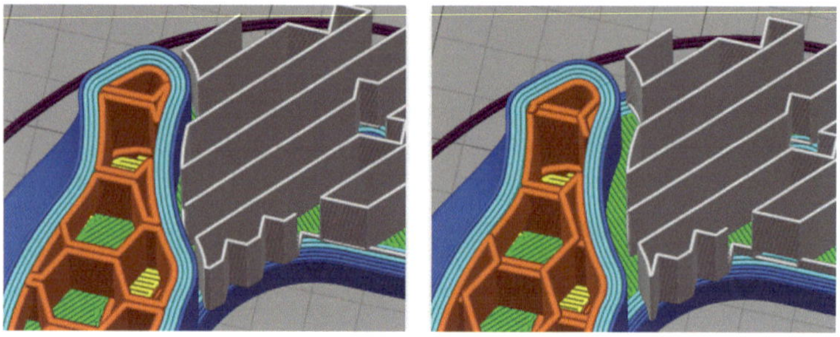

Bild 3.14 *Horizontaler Versatz zum Teil:* links 0,5 mm, rechts 2,0 mm (empfehlenswert)

Obere vertikale Trennungsschichten erzeugt einen Spalt an der Oberseite zwischen der Stützstruktur und dem Druckteil (Bild 3.15). Meines Erachtens müsste es jedoch „horizontale" Trennungsschichten heißen. Die Nutzung dieser Option erleichtert die Stützmaterialentfernung.

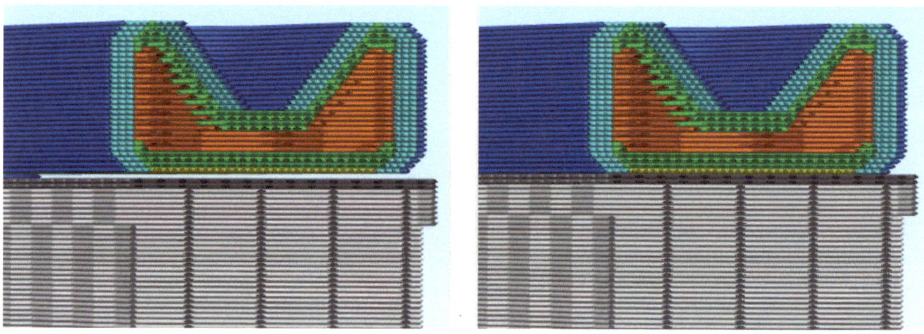

Bild 3.15 *Obere vertikale Trennungsschichten:* links 1, rechts 0

Untere vertikale Trennungsschichten erzeugt einen Spalt an der Unterseite zwischen der Stützstruktur und dem Druckteil (Bild 3.16). Dies erleichtert die Stützmaterialentfernung.

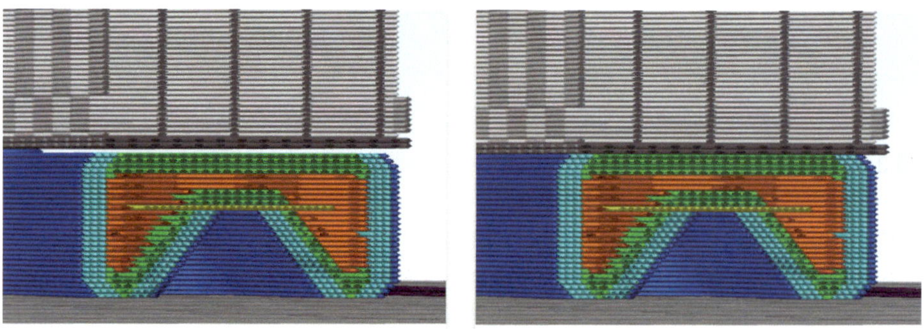

Bild 3.16 *Untere vertikale Trennungsschichten:* links 1, rechts 0 (gilt nicht für die Stützstruktur, welche direkt auf dem Druckbett steht)

Stütz-Infill-Winkel

Stütz-Infill-Winkel erzeugt das Stützmaterial in einem bestimmten Winkel (wie auch beim Infill). Mehr als zwei Winkel sind nicht sinnvoll (Bild 3.17).

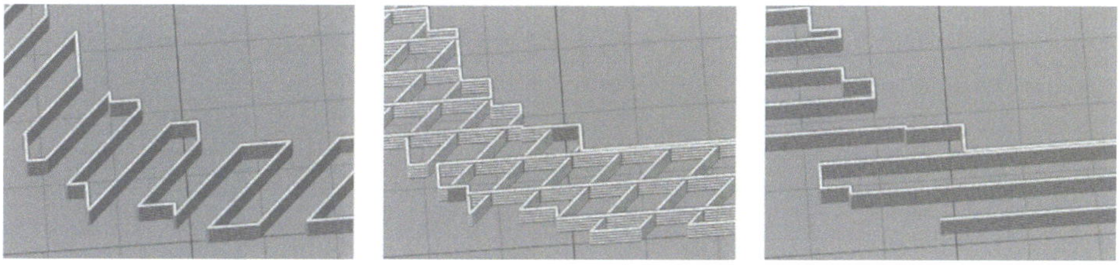

Bild 3.17 *Stütz-Infill-Winkel:* links 45°, Mitte 45° + 0°, rechts 0°

3.1.6 Temperatur

Unter *Temperatur* stellt man die Hotend-Temperatur des Extruders ein (Bild 3.18). Bei PLA liegt diese ungefähr bei 205 °C. Druckt man zu Beginn zu heiß, ist die Gefahr, dass sich das Teil beim Drucken abheben könnte, erhöht. Bei mir hat es sich bewährt, mit einer niedrigeren Temperatur zu beginnen.

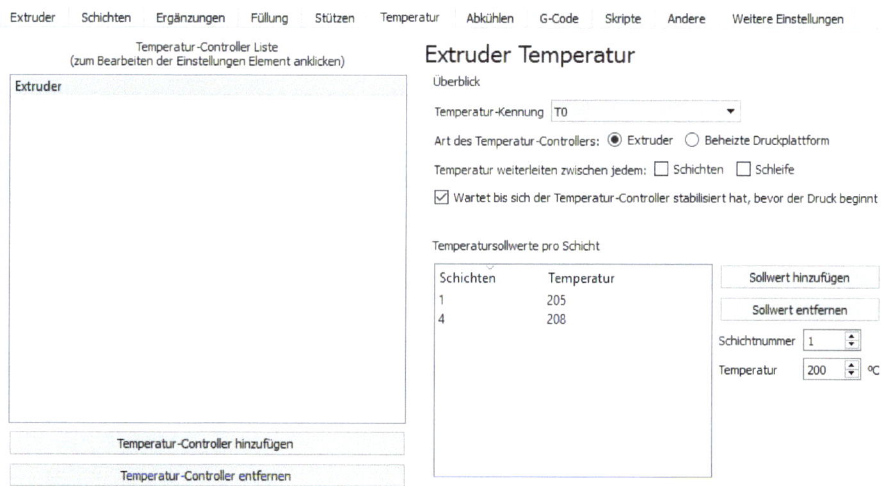

Bild 3.18 Temperatur

3.1.7 Abkühlen

Um die Wahrscheinlichkeit zu verringern, dass sich das Teil während des Druckens abhebt, schalte ich für die ersten zwei Schichten den Ventilator an der Düse immer aus. Diese Einstellung wird über die Funktion *Ventilatorenkontrolle pro Schicht* unter *Abkühlen* getroffen (Bild 3.19) Erst ab der dritten Druckschicht setzt der Ventilator ein.

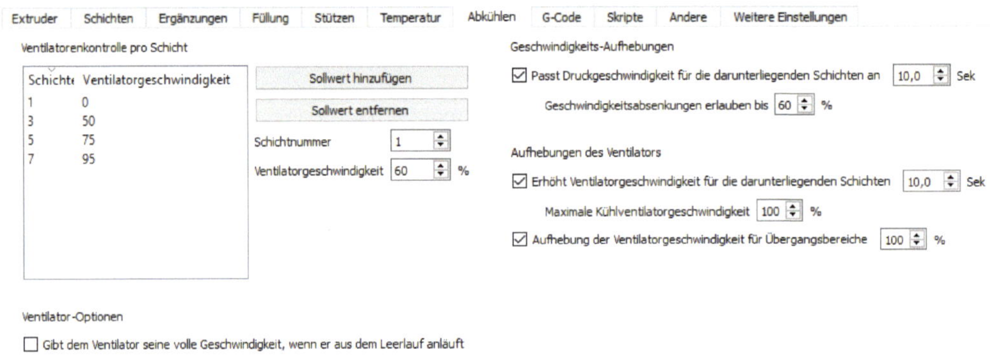

Bild 3.19 Abkühlen

Mit der Funktion *Geschwindigkeits-Aufhebungen* (*Speed Overrides*) stellt man die Geschwindigkeitsabsenkung ein, sofern die Druckzeit für eine Druckschicht unter 10 Sekunden liegt. Auf diese Weise wird bei filigranen Teilen mehr Zeit zum Abkühlen eingeplant.

Um Brücken besser drucken zu können, sollte der Ventilator unter *Aufhebung der Ventilatorgeschwindigkeit für Übergangsbereiche* (der englische Funktionsname lautet *Bridging fan speed override*) auf 100 % gesetzt werden.

3.1.8 G-Code

Die Firmware-Einstellungen unter *G-Code* sind vom Druckertyp abhängig und werden vom Hersteller geliefert (Bild 3.20). Diese Daten können manuell eingegeben werden oder beim erstmaligen Start des Programmes durch ein Druckerauswahlmenü automatisch eingefügt werden.

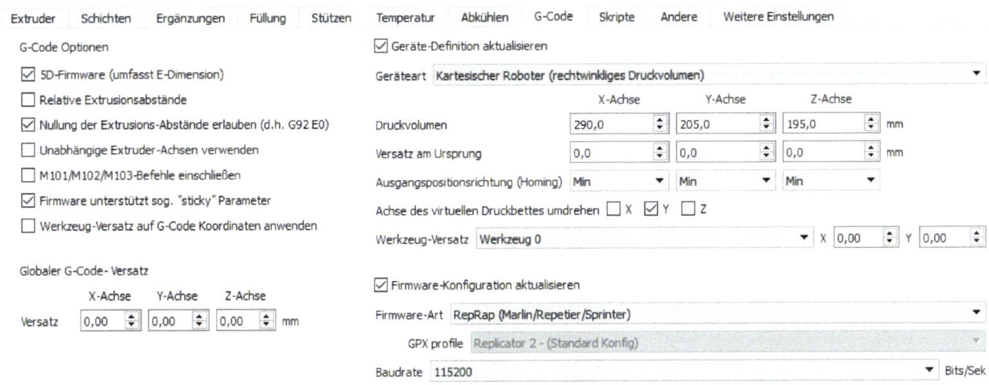

Bild 3.20 G-Code

3.1.9 Skripte

Damit mögliche Lufteinschlüsse im Hotend vor Druckbeginn herausgepresst werden können, habe ich unter *Skripte* ein *Start-Script* erzeugt, welches zu Beginn des G-Codes eingefügt wird (Bild 3.21). Nach dem sogenannten *Homing* des Extruders (Einstellung auf Parkposition) wird das Druckbett um 15 mm abgesenkt. Dann wird 15 mm rohes Filament ausgedruckt. Danach wird der Extruder aus dem Filament-Haufen auf dem Druckbett herausgefahren und das Druckbett wird wieder auf 0 mm herangefahren. Somit streift die Düse den letzten Filament-„Sabber“ ab und ist für den Druck bereit.

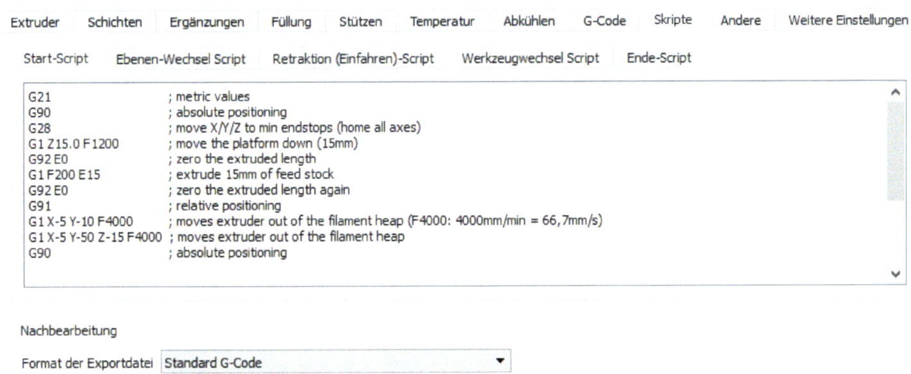

Bild 3.21 Skripte – Start-Script

Für das Druckende habe ich unter *Ende-Script* ebenfalls einen G-Code erzeugt (Bild 3.22). Demnach senkt sich das Druckbett um 1 mm und der Extruder fährt in die *x/y*-Home-Position. Danach senkt sich das Druckbett nochmals um 35 mm. Auf diese Weise will ich vermeiden, dass die Reste aus der Düse auf das Teil tropfen. Der Extruder, der Ventilator und die Motoren werden abgeschaltet. Am Ende des G-Codes ertönt eine grausige Tonfolge von drei Tönen. So höre ich in der ganzen Wohnung, dass der Druck zu Ende ist.

> Weitere Infos zu G-Codes und M-Codes findest du unter *http://reprap.org/wiki/G-code*.

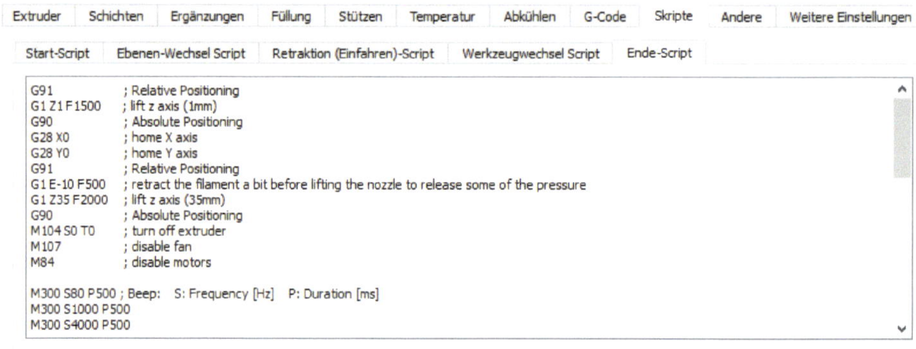

Bild 3.22 Ende-Script

3.1.10 Andere

Unter *Andere* wird die Druckgeschwindigkeit festgelegt (Bild 3.23). Je niedriger die Druckgeschwindigkeit eingestellt wird, desto schöner ist das Resultat.

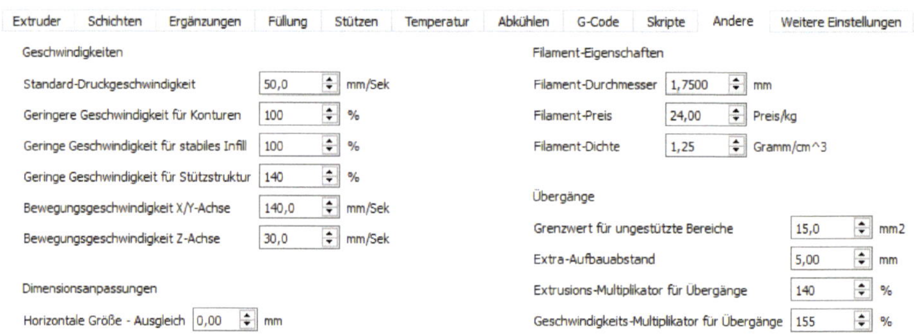

Bild 3.23 Andere

Unter *Bewegungsgeschwindigkeit* versteht Simplify3D die Verfahrgeschwindigkeit des Extruders, um von einem Druckort zum nächsten zu fahren (ohne dabei zu drucken).

Mit *Dimensionsanpassungen* kann das Spaltmaß zwischen zwei benachbarten, sich nicht berührenden Teilen vergrößert werden (positiver Wert).

Unter *Übergänge* versteht man das Drucken von Brücken (*Bridges*).

Mit *Grenzwert für ungestützte Bereiche* wird angegeben, ab welcher Fläche (in mm^2) die weiter unten folgenden Einstellungen gelten.

Um die Brücke stabiler zu drucken, wird die Brückenfläche um den *Extra-Aufbauabstand* rund um die Brücke erweitert.

Mit *Extrusions-Multiplikator für Übergänge* wird die Breite des Filaments für den Brücken-Druck eingestellt (in Abhängigkeit von der Druckbreite). Mit *Geschwindigkeits-Multiplikator für Übergänge* wird die Druckgeschwindigkeit beim Erstellen einer Brücke in Abhängigkeit zur normalen Druckgeschwindigkeit angegeben.

3.1.11 Weitere Einstellungen

Mit *Modifikationen der Schichten* unter *Weitere Einstellungen* kann eingestellt werden, ab welcher Höhe der Druck beginnen soll, und bei welcher Höhe der Druck enden soll (Bild 3.24). Mit dieser Funktion kann man zum Beispiel mit einem Single-Extruder-Drucker mehrerer Farben übereinander drucken.

Der *Mindestweg für Einzug* unter *Überquell-Kontrollverhalten* bestimmt den (drucklosen) Mindestverfahrweg des Extruders für einen Filament-Einzug. Das beinhaltet den Vertikalhub aus dem Reiter *Extruder*.

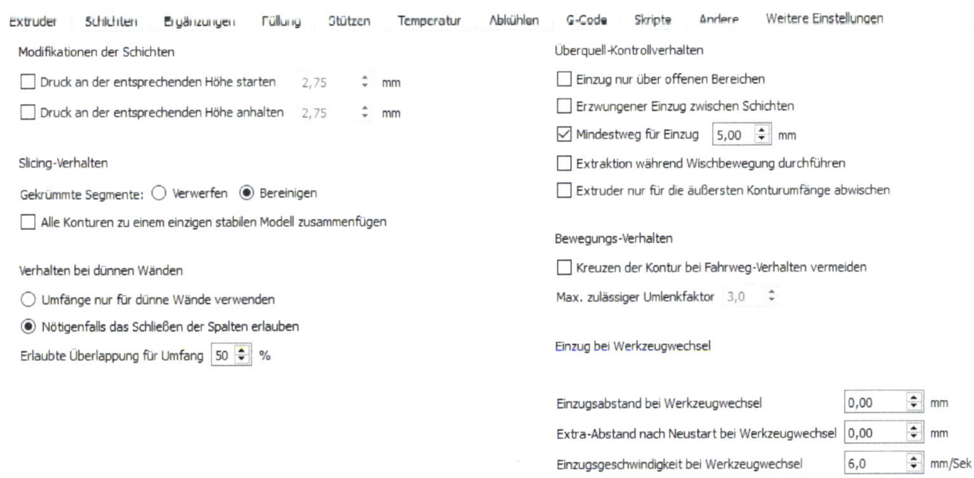

Bild 3.24 Weitere Einstellungen

3.2 Druckherausforderungen und -probleme meistern

Es gibt ein paar typische Druckherausforderungen und -probleme, mit denen jeder Anwender zu kämpfen hat. Dazu zählen zum Beispiel schwierig zu druckende geometrischen Formen sowie die perfekte Haftung des Druckteils auf der Druckplattform. Damit der Drucker über einen langen Zeitraum hinweg gut und sauber druckt, ist eine sorgfältige Wartung und Pflege des Druckers unerlässlich.

3.2.1 Lagerung des Filaments

Druckprobleme können schon vor dem Druck entstehen, z. B. bei unsachgemäßer Lagerung der Filamente. Durch das Einwirken von Licht und Luftfeuchtigkeit altern Filamente schneller, werden spröde und brechen im schlechtesten Fall während des Druckens. Die Filamente sollten – unabhängig von der Art des Materials – bei Nichtbenutzung luftdicht und vor Licht geschützt gelagert werden. Am besten legt man die Filament-Rolle mit einem Beutelchen Trocknungsmittel (Kieselgel oder auch Silica-Gel genannt), das normalerweise mit der Filament-Rolle mitgeliefert wird, in eine abschließbare Tüte und legt diese in einen Schrank. Ansonsten besteht die Gefahr, dass das Filament während des Druckens unbemerkt reißt, und dann wirst du dich vielleicht an diese Textstelle erinnern und leise fluchen ...

3.2.2 Geometrische Formen

Auch beim Drucken diverser geometrischer Körperformen können Probleme auftreten. Im Folgenden stelle ich Rezepte für den optimalen Umgang mit verschiedenen Druckherausforderungen vor.

3.2.2.1 Schräge Wand mit/ohne Stützstruktur (Support)

Die Stützstruktur (Support) ist ein wichtiges Hilfsmittel, um schräge Wände während des Druckens abzustützen zu können. Um herauszufinden, ab welcher Schräge eine Stützstruktur notwendig ist, kommt man nicht umhin, einige Druckversuche durchzuführen.

Hierfür habe ich einen Prüfkörper mit den Winkeln 45°–75° in 5°-Schritten erzeugt (Bild 3.25). Der Winkel der schrägen Wand wird immer von der Vertikalen gemessen, d. h. 0° bedeutet vertikale Wand; 90° bedeutet horizontale Wand. Man druckt diesen Prüfkörper mit unterschiedlichen Schickdicken von 0,3 mm bis 0,15 mm. Tendenziell gilt: Je dünner die Druckschicht, desto steiler kann die Wand ohne Stützmaterial gedruckt werden.

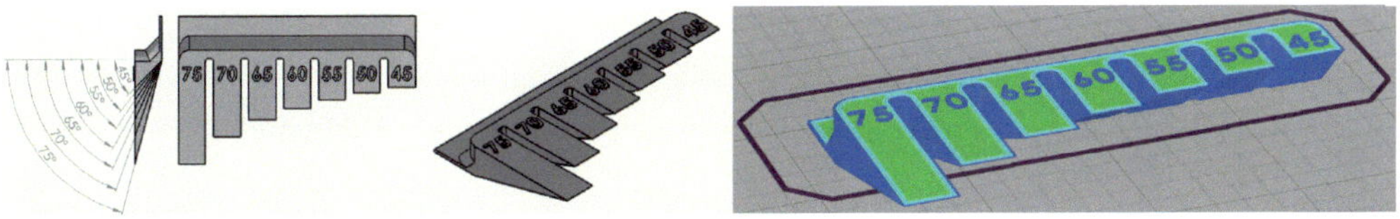

Bild 3.25 *Pruefkoerper (schraege Wand ohne Stuetzstruktur).stl*

In Bild 3.26 sind die Ergebnisse meines Druckversuchs dargestellt. Mit einer Schichtdicke von 0,3 mm können mit meinem 3D-Drucker (BQ Witbox) schräge Wände bis 60° ohne Qualitätsverlust und bis 65° mit leichten Unregelmäßigkeiten auf der Unterseite der Wand gedruckt werden. Bei schrägen Wänden über 65° ist Stützmaterial unvermeidlich. Beim Prüfkörper mit 0,2 mm Schichtdicke kann man bis 70° ohne Stützmaterial drucken, allerdings biegen sich die Vorderkanten durch thermischen Verzug schon ab 65° auf.

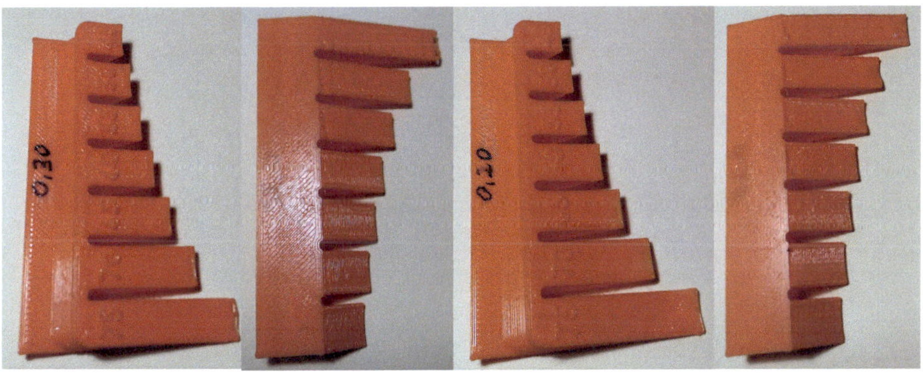

Bild 3.26 Druckergebnis: 0,3 mm (links) vs. 0,2 mm (rechts) Schichtdicke

Am besten ist natürlich, wenn man gänzlich auf Stützen verzichten kann. Dann spart man sich nicht nur Druckzeit, sondern auch das lästige Entfernen des Stützmaterials vom Druckteil.

Folgende allgemeine Druckeinstellungen sind für den Prüfkörper vorzunehmen:

- Layerhöhe: 0,30 mm/0,25 mm/0,20 mm/0,15 mm
- Druckgeschwindigkeit: 50 mm/s
- innerer Füllgrad: 15 %

3.2.2.2 Übergang (Bridge)

Mit dem Übergang (Bridge) ist eine ohne Stützstruktur gedruckte, horizontale Ebene gemeint. Für den Druck eines Übergangs wird üblicherweise die Druckgeschwindigkeit erhöht, die Filament-Extrusion verringert und der Ventilator an der Düse maximal beaufschlagt. Auf diese Weise soll das Durchhängen der gedruckten Filament-Fäden verhindert werden. Allerdings hat diese Funktion auch ihre Grenzen. Bei großen Übergängen muss mit Stützmaterial nachgeholfen werden. Ab wann dies der Fall ist, ist vom verwendeten Druckermodell abhängig. Kurvenförmige Übergänge sind mit diesen Einstellungen nicht zu drucken. Hier ist Stützmaterial Pflicht.

Die Einstellungen des Übergangs werden erst angewendet, wenn unter *Übergänge* der *Grenzwert für ungestützte Bereiche* (entspricht der minimalen Größe der Übergangsfläche) überschritten wird und dort zugleich kein Stützmaterial vorgesehen ist (Bild 3.27).

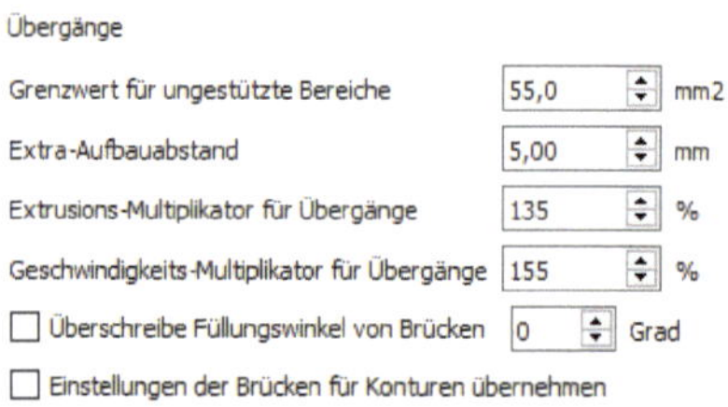

Bild 3.27 Einstellungen für den Übergang

Mit der Funktion *Extra-Aufbauabstand* wird eine größere Überlappung der Übergangsfläche (gelber Bereich in Bild 3.28) erzeugt. In diesem Fall beginnt sie schon 5 mm vor Beginn des Übergangs.

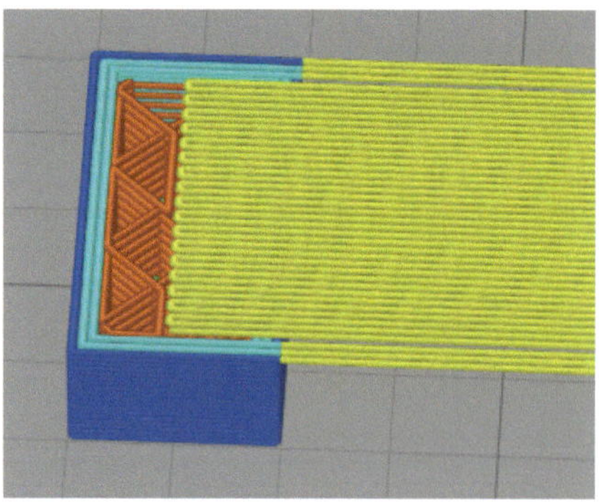

Bild 3.28 Extra-Aufbauabstand

Mit dem *Extrusions-Multiplikator für Übergänge* wird die Filament-Dicke definiert. Dieser Wert sollte etwas unter dem *Geschwindigkeits-Multiplikator für Übergänge* liegen (Bild 3.27). Auf diese Weise werden die Filament-Stränge dünner gedruckt. Der *Geschwindigkeits-Multiplikator für Übergänge* sollte deutlich über 100 % liegen, damit das Filament schneller gedruckt und somit besser abkühlen kann. Mit der Funktion *Überschreibe Füllungswinkel von Brücken* kann der Füllungswinkel verändert werden (Bild 3.29).

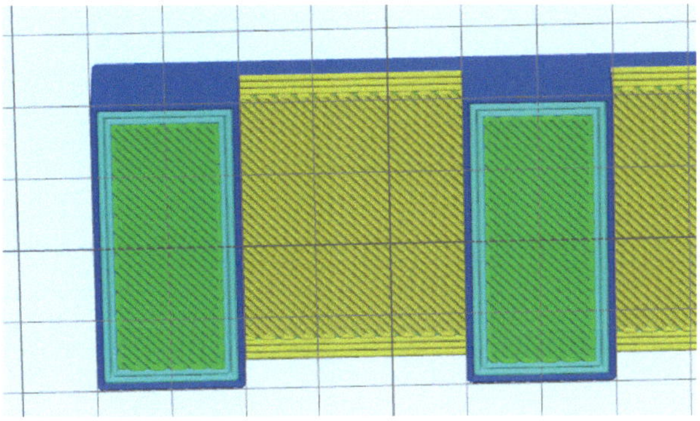

Bild 3.29 Füllungswinkel von Brücken überschreiben

Setzt man unter *Übergänge* einen Haken bei *Einstellungen der Brücken für Konturen übernehmen*, wird dafür gesorgt, dass auch die Außenkonturen mit den Einstellungen der Übergänge gedruckt werden (die hell- und dunkelblauen Bereiche in Bild 3.30 sind die Außenkonturen, die gelben Bereiche die Übergangskonturen).

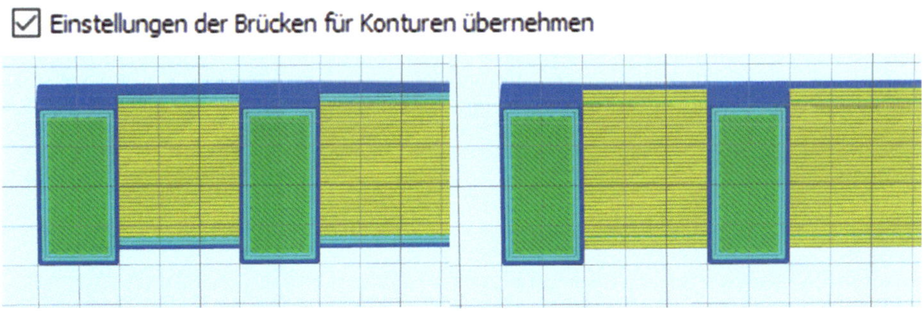

Bild 3.30 Einstellungen der Brücken für Konturen übernehmen

In diesem Falle habe ich zwei Prüfkörper erzeugt. Der erste Prüfkörper (*Pruefkoerper 1 (Uebergang).stl*) besitzt Übergänge von 15 mm, 20 mm und 25 mm, der zweite Prüfkörper (*Pruefkoerper 2 (Uebergang).stl*) besitzt Übergänge von 30 mm, 35 mm und 40 mm. Beide Prüfkörper habe ich mit den Einstellungen aus Bild 3.27 gedruckt.

Die erste Erkenntnis ist, dass Übergänge bis 40 mm problemlos gedruckt werden können. Die Übergangsebenen hängen kaum durch, allerdings sind die Übergangsflächen durch die etwas dünner gedruckten Filament-Stränge gekennzeichnet. Dies ergibt ein unregelmäßiges Druckbild an den Unterseiten der Druckstücke (Bild 3.31 und Bild 3.32).

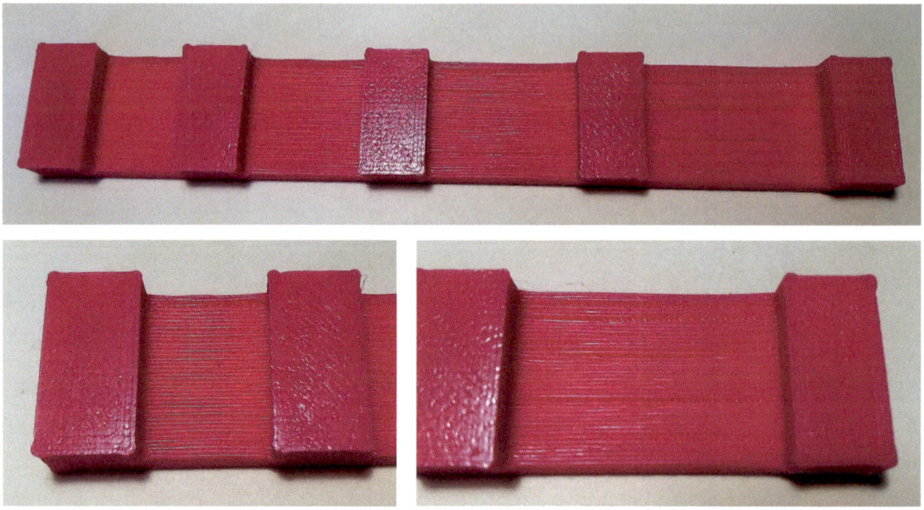

Bild 3.31 Prüfkörper 1 (oben) mit 15-mm-Übergang (unten links) und 30-mm-Übergang (unten rechts): *Pruefkoerper 1 (Uebergang).stl*

Bild 3.32 Prüfkörper 2 (oben) mit 45-mm-Übergang (unten links) und 30-mm-Übergang (unten rechts): *Pruefkoerper 2 (Uebergang).stl*

Mit der Zielsetzung, die Flächen an den Unterseiten der Druckteile zu verschönern, habe ich die Druckgeschwindigkeit (180 %) und die Filament-Extrusion (180 %) erhöht, und zwar derart, dass das Verhältnis der beiden zueinander dasselbe ist wie im restlichen Druckkörper (Bild 3.33).

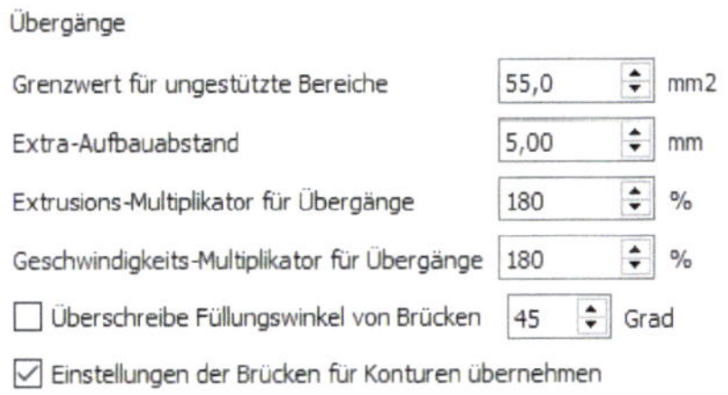

Bild 3.33 Neue Einstellungen für den Übergang

Das Ergebnis war niederschmetternd, wie man in Bild 3.34 erkennen kann. Die in normaler Dicke gedruckten Filament-Stränge hängen an manchen Stellen durch und das Druckbild der Unterseiten ist noch viel ungleichmäßiger als zuvor (Bild 3.34).

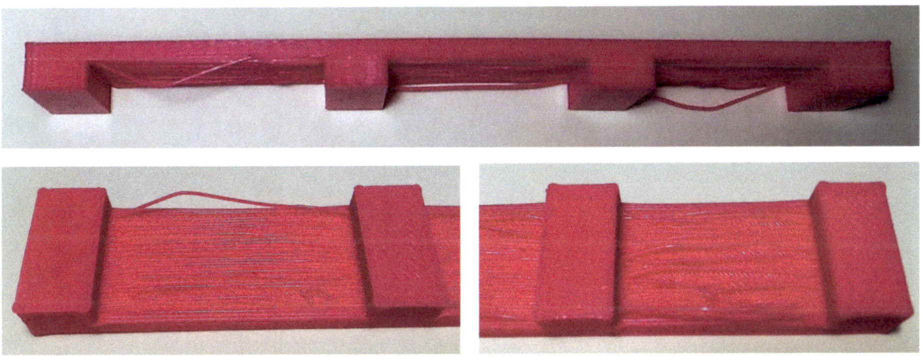

Bild 3.34 Prüfkörper 2 mit 180%iger Druckgeschwindigkeit und 180%iger Filament-Extrusion

Im letzten Versuch habe ich die Druckgeschwindigkeit bei 180 % belassen und die Filament-Extrusion auf 100 % verringert. Mit dieser Einstellung habe ich die besten Ergebnisse erzielt. Die Filament-Stränge hängen nicht durch und verlaufen nahezu parallel.

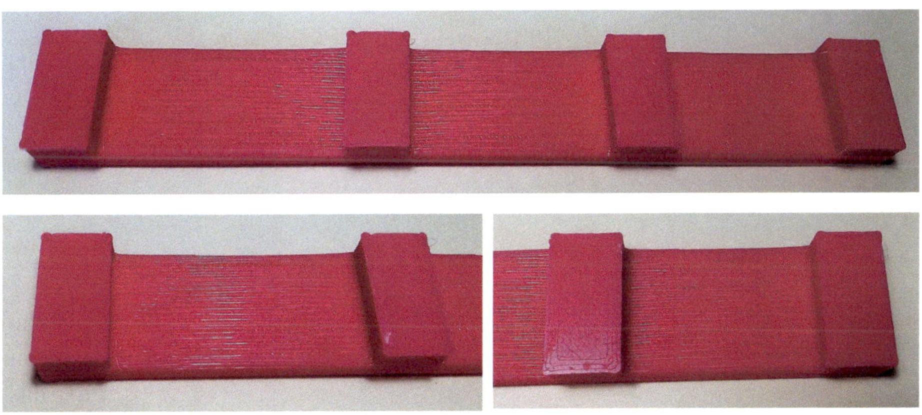

Bild 3.35 Prüfkörper 2 mit 180%iger Druckgeschwindigkeit und 100%iger Filament-Extrusion

3.2.2.3 Horizontale Bohrung

Horizontale Bohrungen bis zu einem gewissen Durchmesser können in einem Druckteil ohne weiteres ohne Stützstruktur gedruckt werden. Zur Materialersparnis habe ich nur die Oberseite der Bohrung, welche ja gerade problematisch zu drucken ist, konstruiert. Das Beispiel aus Bild 3.36 soll zeigen, dass der Druck eines großen Durchmessers (35 mm) keine hohe Oberflächengüte auf der Oberseite der Bohrung erzeugen wird.

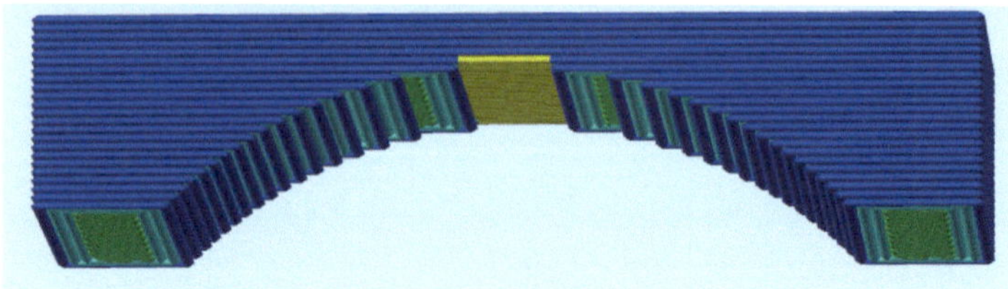

Bild 3.36 Druckbeispiel einer 35-mm-Bohrung: *Pruefkoerper (Durchmesser 35 mm).stl*

Je weiter der Druck an die Oberseite der Bohrung kommt, desto größer werden die Überhänge. Rechts in Bild 3.37 erkennt man gut, dass der Überhang dieser Druckschicht (siehe Pfeil) garantiert durchhängen wird. Hier müsste eigentlich Stützmaterial vorgesehen werden.

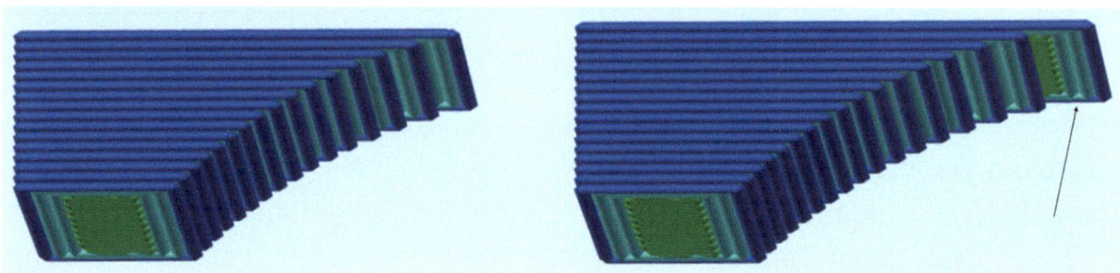

Bild 3.37 Druckschichten mit großen Überhängen auf der Oberseite der Bohrung

Die oberste Druckschicht der Bohrung wird wie ein Übergang (Bridge) gedruckt. Wie man in Abschnitt 3.2.2.2 gesehen hat, ist dieser Abstand zwischen dem linken und rechten Teil der Bohrung kein Problem für das Druckergebnis.

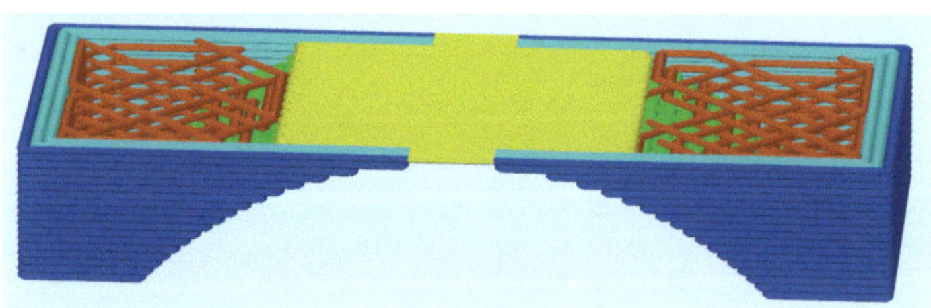

Bild 3.38 Übergang (Bridge) auf der Oberseite der Bohrung

Die Überhänge kann man verkleinern, indem man die Druckschichtdicke verringert.

Bild 3.39 Druckschichten mit verkleinerten Überhängen auf der Oberseite der Bohrung (bedingt durch eine geringere Druckschichtdicke)

Bild 3.40 zeigt zwei Druckbeispiele, beide mit einem Durchmesser von 35 mm. Auf den beiden linken Abbildungen befindet sich das Bohrungssegment, welches mit einer Schichtdicke von 0,3 mm gedruckt wurde, auf den beiden rechten Abbildungen ist das Bohrungssegment zu sehen, welches mit einer Schichtdicke von 0,15 mm gedruckt wurde. Die Bohrungsoberseite des Druckteils mit der geringeren Schichtdicke kann durch ein wenig Nacharbeit geglättet werden (Feilen und Schleifen). Bei dem etwas grob gedruckten Teil ist das nur bedingt möglich. Letztendlich muss aber jeder selbst herausfinden, bis zu welchem horizontalen Durchmesser (abhängig von der Schichtdicke) das beste Resultat erbracht wird.

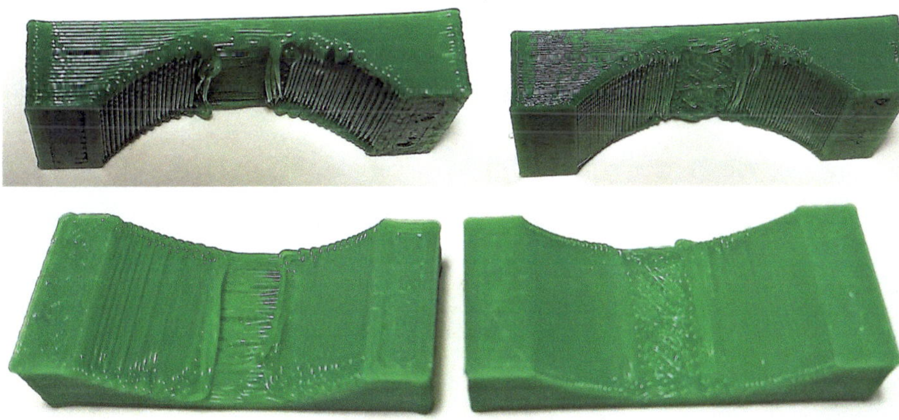

Bild 3.40 Bohrungssegment mit 0,3 mm (links) und 0,15 mm (rechts) Schichtdicke

3.2.3 Dünne Wandstärken

Bevor man sich an den Druck einer dünnen Wand macht, sollte man Folgendes wissen: Bei Simplify3D (wie auch bei anderen Slicern) entspricht die automatisch eingestellte Extrusionsbreite des gedruckten Filament-Stranges den 120 % des Düsendurchmessers (Bild 3.41).

Bild 3.41 Automatische Extusionsbreite

Die Extrusionsbreite wird wie folgt ermittelt:

$$\varnothing_{\text{Extrusionsbreite}} = \varnothing_{\text{Düse}} \cdot 120\,\% = 0{,}4\text{ mm} \cdot 1{,}2 = 0{,}48\text{ mm}$$

Die Empfehlung für den Druck dünner Wände lautet daher, dass die Wandstärke einem Vielfachen der Extrusionsbreite entsprechen sollte. So wird die Wand garantiert ohne Spalt zwischen der Außen- und Innenkontur gedruckt. Das heißt, dass sämtliche Wandkonturen miteinander zu einer stabilen Wand verschmolzen werden.

Einstellung A

Die besten Druckergebnisse für Wandstärken von 0,25 mm bis 3,0 mm konnte ich mit der Einstellung A (siehe Bild 3.42) der beiden Funktionen *Äußerer dünner Wand-Modus* und *Innerer dünner Wand-Modus* erzielen (jeweils *Einzeln extruierte Wände erlauben*).

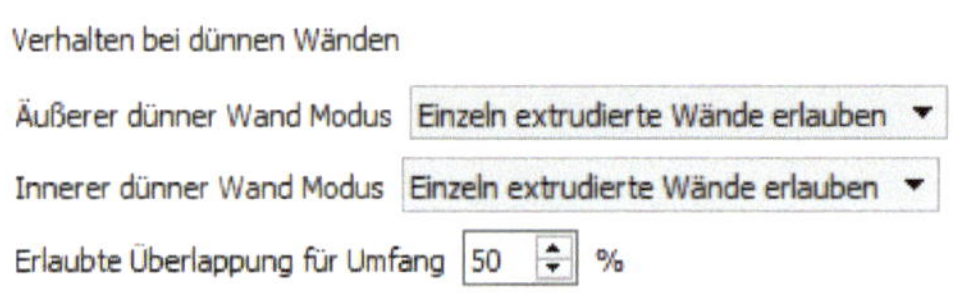

Bild 3.42 Einstellung A: Beste Einstellung für den Druck dünner Wände

Bild 3.43 zeigt die Druckvorschau von Prüfkörpern mit Wandstärken von 0,25 mm bis 3,0 mm.

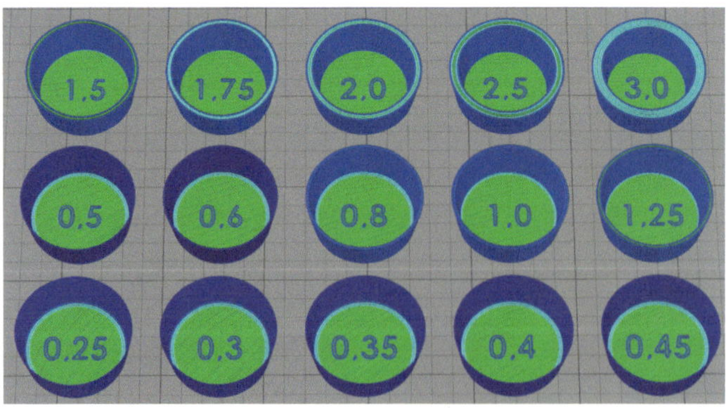

Bild 3.43 Einstellung A: Prüfkörper mit Wandstärken von 0,25–3,0 mm: *Pruefkoerper (Duenne Wand 0,20 mm).stl* bis *Pruefkoerper (Duenne Wand 3,00 mm).stl*

Einstellung B

Stellt man die beiden Funktionen *Äußerer dünner Wand-Modus* und *Innerer dünner Wand-Modus* auf *Nur Konturen* (Einstellung B, siehe Bild 3.44), so werden die Wände der Prüfkörper mit einer Wandstärke von bis zu 0,45 mm nicht gedruckt. Außerdem hat die Wand des Prüfkörpers mit der Wandstärke 1,25 mm einen Spalt zwischen Innen- und Außenkontur.

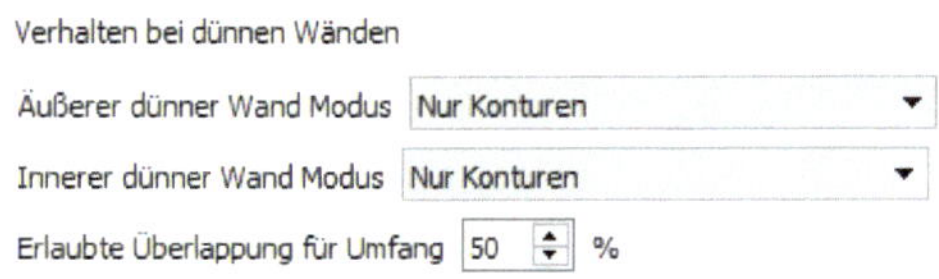

Bild 3.44 Einstellung B: Weitere Möglichkeit der Einstellung für den Druck von dünnen Wänden

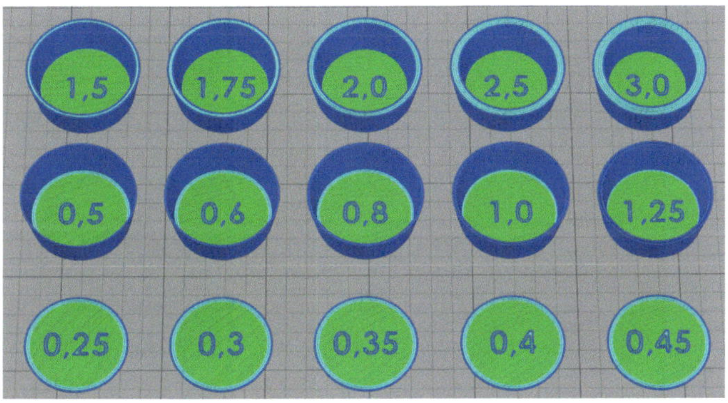

Bild 3.45 Einstellung B: Schlechte Druckergebnisse für Wandstärken von 0,25–0,45 mm und 1,25 mm

Einstellung C

Stellt man den *Innerer dünner Wand-Modus* auf *Lücken füllen erlauben* und die *Erlaubte Überlappung für Umfang* auf 10 %, so werden die Außenkonturen (dunkelblau) und Innenkonturen (hellblau) mit einer Überlappung von 10 % der Extrusionsbreite gedruckt (Bild 3.46). Ist der Abstand zwischen den Außen- und Innenkonturen größer, so wird die Fläche zwischen den Konturen mit einem Füllmuster gefüllt, welches durch den Parameter *Versatz den Füllungs-Winkel (außen)* gesteuert wird (Bild 3.47). Dieses Zickzack-Füllmuster (grün) erzeugt eine starke Vibration des Druckkopfes, was sich negativ auf die Druckqualität auswirken kann. Auch hier werden die Wände der Prüfkörper mit einer Wandstärke von bis zu 0,45 mm nicht gedruckt (Einstellung C).

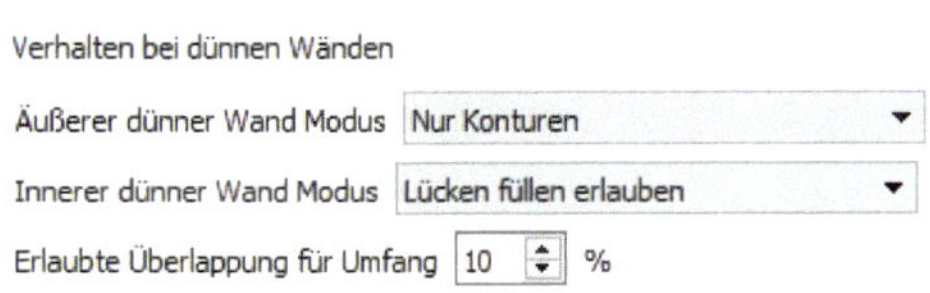

Bild 3.46 Einstellung C: Weitere Möglichkeit der Einstellung für den Druck von dünnen Wänden

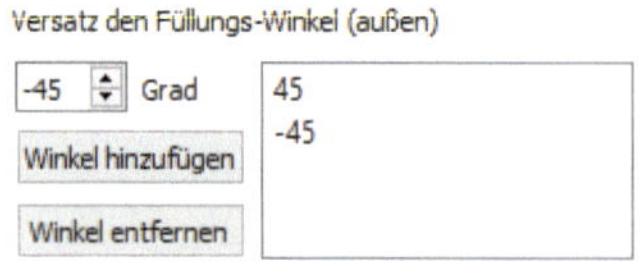

Bild 3.47 Füllmuster zwischen den Außen- und Innenkonturen

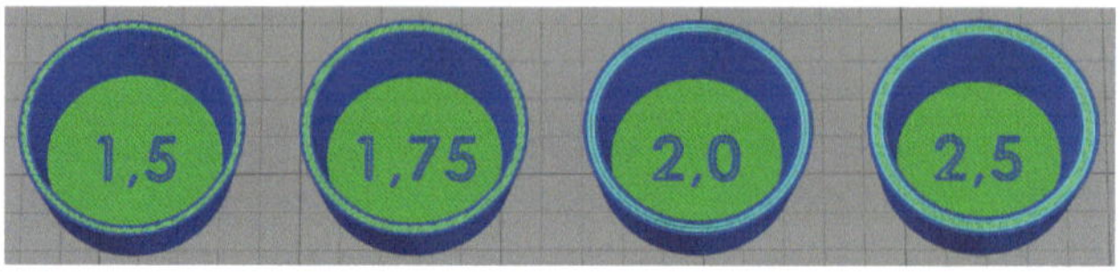

Bild 3.48 Zickzackförmiges Füllmuster

Einstellung D

Das Erhöhen des Parameters *Überlappung für Umfang* auf 100 % bringt in einigen Fällen gute Ergebnisse, allerdings nicht immer, wie man in Bild 3.49 erkennen kann (Wandstärke: 1,25 mm). Im Prüfkörper mit der Wandstärke von 1,25 mm wird das zickzackförmige Füllmuster gedruckt. Auch hier werden die Wände der Prüfkörper mit einer Wandstärke von bis zu 0,45 mm nicht gedruckt (Einstellung D).

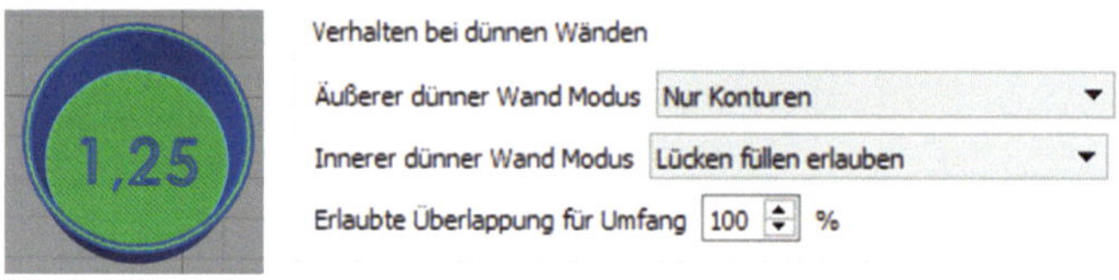

Bild 3.49 Einstellung D für den Druck von dünnen Wänden

Kommen wir nun zur Praxis. Bild 3.50 zeigt die Prüfkörper mit einer Wandstärke von 0,30 mm, 0,35 mm, 0,40 mm und 0,45 mm. Alle vier Prüfkörper wurden mit der Einstellung A und einer Schichtdicke von 0,30 mm gedruckt. Wie man gut erkennen kann, sind bei den ersten drei Prüfkörpern die Konturen der Wände nicht mit dem Untergrund verschmolzen. Vor allem der 0,30 mm-Prüfkörper ist besonders übel zugerichtet. Erst ab einer Wandstärke von 0,45 mm wird die Wand perfekt gedruckt.

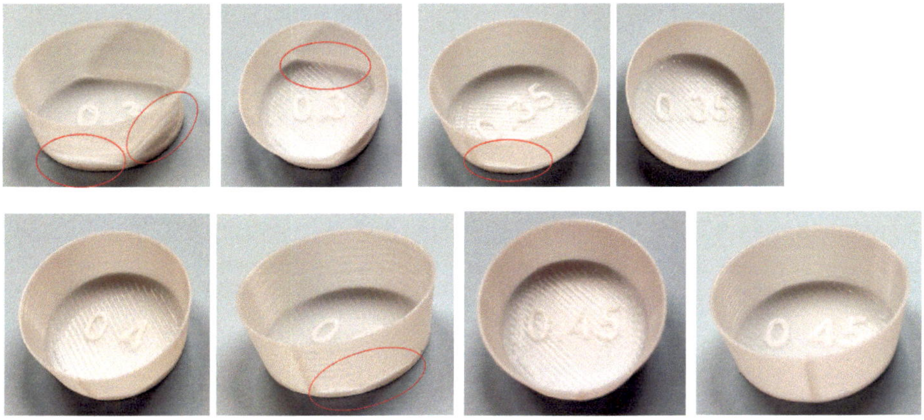

Bild 3.50 Prüfkörper mit Wandstärken von 0,30 mm, 0,35 mm, 0,40 mm und 0,45 mm (Einstellung A) und einer Schichtdicke von 0,30 mm

Danach habe ich die Schichtdicke auf 0,20 mm reduziert und den Prüfkörper mit einer Wandstärke von 0,35 mm gedruckt. Der Druck hat sich sichtlich verbessert, nur am unteren Rand fehlt ein wenig Material. Wahrscheinlich ist dies jedoch eher auf meinen Drucker zurückzuführen (Bild 3.51).

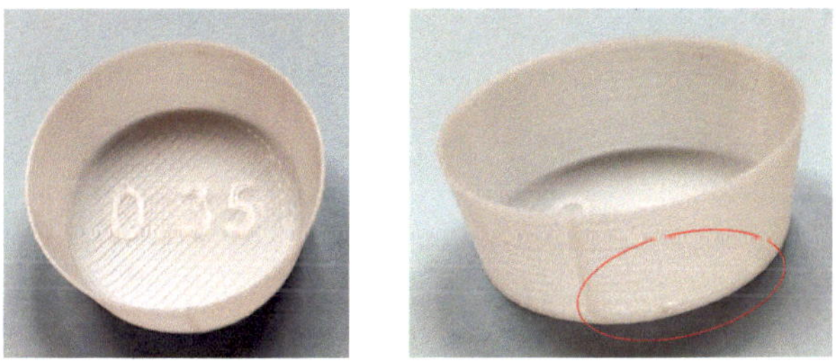

Bild 3.51 Prüfkörper mit einer Wandstärke von 0,35 mm (Einstellung A) und einer Schichtdicke von 0,20 mm

Mit einer Schichtdicke von 0,15 mm erreichte ich ein fehlerfreies Druckergebnis (Bild 3.52).

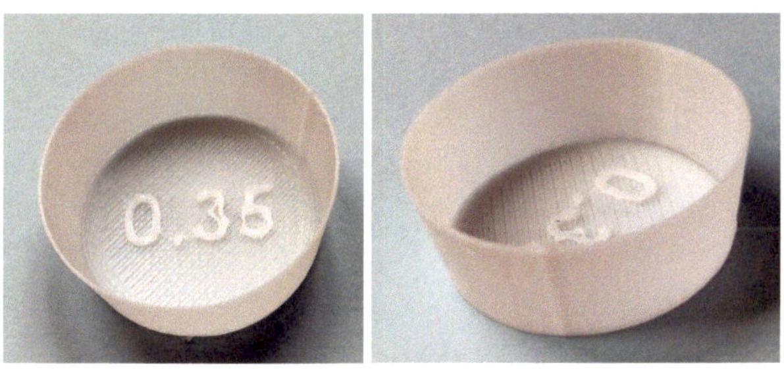

Bild 3.52 Prüfkörper mit einer Wandstärke von 0,35 mm (Einstellung A) und einer Schichtdicke von 0,15 mm

Ein weiteres Thema ist die tatsächlich gedruckte Wandstärke. In Tabelle 3.1 stehen die gemessenen Wandstärken aller von mir gedruckten Prüfkörper. Wände, welche mit nur eine Kontur gedruckt werden, haben eine leicht erhöhte Wandstärke. Wände, welche mit zwei Konturen gedruckt werden, und eine Wandstärke besitzen, die kleiner ist als die doppelte Extrusionsbreite, haben eine stark erhöhte Wandstärke. Nur Wände mit einer Breite ab einer doppelten Extrusionsbreite werden gemäß dem Modell gedruckt. Diese Werte sind selbstverständlich abhängig vom Druckertyp, vom Düsendurchmesser und von der Filament-Qualität.

Tabelle 3.1 Tatsächlich gedruckte Wandstärke in Abhängigkeit von der Anzahl der Wandkonturen

Schichtdicke [mm]	Eingestellte Wandstärke [mm]	Gedruckte Wandstärke [mm]	Anzahl der Konturen
0,3	0,30	0,36	1
	0,35	0,41	1
	0,40	0,46	1
	0,45	0,50	1
	0,60	0,93	2
	0,80	0,97	2
	1,00	1,00	2
	1,50	1,52	3
0,2	0,35	0,40	1
0,15	0,35	0,38	1

Konstruktion einer horizontal gleich dicken Wand

Im Folgenden soll die konstruktive Gestaltung einer dünnen Wand erläutert werden. Erstellt man die Außenkontur der Wand entlang eines Splines und mittels der Offset-Funktion die Innenkontur der Wand, so wird der Abstand der beiden Konturen (Linie oder Spline) immer senkrecht zueinander erzeugt. Dadurch ändert sich der horizontale Abstand und somit auch die Anzahl der gedruckten Bahnen. Dies kann zu einem weniger schönen Druckergebnis führen.

Dies kann man folgendermaßen umgehen: Zuerst zeichnet man die Außenkontur (im ersten Beispiel ein Spline). Dann sollte eine ähnliche Kontur als Innenkontur gezeichnet werden. **Wichtig:** Im Falle eines Splines sollte dieselbe Anzahl an Spline-Punkten vorhanden sein. Nun verbindet man die Spline-Punkte der Außen- und Innenkonturen mit Hilfslinien und gibt jeder dieser Hilfslinien die Bedingungen *horizontal* und *gleiche Länge*. Danach bemaßt man eine der Hilfslinien und stellt so den horizontalen Wandabstand ein. Als Letztes müssen die beiden äußersten Hilfslinien in Konturlinien umgewandelt werden. Jetzt kann durch Rotation der Körper mit horizontal gleich dicker Wand erzeugt werden. Ganz rechts in Bild 3.53 ist den Unterschied zwischen der konstruierten Innenkontur und der durch Offset erzeugen Innenkontur (blau) zu erkennen.

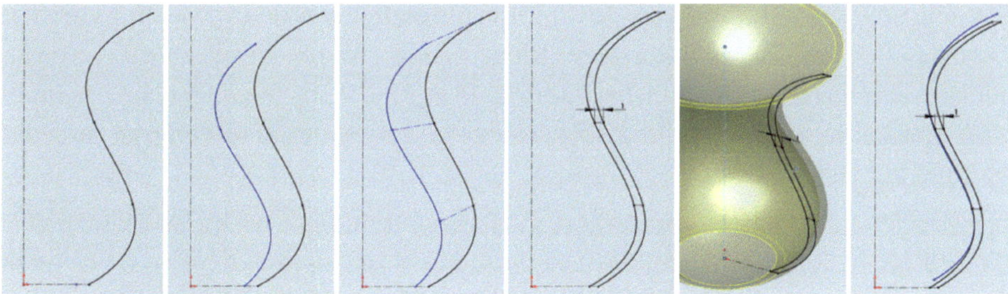

Bild 3.53 Erzeugung einer horizontal gleich dicken Wand mit einem Spline

Ähnlich funktioniert es mit Geraden und Radien. Die Geraden der Innenkontur müssen parallel zu den entsprechenden Geraden der Außenkontur sein und die Innenradien sind gleich den entsprechenden Außenradien. Dann sind die Hilfslinien mit ihren Bedingungen einzufügen (Bild 3.54).

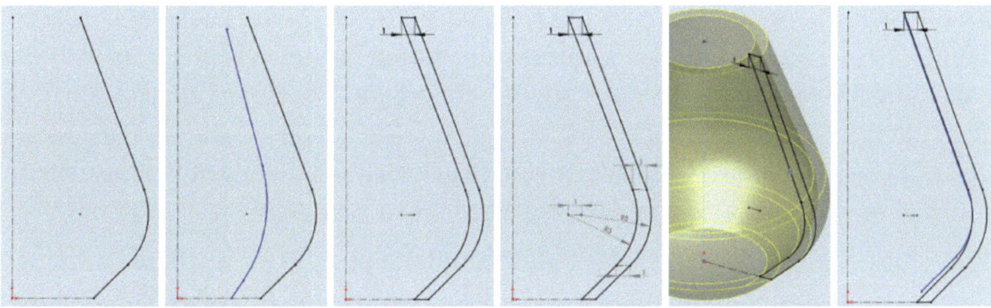

Bild 3.54 Erzeugung einer horizontal gleich dicken Wand mit Geraden und Radien

3.2.4 Verbesserung der Haftung des Druckteils auf der Druckplatte

Bei kleinen oder auch bei hohen Druckteilen mit einer relativ kleinen Druckfläche können verschiedene Einstellungen vorgenommen werden, welche die Anhaftung des Druckteils an die Druckplattform erhöhen.

Vermeidung von Warping

Unter *Warping* versteht man das Abheben des Druckteils vom Druckbett während des Druckens. Die erste Druckschicht (*Layer*) ist für die Haftung des Druckteils auf dem Druckbett verantwortlich. Es gibt eine Vielzahl von Vorkehrungen, die bei der Druckvorbereitung getroffen werden können, durch welche die Anhaftung verbessert werden kann (z. B. Kalibrierung und Oberflächenbehandlung der Druckplatte, Einstellung der korrekten Druckparameter).

Es sollte ein Düsenabstand von ca. 0,15 mm eingestellt werden sowie eine perfekte Horizontalität des Druckbettes gewährleistet sein. Bei der Verwendung von ABS als Druckmaterial ist ein Heizbett Pflicht. PLA und PETg benötigen keines, aber auch hier kann die Verwendung eines Heizbettes durchaus eine Verbesserung der Haftung mit sich bringen.

Das Druckbett ist meistens ein kalibriertes Aluminiumblech oder eine Glasscheibe. Da sich große Teile prinzipiell schlechter ablösen lassen als kleinere, ist es nicht optimal, direkt auf dem Druckbett zu drucken. Die beste Erfahrung habe ich mit FR4-Glasfaserplatten gemacht. Diese werden mit vier bis sechs Klammern am Druckbett befestigt. Die Haftung auf dem schlecht wärmeleitenden Material ist schon von Haus aus gut. Große Teile kann man durch Biegen der Glasfaserplatte lösen. Man braucht dann keine spitzen Meißel mehr, um Druckteile zu entfernen.

Ein auf das Druckbett aufgeklebtes Tape (z. B. ScotchBlue™-Klebeband von 3M, 48 mm × 50 m) liefert auch gute Ergebnisse. Es ist allerdings etwas nervig, zwei Bahnen spaltfrei nebeneinander aufzukleben. Man will ja sparsam mit dem Klebeband umgehen. Wenn der Druck am Ende doch größer als die beklebte Fläche ist, dann wird der gute Hafteffekt wieder zunichte gemacht. Ich habe deshalb das Bandaufkleben nach einiger Zeit wieder eingestellt. Darüber hinaus kann man auch ein doppelseitiges Klebeband verwenden. Die Klebewirkung ist sehr gut – und zwar so gut, dass das Entfernen vom Drucktisch nicht einfach ist. Das doppelseitige Klebeband ist also ebenfalls mit Vorsicht zu genießen.

Man kann das Druckbett bzw. die Glasfaserplatte auch kurz vor dem Druck mit Haarspray einsprühen. Ein extra starkes Haarspray (keine teure Markenware) hat bei mir die besten Resultate erzielt. Nach einigen Druckvorgängen sollte man die Sprayreste auf der Druckplatte mit 96%igem Alkohol anlösen und entfernen. Zum Besprühen sollte das Druckbett oder die Glasfaserplatte aus dem Drucker entnommen werden, da sonst ziemlich bald die Linearlager und Führungsstangen verkleben werden.

Alles in allem kann ich sagen, dass sich die Verwendung einer Glasfaserplatte und der Einsatz von Haarspray für mich als effektivste Methoden zur Vermeidung von Warping erwiesen haben.

Schürze/Rand (Skirt/Brim)

Bei Aktivierung der Funktion *Schürze/Rand verwenden* (*Skirt/Brim*) werden konzentrische Linien rund um die unterste Druckebene gedruckt, welche die Anhaftung des Druckteils verbessern (Bild 3.55). Die Anzahl der übereinanderliegenden *Schürzen-Schichten* sollten bei 1 oder 2 liegen. Bei Werten, die darüber liegen, verbessert sich die Haftung nicht weiter. Der Abstand dieser Linien wird mit dem *Schürzen-Versatz vom Teil* definiert und muss 0 betragen, damit die Schürze mit dem Druckteil verbunden ist. Mit der Anzahl der *Schürzen-Konturen* wird die Haftfläche definiert (Bild 3.56). Je höher die Anzahl der Schürzen-Konturen, desto größer die haftende Fläche. Einen kleinen Nachteil hat diese Funktion jedoch. Nach dem Druck muss die Schürze mit einem Cutter entfernt werden. Dafür baut dieses Material nicht unter dem Druckteil auf wie z. B. beim Raft (hier muss zusätzlich noch die Auflagefläche am Druckteil nachbearbeitet werden).

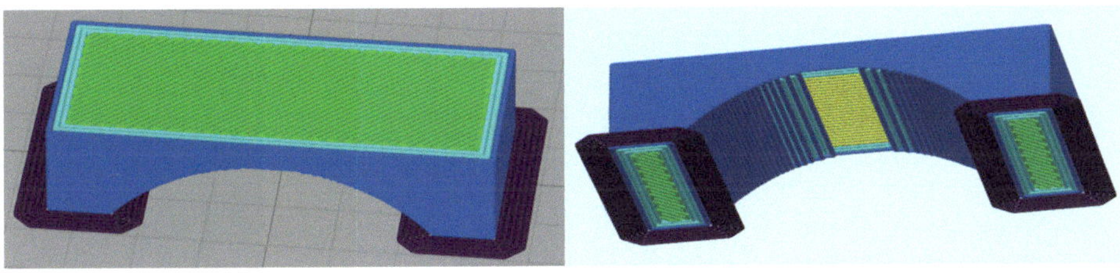

Bild 3.55 Schürze (hier dunkellila dargestellt)

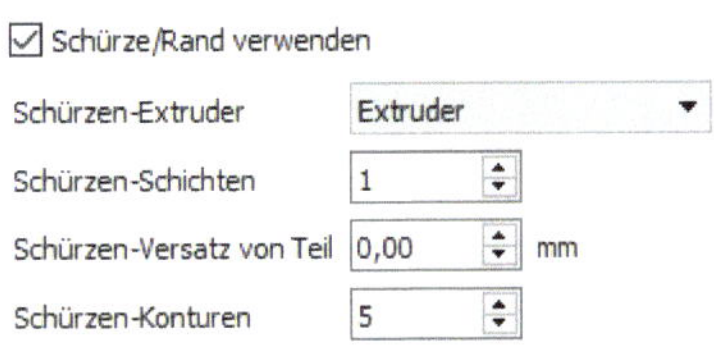

Bild 3.56 Einstellungen für eine höhere Anhaftung des Druckteils

Raft

Ein weiteres Mittel zur Vermeidung von Warping ist das Hinzufügen von Haftschichten (*Rafts*) im Slicer-Programm. Dabei wird eine durchgängige Fläche unter dem Druckteil gedruckt (Bild 3.57). Die Raftschichten werden sehr langsam gedruckt, wodurch sich die Haftung der Raftschicht an die Druckplattform erhöht.

Die Anzahl der *Raft-Deckschichten* sollte zwischen 2 und 4 liegen. Je höher die Anzahl, desto besser kann der Raft später entfernt werden. Mit *Raft-Basisschichten* sind die Schichten unterhalb der Deckschichten gemeint. Meines Erachtens bringen diese Basisschichten keinen Vorteil und können auf 0 gestellt werden. Der *Raft-Versatz vom Teil* bestimmt die Größe der Raftfläche und definiert sich durch den Abstand von der untersten Druckschicht des Teils. Mit dem *Trennungs-Abstand* ist der Abstand zwischen der obersten Raftschicht und der untersten Druckebene des Teils gemeint. Je größer der Abstand ist, desto geringer wird die Haftung des Druckteils am Raft. Den optimalen Wert muss jeder selbst herausfinden. Der Füllgrad des Rafts wird mit *Raft-Deckschichten* definiert. Mit *Geschwindigkeit nach Raft* wird die Druckgeschwindigkeit der untersten Druckschicht des Teils definiert. Auch hier gilt: Je langsamer die Druckgeschwindigkeit, desto höher die Anhaftung (Bild 3.58).

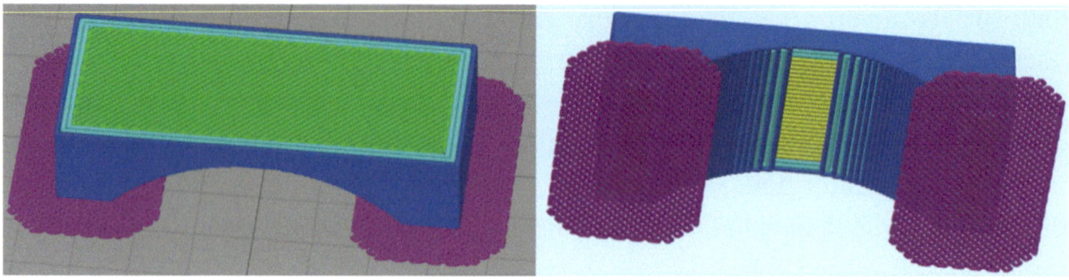

Bild 3.57 Raft (hier lila dargestellt)

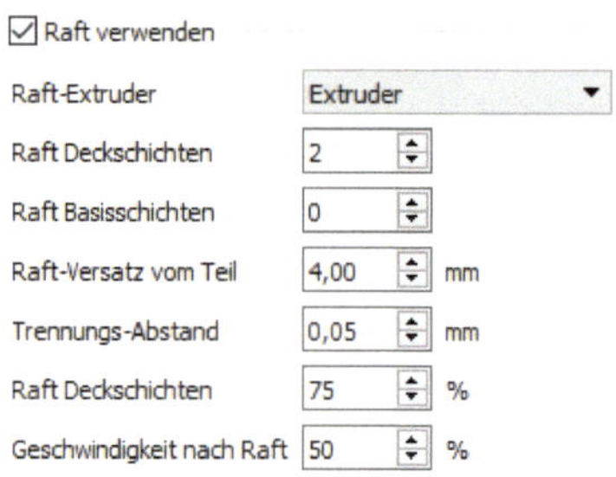

Bild 3.58 Einstellungen für eine höhere Anhaftung des Druckteils

Diese Funktion hat allerdings auch ihre Nachteile. Nach dem Drucken muss man sich um die Entfernung des Rafts kümmern. Falls die Haftung zu hoch ist, bricht das Raft beim Entfernen auseinander. Die Reste kleben dann am Druckteil und müssen aufwendig entfernt werden. Im besten Fall hält die Haftung des Druckteils am Raft während des kompletten Drucks an und nach Druckende lässt sich das Raft dann rückstandsfrei vom Druckteil entfernen, ohne zu zerbrechen. Ich drucke nicht gerne einen Raft, aber manchmal ist es die beste Lösung und man kommt nicht drum herum, ihn zu drucken.

3.2.5 Gelungener Druckbeginn – die erste Schicht

Eine perfekt eingestellte erste Druckschicht ist ein Garant für die gute Haftung des Druckteils während des Drucks. Wird die *Höhe der ersten Schicht* verringert, so wird die unterste Druckschicht mit etwas breiteren Konturen gedruckt. Dieser Wert sollte jedoch nicht zu niedrig eingestellt werden, da dann unter Umständen nicht genügend Filament aus der Düse gepresst werden kann. Zusätzlich kann die *Breite der ersten Schicht* noch weiter erhöht werden. Je niedriger die *Geschwindigkeit der ersten Schicht* ist, desto höher die Haftung. Die Druckgeschwindigkeit sollte beim Druck der ersten Schicht auf 70–85 % der normalen Druckgeschwindigkeit reduziert werden (Bild 3.59).

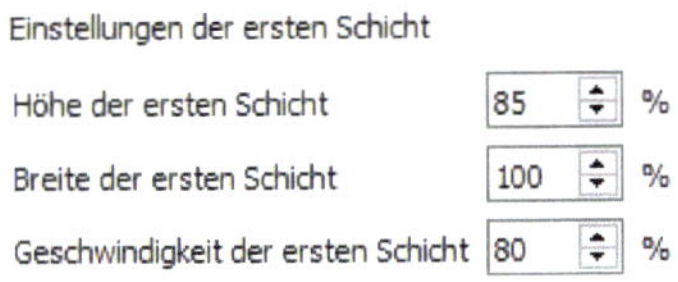

Bild 3.59 Einstellungen für eine verbesserte Haftung des Druckteils auf der Druckplattform

Damit der nach außen stehende Grat der untersten Druckschicht nicht immer aufwendig entfernt werden muss, kann man schon in der Konstruktionsphase rund um die Auflagefläche des Druckkörpers eine Fase von 45° mit einer Höhe, die mindestens der Schichthöhe entspricht, einfügen (Bild 3.60). Meine Empfehlung lautet:

- Druckschichthöhe: 0,3 mm → Fase: 0,3 mm × 45°
- Druckschichthöhe: 0,2 mm → Fase: 0,4 mm × 45°
- Druckschichthöhe: 0,15 mm → Fase: 0,45 mm × 45°

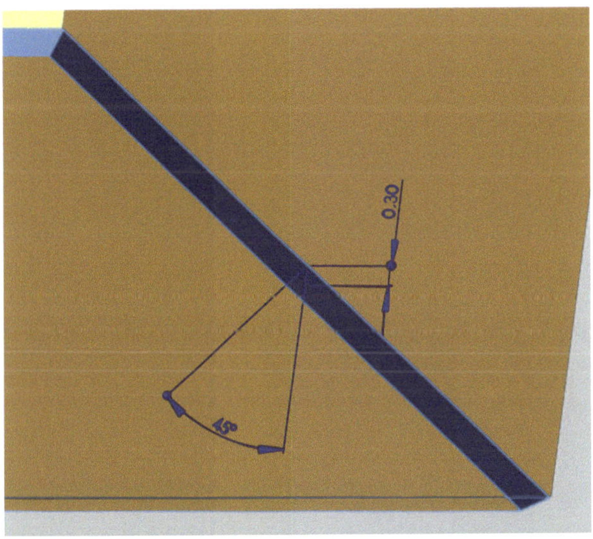

Bild 3.60 Konstruktion einer Fase bei einer Schichthöhe von 0,3 mm

Drucktemperatur

Es heißt, dass eine erhöhte Drucktemperatur der ersten Druckschicht die Haftung verbessert. Allerdings kühlt diese Schicht stärker ab als die darüber liegenden Schichten. Durch ungleichmäßige Abkühlung kann es zum Verzug des Materials kommen und das Druckteil kann sich von der Druckplattform lösen (*Warping*). Ich habe keine guten Druckerfahrungen damit gemacht. Deshalb drucke ich PLA mit einer konstanten Temperatur von 205 °C.

Kühlung

Der Düsenventilator zum Kühlen des gedruckten Filaments sollte, wenn möglich, nicht vor der dritten Schicht angeschaltet werden. Die schnelle Abkühlung erhöht nämlich den Warping-Effekt. Ich lasse meinen Ventilator die ersten beiden Schichten ausgeschaltet und erhöhe dann nach und nach die Geschwindigkeit (Bild 3.61).

Ventilatorenkontrolle pro Schicht

Schicht	Ventilatorgeschwindigkeit
1	0
3	50
5	75
7	95

Bild 3.61 Einstellung der Ventilatorgeschwindigkeit

Vermeidung von Luftblasen

Wenn die Funktion *Schürze/Rand verwenden* nicht für die Erhöhung der Haftung benötigt wird (siehe Abschnitt 3.2.4, kann sie auch zur Vermeidung von Luftblasen im Hotend eingesetzt werden (Bild 3.62). Damit zu Druckbeginn gewährleistet ist, dass sich vor der Düse keine Luftblasen mehr befinden, kann man vor Druckbeginn direkt um das Druckteil eine Druckkontur legen. Um diese Schürze nach dem Druck leichter von der Druckplattform entfernen zu können (sie bricht sehr leicht, wenn sie dünn ist), erhöhe ich die Festigkeit der Schürze, indem ich zwei Konturen nebeneinander und zwei Schichten übereinander drucke. Dies ist bei mir eine Standardeinstellung bei allen Druckteilen (Bild 3.63).

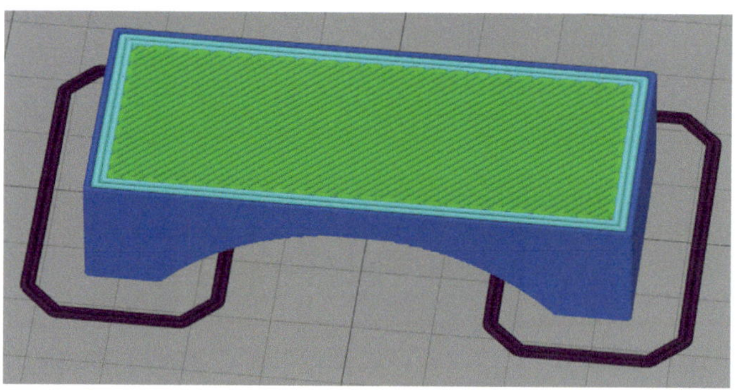

Bild 3.62 Schürze für einen gelungenen Druckbeginn

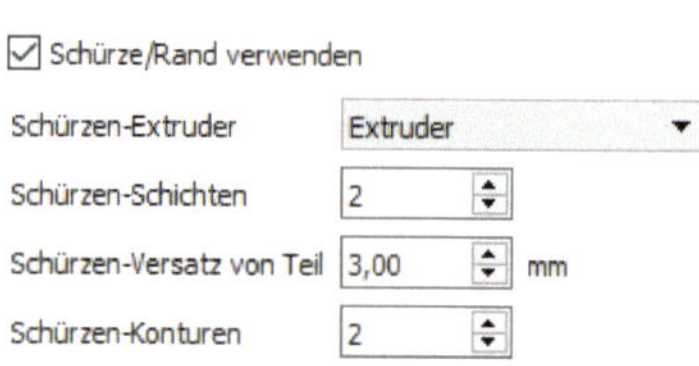

Bild 3.63 Einstellungen für einen luftblasenfreien Druckbeginn

3.2.6 Düsenverstopfung

Auch die Düse eines 3D-Druckers kann Probleme verursachen. Je kleiner die Düsenöffnung ist und je mehr verschmutztes Filament mit der Düse verdruckt wird, desto mehr neigt die Düse zur Verstopfung. Kleine Düsen (ca. 0,4 mm beim 3D-Drucker) neigen leicht zum Verstopfen, da die Staubteilchen, welche sich auf dem Filament angesammelt haben, sich während des Druckens im Inneren der Düse anreichern.

Verstopfte Düsen kann man mit einem dünnen Draht säubern. Der Drahtdurchmesser sollte dabei kleiner sein als der Düsendurchmesser. Der Draht sollte außerdem keinen begradigten Knick oder Risse aufweisen, da sonst die Düse beschädigt werden kann. Zum Säubern heizt man die Düse auf, entfernt das Filament und führt den Draht von oben in die Öffnung des Extruders ein, bis der Draht unten aus der Düse herausragt. Vor dem Zurückziehen ist der herausgestoßene Pfropf unter der Düse mit einem Tuch zu entfernen. Nach diesem Vorgang sollte die Düse wieder frei von Verunreinigungen sein.

Staubansammlungen auf freiliegenden Filament-Rollen sind praktisch unvermeidbar. Vermeidbar ist allerdings, dass Staub in die Düse gelangt und zur Verstopfung derselben führen kann. Damit nur staubfreies Filament ins Hotend gelangt, kann direkt vor dem Eintritt des Filaments in den Extruder ein kleiner Schwammstreifen um das Filament herumgewickelt werden. Mittels einer Klammer wird der Schwammstreifen festgeklemmt. Manche Drucker haben einen Führungsschlauch für das Filament, der vom Extruder bis zur Filament-Rolle reicht. Hier wird der Schwammstreifen am Eintritt des Führungsschlauches um das Filament befestigt (Bild 3.64). Diesen Schwammstreifen muss man ab und an auswechseln, sobald sich viele Staubfasern dort angesammelt haben.

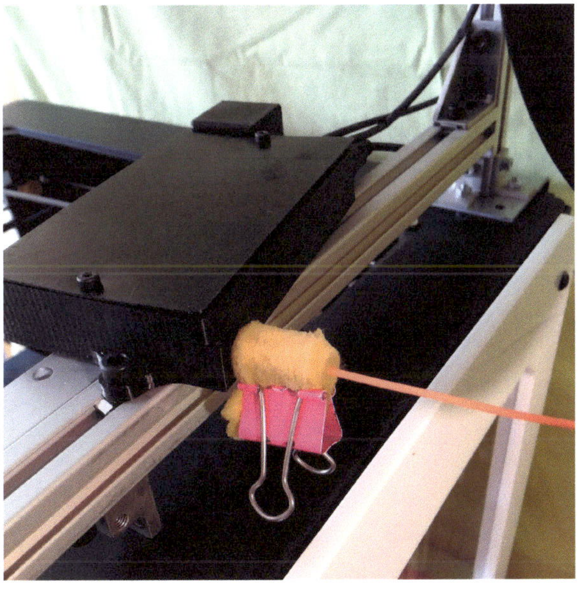

Bild 3.64 Ein Schwammstreifen befreit das Filament von Staub.

3.3 Druckerpflege und -wartung

3D-Drucker sind pflegeleicht, aber leider nicht wartungsfrei. Im Folgenden werden zwei Maßnahmen zur Pflege und Wartung von 3D-Druckern beschrieben, welche dazu beitragen, dass deren Funktionalität gewährleistet bleibt. Sie sorgen dafür, dass der Leichtlauf der Antriebsstränge und die Riemenspannung erhalten bleiben.

3.3.1 Reinigen und Schmieren der Antriebsstränge

3D-Drucker sind offene Systeme, da die Druckplattform zugänglich sein muss. Sämtliche Antriebsstränge liegen also offen (wenn auch manchmal hinter einer Abdeckung), sodass diese mit der Zeit verschmutzen. Um die Verschmutzung der Antriebsstränge zu vermeiden, ist Reinigen und Schmieren angesagt. Es gibt eine Reihe von Maßnahmen, die man regelmäßig durchführen sollte. Dazu gehört das Einölen der Linear- und Kugellager, der Führungen und der Gewindespindel mit Nähmaschinenöl. Dies sollte etwa alle drei Monate durchgeführt werden. Wichtig ist auch das Entfernen von Staub, von Filament-Fäden usw., welche sich über die Zeit auf den Führungsstangen und vor und hinter jedem Linearlager ansammeln.

3.3.2 Zahnriemenspannung überprüfen

Eine optimale Riemenspannung ist wichtig für einen gleichmäßig guten Druck. Mit den Jahren wird die Spannung in den Riemenantrieben allerdings etwas nachlassen. Im Folgenden stelle ich zwei Möglichkeiten vor, mit denen sich der Riemen spannen lässt, ohne dabei am Drucker selbst herumschrauben zu müssen.

Zahnriemenspannung mit Schenkelfeder

Eine geniale und kostengünstige Methode, den Riemen zu spannen, ist der Einsatz einer hierfür geeigneten Schenkelfeder (Bild 3.65). Dazu spannt man die Feder auf den Riemen (Bild 3.66). Am einfachsten spannt man die Schenkelfeder mit einer Zange auf den Zahnriemen. Auf eines ist in jedem Falle zu achten: Die Schenkelfeder darf auf dem kompletten Verfahrweg des Schlittens des Linearantriebs nicht mit einer Zahnscheibe kollidieren.

Bild 3.65 Schenkelfeder mit 6 mm-GT2-Zahnriemen; bei RepRap oder Amazon erhältlich (ASIN: B01DOUL9C0)

Bild 3.66 Zahnriemenspannung mit einer Schenkelfeder

Zahnriemenspannung mit Zahnriemenscheiben

Es gibt noch eine weitere Möglichkeit, einen Zahnriemen vorzuspannen. Üblicherweise haben die Zahnriemenantriebe der 3D-Drucker Zahnriemenscheiben mit 20 Zähnen (Riementyp: GT2, 6 mm breit). Um die Riemenspannung zu erhöhen, spannt man je eine 3D-gedruckte Plastikriemenscheibe gleicher Größe direkt vor die angetriebene Zahnriemenscheibe und vor die Umlenkrolle des Riemenantriebs (Bild 3.67). Je mehr Zähne die Zahnscheiben besitzen, desto höher ist die Vorspannung des Zahnriemens. Dabei muss gewährleistet werden, dass der Führungswagen mit keiner dieser Plastikriemenscheiben längs des gesamten Verfahrweges zusammenstoßen kann.

Bild 3.67 Zahnriemenantrieb mit zwei 3D-gedruckten Zahnriemenscheiben (gelb) zum Spannen des Riemens

Unter *https://plus.hanser-fachbuch.de* findest du einige modellierte Zahnscheiben.

Teil	Größe
Zahnriemenscheibe GT2 (z20).stl	20 Zähne
Zahnriemenscheibe GT2 (z21).stl	21 Zähne
Zahnriemenscheibe GT2 (z22).stl	22 Zähne
Zahnriemenscheibe GT2 (z24).stl	24 Zähne
Zahnriemenscheibe GT2 (z25).stl	25 Zähne

Diese dürften für die Erhöhung der Riemenspannung vollkommen ausreichen. Für den Fall, dass du eine noch höhere Riemenvorspannung erzielen möchtest, erhältst du im Folgenden eine Beschreibung, wie du dir die Zahnriemenräder selbst konstruieren kannst. Mithilfe der Konstruktionszeichnung kann der Zahneingriff erzeugt werden. Dieser ist für alle Durchmesser bzw. jede Zähneanzahl gleich (Bild 3.68).

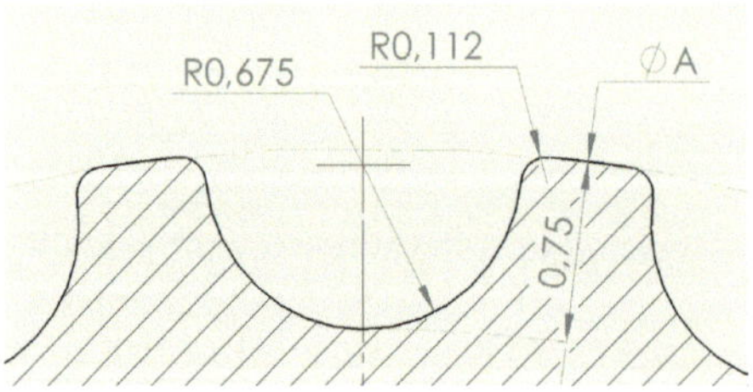

Bild 3.68 Konstruktionsdaten eines Zahneingriffes: Die dargestellten Maße sind für alle Zahnriemenscheiben vom Typ GT2 gleich (unabhängig ihrer Zähneanzahl)

Der Außendurchmesser der Zahnriemenscheibe hängt nur von der Zähneanzahl ab:

Anzahl der Zähne	14	15	16	18	20	21	22
Außendurchmesser *A* [mm]	8,40	9,04	9,68	10,95	12,22	12,86	13,50

Anzahl der Zähne	24	25	26	28	30	32	34
Außendurchmesser *A* [mm]	14,77	15,41	16,04	17,32	18,59	19,86	21,14

Die Breite der Zähne sollte etwas über der Riemenbreite von 6 mm liegen (also bei etwa 6,5 mm). Damit die Zahnriemenscheibe nicht aus dem Riemenantrieb herausfällt, müssen auf beiden Seiten Anlaufscheiben modelliert werden. Der Durchmesser der Anlaufscheiben sollte ca. 3 mm größer sein als der Außendurchmesser A. Damit sind alle Daten für die Konstruktion weiterer Zahnriemenscheiben vom Typ GT2 bekannt.

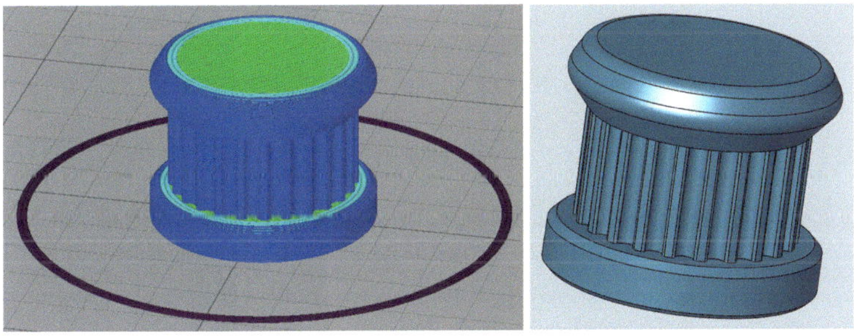

Bild 3.69 Zahnriemenscheibe für Zahnriemen (Typ: GT2): *Zahnscheibe GT2 (z20).stl* bis *Zahnscheibe GT2 (z25).stl*

Folgende allgemeine Druckeinstellungen sind für die Zahnriemenscheibe vorzunehmen:

- Druckgeschwindigkeit: 35 mm/s
- Layerhöhe: 0,25 mm
- innerer Füllgrad: 15 %

4 Verbindung von 3D-Druckteilen

In diesem Kapitel möchte ich verschiedene konstruktive Methoden aufzeigen, mit denen zwei Komponenten miteinander verbunden werden können. Denn je komplexer dein 3D-Druck-Projekt ist, desto größer ist die Wahrscheinlichkeit, dass beim Zusammenbau deines Objekts mehrere Kunststoffteile miteinander verbunden werden müssen, oder dass diese mit Holz- oder Metallteilen sowie elektronischen Komponenten verbaut werden müssen. Es existieren verschiedene Arten von Verbindungen. Zum einen gibt es die trennbaren Verbindungen (bestehend aus Schraube und Mutter), zum anderen die untrennbaren Verbindungen, bei denen die Komponenten miteinander verklebt werden.

Im Folgenden werde ich vier Varianten von trennbaren Verbindungselementen vorstellen:

- Eine Schraubverbindung mit Gewindeeinsatz, bei welcher der Gewindeeinsatz bei der Vormontage in die Gegenkomponente eingedreht wird und so unsichtbar im Teil verschwindet,
- eine Schraubverbindung mit einer konventionellen Mutter, bei welcher die Mutter in einer Nut verdrehgesichert eingebaut wird,
- eine Schraubverbindung mit einem Quermutterbolzen, bei der die Nut zylinderförmig ist,
- sowie eine Schraubverbindung mit Nut- oder Hammermuttern, welche ohne Vormontage auskommt.

Alle vier Verbindungen weisen Besonderheiten konstruktiver Art auf. Deshalb beschreibe ich diese ausführlich. Darüber hinaus möchte ich auch eine selbst gedruckte Schraubverbindung vorstellen. Der Schwerpunkt liegt dabei auf der korrekten Gewindeerzeugung. Auf diese Weise sind die gedruckten Schrauben und Muttern mit kommerziellen Muttern und Schrauben kompatibel.

Außerdem wird in diesem Kapitel auch eine untrennbare Verbindung vorgestellt – und zwar das Kleben.

■ 4.1 Schraubverbindung mit Gewindeeinsatz

Für die erste Schraubverbindung, die ich vorstellen möchte, ist ein Gewindeeinsatz für Holz notwendig, den man in jedem Baumarkt bekommt. Diese Schraubverbindung hat sich inzwischen zu meinem Favoriten entwickelt. Sie sitzt bombenfest und hat den Vorteil, dass sie im Bauteil verschwindet, das heißt, sie ist von außen nicht sichtbar (Bild 4.1). Falls der Kunststoff vom Gewinde des Gewindeeinsatzes aufgerissen wird (das passiert, wenn der Bohrungsdurchmesser zu eng ist), kann der Gewindeeinsatz notfalls auch mit einem Zwei-Komponenten-Kleber eingeklebt werden.

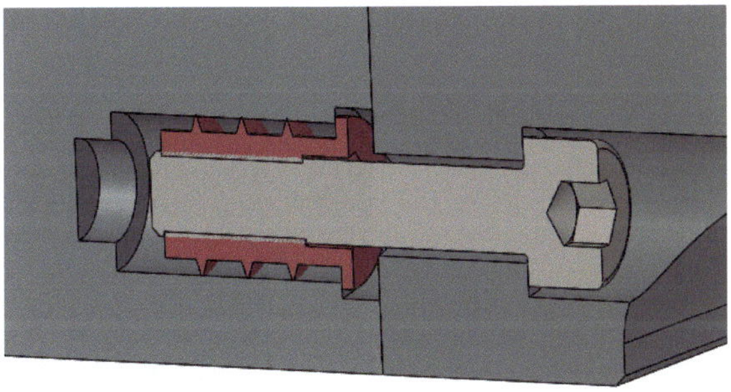

Bild 4.1 Schraubverbindung mit Gewindeeinsatz

Der Gewindeeinsatz M4 für Holz hat die links in Bild 4.2 dargestellten Maße. Die Bohrmaße sind rechts in Bild 4.2 dargestellt. Es ist empfehlenswert, sich ein kleines Modell mit mehreren Durchmessern (größer und kleiner als 7,5 mm) zu drucken und so den optimalen Durchmesser zu ermitteln. Mein Drucker druckt die Bohrungen immer etwas kleiner als gezeichnet. Ist das Bohrloch zu klein, sprengt der Gewindeeinsatz das Druckteil. Ist es zu groß, greift der Gewindeeinsatz nicht.

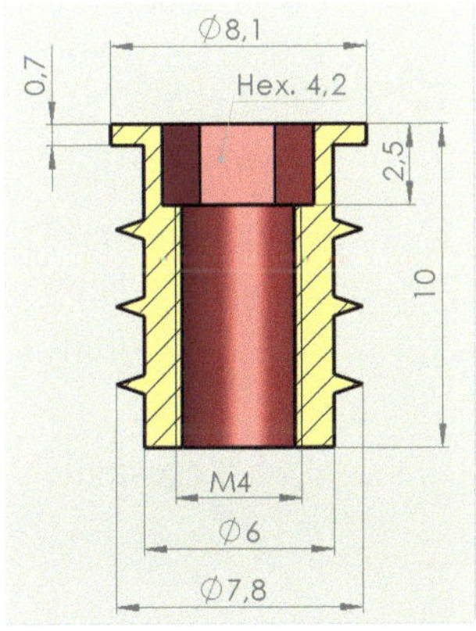

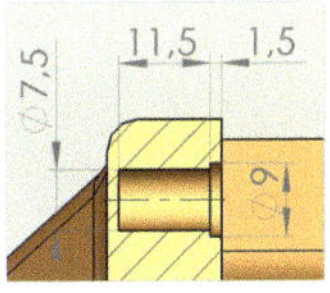

Bild 4.2 Maße des Gewindeeinsatzes M4 (links) sowie Maße der Bohrung für den Gewindeeinsatz M4 (rechts)

Beim Eindrehen ist darauf zu achten, dass man den Gewindeeinsatz so oft um eine halbe Umdrehung eindreht und um eine Viertelumdrehung wieder herausdreht, bis der Gewindeeinsatz fest sitzt. So schneidet sich das Außengewinde besser in den Kunststoff und bricht diesen nicht auf.

In Tabelle 4.1 und Tabelle 4.2 sind die Maße der Gewindeeinsätze M4, M6 und M8 sowie die Maße von deren Bohrungen aufgelistet.

Tabelle 4.1 Gewindeeinsatzmaße

	Gewindeeinsatz M4	Gewindeeinsatz M6	Gewindeeinsatz M8
Außendurchmesser am Gewinde	7,8	10,1	11,9
Länge	10,0	13,3	13,0
Auflagendurchmesser	8,1	11,9	13,7
Auflagendicke	0,6	2,3	2,4
Inbusschlüssel (Sechskant)	4	6	8

Tabelle 4.2 Bohrungsmaße

	Gewindeeinsatz M4	Gewindeeinsatz M6	Gewindeeinsatz M8
Auflagendurchmesser	9,0	13,0	15,0
ungefähre Auflagentiefe	1,5	2,0	2,0
Bohrungsdurchmesser	7,5	9,6	11,4
Bohrungslänge	11,5	15,0	15,0

Die im Folgenden aufgelisteten Gewindeeinsätze stehen unter *plus.hanser-fachbuch.de* zum Download zur Verfügung:

- *Gewindeeinsatz M4 × 10.STEP*
- *Gewindeeinsatz M6 × 13.STEP*
- *Gewindeeinsatz M8 × 13.STEP*
- *Gewindeeinsatz M8 × 23.STEP*

4.2 Schraubverbindung mit 6kt-Mutter in Senknut

Die in diesem Abschnitt vorgestellte Schraubverbindung ist die, welche bei 3D-gedruckten Teilen am häufigsten eingesetzt wird. Bei dieser Schraubverbindung wird eine Mutter in eine Nut gesteckt, die etwa so breit ist wie die Schlüsselweite der Mutter. Dies dient der Verdrehsicherung der Mutter beim Eindrehen der Schraube. Da bei diesem Verschraubungstyp eine Öffnung nach außen entsteht (senkrecht zur Verschraubung), sollte man versuchen, die Nut so zu legen, dass diese nach dem Zusammenbau nicht mehr ersichtlich ist (Bild 4.3).

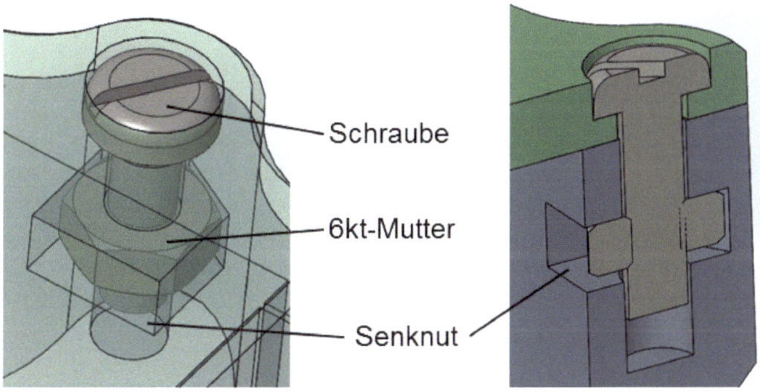

Bild 4.3 Schraubverbindung: Die Mutter liegt verdrehgesichert in der Senknut.

Bei der Dimensionierung der Nut sind drei Maße zu berücksichtigen:

- **Schlüsselweite:** In der Nut entspricht diese der Breite senkrecht zur Schraubrichtung und ist um ca. 0,7 mm größer als die Schlüsselweite der Mutter.
- **Mutterdicke:** In der Nut entspricht diese der Breite parallel zur Schraubrichtung und ist um ca. 0,4 mm größer als die Mutterdicke.
- **halbes Kopfmaß:** In der Nut entspricht das der Tiefe der Nut (gemessen vom Bohrungsmittelpunkt) und ist um ca. 0,3 mm größer als das halbe Kopfmaß.

Basierend auf meinen Erfahrungen habe ich in Tabelle 4.3 und Tabelle 4.4 die Maße der Muttern (herkömmliche 6kt-Muttern ISO 4032 und niedrige 6kt-Muttern ISO 4035) und deren Nutmaße zusammengefasst.

Tabelle 4.3 6kt-Mutter ISO 4032: Maße der Muttern und deren Nutmaße

6kt-Mutter ISO 4032				Nut		
Gewinde	Schlüsselweite *SW*	Dicke *m*	halbes Kopfmaß *e* / 2	Breite ⊥ zur Schraubrichtung	Breite in Schraubrichtung	Abstand Nutunterkante zur Bohrung
				SW + 0,7	*m* + 0,4	*e* / 2 + 0,3
M2,5	5,0	2,0	2,9	5,7	2,4	3,2
M3	5,5	2,4	3,2	6,2	2,8	3,5
M4	7,0	3,2	4,0	7,7	3,6	4,3
M5	8,0	4,7	4,6	8,7	5,1	4,9
M6	10,0	5,2	5,8	10,7	5,6	6,1

Tabelle 4.4 6kt-Mutter ISO 4035: Maße der niedrigen Muttern und deren Nutmaße

Niedrige 6kt-Mutter ISO 4035				Nut		
Gewinde	Schlüsselweite *SW*	Dicke *m*	halbes Kopfmaß *e* / 2	Breite ⊥ zur Schraubrichtung	Breite in Schraubrichtung	Abstand Nutunterkante zur Bohrung
				SW + 0,7	*m* + 0,4	*e* / 2 + 0,3
M2,5	5,0	1,6	2,9	5,7	2,0	3,2
M3	5,5	1.8	3,2	6,2	2,2	3,5
M4	7,0	2,2	4,0	7,7	2,6	4,3
M5	8,0	2,7	4,6	8,7	3,1	4,9
M6	10,0	3,2	5,8	10,7	3,6	6,1

Bild 4.4 zeigt ein Beispiel für die Konstruktion einer Nut für herkömmliche M3-Muttern (6kt-Muttern ISO 4032-M3).

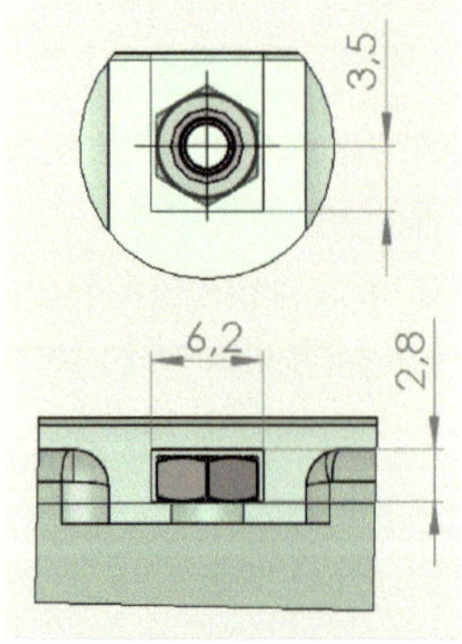

Bild 4.4 Nutmaße für eine M3-Mutter

Nachdem ich den radialen Einschub für die Sechskantmutter dargestellt habe, möchte ich ergänzend noch den axialen Einschub vorstellen. Hierbei wird eine Sechskantvertiefung am Ende der Durchgangsbohrung für die Schraube in das Druckstück erzeugt. In diese Vertiefung wird die 6kt-Mutter verdrehsicher eingesteckt (Bild 4.5).

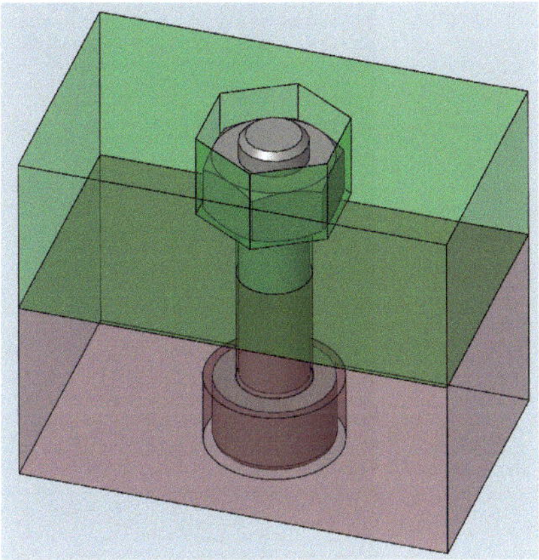

Bild 4.5 6kt-Vertiefung für die 6kt-Mutter

Bild 4.6 und Tabelle 4.5 zeigen die Maße der 6kt-Vertiefung.

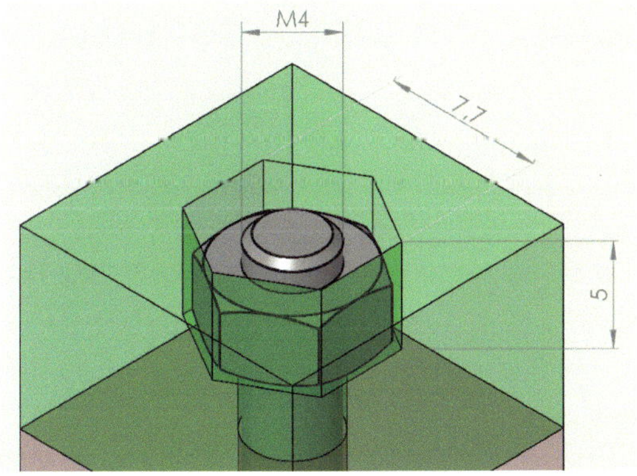

Bild 4.6 Maße einer 6kt-Vertiefung für eine M4-Mutter

Tabelle 4.5 Maße der 6kt-Vertiefung

6kt-Mutter ISO 4032			6kt-Vertiefung	
Gewinde	Schlüsselweite *SW*	Dicke *m*	Sechskantmaß	Mindesttiefe
			SW + 0,7	*m* + 0,4
M2,5	5,0	2,0	5,7	2,4
M3	5,5	2,4	6,2	2,8
M4	7,0	3,2	7,7	3,6
M5	8,0	4,7	8,7	5,1
M6	10,0	5,2	10,7	5,6

Bei einer auf dem Druckteil aufliegenden Mutter (gilt ebenso für Schraubenköpfe) sollte auf eine Unterlegscheibe nicht verzichtet werden. Dies erhöht die Auflagefläche (man kann die Schraube fester anziehen) und die sich zum Spannen verdrehende Mutter reibt auf diese Weise nicht auf der Oberfläche des Druckteils (Bild 4.7).

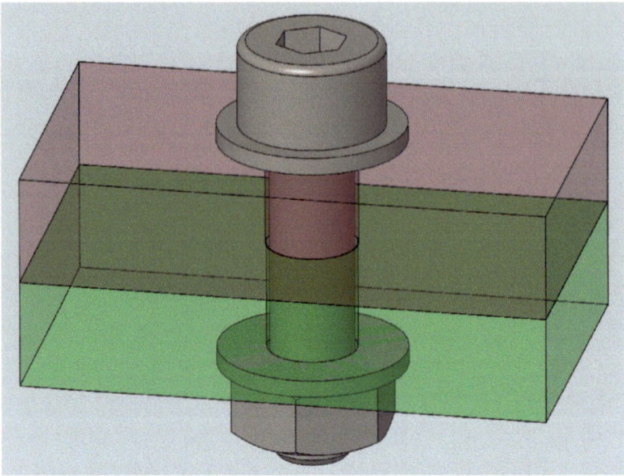

Bild 4.7 Herkömmliche Schraubverbindung mit Unterlegscheiben

■ 4.3 Schraubverbindung mit Einpressmutter

Einpressmuttern sind hinsichtlich ihrer Außendurchmesser kleiner als die jeweiligen 6kt-Muttern (Bild 4.8). Daher ist der Einsatz von Einpressmuttern gerade in engen Bauräumen von Vorteil. Zudem können die einmal eingesetzten Einpressmuttern im Gegensatz zu den 6kt-Muttern nicht mehr herausfallen. Die Einpressmuttern werden in eine Senkbohrung bis zum Anschlag eingepresst. Durch das Einpressen greift die Zahnrändelung der Einpressmutter in das Plastik und erzeugt auf diese Weise eine Verdrehsicherung.

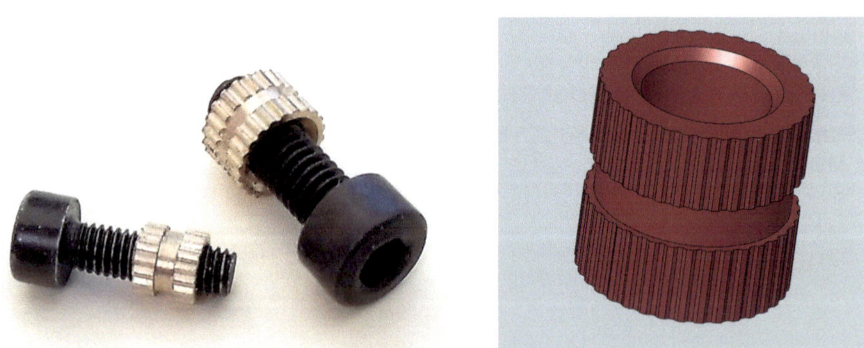

Bild 4.8 Einpressmuttern für M3- und M4-Gewinde

Der Durchmesser der Senkbohrung sollte etwas kleiner sein als der Außendurchmesser der Einpressmutter (Bild 4.9 und Tabelle 4.6). Da mein Drucker (BQ Witbox) zudem noch die Bohrungen um ein paar Zehntelmillimeter enger druckt, sitzt die Einpressmutter sehr fest. Außerdem sollte sich am Eintritt der Senkbohrung eine kleine Fase von mindestens 0,5 × 45° befinden, damit die Einpressmutter beim Einpressen nicht verkantet. Wichtig für die Funktionalität ist, dass die Einpressmutter komplett in der Senkbohrung sitzt. Die beste Methode, die Einpressmutter in ihre Senkbohrung zu drücken, ist das Einschrauben einer Schraube in die Einpressmutter. Damit zieht man die Einpressmutter langsam in ihre Endposition. Beim Einschlagen der Einpressmutter ist Vorsicht geboten. Bei einem Schlag auf die Einpressmutter ist die Gefahr hoch, dass das Druckteil an dieser Stelle einreißt.

In Bild 4.10 sind Einsatzmöglichkeiten von Einpressmuttern dargestellt.

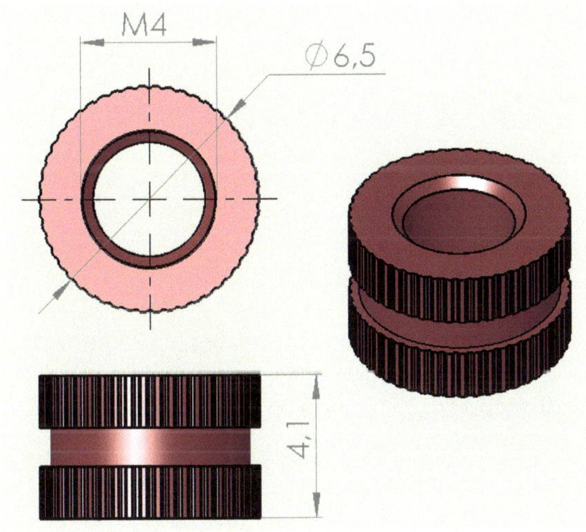

Bild 4.9 Maße einer M4-Einpressmutter

Tabelle 4.6 Maße der Einpressmuttern und ihrer Senkbohrungen

Einpressmutter			Senkbohrung	
Gewinde	Außendurchmesser	Länge	Bohrdurchmesser	Mindestbohrtiefe (mit 0,5 × 45°-Fase)
M3 (Amazon, ASIN: B01IYWUUH8)	4,1	3,85	4,0	4,5
M4 (Amazon, ASIN: B01LX0LIJV)	6,5	4,1	6,4	4,8

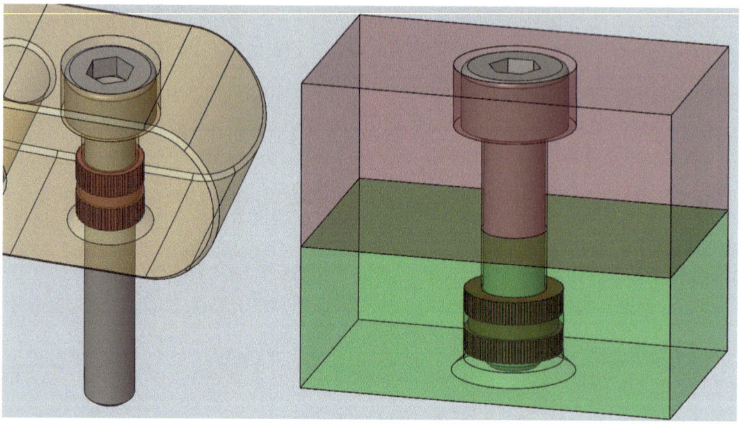

Bild 4.10 Einsatzmöglichkeiten der Einpressmuttern: Anschraubbolzen (links) und Verbindung zweier Bauteile (rechts)

4.4 Schraubverbindung mit Quermutterbolzen

Die nun vorgestellte Schraubverbindung mit Quermutterbolzen funktioniert ähnlich wie die Schraubverbindung mit der Mutter in der Senknut. Statt einer Sechskantmutter wird eine zylinderförmige Mutter (= Quermutterbolzen) verwendet und anstelle einer rechteckigen Nut wird eine runde Bohrung benötigt (Bild 4.11).

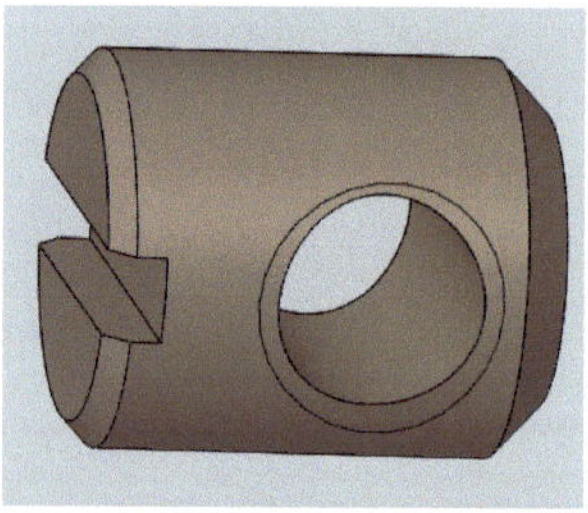

Bild 4.11 Quermutterbolzen

Leider sind die Quermutterbolzen nicht genormt. So hat jeder Hersteller für jede Gewindegröße unterschiedliche Längen und Bezeichnungen (unter anderem Quergewindebolzen, Schraubenmutter). Tabelle 4.7 bis Tabelle 4.8 zeigen das Angebot der Online-Lieferanten eBay und Amazon, welche die Mutterngrößen M3 bis M8 liefern.

Tabelle 4.7 Mutterngrößen M5, M6 und M8 bei eBay

eBay (barrel bolt nuts slotted cross dowel aus Stahl)		
M5	UPC: 4 894462424216	M5 × Ø 7,7 × L9,5
M6	UPC: 4 894462560747	M6 × Ø 10 × L12
M8	UPC: 4 894462510902	M8 × Ø 12 × L15
Ø: Durchmesser; L: Länge des Quermutterbolzens		

Tabelle 4.8 Mutterngrößen M5, M6 und M8 bei Amazon

Amazon (Schraubenmutter für Möbel, Spannmutter, barrel nut für Möbel; aus Stahl)		
M5	ASIN: B00VY9LBA4	M5 × Ø 7,7 × L9,5
M6	ASIN: B072K7WX74	M6 × Ø 9,5 × L10,4
M6	ASIN: B006ZLKP1M	M6 × Ø 10 × L14
M6	ASIN: B00FQIFR8G	M6 × Ø 10 × L20
M8	UPC: 852682837463	M8 × Ø 12 × L15
M8	ASIN: B074ZJ3XWJ	M8 × Ø 12 × L20
Ø: Durchmesser; L: Länge des Quermutterbolzens		

Ein großer Vorteil dieser Schraubverbindung im Vergleich zur Schraubverbindung mit der 6kt-Mutter in der Senknut ist, dass die Bohrung für den Quermutterbolzen beim Drucken kein Stützmaterial benötigt (egal, in welche Richtung die Bohrungen während des Druckens zeigen). Einen kleinen Wermutstropfen gibt es dennoch: Diese Quermutterbolzen aus Stahl existieren nicht für die kleineren Gewinde M3 und M4.

Allerdings habe ich Quermutterbolzen aus Kunststoff für die Gewinde M3 und M4 bei Amazon entdeckt (Tabelle 4.9). Diese haben kein Gewinde, sondern nur eine Durchgangsbohrung, welche so eng ist, dass beim Einschrauben das Schraubgewinde selbst das Gewinde in den Kunststoff schneidet. Diese Schraubverbindung hält richtig gut.

Tabelle 4.9 Mutterngrößen M3 und M4 aus Kunststoff bei Amazon

Amazon (Möbel, Fassmutter; aus Kunststoff)		
M3	ASIN: B01MQHBDN8	M3 × Ø 7,8 × L8,5
M4	ASIN: B01N07VR9J	M4 × Ø 9,5 × L9,3
Ø: Durchmesser; L: Länge des Quermutterbolzens		

Kommen wir nun zur Konstruktion der Aufnahmebohrung des Quermutterbolzens. Der Durchmesser der Aufnahmebohrung sollte ca. 0,5 mm größer sein als der Durchmesser des Quermutterbolzens. Bei der Tiefe der Aufnahmebohrung muss berücksichtigt werden, dass die Gewindebohrung nicht immer mittig auf dem Quermutterbolzen sitzt (Bild 4.12).

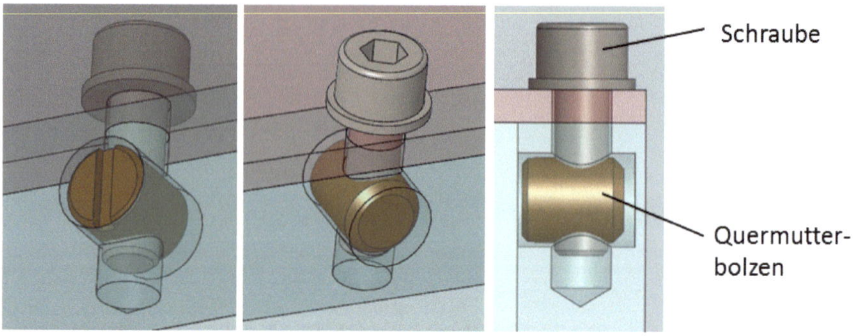

Bild 4.12 Schraubverbindung mit Quermutterbolzen

Die im Folgenden aufgelisteten Quermutterbolzen stehen unter *plus.hanser-fachbuch.de* zum Download zur Verfügung.

Aus Kunststoff:

- *Quermutterbolzen M3 (Amazon, B01MQHBDN8).STEP*
- *Quermutterbolzen M4 (Amazon, B01N07VR9J).STEP*

Aus Stahl:

- *Quermutterbolzen M5 (Amazon, B00VY9LBA4).STEP*
- *Quermutterbolzen M6 (Amazon, B072K7WX74).STEP*

4.5 Schraubverbindung mit Nutmutter

Nutmuttern (auch Hammermuttern genannt) werden normalerweise in Aluminium-Profilen zum nachträglichen Befestigen von Bauteilen hergenommen, wenn die Profilnuten frontal nicht mehr zugänglich sind. Die Nutmuttern, welche ich in diesem Abschnitt vorstellen möchte, sind für Aluminium-Profile mit den Maßen 20 × 20 mm und mit einer Nutbreite von 6 mm geeignet. Die Nutmuttern für dieses Profil sind für die Gewinde M3, M4 und M5 gleich groß.

Bei dieser Schraubverbindung wird vor der Montage der zu verschraubenden Teile die Nutmutter locker auf die Schraube geschraubt (Bild 4.13). Beim Aufeinanderlegen der beiden Teile wird die Nutmutter in eine Nut eingeführt (Bild 4.14). Beim Anziehen der Schraube verdreht sich die Nutmutter in einem Hohlraum unterhalb dieser Nut und verkeilt sich, ohne sich weiter zu drehen (Bild 4.15). Damit kann die Schraube fest angezogen werden (Bild 4.16).

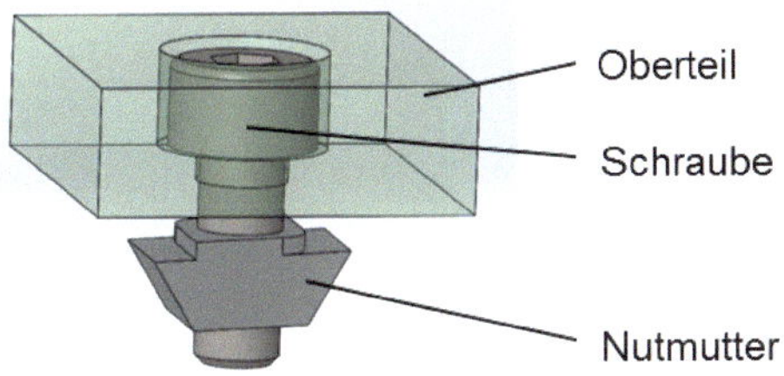

Bild 4.13 Die Schraube wird in die Bohrung des Oberteils gesteckt und die Nutmutter wird locker aufgeschraubt.

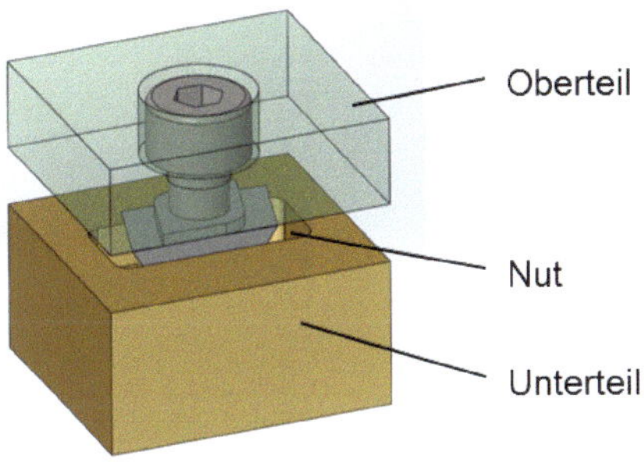

Bild 4.14 Die Nutmutter wird in die Nut des Unterteils eingeführt.

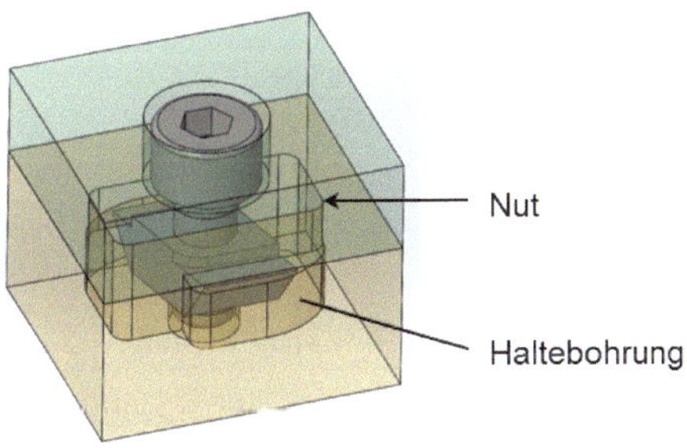

Bild 4.15 Beim Anziehen der Schraube verkeilt sich die Nutmutter in der Haltebohrung.

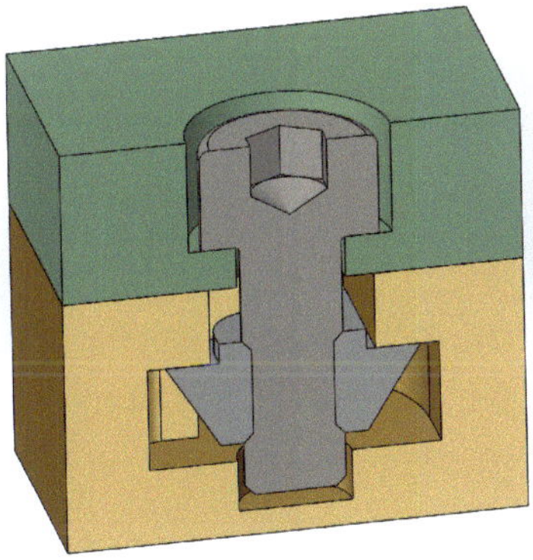

Bild 4.16 Schraubverbindung mit Nutmutter

Um die Arbeitsweise dieser Schraubverbindung besser zu verstehen, wird im Folgenden nur die Nutmutter im Unterteil dargestellt. In Bild 4.17 wird die Position der Nutmutter beim Einführen durch die Nut in die Halteposition gezeigt. Beim Anziehen der Schraube (nicht dargestellt) verdreht sich die Nutmutter in der Haltebohrung unterhalb der Nut und verkeilt sich.

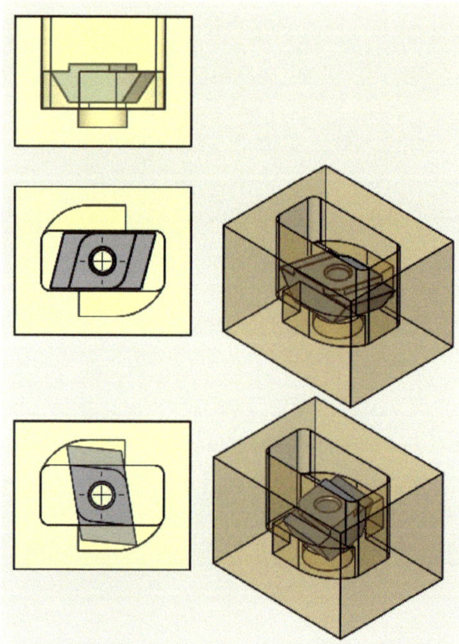

Bild 4.17 Wirkprinzip der Nutmutter

Ein Hersteller dieser Nutmuttern (hier Einbaumuttern genannt) ist z. B. Misumi:

- M3: HNTF5-3
- M4: HNTF5-4

Bei Amazon finden sich die Nutmuttern (hier Gleitmuttern genannt) für

- M3: B01KSTL0TW,
- M4: B01KSTL1LY und
- M5: B01KSTL2RM.

Bild 4.18 zeigt die Maße der Nutmutter.

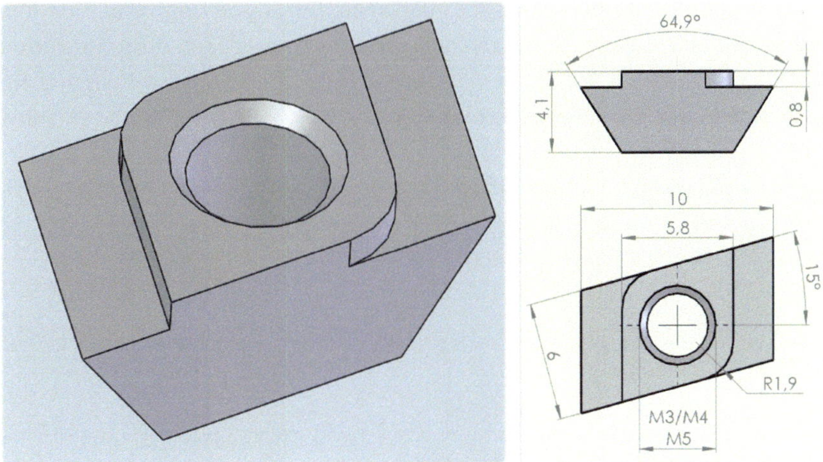

Bild 4.18 Maße der Nutmutter (übliches Einsatzgebiet: Aluminium-Profile 20 × 20 mit 6-mm-Nut)

Die Haltebohrung (Schnitt B-B) befindet sich unterhalb der Nut (Schnitt A-A) und sorgt für den sicheren Halt der Nutmutter. Beim Einschrauben der Schraube verdreht sich die Nutmutter bis zum Anschlag innerhalb der Haltebohrung (um ca. 80°). Dann wird die Nutmutter gegen Verdrehen blockiert und kann mit der Schraube eine feste Verbindung eingehen. Die Konstruktion der Haltebohrung ist ein wenig aufwendig, wie man aus Bild 4.19 entnehmen kann.

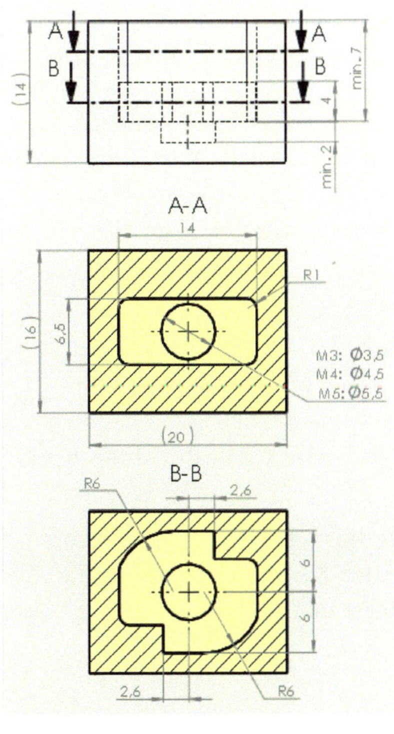

Bild 4.19 Konstruktionszeichnung einer Senknutbohrung

Die Tiefe der Nut sollte mindestens 3 mm betragen, bevor der Hohlraum beginnt. Die Tiefe der Haltebohrung sollte mindestens 4 mm betragen, damit die Nutmutter sich ungehindert verdrehen kann. Des Weiteren sollte eine Sacklochbohrung für die überstehende Schraube vorgesehen werden.

> Beim Spiegeln von Körpern, welche diese Haltebohrungen beinhalten, ist Vorsicht geboten. Wenn die Aussparungen (Haltebohrung: Schnitt B-B) seitenverkehrt liegen, dann funktioniert die Verschraubung mit der Nutmutter (Rechtsgewinde) nicht.

Die im Folgenden aufgelisteten Nutmuttern stehen unter *plus.hanser-fachbuch.de* zum Download zur Verfügung.

- *Nutmutter (Misumi, HNTF5-3).STEP*
- *Nutmutter (Misumi, HNTF5-4).STEP*

4.6 Schraubverbindung mit Spreizmuffe

Im Maschinenbau, besonders in der Kunststofftechnik, werden häufig Gewindeeinsätze (auch Inserts genannt) eingesetzt. Entweder werden diese im Spritzgussverfahren mitgegossen oder nachträglich in Kernlöcher eingepresst oder auch verschraubt. In diesem Abschnitt möchte ich einen Gewindeeinsatz vorstellen, welcher an der Unterseite zwei- oder vierfach geschlitzt ist. Diese Einsätze haben verschiedene Bezeichnungen: Spreizmuffe, Spreiz-Gewindebuchse oder Expansionsverankerung.

Die Spreizmuffe wird einfach in das Kernloch eingepresst. Die Verankerung der Spreizmuffe im Kunststoffteil erfolgt durch das Aufspreizen der Spreizmuffe beim Eindrehen der Schraube. Dabei werden die Zähne in das Kunststoffteil hineingedrückt. So wird ein sicherer Halt der Spreizmuffe gegen Verdrehen und Herausziehen erzeugt.

Diese Spreizmuffen gibt es üblicherweise mit M4-Gewinde. Leider konnte ich bisher keine anderen Gewindegrößen auf den üblichen Verkaufsplattformen finden. Die Maße der Spreizmuffe M4 sind: Ø 5 mm, Länge 8 mm, Gewinde M4 mit einer Länge von maximal 5 mm (Bild 4.20). Die Spreizmuffe benötigt ein Kernloch von Ø 5,0 mm mit einer Tiefe von mindestens 8,5 mm, damit die Muffe bündig eingepresst werden kann.

Bevor man die ersten Teile druckt, sollte man einen Prüfkörper mit mehreren Kernlochdurchmessern drucken, um den optimalen Kernlochdurchmesser zu finden. Dabei darf man nicht vergessen, Kernlöcher parallel und senkrecht zum Druckbett zu drucken.

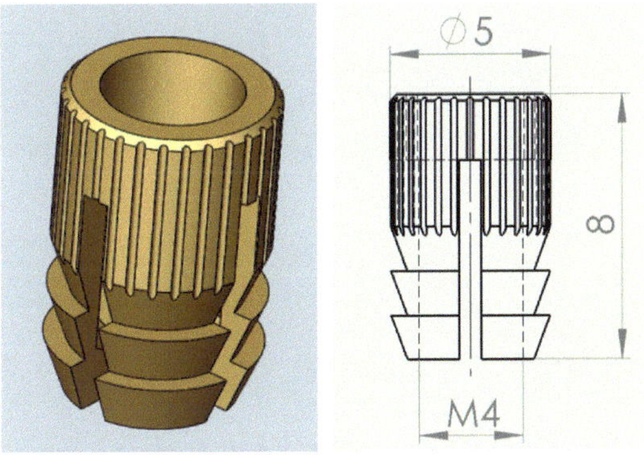

Bild 4.20 Spreizmuffe M4 von GedoTec (Amazon) und Häfele (eBay)

Der Einbau der Spreizmuffe in das Druckteil sollte durch langsames Einpressen erfolgen, damit das Druckteil nicht bricht.

Hier kann man diese Spreizmuffen finden:

- GedoTec Spreizmuffen M4 (Amazon, ASIN: B01MT7OPF5)
- Eindrehmuffe Häfele/Spreizmuffe M4 (eBay, Herstellernummer: 05 145 004, ePID: 537 669 380)

Die Spreizmuffe namens *Spreizmuffe M4 (Amazon, B01MT7OPF5).STEP* steht unter *plus.hanser-fachbuch.de* zum Download zur Verfügung.

4.7 Schraubverbindung mit Helicoil

In diesem Abschnitt möchte ich die Schraubverbindung mit Helicoil vorstellen, welche im Maschinenbau oft als Reparaturgewinde eingesetzt wird. Bricht zum Beispiel eine Schraube im Muttergewinde (Außengewinde) ab, so kann durch das Aufbohren des Gewindebolzens im Muttergewinde der verbliebene Schraubenbolzen entfernt werden. Dabei wird das Muttergewinde stark beschädigt. Das Muttergewinde wird nun auf den vorgegebenen Durchmesser des Helicoil-Gewindes aufgebohrt. Dann wird das Gewinde mit einem speziellen Gewindeschneider neu geschnitten (es hat einen größeren Außendurchmesser als das Bolzengewinde, aber dieselbe Gewindesteigung). Mit einem speziellen Werkzeug wird das Helicoil (Bild 4.21) eingedreht. Dabei ist die Haltbarkeit des Helicoil-Gewindes höher als die des ursprünglichen Muttergewindes.

Bild 4.21 Helicoil

Für die Anwendung im FDM-Druck ist das Schneiden des Gewindes nicht nötig. Das ist eine geniale Sache, denn so kann man diese Helicoils fast ohne Aufwand direkt verwenden.

Die Aufnahmebohrung sollte einen etwas kleineren Durchmesser haben als der Außendurchmesser des Helicoils: Durchmesser der Aufnahmebohrung ≈ 0,98 × Außendurchmesser des Helicoils (Tabelle 4.10).

Tabelle 4.10 Durchmesser der Aufnahmebohrung in Abhängigkeit des Helicoil-Gewindes

Helicoil-Gewinde	M3	M4	M5	M6	M8	M10	M12
Helicoil $Ø_{außen}$	3,79 mm	5,05 mm	6,33 mm	7,45 mm	9,75 mm	12,07 mm	14,45 mm
Bohrung Ø	3,7 mm	4,9 mm	6,2 mm	7,3 mm	9,6 mm	11,8 mm	14,1 mm

Empfehlenswert ist es, erstmal einen Probedruck mit Aufnahmebohrungen, welche senkrecht und parallel zur Druckplatte stehen, zu drucken. Meine Erfahrung zeigt mir, dass die parallel gedruckten Aufnahmebohrungen etwas kleiner konstruiert werden sollten als die senkrecht stehenden, damit das Helicoil in der Aufnahmebohrung auch garantiert fest sitzen bleibt.

Wenn du Durchgangsbohrungen druckst, kann das Helicoil durch weiteres Drehen des Eindrehwerkzeugs auf der anderen Seite wieder herausgedreht und wiederverwendet werden. Bei Sacklochbohrungen ist das montierte Helicoil nicht mehr zerstörungsfrei ausbaubar.

Zum Eindrehen der Helicoils wird ein spezifisches Werkzeug benötigt, und zwar für jede Gewindegröße ein anderes. Man kann sich ein solches Set im Baumarkt zulegen, doch man kann sich das viele Geld auch sparen und das Werkzeug selbst fertigen. Es kostet nur Zeit, ein paar Nerven und vielleicht ein paar Abschürfungen. Das einfachste Werkzeug ist eine zum Helicoil-Gewinde passende Schraube (für jede Gewindegröße ist ein Werkzeug herzustellen, Bild 4.22). Wähle eine nicht zu kurze Schraube, damit auch in tiefer gelegene Bohrungen die Helicoils eingesetzt werden können, und wähle eine nicht zu lange Schraube, damit das Verkippen beim Eindrehen kein Problem wird. Nimm außerdem lieber keine rostfreie Schraube, da diese sehr schwer zu bearbeiten ist.

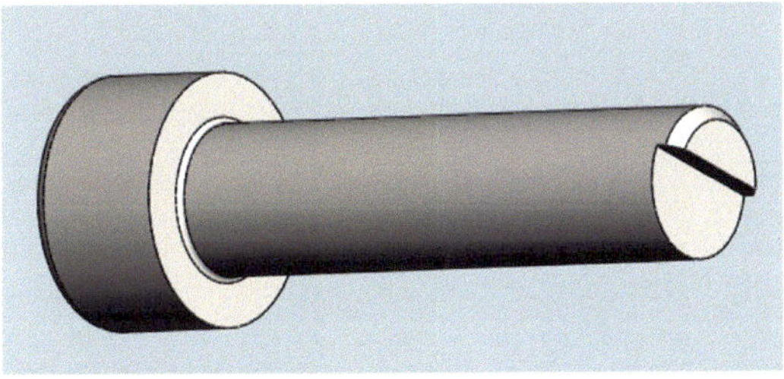

Bild 4.22 Schraube als Eindrehwerkzeug

Dann muss in das Gewindeende eine Stufe hineingefeilt werden, und zwar, von oben gesehen, rechts. Dies gilt für alle rechtsgängigen Gewinde. Die Stufe geht ein wenig über die Mitte des Schraubenzapfens hinaus, in etwa entsprechend der halben Breite des Helicoil-Drahts $B/2$. Die Tiefe der Stufe entspricht in etwa der Höhe des Helicoil-Drahts H (Bild 4.23).

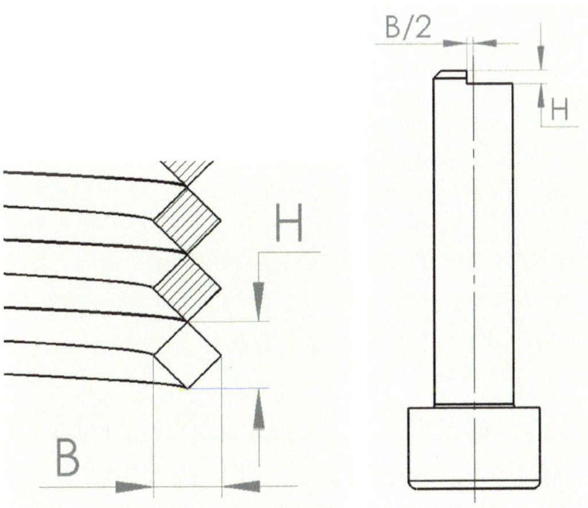

Bild 4.23 links. Höhe H und Breite B des Drahts, rechts: mechanische Bearbeitung der Schraube

Wie in Bild 4.24 dargestellt, wird das Helicoil auf die Schraube aufgedreht, bis sich der Mitnehmer des Helicoil-Drahts einhakt. Nun kann mit der Hand oder mit Hilfe eines Schraubenschlüssels das Helicoil in die Bohrung eingeschraubt werden. Zur besseren Zentrierung beim Einschrauben sollte eine Fase an der Bohrung angebracht werden (Bild 4.25).

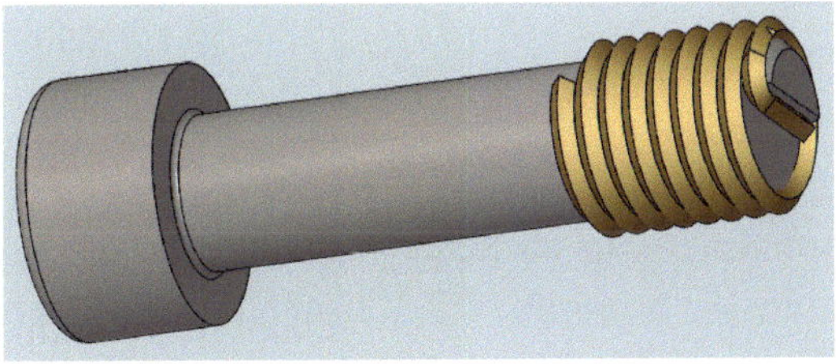

Bild 4.24 Auf Schraube aufgeschraubtes Helicoil

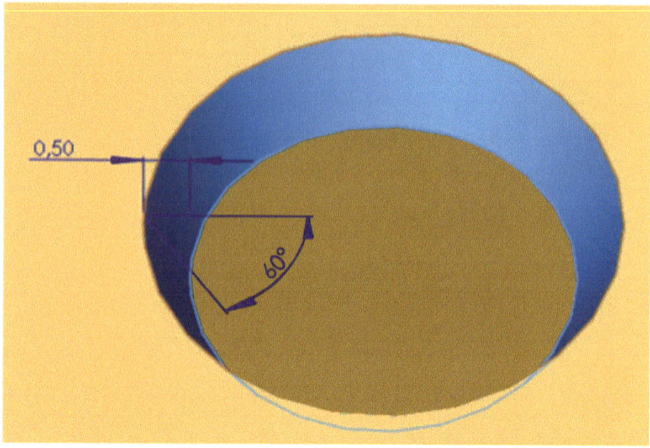

Bild 4.25 Fase 0,5 × 60°

Die Länge der Bohrung entspricht der Länge des Helicoils plus 1 mm für die Senkung am Bohrungseintritt plus dem halben Außendurchmesser des Helicoils:

$$L_{\text{Bohrung}} = L_{\text{Helicoil}} + 1\ \text{mm} + \frac{\text{Ø}_{\text{außen, Helicoil}}}{2}$$

Beispiel für M6 × 1,5: L_{Bohrung} = 9,0 mm + 1 mm + 7,45 mm / 2 = 13,8 mm

Dadurch bleibt genügend Platz, um mit einem dünnen Schraubendreher den Mitnehmer nach unten zu drücken, bis dieser an der Kerbe (Sollbruchstelle) bricht. Ohne diesen Mitnehmer kann die Schraube nun tiefer eingeschraubt werden (Bild 4.26).

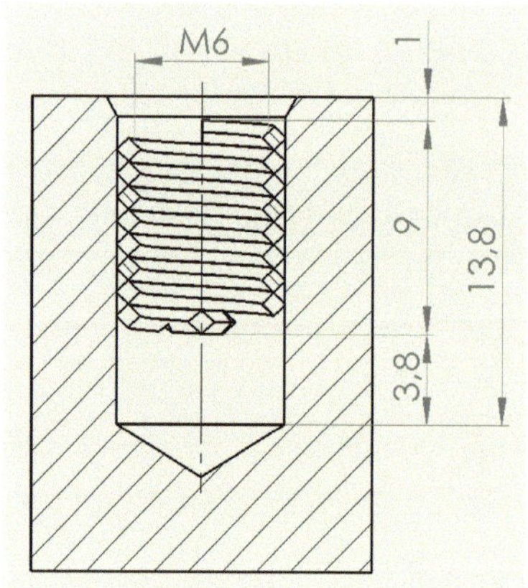

Bild 4.26 Bohrlochtiefe für Helicoil M6 × 1,5

Ein wichtiges Thema ist die Mindestwandstärke (auch Restwandstärke), welche die Aufnahmebohrung besitzen sollte (Tabelle 4.11 und Bild 4.27). Böllhoff schlägt hierfür einen Wert vor, der sich wie folgt errechnet: Mindestwandstärke = 0,375 × Außendurchmesser des Helicoils.

Dies gilt natürlich nur für homogene Kunststoffe, was beim FDM nicht der Fall ist. Ich habe mit folgender Beziehung gute Ergebnisse erzielt: Mindestwandstärke = 0,5 × Außendurchmesser des Helicoils.

Tabelle 4.11 Mindestwandstärke einer Aufnahmebohrung in Abhängigkeit des Helicoil-Gewindes

Helicoil-Gewinde	M3	M4	M5	M6	M8	M10	M12
Helicoil $Ø_{außen}$	3,73 mm	5,05 mm	6,33 mm	7,45 mm	9,75 mm	12,07 mm	14,45 mm
Mindestwandstärke	1,9 mm	2,5 mm	3,2 mm	3,7 mm	4,9 mm	6,0 mm	7,7 mm

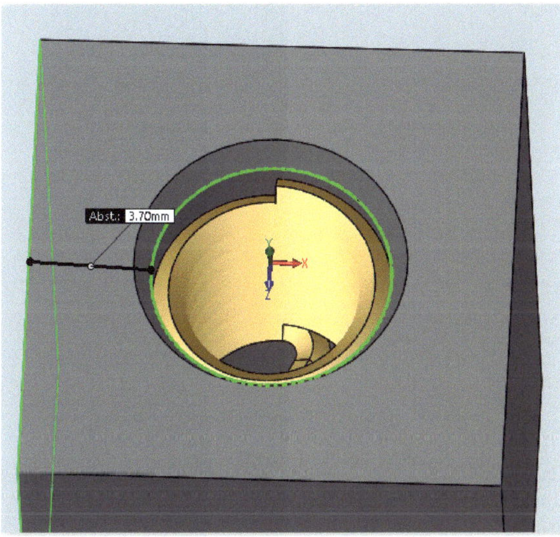

Bild 4.27 Mindestwandstärke für Helicoil M6

Helicoils sind meines Erachtens die besten Gewindeeinsätze für den 3D-Druck. Sie benötigen wenig Bauraum und erzeugen eine hohe Zugfestigkeit der Schraubverbindung. Außerdem kann man sich das dazugehörige Einschraubwerkzeug leicht selbst herstellen.

Die Helicoils beschafft man sich am besten im Baumarkt oder im Internet. Die Größen der Helicoils werden folgendermaßen angegeben: Innengewindegröße × Vielfaches des Innengewindes (Länge). M6 × 1,5 bedeutet zum Beispiel Folgendes: M6-Innengewinde mit einer Länge von 6 × 1,5 = 9 mm.

- Kit: M3 × 1,5 bis M8 × 1,5 (Amazon, ASIN: B08NY7HPR8)
- Kit: M3 bis M12 (Amazon, ASIN: B08QJMZQ7C)
- Kit: M3 × 1,5 bis M8 × 1,5 (Amazon, ASIN: B01FY851YC)
- M6 × 1 (Amazon, ASIN: B0732S65PR)
- Reparatursatz für M3-Gewinde (Amazon, ASIN: B07PGF62CG und B08QN2Z7GB)

Weitere Infos findest du beim Hersteller der Helicoils, der Firma Böllhoff (*https://www.boellhoff.com/de-de/produkte-und-dienstleistungen/spezialverbindungselemente/gewindeeinsaetze-helicoil.php*).

Die im Folgenden aufgelisteten Helicoils stehen unter *plus.hanser-fachbuch.de* zum Download zur Verfügung. In der Klammer steht die Länge des Helicoil-Gewindes.

- *Helicoil M3 × 1,5 (4,5 mm).STEP*
- *Helicoil M3 × 2,0 (6,0 mm) (Amazon, B07JQNX7ZZ).STEP*
- *Helicoil M4 × 1,5 (6 mm).STEP*
- *Helicoil M5 × 1,5 (7 mm).STEP*
- *Helicoil M6 × 1,5 (9 mm).STEP*
- *Helicoil M8 × 1,5 (12 mm).STEP*
- *Helicoil M10 × 1,5 (15 mm).STEP*
- *Helicoil M12 × 1,5 (18 mm).STEP*

4.8 Schraubverbindung mit Hülsenverschraubung

In Ergänzung zu den üblichen Verschraubungen mit Sechskant- oder Zylinderkopfschrauben (Außen- oder Innensechskantschrauben) und Sechskantmuttern möchte ich eine weitere Verschraubungsmöglichkeit vorstellen – und zwar die Hülsenverschraubung. Diese ist auch unter den Bezeichnungen Möbelschraube, Hülsenmutter, Hülsenschraube oder Buchschraube bekannt.

Die Hülsenverschraubung besteht aus zwei Teilen, einer (Hülsen-)Schraube und einer Hülsenmutter. Die Hülsenmutter ist ein zylindrischer Hohlkörper mit Innengewinde und einem Flachkopf mit Kreuzschlitz oder Innensechskant. Die Hülsenschraube hat üblicherweise den gleichen Kopf wie die Hülsenmutter. Bild 4.28 und Bild 4.29 zeigen zwei unterschiedliche Ausführungen.

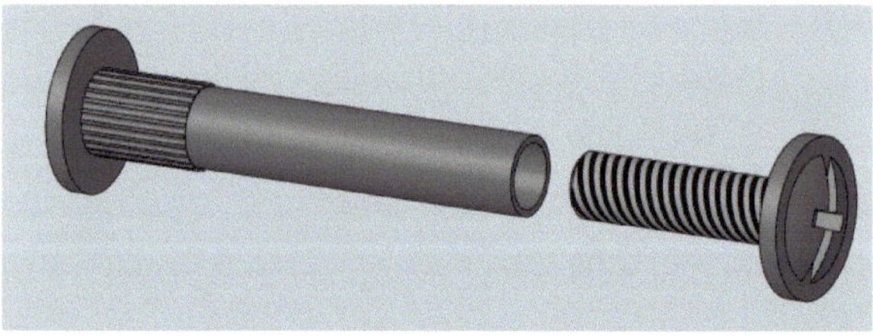

Bild 4.28 Hülsenmutter und Hülsenschraube, beidseitig mit Kreuzschlitz

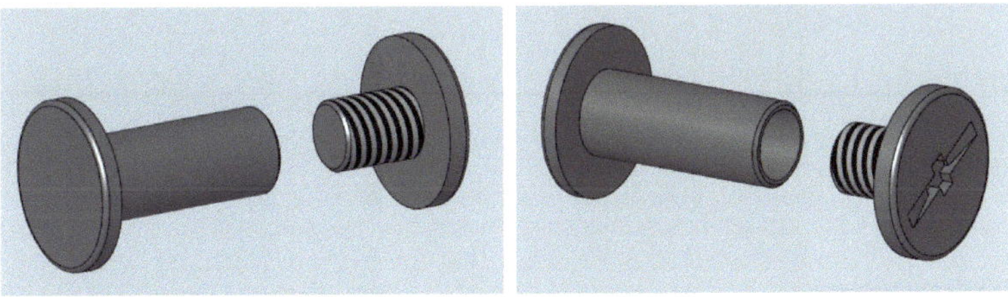

Bild 4.29 Hülsenmutter ohne Kreuzschlitz (glatt) und kurze Hülsenschraube mit Kreuzschlitz

Der Vorteil dieser Verschraubung ist der niedrige Schraubkopf mit gleichzeitig großer Kopfauflage. Damit braucht man z.B. keine Senkbohrungen für Zylinderkopfschrauben drucken. Außerdem stehen auf der Mutternseite keine Schraubgewinde ab. Es stehen verschieden lange Hülsenmuttern zur Verfügung, mit denen ein großer Bereich an verschraubbaren Dicken abgedeckt werden kann.

Eine weitere Anwendungsmöglichkeit ist die Erzeugung eines Gelenks. Hierfür sollte man vor der Konstruktion der Teile die Hülsenmutter und Hülsenschrauben bis zum Anschlag verschrauben und den Abstand zwischen den Innenseiten der Schraubköpfe vermessen (Bild 4.30). Die Dicke der zu verschraubenden Teile sollte dann etwas kleiner gewählt werden. Bei diesem Gelenk gleitet die glatte Zylinderfläche der Hülsenmutter im Kernloch des Druckteils, was im Gegensatz zu einem Einsatz mit Schraubgewinde annähernd verschleißfrei ist.

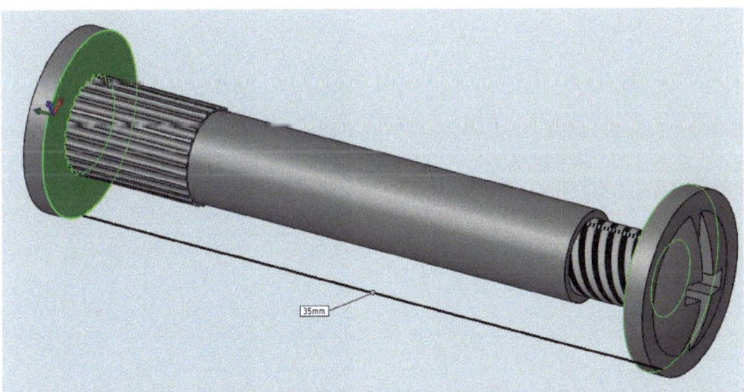

Bild 4.30 Maß zwischen den Kopfauflageflächen messen

Ein Beispiel für ein Gelenk findest du in Kapitel 8 (Nussknacker).

Vorteile der Hülsenverschraubung:

- große Kopfauflage
- flacher Kopf, versenkbar
- großer Rang verschraubbarer Dicken
- keine herausstehenden Schrauben auf der Mutternseite
- kann auch als Gelenk fungieren

Nachteil der Hülsenverschraubung:

- kann nur bestimmte/konkrete Dickenbereiche abdecken

Ich möchte dir folgende Empfehlung für die Schraubensicherung geben: Verklebe die Hülsenmuttern und Hülsenschrauben mit Sekundenkleber. Diese Art der Schraubensicherung sollte für M3- bis M6-Gewinde in 3D-Druckanwendungen vollkommen ausreichen.

Es gibt verschiedene Anbieter der Hülsenverschraubung:

- Hülsenmutter: Gewindehülse M4 (Bauhaus, *https://www.bauhaus.info*, Produktnr.: 25 939 453 und 25 971 127)

  Gewinde: M4

  Bohrmaß: 5 mm

  Länge: 35 mm (Produktnr.: 25 939 453)/27 mm (Produktnr.: 25 971 127)

  verschraubbare Dicken: 37–45 mm/28–36 mm
- Hülsenmutter und Hülsenschrauben: M6 (eBay, MPN: 267.0)

  Gewinde: M6

  mehrere verschraubbare Dicken: 32–86 mm

  Bohrmaß: 8 mm
- Hülsenmuttern: M3, M4, M5, M6, M8 (eBay, MPN: 403 271 595 677)
- Hülsenmutter und Hülsenschrauben: Buchschrauben M4 (Amazon, ASIN: B08MQDL8L6)
- Hülsenmutter und Hülsenschrauben mit Innensechskant: M6 (Amazon, ASIN: B0917CP1ZN)
- Hülsenmutter und Hülsenschrauben Buchschrauben: M4 kurz (Amazon, ASIN: B07X1MX3HQ)

  Gewinde: M4

  verschraubbare Dicke: 6–7 mm
- Hülsenmutter und Hülsenschrauben: M4 × 38 (Hornbach, EAN: 8 714 186 554 753 und 8 714 186 446 065)

Die im Folgenden aufgelisteten Hülsenverschraubungen stehen unter *plus.hanser-fachbuch.de* zum Download zur Verfügung.

- *Hülsenmutter glatt M4 × 6.STEP*
- *Hülsenmutter glatt M4 × 12.STEP*
- *Hülsenmutter glatt M4 × 15.STEP*
- *Hülsenmutter glatt M4 × 18.STEP*

- *Hülsenmutter M4 × 30.STEP*
- *Hülsenmutter M4 × 35.STEP*
- *Hülsenschraube M4 × 5.STEP*
- *Hülsenschraube M4 × 14.STEP*
- *Hülsenschraube M4 × 20.STEP*

4.9 Selbst gedruckte Schraubverbindung (DIY)

Natürlich kann man auch eine Schraubverbindung aus selbst gemachten Teilen (sprich: selbst gedruckten Schrauben und Muttern) erstellen (Bild 4.31). Aufgrund der geringen Auflösung der 3D-Drucker für den Heimgebrauch ist es jedoch praktisch nicht möglich, kleine Gewinde zu drucken. Erst ab einer Gewindegröße von M12 sind brauchbare Ergebnisse mit tragfähigen Gewindegängen zu erwarten.

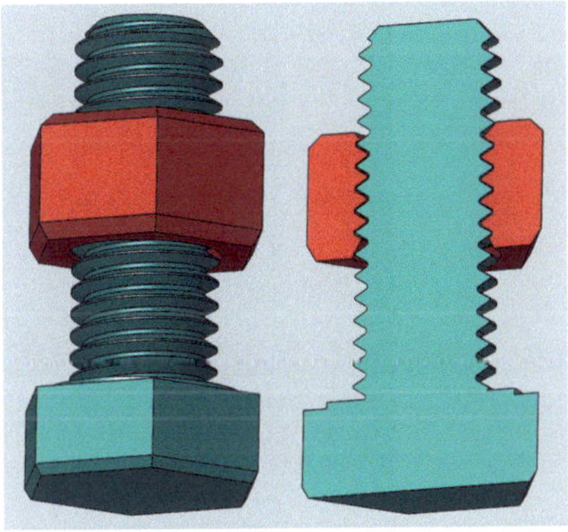

Bild 4.31 DIY-Schraube und Mutter

Anhand eines M12-Gewindes möchte ich den Konstruktionsvorgang erläutern. Als Erstes zeichnet man die neutrale Kontur eines Gewindegangs (M12) in einer Skizzenebene auf (Bild 4.32):

- Gewindedurchmesser: D = 12,0 mm
- Kerndurchmesser: D_1 = 10,106 mm
- Flankendurchmesser: D_2 = 10,863 mm
- Steigung: P = 1,75 mm
- Gewindetiefe: $H = \sqrt{3} / 2 \cdot P$ = 1,516 mm

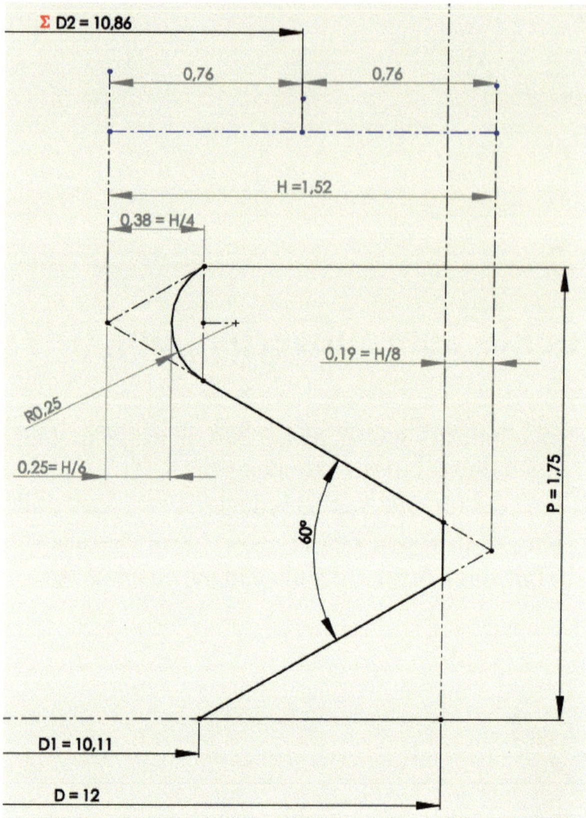

Bild 4.32 Neutrale Kontur des M12-Gewindes

Konstruktion einer Schraube

Nun öffnet man eine zweite Skizzenebene auf derselben Ebene und skizziert mit einem Versatz nach innen (hier: 0,05 mm) die Gewindekontur des Schraubbolzens (Bild 4.33).

Dann erzeugt man eine gegen den Uhrzeigersinn gerichtete Spirale mit der Steigung des Gewindes (hier: 1,75 mm) und der gewünschten Gewindelänge - und schon hat man einen Schraubbolzen vorliegen (Bild 4.34).

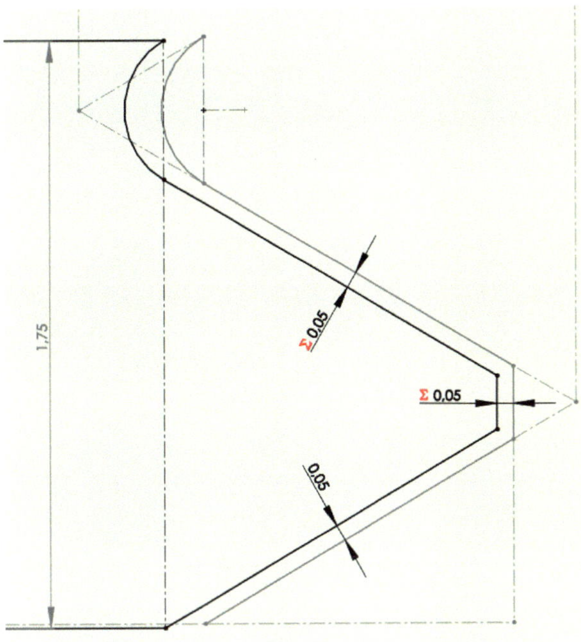

Bild 4.33 Kontur des M12-Gewindes eines Schraubbolzens

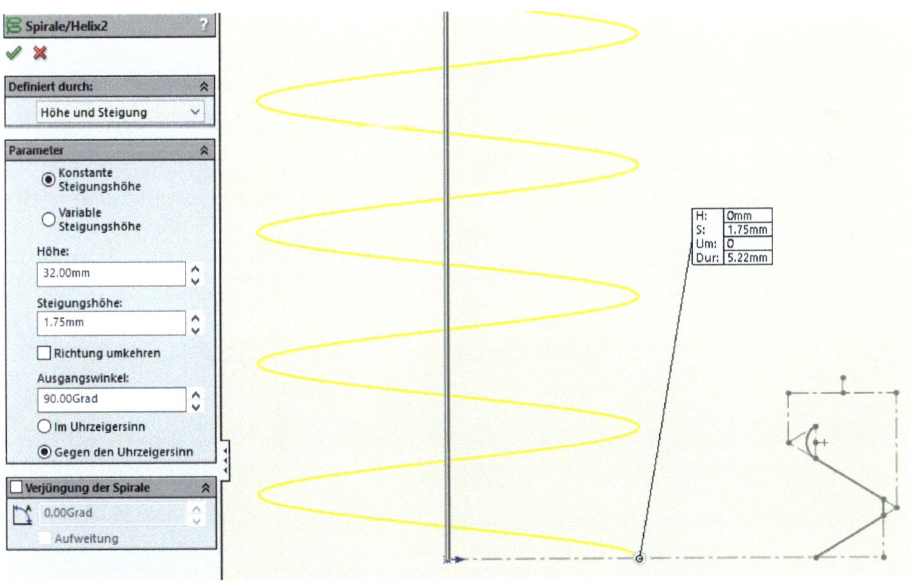

Bild 4.34 Erzeugung eines M12-Bolzengewindes (Außengewinde) mit der Steigung 1,75 mm

Konstruktion einer Mutter

Beim Mutterngewinde verfährt man genauso, allerdings muss hier die Gewindekontur nach außen gelegt werden. Der Versatz dieser Kontur liegt bei 0,1 mm (Bild 4.35).

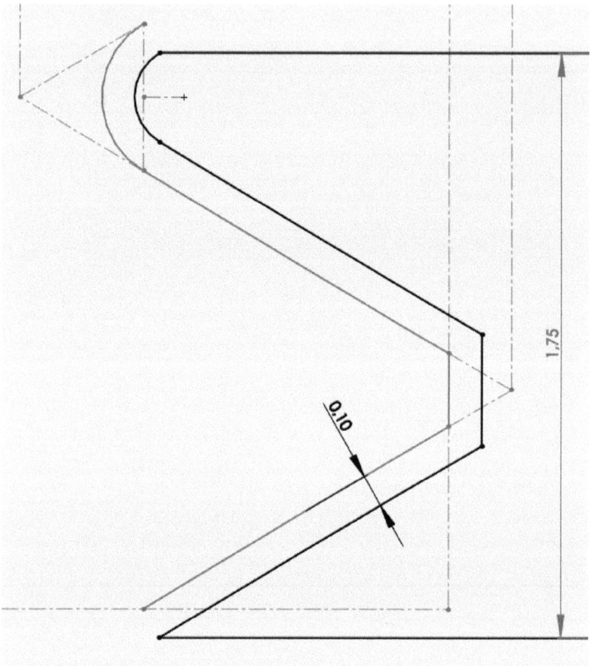

Bild 4.35 Kontur des M12-Gewindes einer Mutter

Danach erzeugt man eine gegen den Uhrzeigersinn gerichtete Spirale mit der Steigung des Gewindes (hier: 1,75 mm) und der gewünschten Gewindelänge – und schon hat man ein Mutterngewinde vorliegen (Bild 4.36).

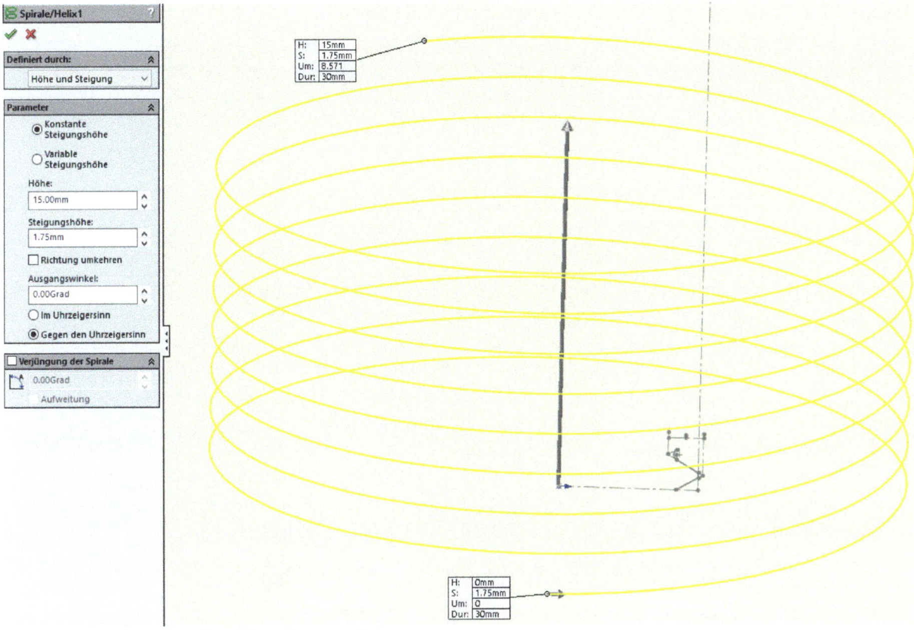

Bild 4.36 Erzeugung eines M12-Mutterngewindes (Innengewinde) mit der Steigung 1,75 mm

Die Verkleinerung des Bolzengewindes und die Vergrößerung des Mutterngewindes sind nötig, damit ein kleines Gewindespiel entsteht. Sollte die Gewindeverbindung klemmen oder zu viel Spiel haben, muss man die Schraubverbindung mit veränderten Versätzen nochmals drucken. Nur durch das Herantasten bekommt man die optimale Schraubverbindung hin. Die so gedruckten Gewindebolzen und -muttern sollten dann auch ohne Probleme auf Normgewinde passen.

Bild 4.37 Beispiel zweier Schraubverbindungen

In Tabelle 4.12 sind weitere Gewindegrößen für metrische Regelgewinde aufgeführt.

Tabelle 4.12 Gewindegrößen (metrisches Regelgewinde)

Gewindedurchmesser $D = d$	Steigung P	Flankendurchmesser $D_2 = d_2$	Mutter (Kerndurchmesser) D_1
M10	1,5	9,026	8,376
M12	1,75	10,863	10,106
M16	2,0	14,701	13,835
M20	2,5	18,376	17,294
M24	3,0	22,051	20,752
M27	3,0	25,051	23,752
M30	3,5	27,727	26,211
M36	4,0	33,402	31,670
M42	4,5	39,077	37,129

Druckeinstellungen für den Schraubbolzen und die Mutter

Folgende Druckeinstellungen sind für Schraube und Mutter (M12) vorzunehmen:

- Druckgeschwindigkeit: 35–45 mm/s (größere Gewinde können schneller gedruckt werden)
- Schichthöhe: 0,2 mm
- Infill: 15 %

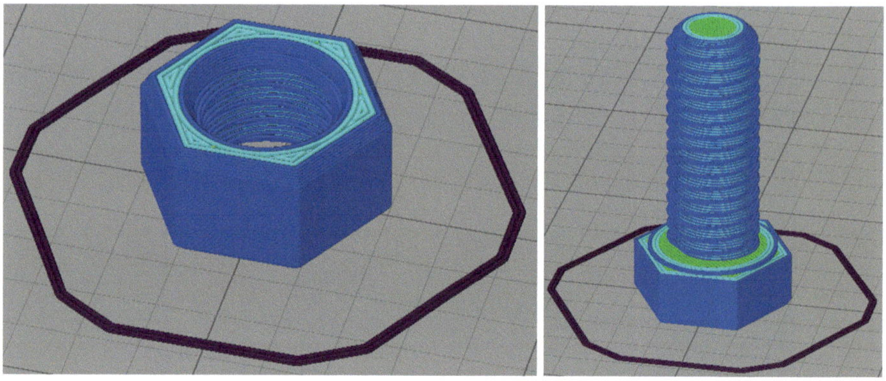

Bild 4.38 Mutter und Schraube im Slicer

Da beim Druck einer Außenkontur der Startpunkt auch der Endpunkt ist, lagert sich dort eine kleine Anhäufung an Material an. Bei einem Gewinde ist es wichtig, eben diese Anhäufungen rund um das Gewinde gleichmäßig zu verteilen. Vor allem beim Mutterngewinde (Innengewinde) sollten die Startpunkte beliebig (das heißt zufällig) verteilt sein. Damit werden Anhäufungen vermieden, die sich im Inneren des Gewindes nicht mehr entfernen lassen (Bild 4.39).

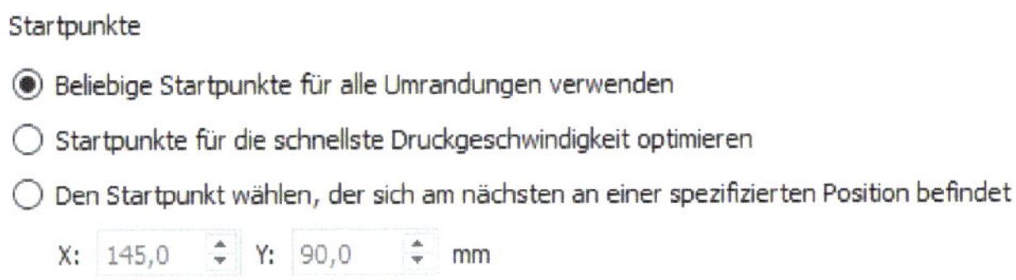

Bild 4.39 Die Startpunkte sollen beliebig (zufällig) verteilt sein.

Eine Methode, diese Anhäufungen zu minimieren, ist die Aktivierung der *Ausroll-Entfernung* (*Coasting Distance*). Dabei liegt der Endpunkt der äußeren Kontur um den eingestellten Wert vor dem Startpunkt. Es kommt also zu keiner Überlappung mehr. Ist der Wert zu groß eingestellt, entsteht dort ein Spalt (Bild 4.40).

Bild 4.40 Anhäufungen an den Startpunkten minimieren

Die im Folgenden aufgelisteten Teile einer Schraubverbindung stehen unter *plus.hanser-fachbuch.de* zum Download zur Verfügung.

- *Mutter M12.STEP*
- *Schraube M12.STEP*
- *Schraubverbindung M12.STEP*

4.10 Klebverbindung

Eine Methode, zwei Bauteile untrennbar miteinander zu verbinden, ist das Kleben. Nach vielen Klebeversuchen mit Sekundenkleber oder Ähnlichem bin ich letztendlich beim Epoxy-Zwei-Komponenten-Kleber Rapid von Araldite® gelandet.[1] Dieser Kleber hat mir mit Abstand die besten Ergebnisse geliefert, denn nicht jeder Kleber hält auf PLA, ABS und PETg. Der Kleber wird in zwei Versionen angeboten, die sich hauptsächlich in ihrer Aushärtezeit unterscheiden (siehe Tabelle 4.13).

[1] *https://www.go-araldite.com/de*

Tabelle 4.13 Araldite®-Versionen im Vergleich

Araldite®	Bearbeitungszeit	Aushärtungszeit	max. Zugfestigkeit
Standard	80 min	8 h	3500 N/cm²
Rapid	4 min	20 min	3200 N/cm²

Ein weiterer Hersteller, den ich allerdings noch nicht ausprobiert habe, ist UHU® plus[2] (siehe Tabelle 4.14).

Tabelle 4.14 UHU® plus-Versionen im Vergleich

UHU plus	Bearbeitungszeit	Aushärtungszeit	max. Zugfestigkeit
endfest	90 min	12 h	3500 N/cm²
schnellfest	5 min	20 min	1300 N/cm²
sofortfest	2 min	5 min	800 N/cm²

Oberflächenbehandlung

Vor dem Kleben sollten die zu verklebenden Oberflächen präpariert werden. Die betroffenen Stellen sollten mit Schmirgelpapier etwas angeraut und danach mit Isopropanol entfettet werden. Die Oberflächen müssen vor dem Kleben staubfrei und trocken sein.

Vorbereitung der Klebemasse

Es gibt zwei unterschiedliche Methoden, das Harz und den Härter zu vermischen:

- **Mit Doppelkammerkartuschen und Einwegkanüle:** Die Anwendung ist zwar sehr sauber, ein Teil des Klebstoffs verschwindet allerdings ungebraucht mit der Kanüle im Abfall. Für jede weitere Anwendung benötigt man eine neue Kanüle. Diese Kartuschen sind für kleine Klebestellen völlig ungeeignet.
- **Mit zwei Tuben:** Die Verpackung des Klebers besitzt eine kleine Mulde. In diese Mulde wird das Harz und der Härter im Mischverhältnis von 1:1 hineingegeben und mit einem Zahnstocher mindestens 30 Sekunden zu einer zähflüssigen Masse verrührt. Nach dem Kleben ist diese Mulde schnell wieder mit einem Papiertaschentuch zu reinigen, bevor der Kleber aushärtet. Danach kann diese Mulde zum Anrühren des Klebers wiederverwendet werden (Bild 4.41).

> **!** Du solltest immer sorgfältig die Gefahrenhinweise auf der Verpackung lesen.

[2] *http://www.uhu.com/produkte/2-komponenten-klebstoffe.html*

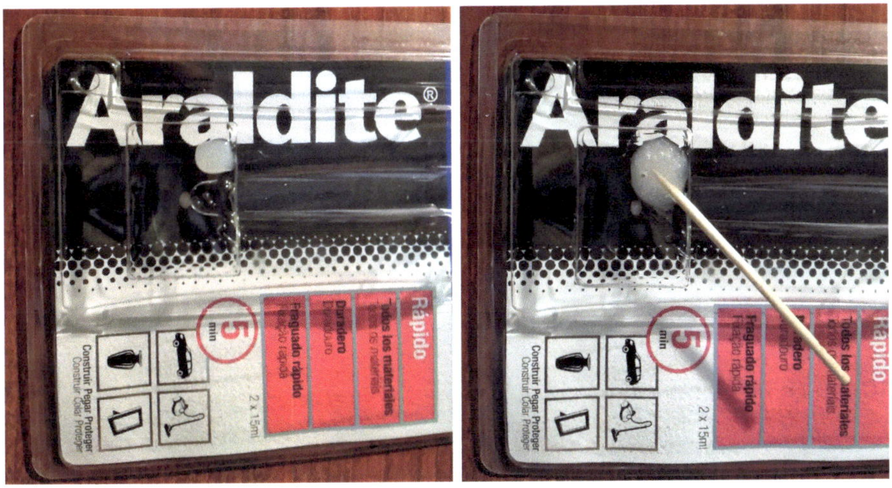

Bild 4.41 Harz und Härter in die Mulde geben und mit einem Zahnstocher gut verrühren

Verarbeitung

Die Klebemasse kann nun mit dem Zahnstocher oder mit dem mitgelieferten Plastikspachtel auf die Klebeoberfläche aufgetragen werden. Falls die Oberflächen rau sind (das sind praktisch alle Seitenwände, ausgenommen die Fläche, welche auf dem Druckbett lag), sollte der Kleber auf beiden Kontaktoberflächen gleichmäßig dünn aufgetragen werden. Man sollte zügig arbeiten und sämtliches Werkzeug zum Verspannen und Justieren der Bauteile schon bereitliegen haben. Die Zeit zum Nachpositionieren ist bei den schnellfesten Zwei-Komponenten-Klebern sehr kurz.

Konstruktive Maßnahmen

Die Klebestelle sollte nach Möglichkeit nicht auf Biegung, sondern nur auf Zug- oder Scherbeanspruchung (= Kräfte parallel zur Klebefläche) belastet werden. Da das jedoch kaum möglich sein wird, sollten die beiden zu verklebenden Teile zum Beispiel verstiftet werden. Auch eine Feder-Nut-Kombination ist sinnvoll. Dabei hat ein Teil eine erhabene Stelle, welche in eine Senkung des anderen Teils eindringt (Steckverbindung). Damit ist auch die Positionierung der beiden Klebeteile zueinander, während der Kleber aushärtet, gewährleistet.

Gestaltung der Klebverbindung

Die Klebestelle sollte so groß wie möglich sein. Im Folgenden habe ich einige Empfehlungen für die Gestaltung der Klebeverbindung zusammengetragen.

Verbindung flacher Bauteile

Man sollte das Verkleben flacher Bauteile an deren Stirnflächen (gerader Stumpfstoß) vermeiden.

normale Überlappung	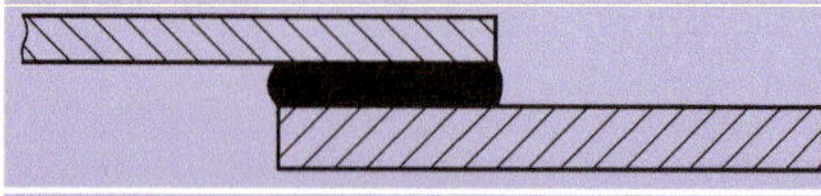
Stumpfstoß: Bleche anschrägen (nur für größere Blechdicken geeignet)	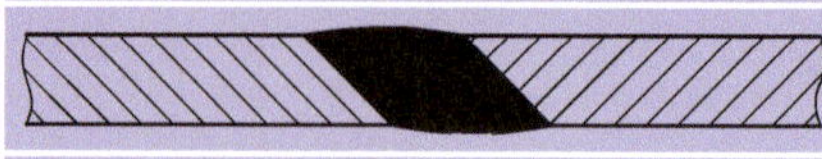
Krafteingriffe möglichst in einer Ebene	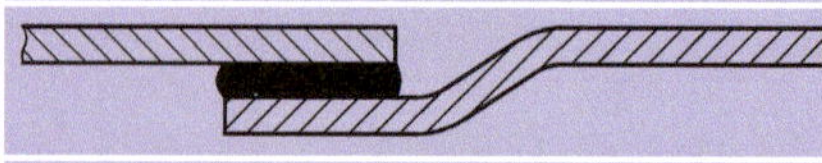
überlaschte Verbindung, keine glatte Verbindung	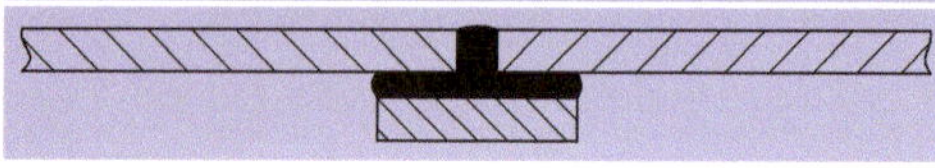

Rohrverbindung

Rohre sollten nicht stirnseitig verklebt werden.

Deckel innen oder außen	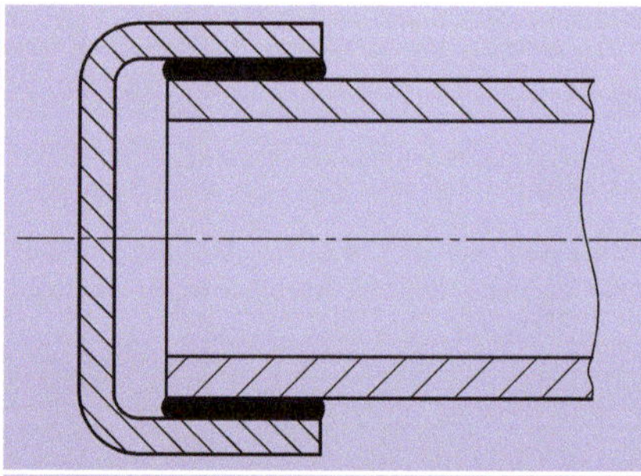
überlaschte Verbindung, innen oder außen	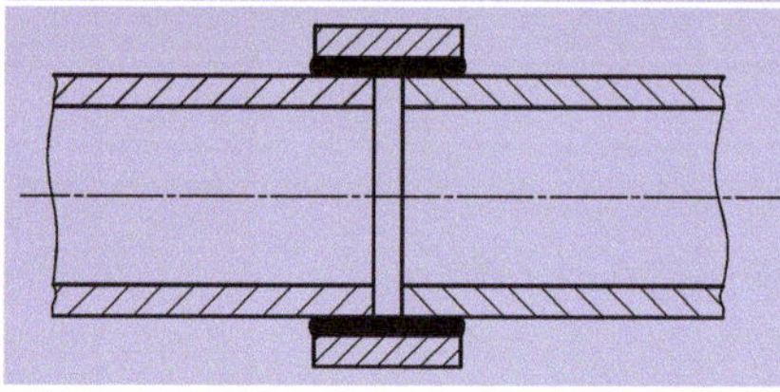

Eckverbindung

Bei Eckverbindungen sollte eine Schälbeanspruchung durch Versteifung vermieden werden (Bild 4.42).

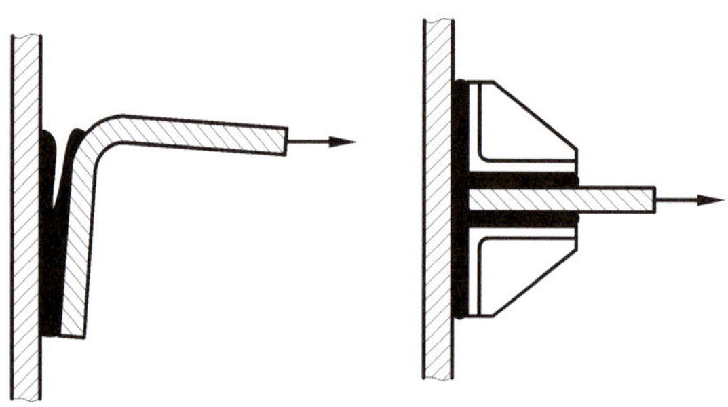

Bild 4.42 Die linke Ausführung ist zu vermeiden.

Die in diesem Kapitel vermittelten Informationen zu Verbindungen sind aus meinem Buch *Auslegung von Maschinenelementen. Formeln, Einsatztipps, Berechnungsprogramme* (2. Auflage, Carl Hanser Verlag 2018, ISBN 978-3-446-45 430-9) entnommen, das sich jeder zulegen sollte, der tiefer in die Materie einsteigen will.

Weitere konstruktive Maßnahmen rund ums Kleben findet man auch auf der genialen Webseite von Uwe Koerbitz (Konstruktionsatlas): *https://www.konstruktionsatlas.de/verbindungstechnik/kleben/kleben_konstruktion.shtml*

5 Puzzle

In den vorangegangenen Kapiteln hast du einige wichtige Grundlagen für die Realisierung deiner 3D-Druck-Projekte erhalten. Bist du in der Zwischenzeit schon ungeduldig geworden und möchtest endlich mit dem ersten Projekt loslegen? Keine Sorge, jetzt geht's mitten rein in die Praxis. In diesem Kapitel werden wir ein 16-teiliges Puzzle produzieren, das nach dem erfolgreichen Zusammenfügen ein Smiley-Gesicht ergibt. Wir werden zwei Versionen vom Puzzle erzeugen – eines mit einem 0,50 mm breiten Spalt und das andere mit einem 0,75 mm breiten Spalt zwischen den einzelnen Puzzleteilen.

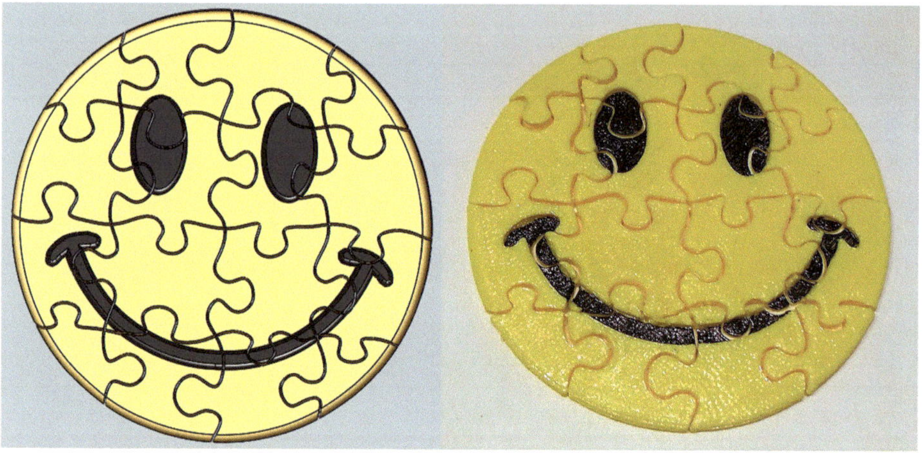

Bild 5.1 Smiley-Puzzle: Modell (links) und fertiges Produkt (rechts)

5.1 Übersicht der benötigten Teile

In der folgenden Liste findest du alles, was du für die Erstellung des Smiley-Puzzles benötigst.

Menge	Teil	Material
1×	*Smiley Puzzle (Spalt 0,50 mm).stl*	PLA
1×	*Smiley Puzzle (Spalt 0,75 mm).stl*	PLA

Achtung! Die Puzzleteile sind so klein, dass auf die Gefahr des Verschluckens von Kleinteilen durch Kleinkinder hingewiesen werden muss.

5.2 Druckeinstellungen für das Puzzle

Eine wichtige Funktion für den 3D-Druck mehrerer ineinandergreifender Teile, wie z. B. Zahnräder oder Puzzlestücke, ist die Dimensionsanpassung, welche in der Slicing-Software vorgenommen werden kann. Mit diesem Wert kann man die Spaltgröße zwischen den Teilen variieren. Damit die Teile nicht miteinander verschmelzen, ist ein positiver Wert einzutragen. Wenn man hingegen genau dieses Verschmelzen erzeugen möchte, dann muss der eingetragene Wert negativ sein.

Beim ersten Druckversuch habe ich zum Teil untrennbare Puzzlestücke erzeugt, und das, obwohl ein Spalt von 0,5 mm einkonstruiert war. Deshalb habe ich ein neues Puzzlemodell mit einem Spalt von 0,75 mm erzeugt, welches dann perfekt passte. Diese Umkonstruktion hätte ich mit ersparen können, wenn ich vorher von der Funktion *Dimensionsanpassungen* gewusst oder mich besser informiert hätte. Dann hätte ich beim Puzzle mit dem 0,5 mm breiten Spalt den Wert *Horizontale Größe - Ausgleich* (*Horizontal Size Compensation*) einfach auf 0,25 mm stellen können, ohne das Modell umkonstruieren zu müssen, und der Spalt wäre ebenfalls 0,75 mm groß geworden (Bild 5.2).

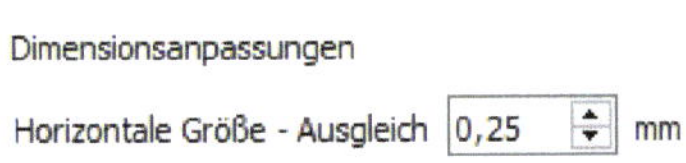

Bild 5.2 Spalteinstellung zwischen den einzelnen Puzzleteilen

Folgende Druckeinstellungen sind für das Puzzle vorzunehmen:

- Layerhöhe: 0,2 mm
- Innerer Füllgrad: 15 %
- Druckgeschwindigkeit 45 mm/s
- Horizontale Größe - Ausgleich: 0,25 mm

■ 5.3 Hinzufügen von Mund und Augen

Der Mund und die Augen des Smileys werden vertieft gedruckt. Diese Vertiefungen werden nach dem Druck der Einzelteile mit einem wasserfesten, schwarzen Textmarker ausgemalt. Am besten sollte dies noch vor dem Entfernen des Puzzles von der Druckplatte geschehen. Dann geht das Ausmalen am leichtesten und die Farbübergänge zwischen den Puzzleteilen sind fließend. Sollte man über die Vertiefungen hinaus malen, ist es meines Erachtens besser, den fälschlich bemalten Teil mit einem Cuttermesser zu entfernen, als die Stelle mit einem Lösungsmittel zu säubern, denn die angelöste Farbe fließt sonst in die Oberflächenrillen und das restlose Entfernen der Farbe ist dann fast unmöglich.

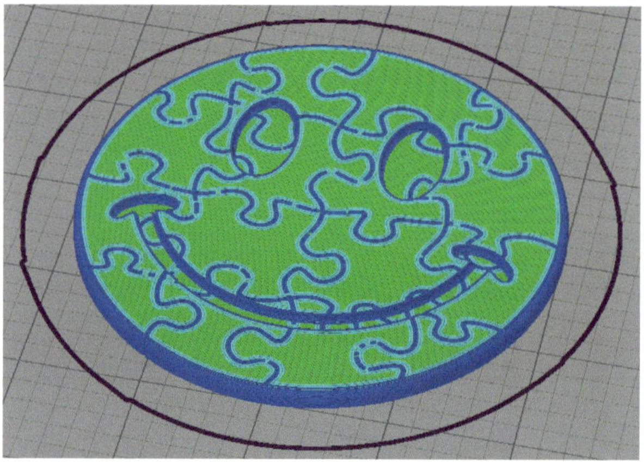

Bild 5.3 Smiley in der Slicer-Darstellung

■ 5.4 Nachdruck eines einzelnen Puzzleteils

Sobald das Puzzle im Einsatz ist, kann es durchaus mal vorkommen, dass ein Teil verloren geht. In diesem Falle ist es nicht nötig, das komplette Puzzle nochmals zu drucken. Es gibt ein Feature in der Slicing-Software, mit dem man nur das gewünschte Teil nachdrucken kann. Unter *Gitternetz - verbundene Oberflächen trennen* wird jedes Puzzleteil als alleinstehendes Modell behandelt (Bild 5.4).

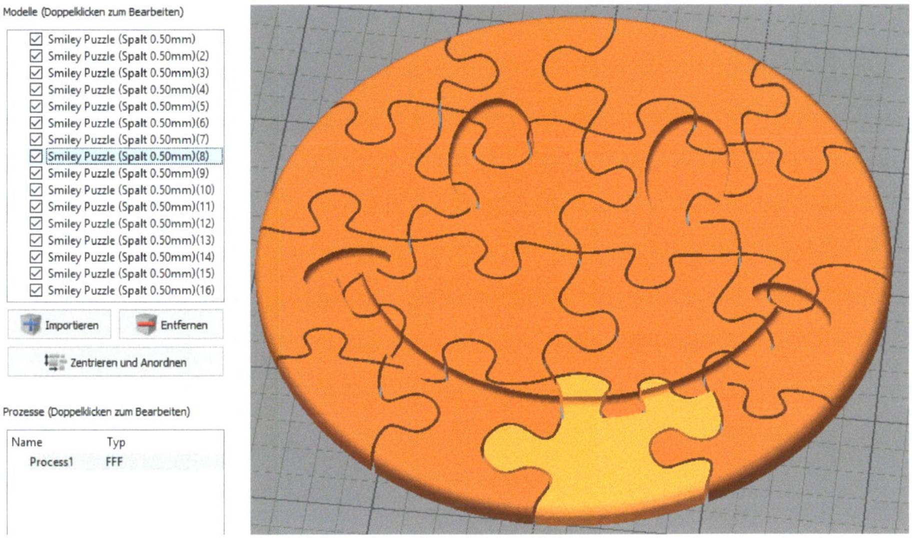

Bild 5.4 Auswahl eines einzelnen Puzzleteils unter Gitternetz - verbundene Oberflächen trennen

Durch Anklicken eines Modellnamens verfärbt sich das entsprechende Puzzleteil gelb (Bild 5.4). Sobald man das gewünschte Teil gefunden hat, klickt man alle anderen Puzzleteile weg (Bild 5.5).

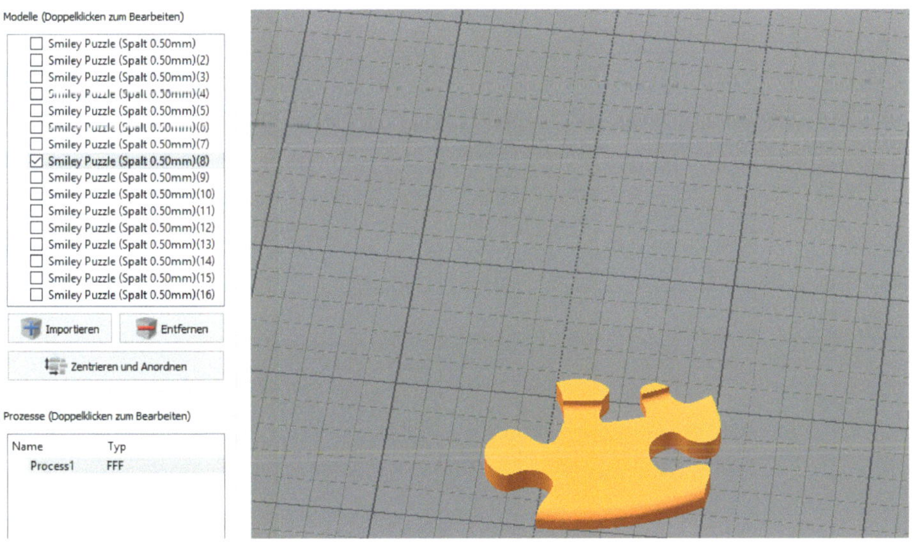

Bild 5.5 Darstellung des gewünschten Puzzelteils

Für das zu reproduzierende Teil sollten dieselben Druckeinstellungen wie für das gesamte Puzzle verwendet werden. Dies lässt sich in Simplify3D folgendermaßen bewerkstelligen: Beim Erstellen des G-Codes muss zuerst eine Hersteller-Datei (*.*factory*) abgespeichert werden. Für den Druck des fehlenden Teils wird diese Hersteller-Datei mit der Maus vom Explorer auf das Druckfeld des Simplify3D-Programms gezogen. Auf die Frage: *Möchten Sie den aktuellen Arbeitsbereich vor dem Fortfahren speichern?* antworte ich üblicherweise mit *Nein*. Nun werden alle Druckeinstellungen übernommen und du kannst, wie vorangehend beschrieben, das eine verlorene Puzzleteil auswählen und den G-Code erzeugen.

Mit diesen Hinweisen solltest du nun für alle Eventualitäten gerüstet sein. Viel Spaß beim Drucken und Puzzeln!

6 USB-Stick

Einen USB-Stick hat heutzutage jeder in der Tasche stecken. Das praktische Speichermedium kommt meistens jedoch recht langweilig daher. In diesem Kapitel werden wir USB-Sticks fertigen, die ein Gehäuse der besonderen Art besitzen. Es erwarten dich ein Smiley-Gehäuse in drei Ausführungsvarianten und ein Gehäuse in Form eines Yin-Yang-Symbols, das zwei USB-Sticks aufnehmen kann. Bist du bereit? Dann lass uns loslegen ...

6.1 USB-Stick mit Smiley-Gehäuse (Variante 1)

Nach einigen Überlegungen bin ich auf das Smiley-Gehäuse als USB-Aufnahme gekommen. Ein gelbes Filament eignet sich hervorragend für das typische, gelbe Smiley-Gesicht, sodass farblich nicht nachgebessert werden muss. Als USB-Stick habe ich einen der kürzesten gewählt, den es auf den Markt gibt (von SanDisk für ca. 14 Euro). Dieser USB-Stick hat leicht überstehende Ohren an beiden Seiten, so dass man ihn gut in einen Halter (Einschub) klemmen kann. Nach Drucken der Einzelteile wird eine Schnur durch den USB-Stick gezogen, welche den Hauptkörper und den Halter zusammenhält. So sind die beiden Teile des Mini-USB-Sticks unverlierbar miteinander verbunden.

In Variante 1 werden Augen und Mund des Smileys vertieft gedruckt und anschließend mit einem schwarzen und wasserfesten Stift ausgemalt.

Bild 6.1 Hauptkörper und Halter mit USB-Stick

6.1.1 Übersicht der benötigten Teile

In der folgenden Liste findest du alles, was du für die Erstellung des USB-Sticks mit Smiley-Gehäuse (Variante 1) benötigst.

Menge	Teil	Material
1×	*Smiley (Version 1).stl*	PLA
1×	*Einschub (Version 1).stl*	PLA
1×	SanDisk Ultra Fit 32 GB USB-Flash-Laufwerk USB 3.0 (Amazon, ASIN: B01GK9921C)	
30 cm	feste Schnur (braun/schwarz) Ø 1,5 - 2 mm	
1×	Staedtler Lumocolor® permanent pen 318	

Bild 6.2 USB-Stick von SanDisk

6.1.2 Druckeinstellungen für das Smiley-Gehäuse (Hauptkörper)

Die Slicing-Software erzeugt die Stützen des Hauptkörpers (*Support*) automatisch. Allerdings müssen die Stützen in den beiden Bohrungen nachträglich manuell eliminiert werden. Bei den Bohrungen handelt es sich um die seitlich am Hauptkörper entlang laufenden Aussparungen, durch welche später die Schnur geführt werden soll (Bild 6.3 Mitte).

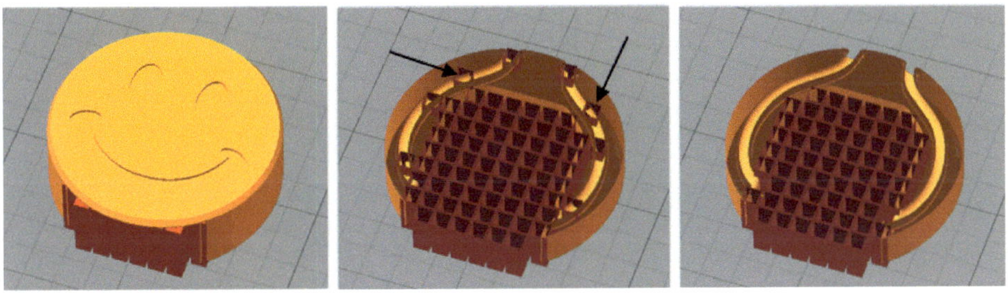

Bild 6.3 Automatisch erstellte Stützen (links), Stützen in den Bohrungen (Mitte, siehe Pfeile), manuell gelöschte Stützen (rechts)

Zum leichteren Entfernen des Stützmaterials können zwei Maßnahmen getroffen werden. Zum einen sollte das Stützmaterial nicht direkt auf dem Druckteil aufliegen. Das erreicht man, indem eine Trennungsschicht zwischen dem Druckteil und dem Stützmaterial eingefügt wird. In der Funktion *Trennung vom Teil* lässt sich die *Untere vertikale Trennungsschichten* einstellen. Steht diese auf „1“, bedeutet dies, dass die Stützschicht, welche direkt auf dem Druckteil aufliegt, nicht gedruckt und somit frei gelassen wird. Dasselbe gilt auch für die Oberseite der Stützschicht, welche über *Obere vertikale Trennungsschichten* eingestellt wird. Mit diesen beiden Einstellungen wird eine leicht lösbare Verbindung des Stützmaterials zum Druckteil hergestellt (Bild 6.4).

Zum anderen sollte das Stützmaterial in horizontaler Richtung einen gewissen Abstand zu den Wänden des Druckteils haben. Auch so verhindert man das Verschmelzen des Stützmaterials mit den Seitenwänden des Druckteils. Der *Horizontale Versatz vom Teil* sollte dabei größer als 0,5 mm sein (Bild 6.4). Damit die erste zu druckende Oberseite nach dem Stützmaterial nicht durchhängt, sollte der Wert 5 mm nicht überschreiten. Mit dieser Funktion wird ein Spalt zwischen Stützmaterial und Druckteil erzeugt, sodass das Stützmaterial mit einem flachen Schraubendreher oder einer Flachzange herausgebrochen werden kann, ohne dass das Druckteil beschädigt wird.

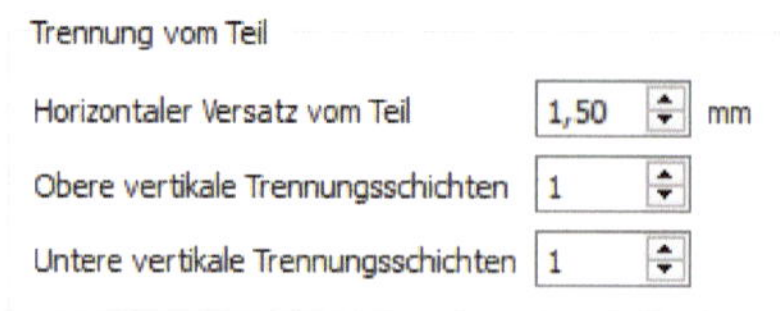

Bild 6.4 Einstellung für eine nicht allzu feste Verbindung zwischen der Stützstruktur und dem Druckteil

Nun kann die Richtung des Stützmaterials eingestellt werden, indem man nur einen *Stütz-Infill-Winkel* vorgibt. Ich habe mich für die 90°-Variante entschieden. So kann man durch das Zusammendrücken der Stützen mit einer Zange diese einfacher entfernen (Bild 6.5).

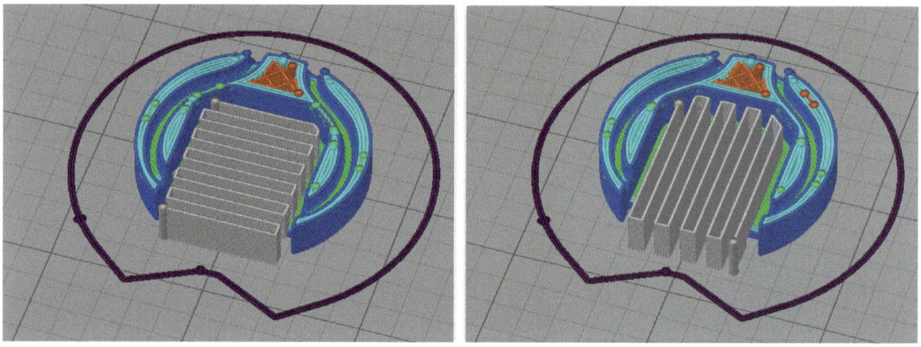

Bild 6.5 Stützmaterial mit Infill-Winkel von 0° (links), Stützmaterial mit Infill-Winkel von 90° (rechts)

Um das Entfernen des Stützmaterials weiter zu erleichtern, kann man die Dichte des Stützmaterials (= Abstand der Stränge zueinander; 100 % bedeutet Vollmaterial) verringern. Unter *Stützmaterial erzeugen* habe ich den *Stütz-Infill-Prozentsatz* auf 12 % eingestellt (Bild 6.6).

Bild 6.7 zeigt die gesamten Stützmaterial-Einstellungen für das Smiley-Gehäuse.

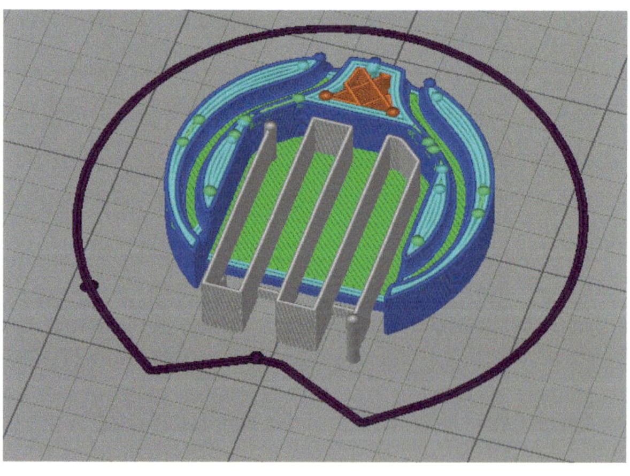

Bild 6.6 Stützmaterial mit 12 % Stütz-Infill

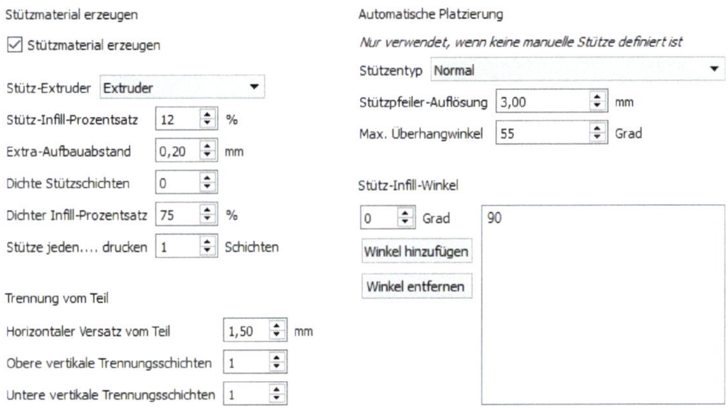

Bild 6.7 Einstellung des Stutzmaterials fur den Hauptkorper

Die Schichthöhe (*Layer Thickness*) habe ich auf 0,15 mm gestellt. Darüber hinaus sind folgende Einstellungen vorzunehmen:

- Anzahl der Konturen: 3
- Anzahl der Bodenschichten: 3
- Anzahl der Deckschichten: 3
- Druckgeschwindigkeit: 30 mm/s

Des Weiteren müssen die Startpunkte eingestellt werden (Bild 6.8). Für die Optik ist wichtig, dass die Startpunkte einer jeder Druckebene (diese sind zugleich die Endpunkte auf der Außenkontur und hinterlassen immer eine kleine Beule oder Delle auf der Außenfläche) in einer möglichst unscheinbaren Zone des Druckteils liegen.

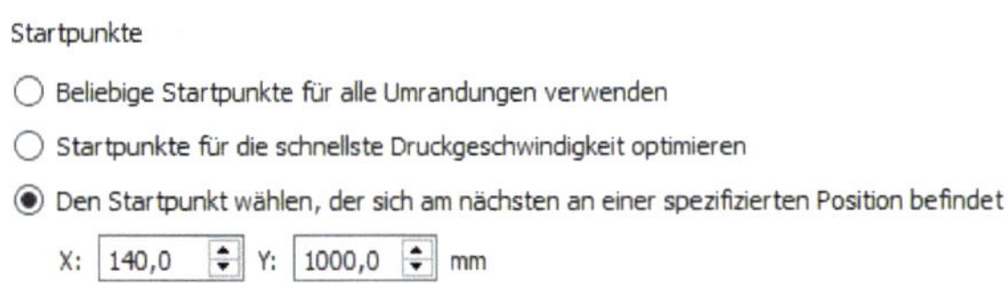

Bild 6.8 Einstellung der Startpunkte

Beim Smiley-Gehäuse liegt diese Zone zwischen den beiden Bohrungen für die Schnur (Bild 6.9).

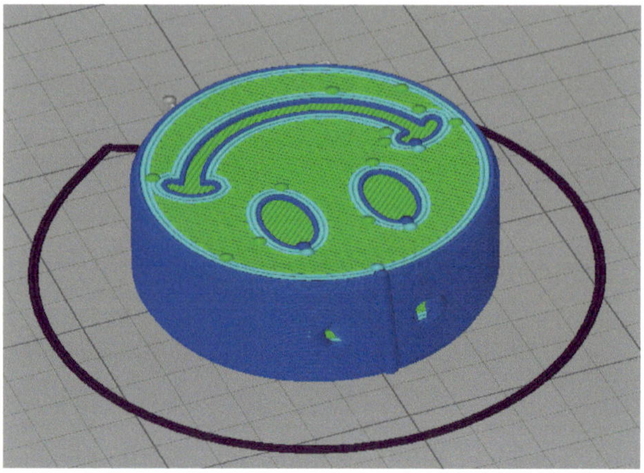

Bild 6.9 Die Startpunkte befinden sich mittig zwischen den beiden Bohrungsaustritten.

6.1.3 Druckeinstellungen für den Halter (Einschub)

Wie beim Hauptkörper muss man auch beim Halter (Einschub) zuerst die automatisch erzeugten Stützen korrigieren, indem man die überflüssigen Stützen aus der Bohrung eliminiert. Die in Bild 6.10 (Mitte) per Pfeil markierten Stützen in der Bohrung sind bei diesen kleinen Bohrungsdurchmessern überflüssig und können nach dem Drucken nur sehr schlecht aus dem Bauteil entfernt werden.

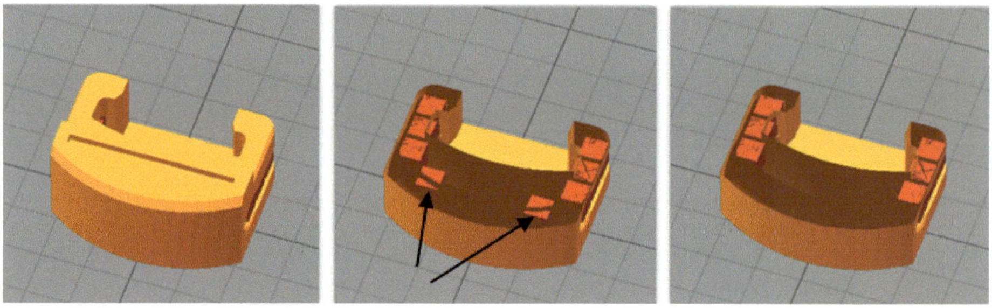

Bild 6.10 Zu löschendes Stützmaterial (siehe Pfeile)

Die Startpunkte habe ich aus der Rundung herausgenommen und an eine vordere Kante gelegt.

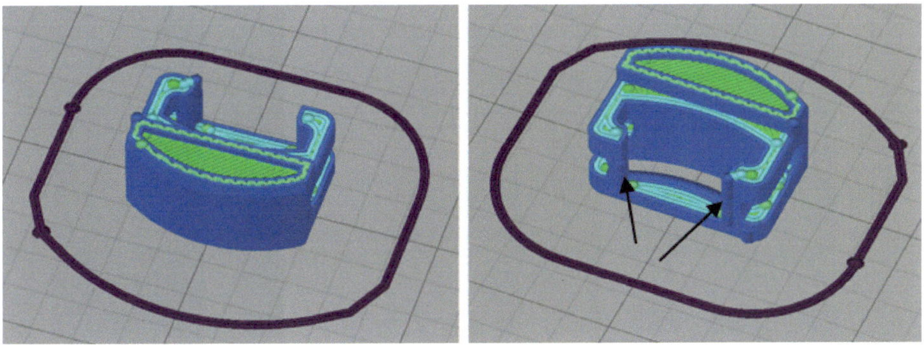

Bild 6.11 Die Startpunkte wurden in den innen liegenden Bereich gelegt (siehe Pfeile im Bild rechts).

Falls man die Startpunkte nicht aus dem sichtbaren Bereich legt, entsteht eine hässliche Narbe, wie zu sehen beim Einschub in Bild 6.12 (siehe Pfeil).

Bild 6.12 Startpunkte liegen hier im sichtbaren Bereich des Halters, was zu vermeiden ist.

Der *Stütz-Infill-Winkel* beträgt 0° beim Halter. Soweit möglich, sollten die Stützen senkrecht zu den darüber liegenden Druckbahnen des Einschubes liegen. Dies vermeidet, dass das gedruckte Filament herunterhängt (Bild 6.13).

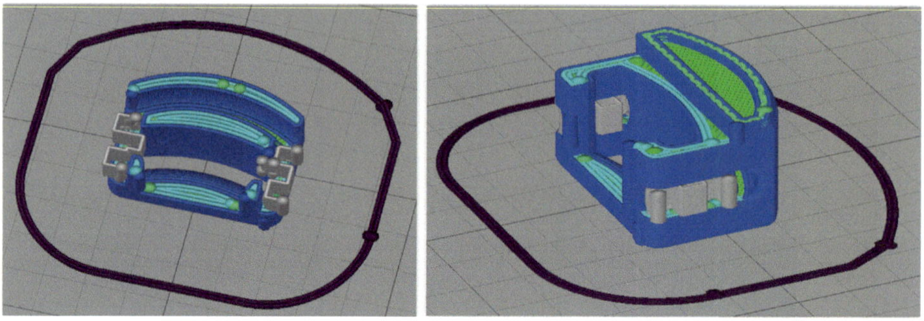

Bild 6.13 Stützmaterial mit einem Stütz-Infill-Winkel von 0°

Bild 6.14 zeigt die gesamten Stütz-Einstellungen für den Halter.

Nach dem Drucken können die Stützen mit einer Zange herausgebrochen werden. Der verbleibende Grat kann mit einer Feile entfernt werden. Nun muss der USB-Stick in den Einschub gepresst werden. Dabei ist auf die Orientierung zu achten (wie in Bild 6.15). Der USB-Stick sitzt jetzt sehr fest und unverlierbar in seiner Halterung.

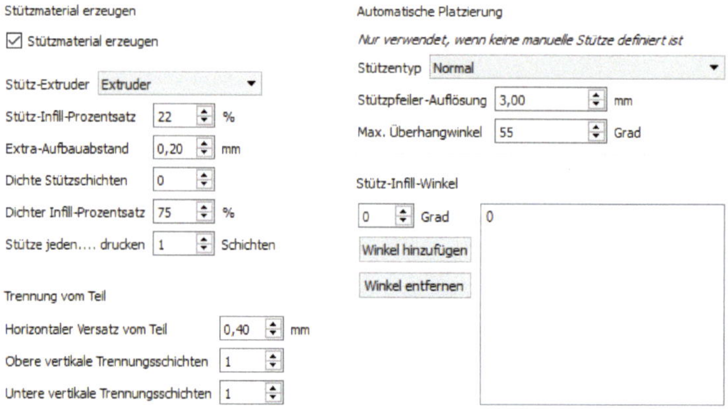

Bild 6.14 Einstellung des Stützmaterials für den Halter

Bild 6.15 USB-Stick im Halter

Als Nächstes wird die Schnur eingefädelt und ca. 5 cm oberhalb der beiden Bohrungsausgänge verknotet. Falls die Schnur sich nicht einfädeln lässt, sollte man sich mit einem dünnen Faden behelfen (Bild 6.16). Im letzten Schritt werden die Augen und der Mund mit einem wasserfesten schwarzen Stift mit feiner Spitze ausgemalt (z. B. Staedtler Lumocolor® permanent pen 318).

Bild 6.17 zeigt das gelungene Druckergebnis der ersten Variante des USB-Sticks mit Smiley-Gehäuse.

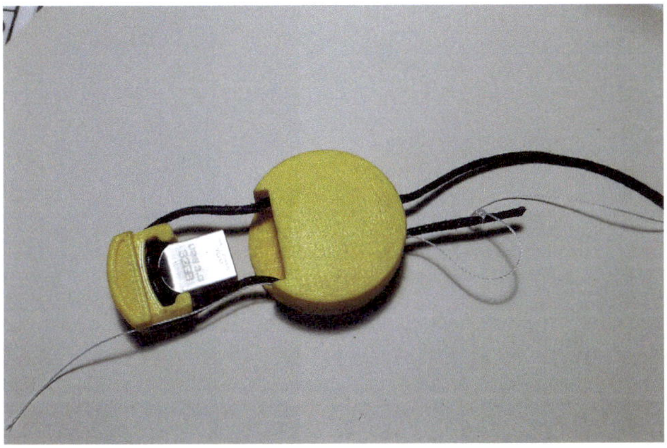

Bild 6.16 Schnur durch Hauptkörper und Halter fädeln

Bild 6.17 Fertiger USB-Stick mit Smiley-Gehäuse (Variante 1)

6.2 USB-Stick mit Smiley-Gehäuse (Variante 2)

Kommen wir nun zur zweiten Variante des USB-Sticks mit Smiley-Gehäuse. Bei dieser Variante sollen Mund und Augen mit einem schwarzen Filament gedruckt und auf den Hauptkörper angeklebt werden. Sämtliche Druckeinstellungen des Hauptkörpers und des Einschubes können aus Variante 1 übernommen werden.

Bild 6.18 Augen und Mund werden separat gedruckt.

6.2.1 Übersicht der benötigten Teile

In der folgenden Liste findest du alles, was du für die Erstellung des USB-Sticks mit Smiley-Gehäuse (Variante 2) benötigst.

Menge	Teil	Material
1×	*Smiley (Version 2).stl*	PLA
1×	*Einschub (Version 2).stl*	PLA
1×	*Augen und Mund (Version 2).stl*	PLA
1×	SanDisk Ultra Fit 32 GB USB-Flash-Laufwerk USB 3.0 (Amazon, ASIN: B01GK9921C)	
30 cm	feste Schnur (braun/schwarz) ⌀ 1,5 – 2 mm	
1×	Zwei-Komponenten-Kleber (z. B. Araldite® Rapid 5 min.)	
1×	optional: Lackspray (z. B. Dupli-Color Plastic Primer)	
1×	Zahnstocher	
1×	Schleifschwamm	

6.2.2 Druckeinstellungen für Augen und Mund

Im Vergleich zu Variante 1 müssen die Konturen der Vertiefungen der Augen und des Mundes ein wenig vergrößert werden (Bild 6.19). Das Teil *Augen und Mund (Version 2).stl* hingegen wurde im Vergleich zur Originalversion leicht verkleinert. Damit passen die Teile perfekt in die vorgesehenen Vertiefungen (Bild 6.20).

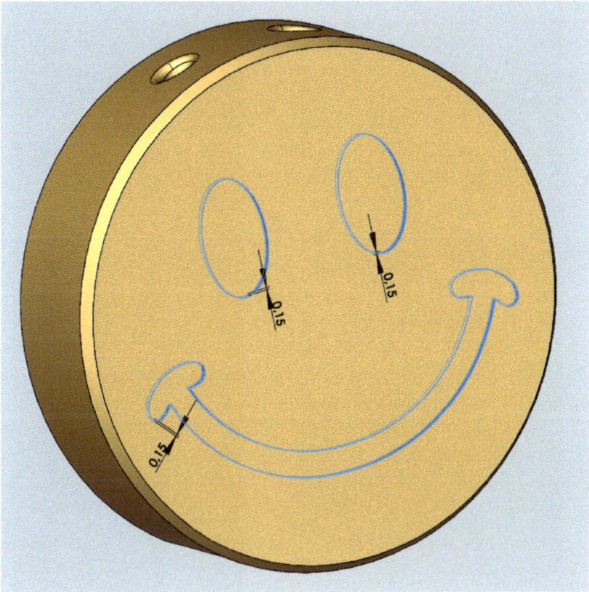

Bild 6.19 Die Vertiefung der Augen und des Mundes im Hauptkörper werden im Vergleich zum Originalmaß aus Variante 1 um 0,15 mm vergrößert.

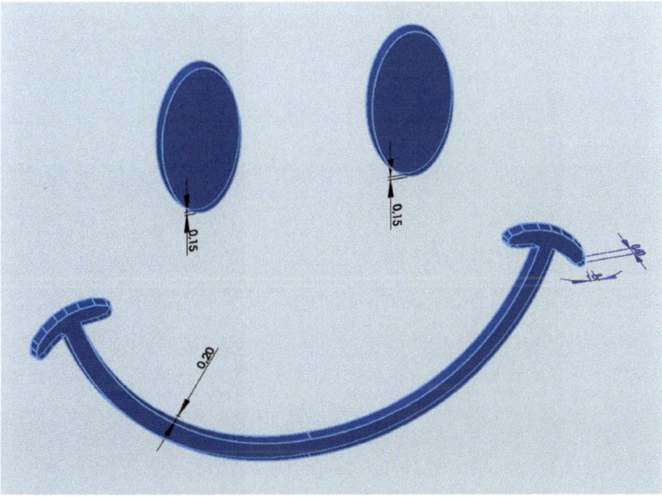

Bild 6.20 Die separat gedruckten Augen werden um 0,15 mm und der Mund um 0,2 mm verkleinert.

6.2.3 Festkleben von Augen und Mund

Nach dem Ausdruck aller Teile werden die Augen und der Mund mit einem Epoxidharz-Zwei-Komponenten-Kleber (Araldite® Rapid 5 min.) auf den Smiley geklebt. Mit einem Zahnstocher werden die beiden Komponenten des Klebers mindestens 30 Sekunden lang miteinander vermischt, danach auf die Rückseiten der Augen und des Mundes auftragen und dann in die Vertiefung des Smileys eingedrückt. Nach 15 Minuten dürfte die Klebung vollkommen ausgehärtet sein. Dann kann man gegebenenfalls mit einem Schleifschwamm Unebenheiten wegschleifen. Zum Abschluss kann zur Versiegelung noch eine durchsichtige Kunststoffgrundierung (z. B. ein Spray wie Dupli-Color Plastic Primer) auf den Hauptkörper und den Einschub gesprüht werden (selbstverständlich bevor die Schnur eingefädelt und der USB-Stick montiert wurde).

6.3 USB-Stick mit Smiley-Gehäuse (Variante 3)

Kommen wir nun zur dritten Variante des USB-Sticks mit Smiley-Gehäuse. In dieser Variante werden die Augen und der Mund direkt auf den Hauptkörper aufgedruckt. Ich möchte zeigen, wie man mit einem einzigen Druckkopf verschiedene Farben übereinander drucken kann.

6.3.1 Übersicht der benötigten Teile

In der folgenden Liste findest du alles, was du für die Erstellung des USB-Sticks mit Smiley-Gehäuse (Variante 3) benötigst.

Menge	Teil	Material
1×	*Smiley (Version 3).stl*	PLA
1×	*Einschub (Version 3).stl*	PLA
1×	SanDisk Ultra Fit 32 GB USB-Flash-Laufwerk USB 3.0 (Amazon, ASIN: B01GK9921C)	
30 cm	feste Schnur (braun/schwarz) Ø 1,5 - 2 mm	

6.3.2 Druckeinstellungen für den Hauptkörper und den Einschub

Als Erstes muss ein G-Code vom Hauptkörper (*Smiley (Version 3).stl*) erstellt werden, der - bevor die Augen und der Mund gedruckt werden - den Druck beendet. Im Falle des Smileys liegt die Höhe dafür bei 12 mm (Benennung der Druckdatei z. B. mit *Smiley_Unterseite.gcode*). Die Höheneinstellung wird in der Funktion *Modifikation der Schichten* unter *Druck an der entsprechenden Höhe anhalten* vorgenommen (Bild 6.21).

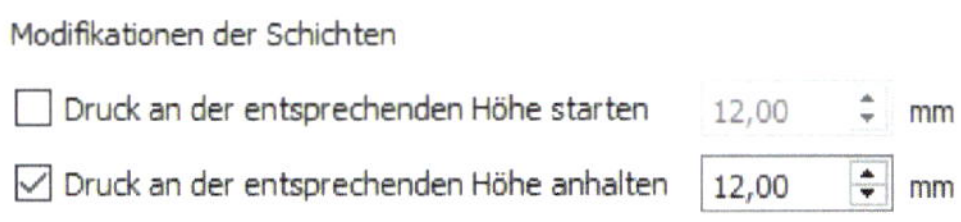

Bild 6.21 Der Druck endet, bevor die Augen und der Mund gedruckt werden.

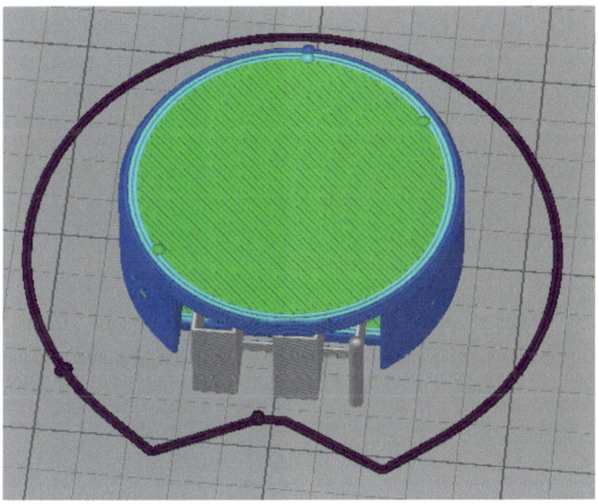

Bild 6.22 Das Unterteil wird mit der ersten Farbe gedruckt.

6.3.3 Druckeinstellungen für Augen und Mund

Nach dem Druck der Hauptkörper-Unterseite ist das gelbe Filament aus dem Extruder zu entfernen und durch das schwarze Filament für Augen und Mund zu ersetzen. Dazu muss ein weiterer G-Code desselben Hauptkörpers (*Smiley (Version 3).stl*) erzeugt werden, bei dem der Druck ab einer Höhe von 12 mm startet (Benennung der Druckdatei z. B. mit *Smiley_Oberseite.gcode*). Die Höheneinstellung wird in der Funktion *Modifikation der Schichten* unter *Druck an der entsprechenden Höhe starten* vorgenommen (Bild 6.23).

Die Schichtdicke der Augen und des Mundes sollte nicht höher als 0,5 mm sein, das heißt, es sollten drei Schichten mit einer Layerhöhe von 0,15 mm gedruckt werden. Zudem sollte eine sehr langsame Druckgeschwindigkeit eingestellt werden (z. B. 15 mm/s).

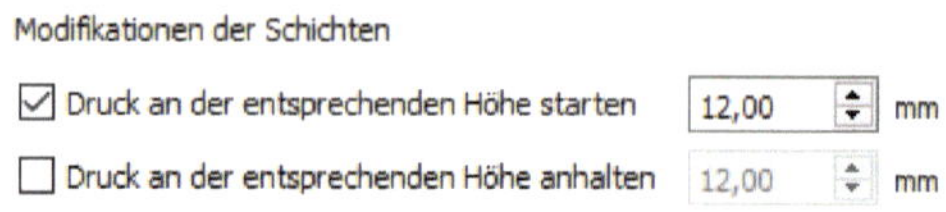

Bild 6.23 Der Druck startet ab der Höhe, in der nur noch die Augen und der Mund gedruckt werden.

Bild 6.24 Das Oberteil mit der zweiten Farbe wird gedruckt.

6.4 USB-Stick mit Smiley-Gehäuse: die drei Varianten im Vergleich

Bild 6.25 zeigt die drei Varianten des USB-Sticks mit Smiley-Gehäuse im Vergleich. Links im Bild sehen Sie Variante 1 mit aufgemalten Augen und Mund. In der Mitte sehen Sie Variante 2 mit aufgeklebten Augen und Mund. Rechts im Bild sehen Sie Variante 3 mit aufgedruckten Augen und Mund.

Bild 6.25 Alle drei Varianten im Vergleich: Augen und Mund sind aufgemalt (Variante 1, links); Augen und Mund sind aufgeklebt (Variante 2, Mitte); Augen und Mund sind aufgedruckt (Variante 3, rechts)

Bild 6.26 zeigt Variante 1 im Detail. Wenn man genauer hinschaut, erkennt man die Schwächen des Aufmalens. Da der Untergrund nicht völlig glatt ist und Rillen besitzt, werden nur die erhabenen Stellen bemalt. Es bleiben viele farblose Stellen, vor allem an den Rändern, zurück. Auch neigt die flüssige Farbe des Stiftes dazu, sich in den Rillen zu verlaufen (Kapillareffekt).

Bild 6.26 Variante 1: Bemalter Smiley

Bild 6.27 zeigt Variante 2 im Detail. Dieses Ergebnis ist wesentlich sauberer als Variante 1. Doch auch hier gibt es Kleinigkeiten zu bemängeln. Beim Kleben können kleine Härchen hängen bleiben, welche nach dem Aushärten schlecht zu entfernen sind. Man muss also beim Kleben sehr sauber arbeiten. Austretender Kleber rund um die Augen und den Mund sollte nach Möglichkeit mit einem sauberen Zahnstocher entfernt werden. Niemals sollte ein Taschentuch dafür verwendet werden. Es klebt sofort fest und ist nicht mehr ohne Beschädigung der Oberfläche zu entfernen.

Bild 6.27 Variante 2: Smiley mit aufgeklebten Augen und Mund

Bild 6.28 zeigt Variante 3 im Detail. Von allen Varianten ist die zweifarbig gedruckte Version die gelungenste und sauberste.

Selbstverständlich lässt sich der USB-Stick mit Smiley-Gehäuse in jeder beliebigen Filament-Farbe realisieren. Auch hinsichtlich der Gesichtsform sind Abwandlungen möglich (Bild 6.29). Wie wäre es zum Beispiel mit einem herzförmigen Gesicht? Deiner Fantasie sind keine Grenzen gesetzt ...

Bild 6.28 Variante 3: Smiley mit aufgedruckten Augen und Mund

Bild 6.29 Weitere Farb- und Formvarianten des Smileys

6.5 USB-Stick mit Yin-Yang-Gehäuse

Im Folgenden möchte ich einen weiteren USB-Stick mit 3D-gedrucktem Gehäuse vorstellen - und zwar in Form eines Yin-Yang-Symbols. Auf diese Design-Idee kam ich bei der Suche nach einem originellen Geburtstagsgeschenk für meine Frau. Das Geschenk war ein voller Erfolg - nicht nur in esoterischer Hinsicht!

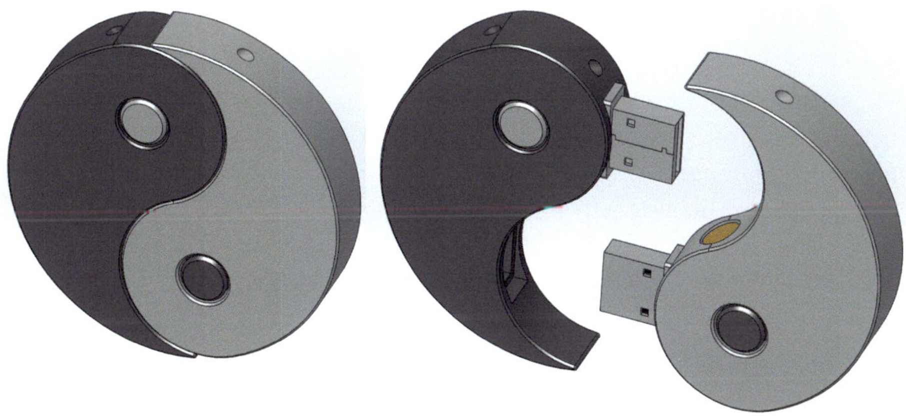

Bild 6.30 USB-Stick mit Yin-Yang-Gehäuse, welches zwei USB-Sticks aufnehmen kann (auf die entgegengesetzte Orientierung der USB-Sticks ist zu achten)

6.5.1 Übersicht der benötigten Teile

In der folgenden Liste findest du alles, was du für die Erstellung des USB-Sticks mit Yin-Yang-Gehäuse benötigst.

Pos.	Menge	Teil	Material
1	1×	*Yin (schwarz).stl*	PLA
2	1×	*Yang (weiss).stl*	PLA
3	2×	*Zylinder.stl* (1× weiß und 1× schwarz drucken)	PLA
4*)	2×	Magnet D7x2 (Amazon, B004KRZTTQ)	
5	2×	Intenso Slim Line 16 GB USB-Stick USB 3.0 (Amazon, ASIN: B00M2X5KFI)	
	30 cm	feste Schnur (braun/schwarz) Ø 1,5–2 mm	
	1×	Zwei-Komponenten-Kleber (z. B. Araldite® Rapid 5 min.)	
	1×	Zahnstocher	

*) Die Magnete sind unter Umständen nicht notwendig.

Bild 6.31 zeigt die Einzelteile in der Übersicht. Anhand der Positionsnummern (Pos.) erkennst du, um welches Teil aus der Liste es sich jeweils handelt.

Dieser USB-Stick ist zweiteilig. Er besteht aus einem schwarzen Yin-Halter (Pos. 1) und einem weißen Yang-Halter (Pos. 2). In beide Halter wird jeweils ein Zylinder (Pos. 3) in der entgegengesetzten Farbe eingeklebt. Außerdem wird in jeden der Halter je ein USB-Speicher (Pos. 5) mit einem Zwei-Komponenten-Kleber (z. B. Araldite® Rapid 5 min.) in die dafür vorgesehene Aussparung geklebt. Dabei ist darauf zu achten, dass die beiden USB-Speicher mit entgegengesetzter Orientierung eingesetzt werden (siehe Bild 6.31). Denn manchmal kann es vorkommen, dass ein USB-Stecker am PC derart platziert ist, dass einer der beiden Halter am PC-Gehäuse anstößt. Dann kann immerhin der andere Halter seitenverkehrt angesteckt werden.

Bei diesem USB-Stick wird der USB-Speicher nicht eingeklemmt (wie beim USB-Stick mit Smiley-Gehäuse), sondern eingeklebt. Zusätzlich werden die beiden Magnete (Pos. 4) in die Vertiefung in der Mitte der Halter/Einschübe geklebt (beim Einkleben auf Anziehung achten). Überstehender Kleber ist nun schnell mit einem Zahnstocher zu entfernen. Sobald der Kleber ausgehärtet ist, kann die Schnur durch die beiden Bohrungen gefädelt und verknotet werden.

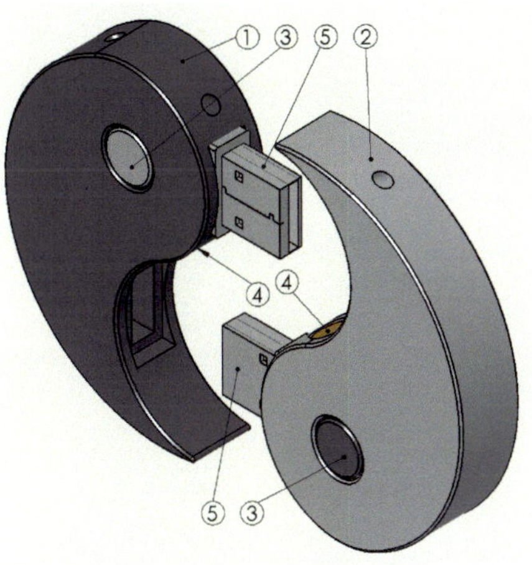

Bild 6.31 Die Einzelteile des USB-Sticks mit Yin-Yang-Gehäuse

6.5.2 Druckeinstellungen für Yin- und Yang-Körper

Das Stützmaterial der beiden Halter (Einschübe) im Yin- bzw. Yang-Körper sollte jeweils eine Schichtebene oberhalb der unteren Einschubebene beginnen und eine Schichtebene vor der oberen Einschubebene aufhören. Dadurch kann man das Stützmaterial leichter entfernen. Diese Einstellungen sind in der Funktion *Trennung vom Teil* vorzunehmen. Unter *Horizontaler Versatz vom Teil* sollte ein Versatz von 0,70 mm gewählt werden (Bild 6.32).

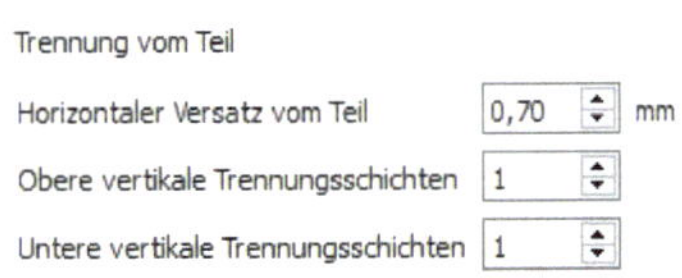

Bild 6.32 Einstellung für eine nicht allzu feste Verbindung zwischen Stützmaterial und Druckteil

Bild 6.33 und Bild 6.34 zeigen das Stützmaterial in den Einschüben des schwarzen Yin-Körpers bzw. des weißen Yin-Körpers.

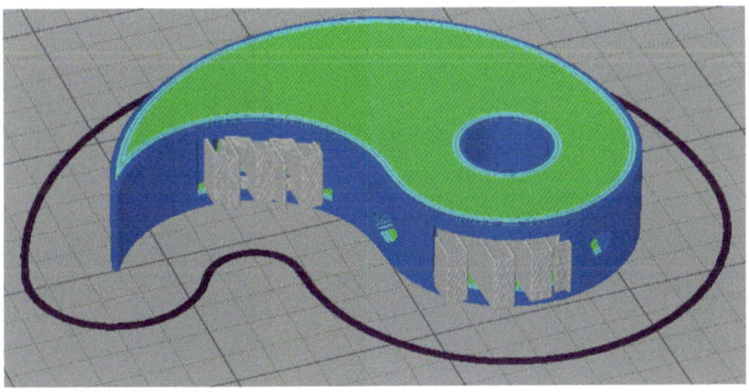

Bild 6.33 Yin-Körper (schwarz) mit Stützmaterial

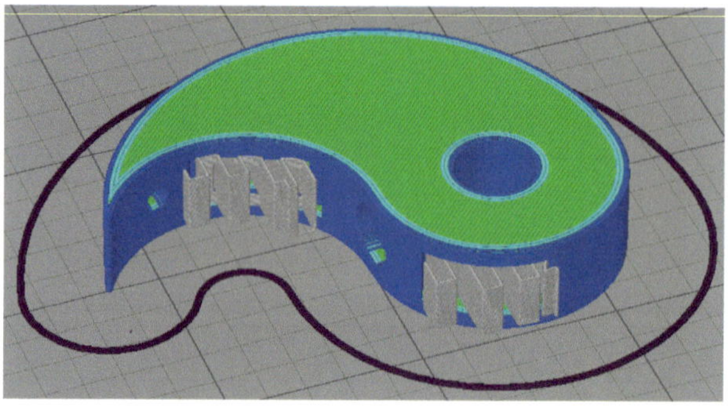

Bild 6.34 Yang-Körper (weiß) mit Stützmaterial

Die Startpunkte für den Druck des Yin- und Yang-Körpers habe ich so gelegt, dass diese sich auf der unsichtbaren Innenseite befinden (Bild 6.35 und Bild 6.36). Dort können die durch den Druck entstehenden Narben leicht weggeschliffen werden.

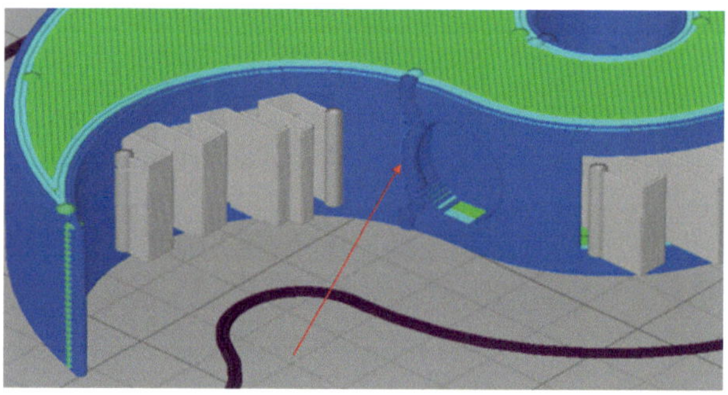

Bild 6.35 Der Pfeil zeigt den Ort der Startpunkte.

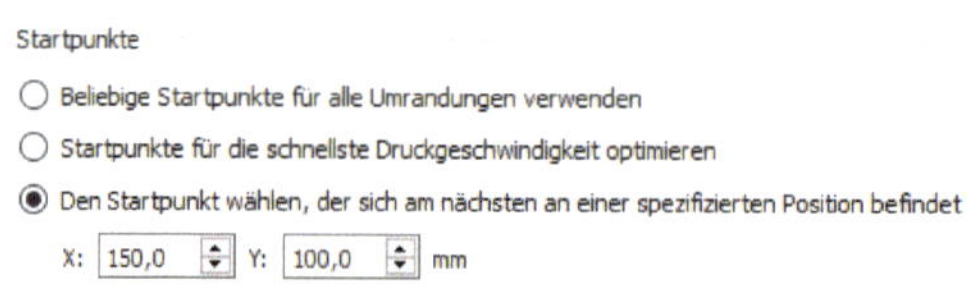

Bild 6.36 Definition der Startpunkte

Folgende allgemeine Druckparameter sind für den Yin- und Yang-Körper einzustellen:

- Druckgeschwindigkeit: 45 mm/s
- Schichthöhe: 0,25 mm
- Infill: 18 %

6.5.3 Druckeinstellungen für die Zylinder

Nun drucken wir den weißen und den schwarzen Zylinder. In den schwarzen Yin-Halter wird dann im nächsten Schritt der weiße Zylinder und in den weißen Yang-Halter der schwarze Zylinder geklebt werden. Die Zylinder sind mittig ein wenig verjüngt (Bild 6.37). In diese Verjüngung soll später der Kleber aufgebracht werden. Dies soll das Herauspressen des Klebers verhindern, wenn der Zylinder in den Halter eingefügt wird.

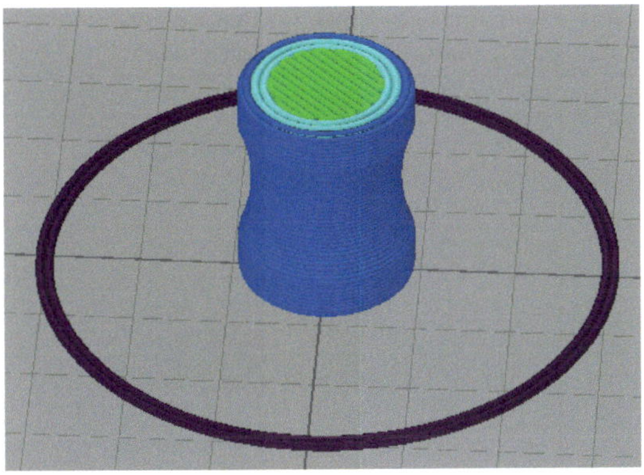

Bild 6.37 Der Zylinder wird einmal in Schwarz und einmal in Weiß gedruckt.

Folgende allgemeine Druckparameter sind für die beiden Zylinder einzustellen:

- Druckgeschwindigkeit: 35 mm/s
- Schichthöhe: 0,25 mm
- Infill: 18 %

Da die Einschübe für die USB-Stecker ausreichend eng sind, konnte ich bei meinem USB-Stick auf die Magnete verzichten. Das bedeutet also, dass zuerst die USB-Sticks eingeklebt werden. Dann steckt man beide Halter zusammen. Falls sich beide Halter zu leicht trennen lassen, sollten die Magnete eingeklebt werden. Dabei ist auf die Polung (– Anziehung der Magnete) zu achten.

Bild 6.38 und Bild 6.39 zeigen den fertigen USB-Stick mit Yin-Yang-Gehäuse in geöffneter und geschlossener Form.

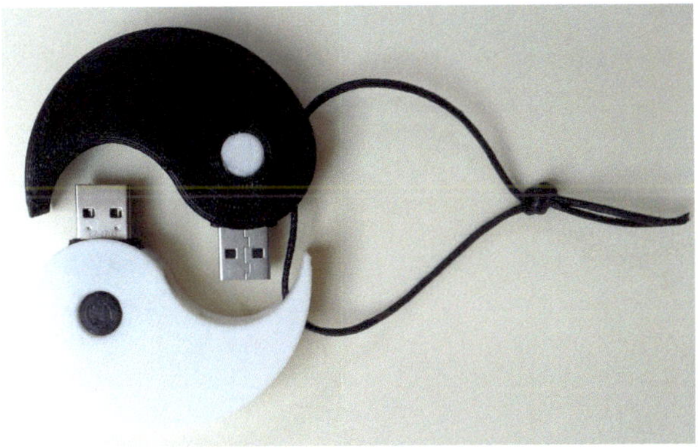

Bild 6.38 Yin-Yang-USB-Stick geöffnet

Bild 6.39 Yin-Yang-USB-Stick geschlossen

Neben den hier gezeigten Beispielen sind natürlich noch viele weitere Gehäuseformen denkbar. Hast du schon eine Idee, wie dein ganz persönliches USB-Stick-Gehäuse aussehen könnte?

7 Tragegriffe für Tüten und Taschen

Wenn der Wochenendeinkauf im Supermarkt ansteht, ist der Einkaufswagen meistens gut gefüllt. Leider muss man die Einkäufe dann auch noch nach Hause tragen. Wäre es da nicht gut, wenn man eine Tragehilfe hätte? Eine solche werden wir in diesem Kapitel fertigen - und zwar in Form eines Tragegriffs, welcher das Tragen von schweren Taschen und Tüten erheblich erleichtert. In Abschnitt 2.3.1 habe ich bereits einige Plattformen vorgestellt, auf denen man sich Druckvorlagen herunterladen kann. Auf Thingiverse (*www.thingiverse.com*), einer der bekanntesten Plattformen, habe ich zwei unterschiedliche Druckvorlagen für Tragegriffe gefunden. Die Designs habe ich nicht einfach nachgedruckt, sondern leicht abgewandelt. Beide Tragegriffe sind unverzichtbare Alltagshelfer. Ich verwende sie fast täglich.

7.1 Tragegriff für Tüten

Als Erstes werden wir einen Tragegriff für Tüten nach einem Modell von Walter Hsiao[1] drucken. Der Tragegriff weist ein schönes und ergonomisches Design auf. Bei meinem ersten Anlauf habe ich mir deshalb die Druckvorlage von Thingiverse heruntergeladen und wollte sie unverändert nachdrucken. Nachdem der Druck zu drei Vierteln abgeschlossen war, löste sich der Griff jedoch von der Druckplatte und kippte um. Dies liegt darin begründet, dass der Griff schräg auf der Druckplattform steht (Bild 7.1).

[1] *https://www.thingiverse.com/thing:597043*

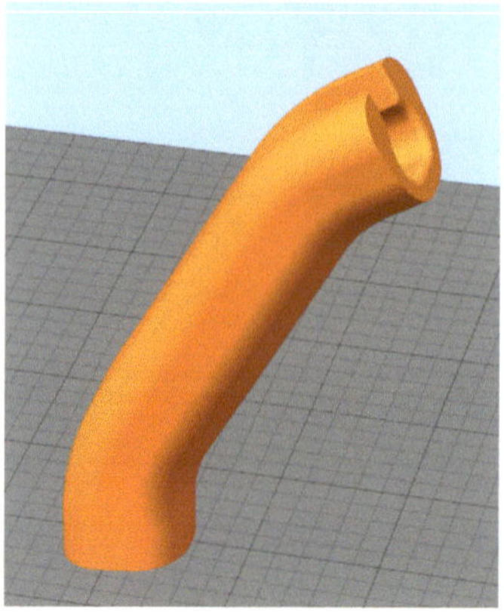

Bild 7.1 Der Griff steht schräg auf der Druckplattform.

Mit einem Raft[2] hätte man das Umfallen sicher verhindern können, doch das spätere Entfernen des Rafts und das Glattschleifen der Auflagefläche wollte ich vermeiden (Bild 7.2).

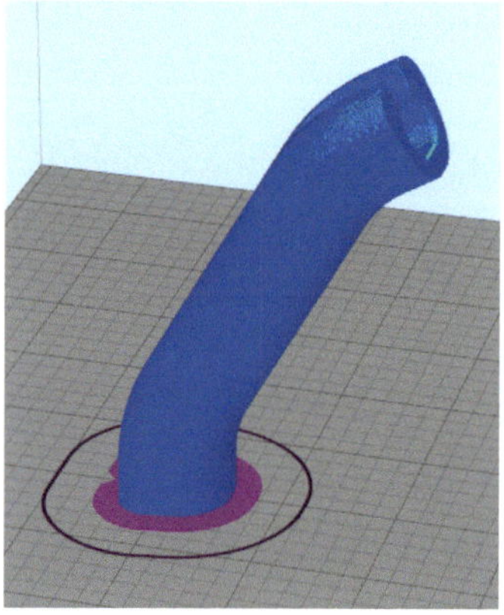

Bild 7.2 Ein Raft (lilafarbene Fläche) zwischen der Druckplatte und dem Griff erzeugt eine höhere Anhaftung.

Deshalb habe ich mich daran gemacht, das Design des Griffes abzuwandeln. Ich habe die beiden schrägen Enden des Griffes begradigt und so kam der in Bild 7.3 dargestellte Griff heraus.

[2] Ein Raft ist eine Druckfläche, auf welcher der Griff aufgedruckt wird, was die Anhaftung erhöht.

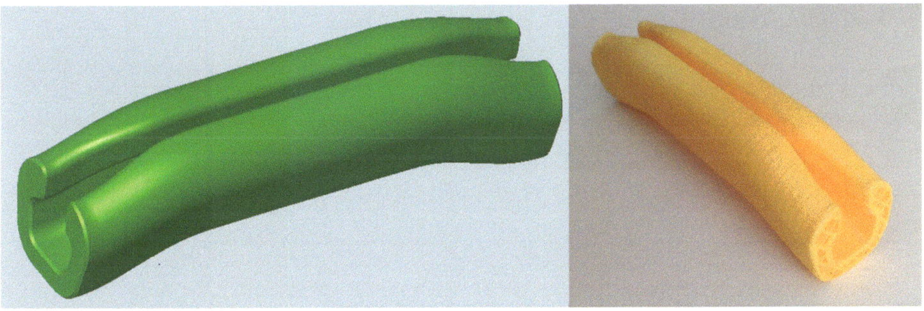

Bild 7.3 Neumodellierter Tragegriff

In Bild 7.4 kann man schön den Unterschied der beiden Griffe erkennen, wenn diese auf der Druckplattform positioniert werden. Der Originalgriff (braun, Vordergrund) muss schräg gedruckt werden. Der neue Griff (gelb, im Hintergrund) steht gerade auf der Druckplattform. So kann der Griff während des Druckes nicht mehr umfallen.

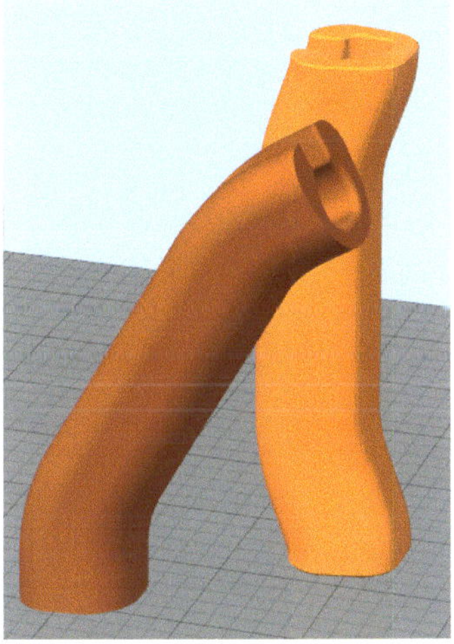

Bild 7.4 Originalgriff (im Vordergrund) und neu modellierter Griff (im Hintergrund)

7.1.1 Übersicht der benötigten Teile

Alles, was du für die Erstellung des Tragegriffs für Tüten benötigst, ist die STL-Datei.

Menge	Teil	Material
1×	*Tragegriff fuer Tueten.stl*	PLA

7.1.2 Druckeinstellungen für den Tragegriff

Um ein luftiges Design zu erzeugen, habe ich die beiden Deckflächen des Griffes einfach weggelassen. Dies bewirkt, dass man ins Innere des Griffes sehen und die Infill-Struktur, welche dem Griff die Stabilität verleiht, erkennen kann (Bild 7.5).

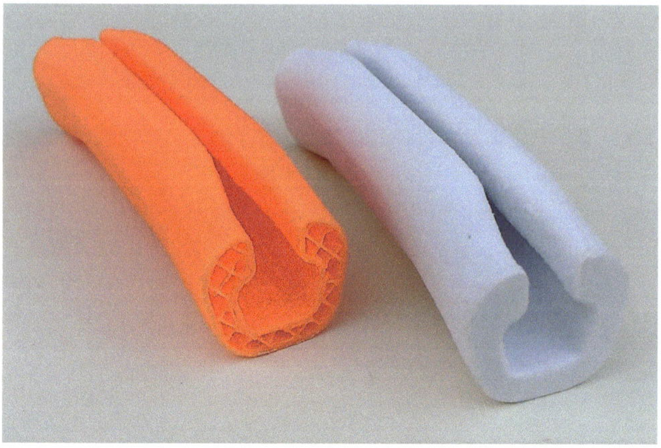

Bild 7.5 Tragegriff mit (weiß) und ohne (orange) Deckflächen

Das erreicht man, indem unter der Funktion *Schicht-Einstellungen* die *Geschlossenen Deckschichten* (= Oberseite des Tragegriffes) und die *Geschlossenen Bodenschichten* (= Unterseite des Tragegriffs) auf 0 gestellt werden. Sollten dir die beiden offenen Flächen nicht gefallen, dann stelle die *Geschlossenen Deckschichten* und die *Geschlossenen Bodenschichten* einfach auf 3 – und schon ist der Griff auf beiden Seiten geschlossen (Bild 7.6).

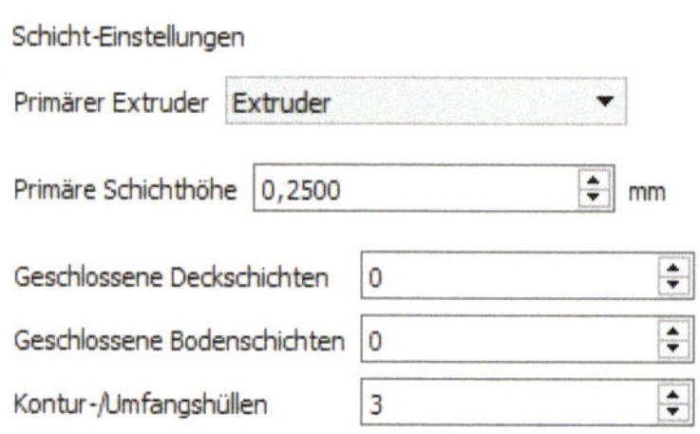

Bild 7.6 Die geschlossenen Deck- und Bodenschichten werden nicht gedruckt, wenn die Werte auf 0 stehen.

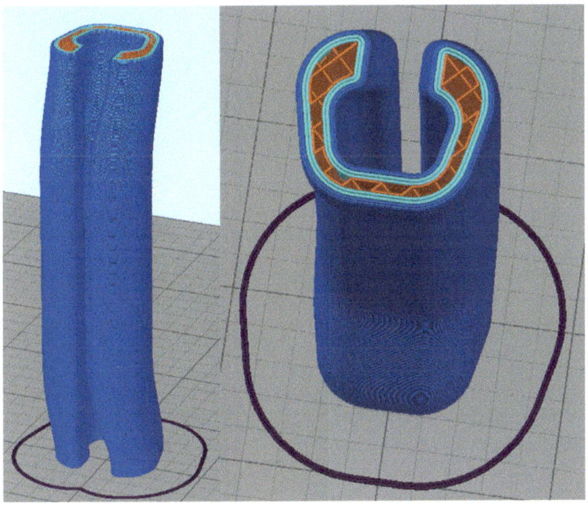

Bild 7.7 Tragegriff mit offenen Deck- und Bodenschichten

Um die Stabilität des Griffes zu erhöhen, kann man unter INFILL > ALLGEMEIN den *Inneren Fill-Prozentsatz* erhöhen, oder man sorgt dafür, dass in jeder Druckebene jeder Infill-Winkel gedruckt wird. Dafür setzt man unter *Versatz der Füllungs-Winkel (innen)* den Haken bei *Jeden Infill-Winkel auf jeder Schicht drucken* (Bild 7.8).

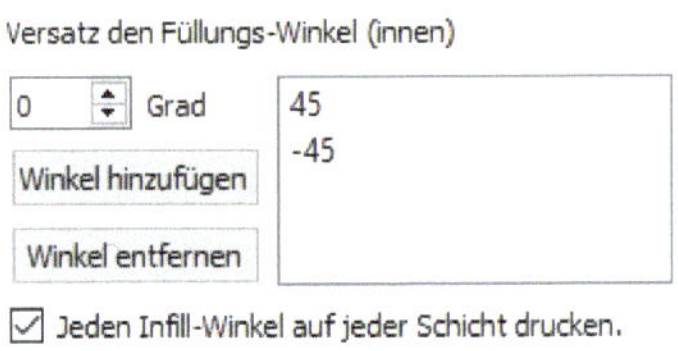

Bild 7.8 Man erzielt eine höhere Stabilität, indem jeder Infill-Winkel gedruckt wird.

Folgende allgemeine Druckeinstellungen sind für den Tragegriff vorzunehmen:

- Druckgeschwindigkeit: 45 mm/s
- Schichthöhe: 0,25 mm
- Infill: 18 %

7.2 Tragegriff für Taschen

Als Nächstes werden wir einen Tragegriff für Taschen nach einem Modell von 3D LabteK[3] drucken. Auch das Design dieser Tragetaschenhilfe habe ich abgewandelt, um den Schriftzug zu eliminieren und die Fingergriffform weiter abzurunden (Bild 7.9 und Bild 7.10).

[3] *https://www.thingiverse.com/thing:407592*

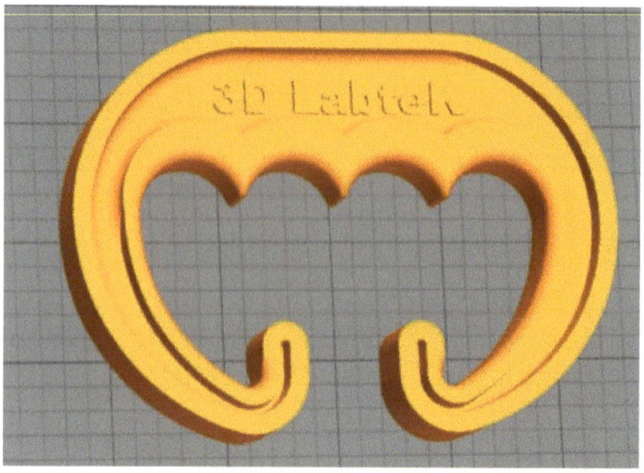

Bild 7.9 Originalgriff mit Schriftzug

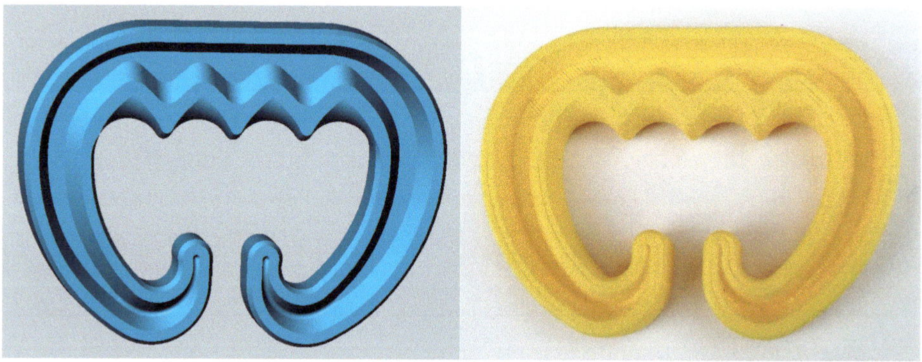

Bild 7.10 Neumodellierte Griff

7.2.1 Übersicht der benötigten Teile

Alles, was du für die Erstellung des Tragegriffs für Taschen benötigst, ist die STL-Datei.

Menge	Teil	Material
1×	*Tragegriff fuer Taschen.stl*	PLA

7.2.2 Druckeinstellungen für den Tragegriff

Die Schwierigkeit bei diesem Druckteil ist, ohne Stützmaterial auszukommen. Es muss eine fliegende horizontale Fläche gedruckt werden (siehe Pfeil, Bild 7.11). Hierfür muss man die Einstellungen für Übergänge (auch Brücken genannt) an das Druckteil anpassen.

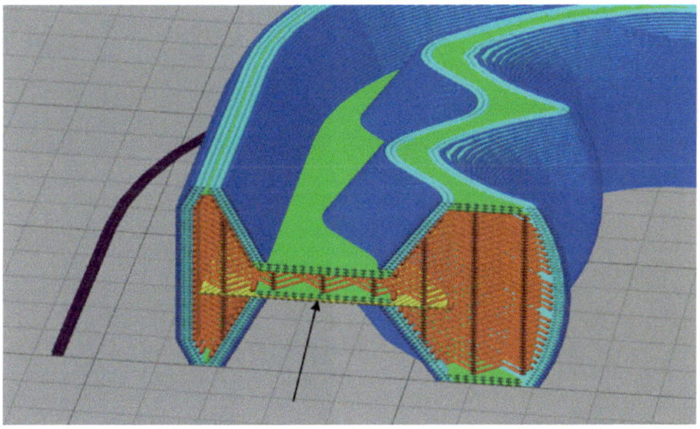

Bild 7.11 Der Pfeil zeigt die zu druckende Brücke im Tragegriff.

Die Brückenfunktion wird aktiviert, wenn unter *Übergänge* der *Grenzwert für ungestützte Bereiche* von 15 mm^2 überschritten wird. Mit dem *Extra-Aufbauabstand* (5 mm) ist gemeint, dass die Brückenfläche 5 mm größer gedruckt werden soll als die Brücke selbst breit ist. Diese Überlappung sorgt für einen gleichmäßigeren Druck der Brückenfläche (Bild 7.12).

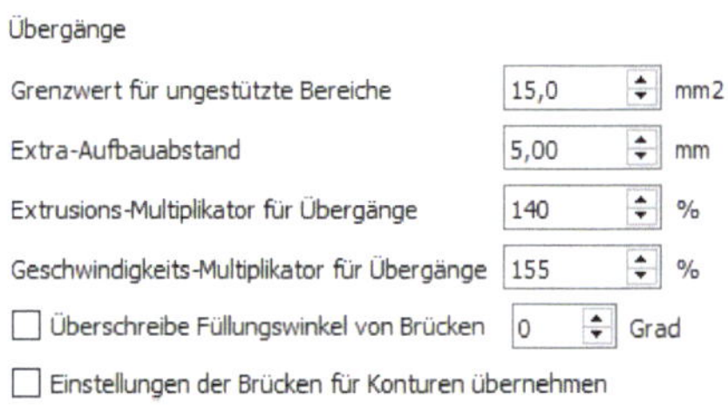

Bild 7.12 Einstellungen für den Druck eines Übergangs (Brücke)

Der *Geschwindigkeits-Multiplikator für Übergänge* dient dem schnelleren Druck der Brücke (in Bezug auf die *normale* Druckgeschwindigkeit). Nur Werte über 100 % sind sinnvoll. Somit hängt das fliegend gedruckte Filament nicht so schnell herunter. Mit dem *Extrusions-Multiplikator für Übergänge* stellt man die Dicke des gedruckten Filaments bezüglich der normalen Druckeinstellungen ein. Sind die beiden Multiplikatoren gleich groß, wird das Filament genauso dick gedruckt wie im restlichen Druckteil. In diesem Fall ist die Geschwindigkeit um 55 % und die gedruckte Filamentdicke um 40 % erhöht. Somit sind die gedruckten Filamente in der Brücke ein wenig dünner als im restlichen Druckteil (Bild 7.12).

Es gilt die Regel: Je schneller und dünner das gedruckte Filament der Brücke ist, desto ebener wird die Brückenfläche, desto größer können aber auch die Spalte zwischen den Filamentspuren werden.

Bild 7.13 zeigt den Vergleich zwischen einer oberen Deckschicht und einer unteren Brückenschicht. In der Brückenschicht kann man gut die Zwischenräume zwischen den einzelnen Filamentbahnen erkennen. Wie man ebenfalls unschwer erkennen kann, bedarf der Brückendruck weiterer Optimierungen.

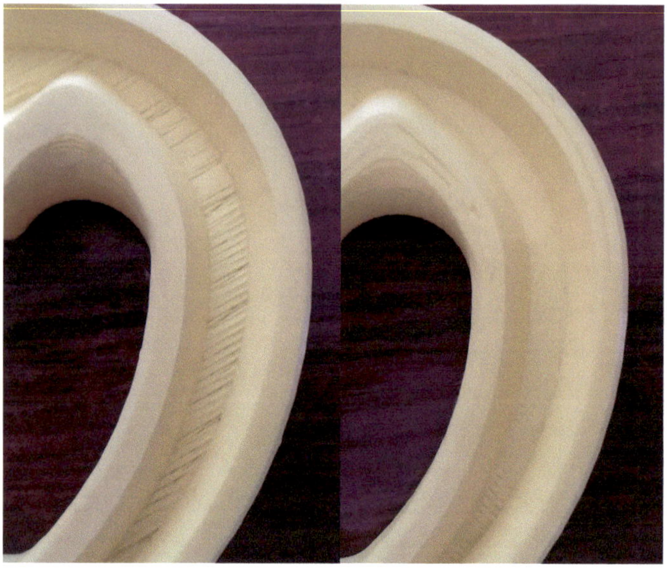

Bild 7.13 Links: Brückenschicht (Unterseite beim Drucken), rechts: obere Deckschicht

Druckverbesserungen bei der Brückenschicht erreicht man, indem die Druckgeschwindigkeit und die Extrusionsstärke des gedruckten Filaments der Brücke variiert werden. Je schneller die Brücke gedruckt wird, desto weniger hängt der einzelne gedruckte Strang der Brücke durch. Dafür stellt man den *Geschwindigkeits-Multiplikator für Übergänge* auf einen Wert über 100 %. Die 100 % beziehen sich auf die voreingestellte Druckgeschwindigkeit. Des Weiteren kann man die gedruckte Filamentstärke beim Brückendruck verändern. Je dünner der gedruckte Strang ist, desto geringer ist das Durchhängen. Mit *Extrusions-Multiplikator für Übergänge* wird die Dicke des gedruckten Stranges eingestellt. Die 100 % beziehen sich auf die voreingestellte Extrusionsbreite (Bild 7.14).

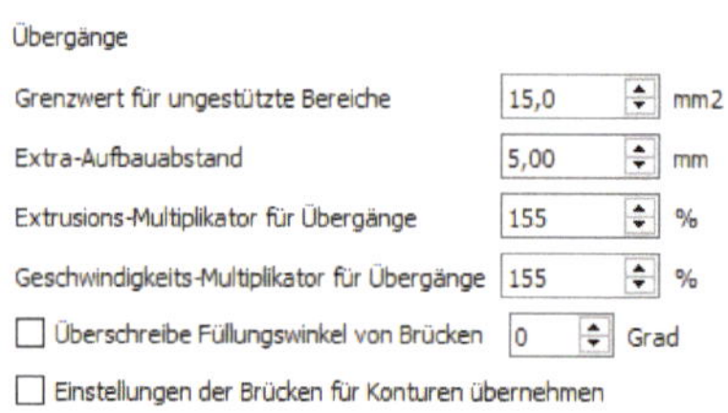

Bild 7.14 Optimierte Einstellungen für den Druck eines Übergangs (Brücke)

Wichtig ist auch die Relation zwischen den beiden Werten. Haben die beiden Funktionen für den Extrusions-Multiplikator und den Geschwindigkeits-Multiplikator denselben Wert, so ist der gedruckte Strang genau so dick wie im restlichen Druckteil. Die Brückenfläche ist gleichmäßig und spaltfrei.

Ist der Extrusions-Multiplikator kleiner als der Geschwindigkeits-Multiplikator, erreicht man die beste Brückeneigenschaft. Die gedruckten Stränge sind dünn und die Druckgeschwindigkeit ist hoch. Allerdings bildet sich zwischen den Strängen ein kleiner Spalt, wie man in Bild 7.13 schön erkennen kann.

Bild 7.15 zeigt die Drucksituationen vor und nach dem Brückendruck. Die Brückenschicht ist gelb gefärbt. Man kann die Überlappung der Brückenebene mit dem darunterliegenden Teil erkennen. Mit dem *Extra-Aufbauabstand* unter *Übergänge* wird die Brückenfläche vergrößert. Dies erhöht die Stabilität des Druckteils und erzeugt eine gleichmäßigere Brückenfläche.

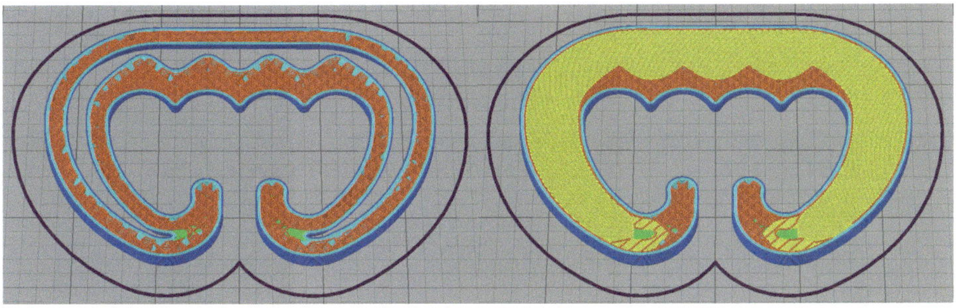

Bild 7.15 Drucksituation vor (links) und nach (rechts) dem Druck der Brücke (die Brückenschicht ist gelb dargestellt)

Folgende allgemeine Druckeinstellung sind für den Tragegriff vorzunehmen:

- Druckgeschwindigkeit 60 mm/s
- Schichthöhe 0,25 mm
- Infill: 18 %

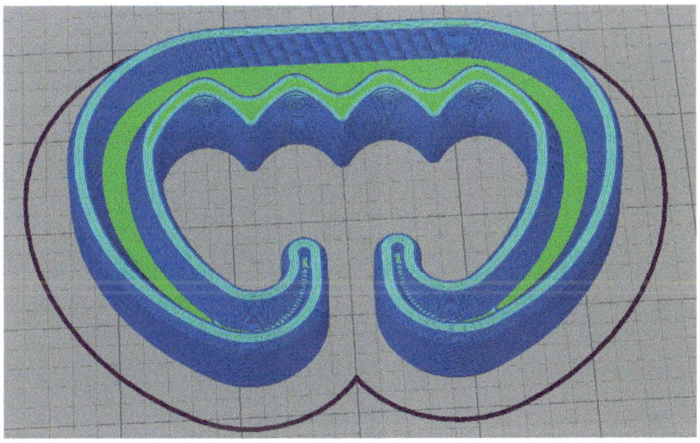

Bild 7.16 Tragegriff für Taschen im Slicer

Wie du anhand dieser Beispielprojekte sehen konntest, kann man auch kreativ sein, indem man auf bestehende Designs aufbaut und diese gemäß den eigenen Wünschen und Anforderungen abwandelt. Vielleicht hast ja auch du eine Idee, wie man die Tragegriffe weiter optimieren könnte ...

8 Nussknacker

Man kann zu einem Fernsehabend eine Tüte Chips oder aber ein paar gesunde Nüsse (am besten mit Schale) verdrücken. Dazu ist natürlich ein Nussknacker erforderlich. Die im Handel erhältlichen Nussknacker sind mir entweder zu groß, müssen geschraubt werden oder die Nussschalen fliegen durchs Wohnzimmer, wenn man die Hand nicht um den Knacker legt - mit der Gefahr, dass man sich dabei die Finger einklemmt.

In diesem Kapitel werden wir einen Nussknacker fertigen, mit dem man große und kleine Nüsse mit dosierter Kraft knacken kann. Viele glauben, dass PLA-Druckteile solchen Kräften nicht lange standhalten können, aber mein Modell dieses Nussknackers ist schon einige Jahre alt, mehrmals wöchentlich im Einsatz und hat noch immer keine Verschleißerscheinungen. Es gibt ein paar Tricks, mit denen man die Festigkeit erhöhen kann, die ich dir im Folgenden verraten werde.

Der Nussknacker besteht aus einem stabilen, stehenden Gestell, einem langen Hebelarm mit einer Hülsenverschraubung als Drehachse und einem verschiebbaren Distanzstück für kleinere Nüsse (Bild 8.1).

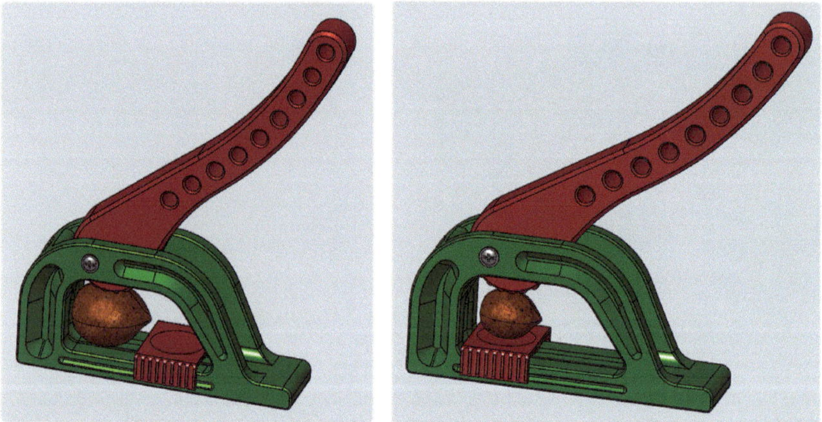

Bild 8.1 Nussknacker für große und kleinere Nüsse

■ 8.1 Übersicht der benötigten Teile

In der folgenden Liste findest du alle Teile, die du zur Erstellung des Nussknackers benötigst.

Pos.	Menge	Teil	Material
1	1×	*Gestell.stl*	PLA
2	1×	*Hebel.stl*	PLA
3	1×	*Distanzstueck.stl*	PLA
4	1×	Hülsenmutter M4 × 35	Bauhaus, Produktnr.: 25939453
5	1×	Hülsenschraube M4 × 15	Bauhaus, Produktnr.: 23515219

Bild 8.2 zeigt die Einzelteile in der Übersicht. Anhand der Positionsnummern (Pos.) erkennst du, um welches Teil aus der Liste es sich jeweils handelt.

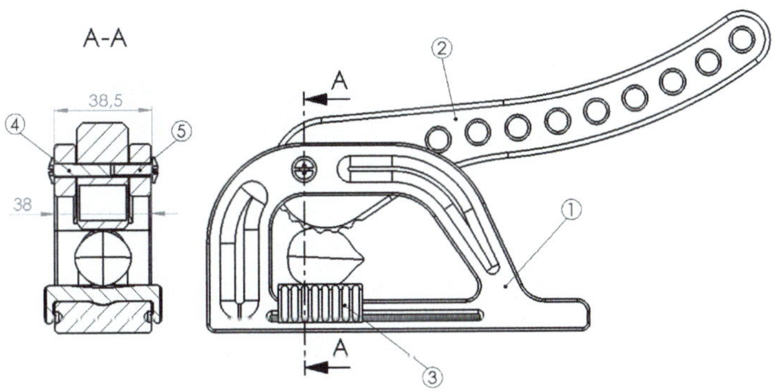

Bild 8.2 Aufbau des Nussknackers

Das Gestell besteht aus einem Grundkörper mit zwei Armen. Es sind auf jeder Seite konische Vertiefungen angebracht, welche die Steifigkeit erhöhen sollen. An der Unterseite befindet sich auf jeder Seite eine Nut, in die das Distanzstück eingefügt wird.

Die Breite des Gestells wird vom Schraubenkopfabstand der Hülsenverschraubung (Drehachse) bestimmt. In meinem Fall war der Schraubenkopfabstand 38,5 mm. So habe ich die Breite des Gestells mit 38 mm erzeugt (Bild 8.3).

Wenn dein Schraubenkopfabstand etwas kleiner sein sollte, dann kannst du im step-Modell Senkungen anbringen. Sollte dein Schraubenkopfabstand etwas größer sein, kannst du dir mit M4-Scheiben aushelfen, oder eine kleine Erhöhung auf der Druckoberseite des Gestells am step-Modell anbringen.

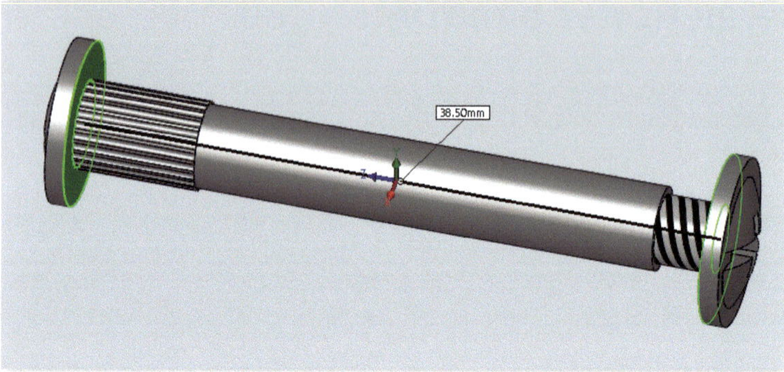

Bild 8.3 Schraubenkopfabstand ermitteln

■ 8.2 Konstruktive Verstärkung des Hebels

Der Nussknacker hat einen langen Hebelarm mit einem Exzenter an der Drehachse, mit dem man hohe Kräfte auf die Nuss aufbringen kann. Damit der Hebel nicht bricht, habe ich ein paar konstruktive Maßnahmen vorgesehen. Zum einen sind das Bohrungen am Hebel. Diese erhöhen die Materialstärke im Vergleich zu durchgängig gedruckten Flächen, in denen sich nur das Infill befindet. Außerdem besitzt der Exzenter innenliegende Verstärkungsrippen. Kurioserweise sind diese als dünne Schlitze (0,1 mm breit) in den Hebel konstruiert (Bild 8.4).

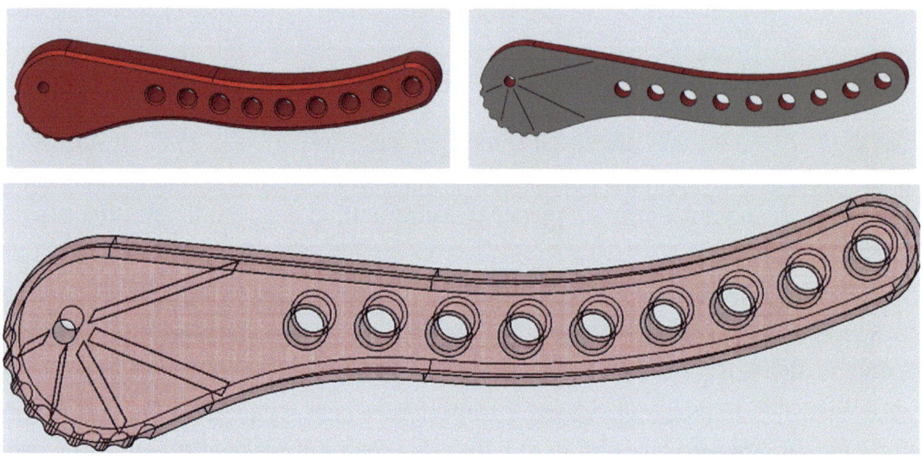

Bild 8.4 Hebel mit Verstärkungsrippen im Exzenter

Die konstruktive Gestaltung der Schlitze sieht wie folgt aus: Die Schlitze haben einen bestimmten Abstand zu den Außenwänden. So soll erreicht werden, dass sich die gedruckten Konturen der Außenwände und die Konturen der Schlitze berühren. Auch der Abstand zu den obersten und untersten Schichten sollte so sein, dass diese Schichten durch die Schlitze nicht geschwächt werden. Diese Maße hängen selbstverständlich von der Anzahl der gedruckten Konturen und den oberen und unteren Ebenen ab. Außerdem ist die Schlitzbreite (0,1 mm) so gewählt, dass die innerste Kontur sich berührt (Bild 8.5 und Bild 8.6).

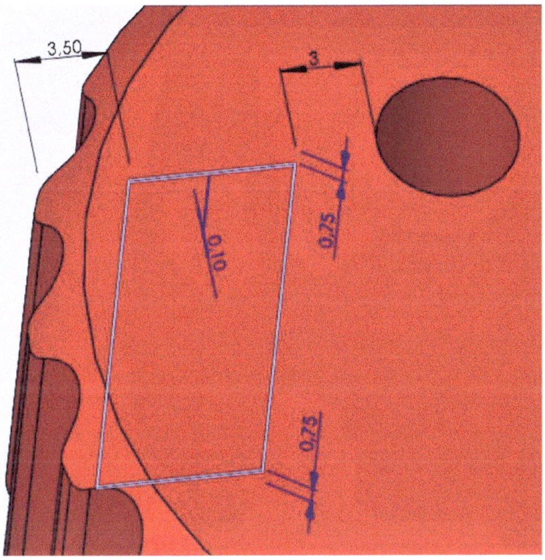

Bild 8.5 Abmaße eines Schlitzes im Exzenter - Schlitzbreite: 0,1 mm, Abstand zur Bohrung: 3 mm, Abstand zur Außenwand: 3,5 mm, Abstand zu den obersten und untersten Schichten je 0,75 mm

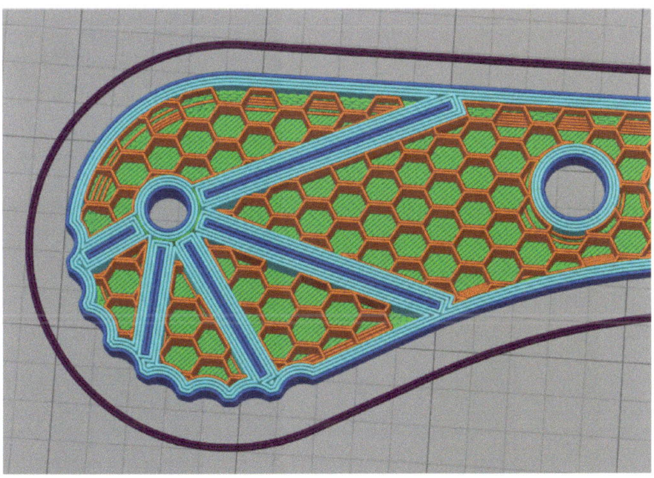

Bild 8.6 Resultat der innenliegenden Verstärkungsrippen

Damit die Nüsse beim Knacken unter dem Exzenter verbleiben und nicht herausrutschen, sind noch ein paar Zähne an der Unterseite des Exzenters angebracht (Bild 8.7).

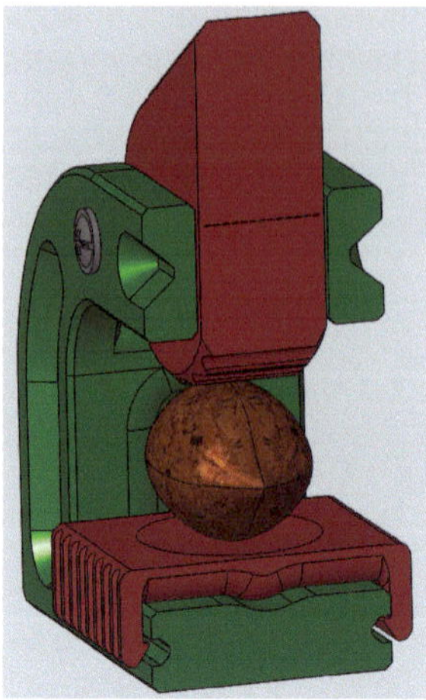

Bild 8.7 Schnitt durch den Nussknacker

■ 8.3 Druckeinstellungen für das Gestell

Nachdem wir konstruktive Maßnahmen getroffen haben, um die Teile möglichst stabil zu machen (zur Erinnerung: Hebel mit inneren Versteifungsrippen und Bohrungen, Gestell mit Vertiefungen), müssen nun auch die Druckeinstellungen ihren Beitrag zur Festigkeit liefern. Um die allgemeine Festigkeit zu erhöhen, kann man die Anzahl der Konturen sowie die der obersten und untersten Schichten erhöhen. Üblicherweise drucke ich mit je 3 Konturen bzw. Schichten. Um die Festigkeit zu erhöhen, habe ich mich für je 4 Konturen und Schichten entschieden (Bild 8.8).

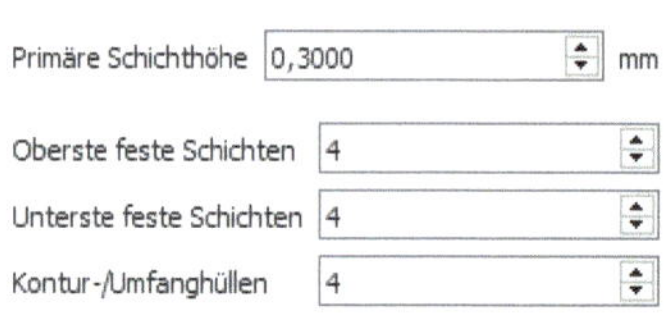

Bild 8.8 Anzahl der Konturen und Schichten

Nach den äußeren Konturen muss nun ein stabiles Infill erzeugt werden. Ich denke, ein guter Kompromiss zwischen Festigkeit und Druckdauer ist das interne Füllmuster *Fast Honeycomb* mit einer Dichte von 25 %. Da das Infill immer abwechselnd gedruckt wird, habe ich eine 200 %ige Extrusionsbreite gewählt, somit verbinden sich die abwechselnd gedruckten Füllkonturen miteinander (Bild 8.9 und Bild 8.10).

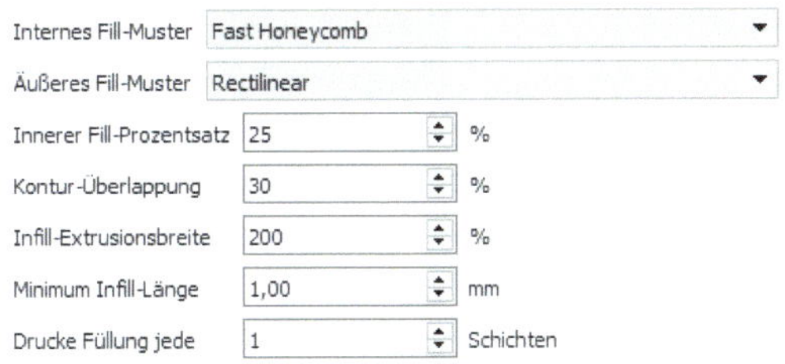

Bild 8.9 Infill mit 25%igem *Fast Honeycomb*

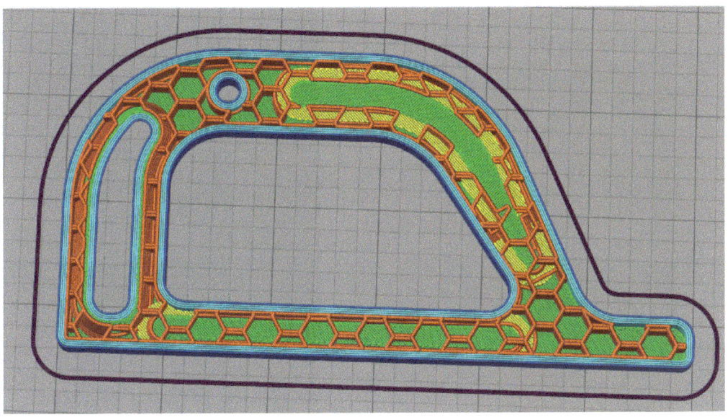

Bild 8.10 Infill mit 25%igem *Fast Honeycomb*

Das Gestell benötigt auch noch eine Stützkontur, um den oben liegenden Arm zu stützen. Stellt man die Erstellung der Stützkontur auf automatisch, dann wird auch eine Stützstruktur für die beiden unten liegenden Vertiefungen erzeugt. Diese werden nicht benötigt und sollten manuell ausgeschlossen werden (Bild 8.11).

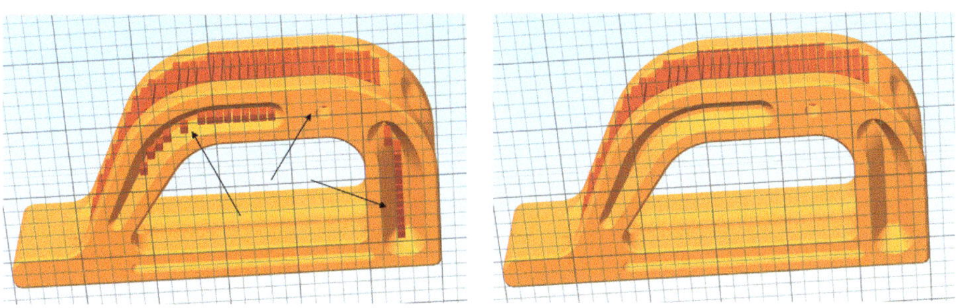

Bild 8.11 Entfernung von Stützmaterial in den Vertiefungen

Eine Stützkonturdichte von 15 % ist ausreichend. Mit dem Extra-Aufbauabstand ist der Abstand gemeint, mit dem die Stützkontur gegenüber dem Druckteil nach außen hin übersteht (Bild 8.12). Damit erreicht man, dass die äußerste Kontur des gestützten Armes garantiert noch auf dem Stützmaterial aufliegt. Der horizontale

Versatz vom Teil definiert, wie weit entfernt sich die Stützkontur von einer vertikalen Wand befindet. Mit den Trennungsschichten (nicht gedrucktes Stützmaterial in einer Druckebene) erzeugt man eine nicht so stark anhaftende Stützkontur am Druckteil. Die Entfernung des Stützmaterials geht leichter und hinterlässt kaum Druckspuren auf den gestützten Flächen.

Bild 8.12 Stützkontureinstellungen

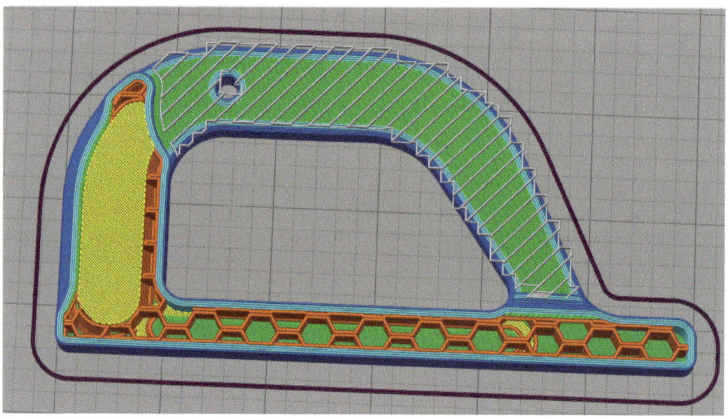

Bild 8.13 Stützkontur

Zuvor wurde das Stützmaterial aus den Vertiefungen entfernt. Damit nun die erste Druckschicht nach der Vertiefung eben gedruckt wird, muss die geeignete Einstellung für Übergänge (Brücken, in Bild 8.13 gelb dargestellt) getroffen werden. Mit dem Extra-Aufbauabstand ist der Überlappungsabstand des Übergangs zur zuvor gedruckten innersten Kontur gemeint. Mit 5 mm habe ich gute Erfahrungen gemacht. Dann sollte die Druckgeschwindigkeit für den Übergang erhöht werden, damit die gedruckten Fäden nicht herunterhängen. Diesen Geschwindigkeitsmultiplikator für Übergänge habe ich auf 180 % gestellt. Bei einer Druckgeschwindigkeit von 60 mm/s bedeutet das eine Geschwindigkeit für die Übergänge von 108 mm/s. Wichtig ist auch der Füllungswinkel. Die Druckrichtung der Übergänge sollte so eingestellt sein, dass diese für möglichst kurze, frei schwebende Druckstränge sorgt (Bild 8.14).

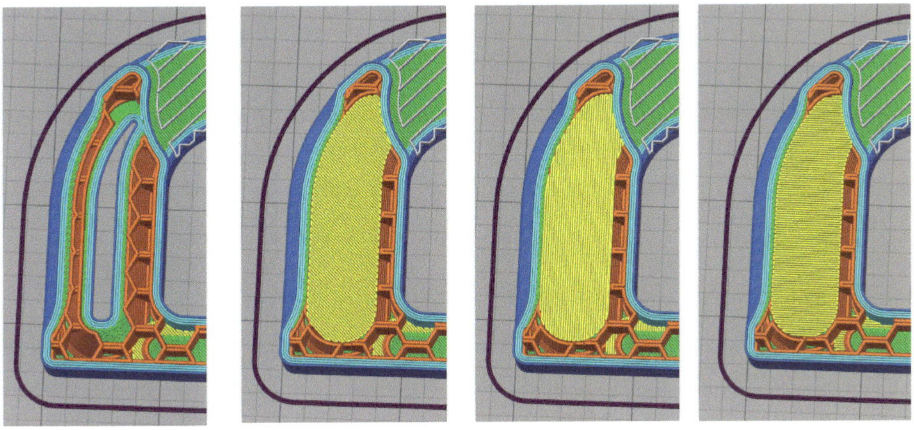

a) b) c) d)

Bild 8.14 a) Vertiefung vor dem Druck der horizontalen Ebene, b) Übergang 45° (gelb), c) Übergang 90° (ungünstig), d) Übergang 0° (beste Einstellung)

Manchmal muss man einen Kompromiss eingehen. Denn die beste Einstellung für den Füllungswinkel im Falle von Bild 8.14d ist die Schlechteste (wie im Falle von Bild 8.15), wenn die zu überbrückende Ebene parallel zur Druckrichtung des Übergangs ist. Somit ist die beste Einstellung für den Füllungswinkel dieser beiden Vertiefungen mit 45° zu wählen (Bild 8.16).

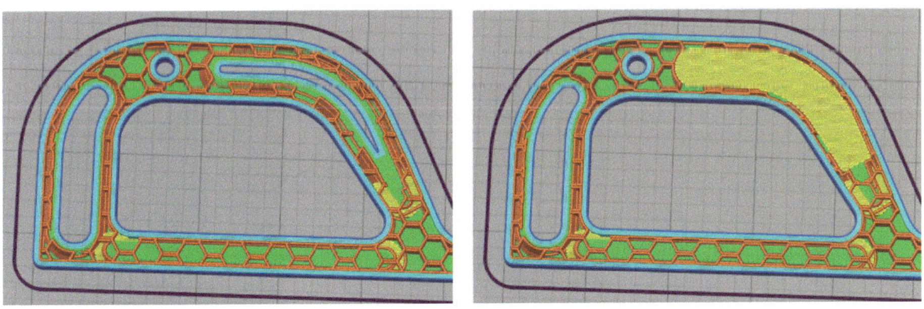

Bild 8.15 Vertiefung an der Oberseite des Gestells mit einem Füllungswinkel von 0° (ungünstig)

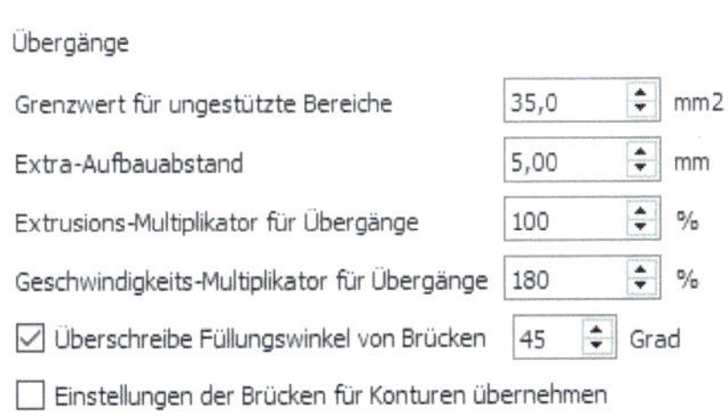

Bild 8.16 Definition von ungestützten horizontalen Ebenen

8.4 Druckeinstellungen für den Hebel

Der Hebel hat fast dieselben Druckeinstellungen wie das Gestell: je 4 Außenkonturen und Schichten sowie eine Druckgeschwindigkeit von 60 mm/s. Nur das Infill habe ich auf 20 % heraufgesetzt, um die Festigkeit noch ein wenig zu erhöhen (Bild 8.17 und Bild 8.18).

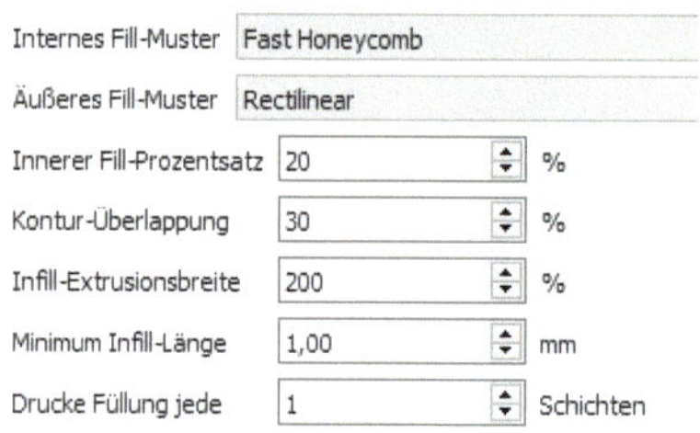

Bild 8.17 Infill von 20 % mit *Fast Honeycomb*

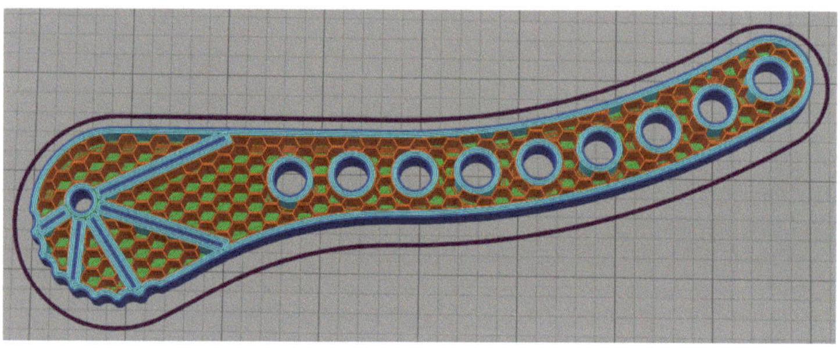

Bild 8.18 Hebel mit 4 Außenkonturen, 4 obersten und untersten Schichten sowie einem Infill von 20 % mit *Fast Honeycomb*

8.5 Druckeinstellungen für das Distanzstück

Da das Distanzstück rein auf Druck beansprucht wird, habe ich es so gedruckt, dass sich keine Hohlräume darin befinden. Dafür habe ich so lange die Anzahl der Konturen erhöht, bis das vollständige Teil nur noch mit Konturen gedruckt wird (Bild 8.19).

Die Druckgeschwindigkeit ist bei diesem etwas kleineren Teil auch niedriger als beim Hebel und Gestell. Es sollte bei ungefähr 45 mm/s liegen.

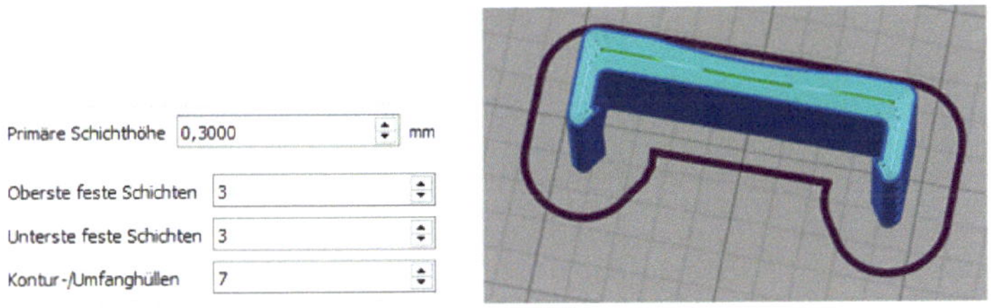

Bild 8.19 Maximale Anzahl an Konturen; Distanzstück wird als voller Block gedruckt

■ 8.6 Montage

Ein vielleicht als relativ unwichtig erachtetes Teil ist das Distanzstück (Bild 8.20).

Seine Hauptfunktion ist, den Abstand zum Exzenter für kleine Nüsse zu verkleinern. Außerdem sollte dieses Distanzstück als mögliches Verschleißteil dienen und das Gestell vor Schaden schützen. Sollte das Distanzstück nicht ohne größeren Kraftaufwand in die beiden Nuten gedrückt werden können, kann man das Distanzstück ca. 1 Minute in warmes Wasser legen. Das Wasser darf bei PLA auf keinen Fall heißer sein als 45 °C, denn bei höheren Temperaturen fängt das Material an, sich bleibend (plastisch) zu verformen.

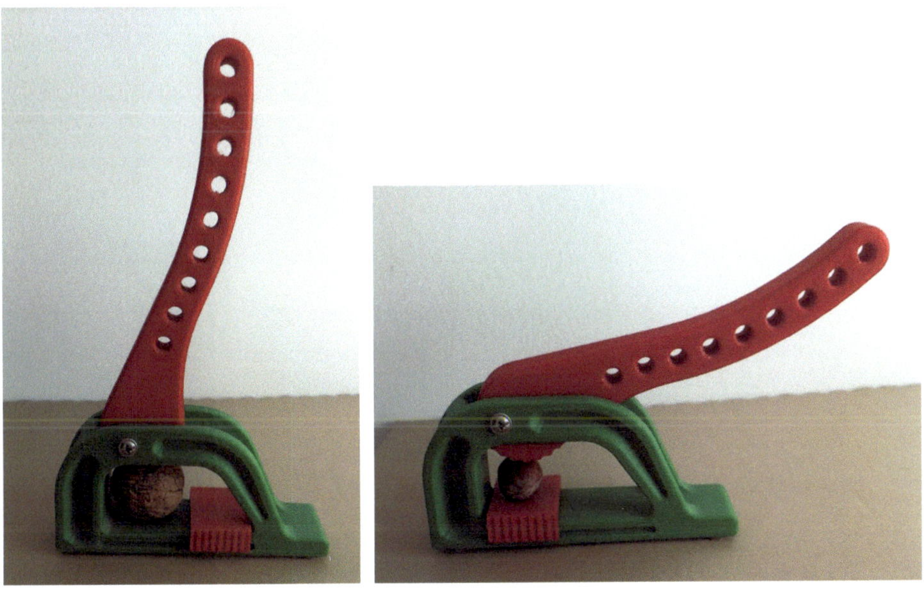

Bild 8.20 Verschiebbares Distanzstück für große und kleinere Nüsse

Der Hebelarm wird mit der Hülsenmutter und Hülsenschraube befestigt (Bild 8.22). Da der Kopfabstand der beiden Schraubköpfe etwas größer ist als die Breite des Gestells, kann die Hülsenverschraubung ohne Probleme fest angezogen werden.

Die Hülsenmutter und Hülsenschraube mit den im Folgenden aufgeführten Abmaßen (Bild 8.21) können in jedem gut sortierten Baumarkt, unter anderem bei Bauhaus (*https://www.bauhaus.info*), erworben werden:

- Hülsenmutter: Gewindehülse M4 (Bauhaus, Produktnr.: 25 939 453)
- Gewindeschraube M4 × 15 (Bauhaus, Produktnr.: 23 515 219)
- Bohrmaß: 5 mm/Gewinde: M4/Länge: 35 mm
- verschraubbare Dicken: 37–45 mm

Um den Tisch gegen Verkratzen zu schützen, habe ich an der Unterseite des Gestells selbstklebende Filzgleiter angebracht. Wichtig ist, dass sich dort, wo die Druckkraft an der Unterseite des Gestells eingeleitet wird, auch ein Filzgleiter befindet. Damit wird die Durchbiegung dieser Stelle vermieden (Bild 8.23).

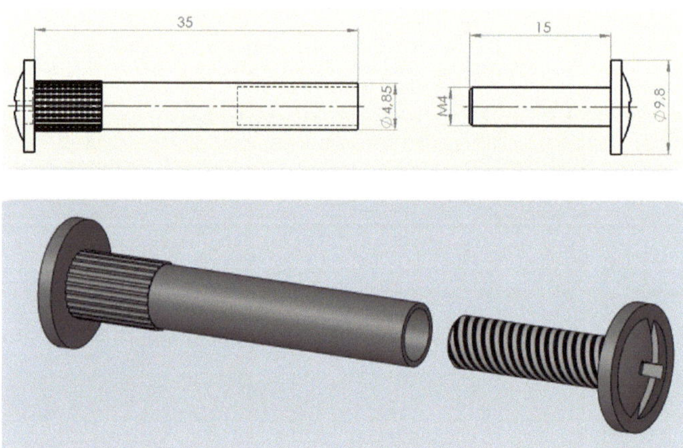

Bild 8.21 Abmaße der Hülsenmutter (links) und Hülsenschraube (rechts)

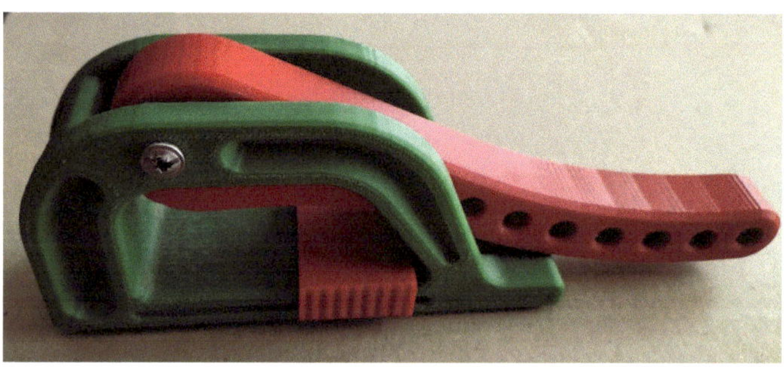

Bild 8.22 Hebelarm mit Gestell verschrauben

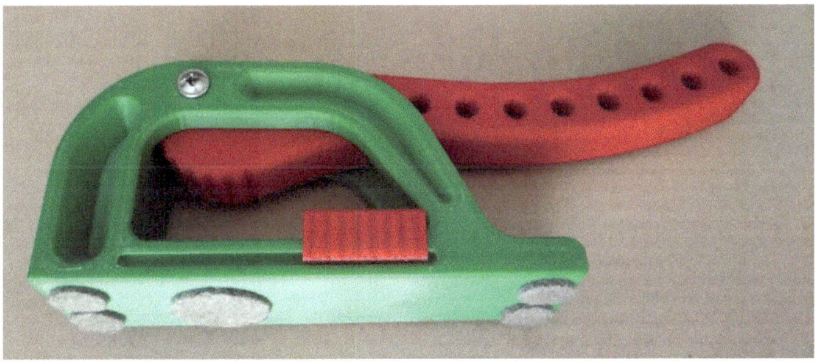

Bild 8.23 Filzgleiter an der Unterseite des Gestells

9 Zubehör für elektronische Geräte

Elektronische Geräte wie Smartphones, Tablets oder E-Book-Reader sind mittlerweile bei fast jedem täglich im Einsatz. Wenn man ein Gerät so oft benutzt, kommt es nicht selten vor, dass man sich wünscht, der Hersteller hätte bei der Entwicklung ein bisschen mehr mitgedacht. Doch für das eine oder andere Problem lässt sich durch eine kreative 3D-Druck-Idee leicht eine Lösung finden. In diesem Kapitel stelle ich dir ein paar solcher Ideen vor. Wir werden Tabletständer und Handyhalter fertigen.

9.1 Tabletständer

Auf den gängigen Downloadplattformen[1] lassen sich viele und zum Teil auch sehr schöne Druckvorlagen für Tabletständer finden, doch ich habe keine gefunden, die meine Bedürfnisse erfüllt. Zum einen sollte mein Tabletständer mehrere, unterschiedlich schräge Steckpositionen für das Tablet besitzen, zum anderen sollten Tabletutensilien, wie z. B. Kopfhörer, Stifte usw., im Tabletständer abgelegt werden können. So entwickelte ich einen im Inneren geschlossenen Tabletständer mit drei Steckpositionen. Die Einschübe sind so breit gestaltet, dass auch ein Tablet mit Cover hineinpasst. Die Schrägen der Einschübe sind 18°, 38° und 50° (Bild 9.1).

Bild 9.1 Tabletständer mit drei Positionen

[1] Zum Beispiel folgender iPad-Ständer: *http://www.thingiverse.com/thing:857 869* (Designer: Clem_golgoth)

9.1.1 Übersicht der benötigten Teile

In der folgenden Liste findest du alles, was du für die Erstellung des Tabletständers benötigst. Es steht eine Datei für zwei oder drei Einschübe zur Verfügung.

Menge	Teil	Material
1×	*Tabletstaender (2 Positionen).stl*	PLA
1×	*Tabletstaender (3 Positionen).stl*	PLA
6–8×	Anti-Rutsch-Puffer	
	etwas Alkohol (zur Reinigung der Unterseite)	

9.1.2 Druckeinstellungen für den Tabletständer

Um die Außenflächen möglichst glatt zu drucken, habe ich unter *Schicht-Einstellungen* die *Primäre Schichthöhe* auf 0,2 mm gesetzt (Bild 9.2). Besser wäre natürlich eine noch dünnere Schichthöhe, aber die Druckdauer steigt fast proportional dazu an. Ob man sich das antun möchte?

Tabelle 9.1 zeigt die Druckdauer in Abhängigkeit von der Schichthöhe für den Tabletständer. Die Druckdauer wird vom Slicer-Programm berechnet. Je nach Schwierigkeitsgrad des zu druckenden Objekts kann die reelle Druckdauer um bis zu 50 % höher liegen.

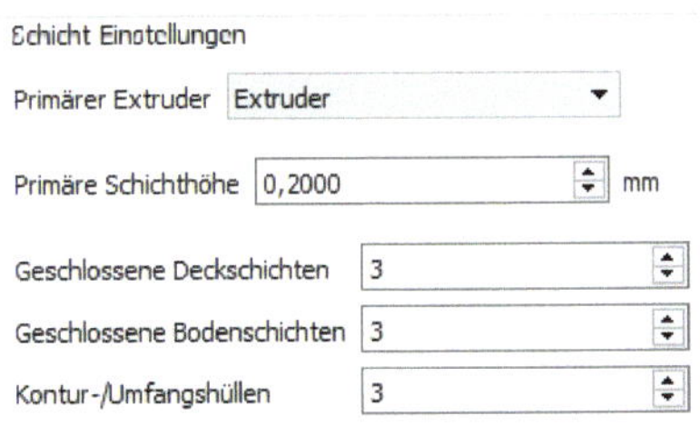

Bild 9.2 Druckschichthöhe bei 0,2 mm

Tabelle 9.1 Druckdauer in Abhängigkeit der Schichthöhe für den Tabletständer

Schichthöhe	Druckdauer
0,30 mm	2 h
0,25 mm	2 h 17 min
0,20 mm	2 h 48 min
0,15 mm	3 h 36 min
0,10 mm	5 h 11 min

Da ich möglichst zügig drucken möchte, habe ich unter *Startpunkte* die Option *Startpunkte für die schnellste Druckgeschwindigkeit optimieren* gewählt (Bild 9.3).

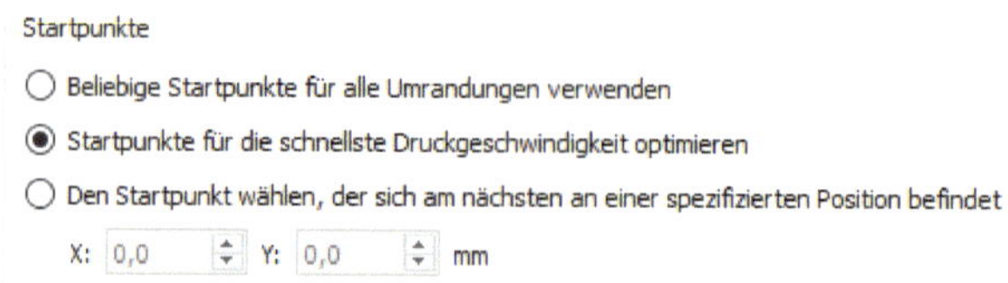

Bild 9.3 Einstellung der Startpunkte für den schnellstmöglichen Druck

Folgende allgemeine Druckeinstellungen sind für den Tabletständer vorzunehmen:

- Druckgeschwindigkeit: 60 mm/s
- Schichthöhe: 0,2–0,3 mm
- innerer Füllgrad (Infill): 15 %
- Stützmaterial ist nicht nötig.

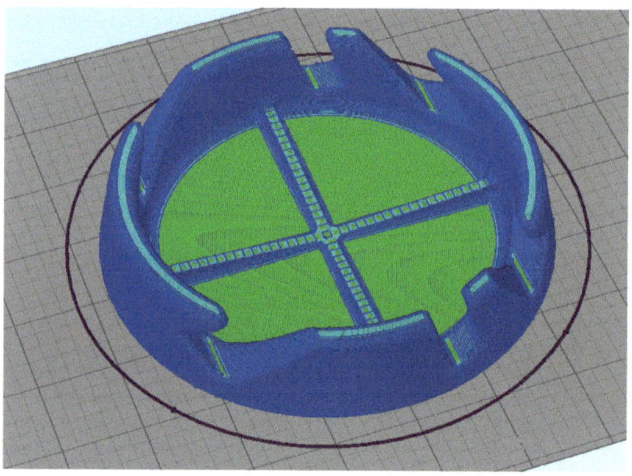

Bild 9.4 Tabletständer im Slicer

Nach dem Druck sollte man die Unterseite des Tabletständers mit Alkohol von möglichen Resten des Haarsprays reinigen und 6 bis 8 selbstklebende Anti-Rutsch-Puffer aufkleben (Bild 9.5).

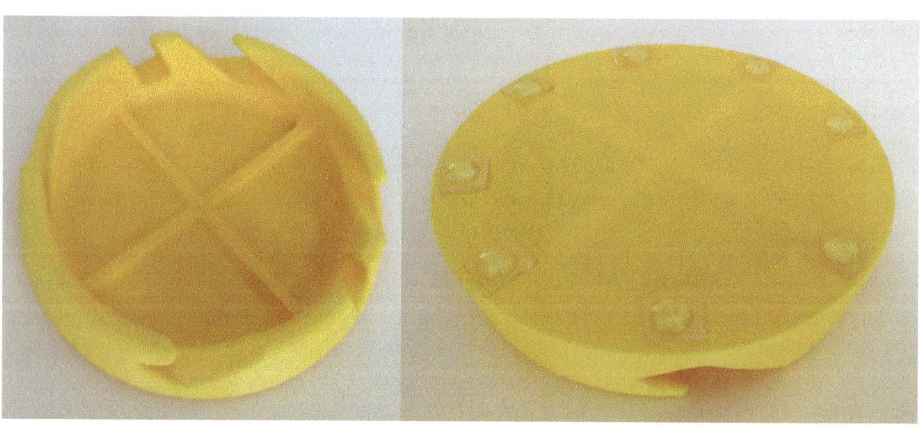

Bild 9.5 Anti-Rutsch-Puffer aufkleben

9.2 Kleiner Tabletständer

Der Ständer, den wir nun fertigen werden, ist für kleine Tablets, wie z.B. E-Book-Reader, vorgesehen. Er hat, wie sein größeres Vorbild (Abschnitt 9.1), drei Einschübe mit unterschiedlichen Winkeln: 50°, 38° und 18°. Die Einschübe sind so breit, dass der E-Book-Reader mitsamt seiner Schutzhülle hineinpasst (Bild 9.6).

Bild 9.6 Kleiner Tabletständer mit drei Positionen

9.2.1 Druckeinstellungen für den kleinen Tabletständer

Für diesen kleinen Tabletständer sind keine besonderen Einstellungen vorzunehmen. Die Druckgeschwindigkeit kann auch bei 60 mm/s liegen, allerdings bekommt man bei niedrigeren Druckgeschwindigkeiten ein besseres Druckergebnis und die Zeitersparnis liegt im Minutenbereich.

Folgende allgemeine Druckeinstellungen sind für den kleinen Tabletständer vorzunehmen:

- Druckgeschwindigkeit: 45 mm/s
- Schichthöhe: 0,2-0,3 mm
- innerer Füllgrad (Infill): 15 %
- Stützmaterial ist nicht nötig.

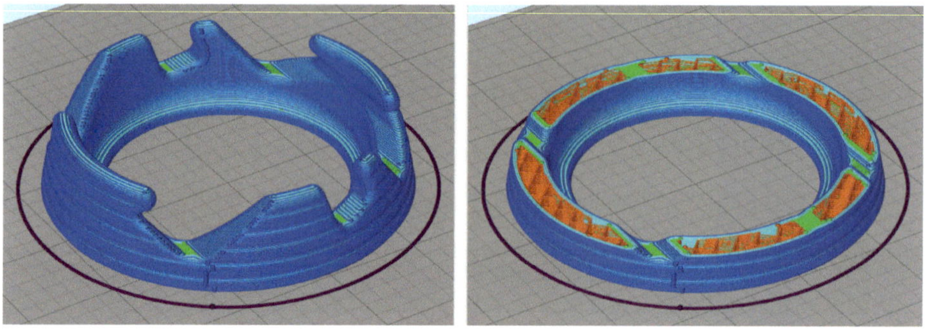

Bild 9.7 Kleiner Tabletständer

Den Tabletständer habe ich in mehreren modifizierten Designs (mit glatten und gerillten Außenflächen) erzeugt. Zudem habe ich noch eine hohle Version mit einer Wandstärke von 2 mm angefertigt (Bild 9.8).

Dieser ist genauso stabil wie der Volldruck. Für den Fall, dass du über einen Harzdrucker verfügst, ist dieses Design optimal, denn es benötigt um einiges weniger Druckmaterial als das volle Design.

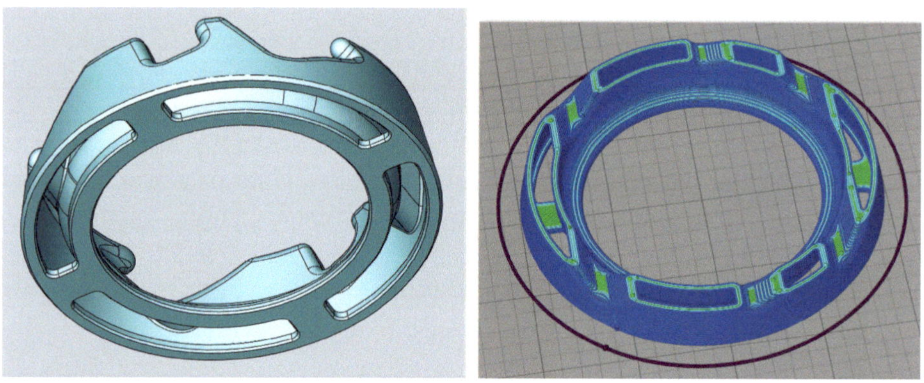

Bild 9.8 Kleiner Tabletständer mit Wandstärke 2 mm

Tabelle 9.2 zeigt einige mögliche Varianten für den kleinen Tabletständer.

Tabelle 9.2 Varianten des kleinen Tabletständers

Modell	
kleiner Tabletstaender (glatt).stl	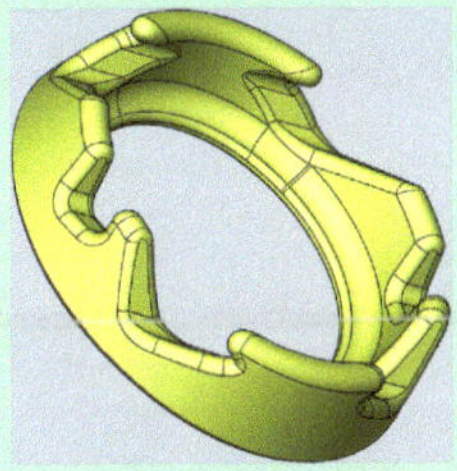
kleiner Tabletstaender (glatt, hohl).stl	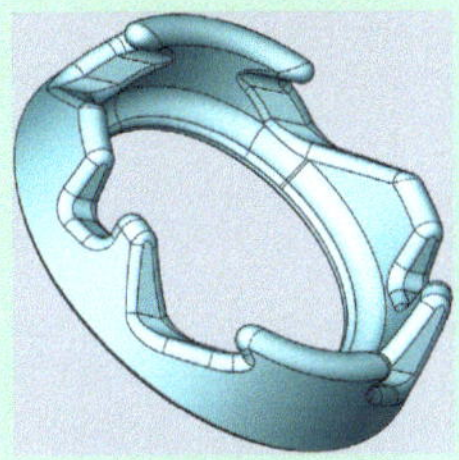 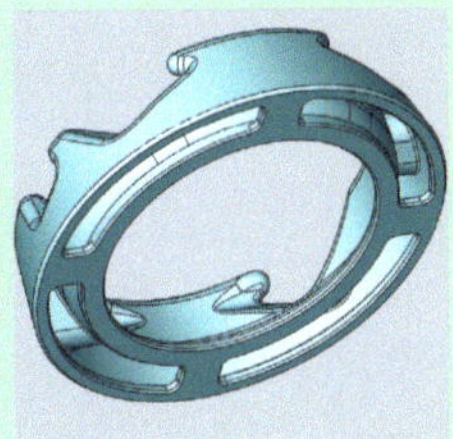
kleiner Tabletstaender (mit Rillen).stl	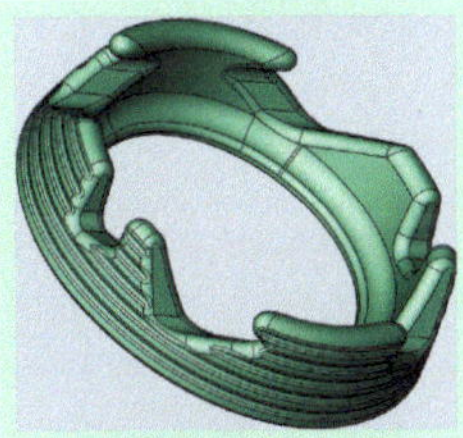
kleiner Tabletstaender (mit Rillen, hohl).stl	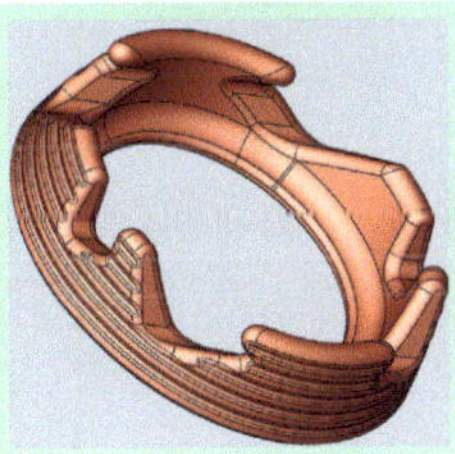 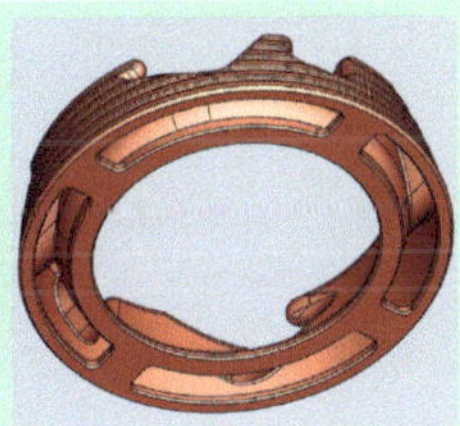

■ 9.3 Handyhalter

In diesem Abschnitt werden wir das optimale DIY-Geschenk für Handybesitzer (also für alle) fertigen. Es ist unheimlich praktisch und jeder kann es brauchen. Es ist einfach und schnell gedruckt, sieht gut aus und passt für alle Handys mit und ohne Schutzhüllen. Zuhause habe ich in jedem Zimmer einen solchen Handyhalter. Dieser Halter hat zwei unterschiedlich schräge Positionen (18° und 35°). Das Handy kann liegend oder stehend platziert werden (Bild 9.9 und Bild 9.10).

Bild 9.9 Handyhalter

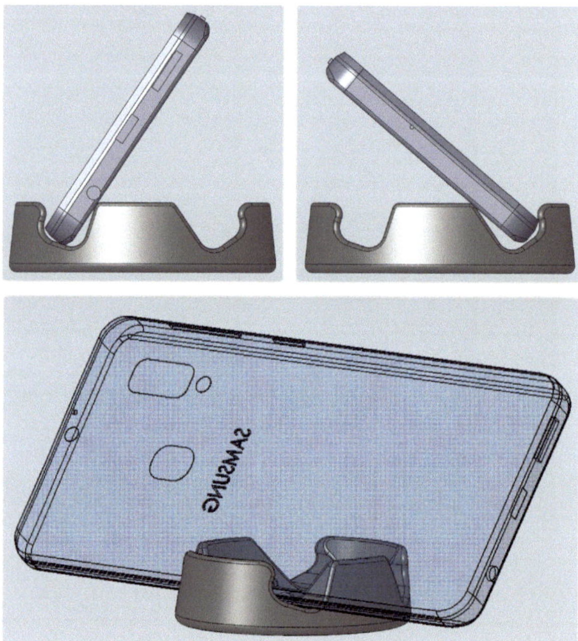

Bild 9.10 Handyhalter mit zwei unterschiedlich schrägen Positionen

9.3.1 Druckeinstellungen für den Handyhalter

Für dieses kleine Druckteil sind relativ unkomplizierte Druckeinstellungen vorzunehmen. Die *Schichthöhen* stelle ich üblicherweise auf 0,3 mm. Niedrigere Werte bringen bei diesen derart glatten Außenflächen kaum optisch schönere Oberflächen. Die Anzahl der *Obersten festen Schichten* habe ich auf vier gestellt. Damit ist gewährleistet, dass die untersten Schichten der vier Nuten garantiert verschlossen sind (Bild 9.11).

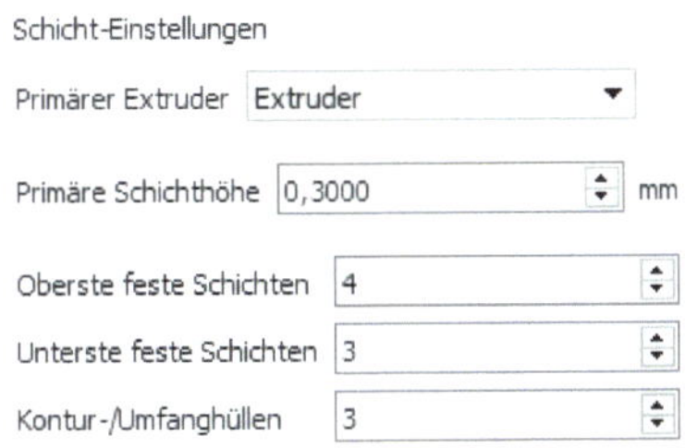

Bild 9.11 Schicht-Einstellungen

Beim Infill habe ich mich für *Rectilinear* entschieden. Allerdings kann man ohne Probleme auch jedes andere Infill einsetzen (Bild 9.12).

Bild 9.12 Infill-Einstellungen

Gute Erfahrungen habe ich bei kleinen Teilen mit niedriger *Standard-Druckgeschwindigkeit* gemacht (Bild 9.13). Der Druck wird schöner und dauert unwesentlich länger (ca. 36 Minuten).

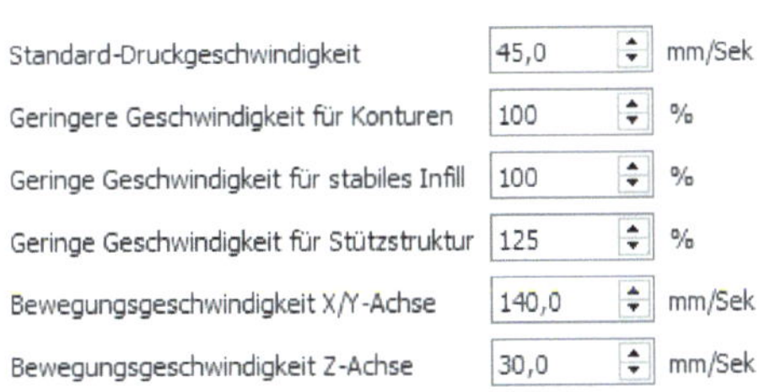

Bild 9.13 Druckgeschwindigkeit

Die einzigen Schönheitsmakel bei solch glatten und runden Oberflächen sind die Startpunkte. Dabei werden je nach Einstellung der Startpunkte Pickel über das ganze Modell verteilt oder eine *z*-Naht wird erzeugt. Leider sind diese überschüssigen Drucknasen am Ende der Außenkontur kaum vermeidbar. Deshalb bietet der Slicer mehrere Einstellungsmöglichkeiten, um diese Drucknasen (Pickel) zu positionieren. Stellt man im Menü *Startpunkte* auf *Beliebige Startpunkte für alle Umfänge verwenden*, so werden diese Pickel über das ganze Modell hinweg verteilt. Das Resultat ist eine eher raue Oberfläche (Bild 9.14 und Bild 9.15).

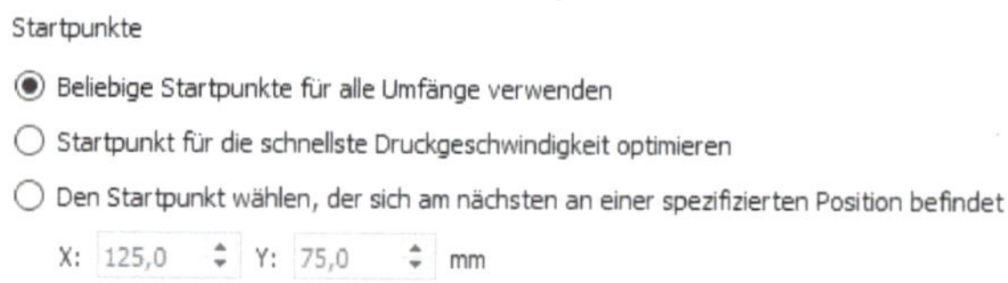

Bild 9.14 Startpunkte beliebig über das gesamte Modell verteilt

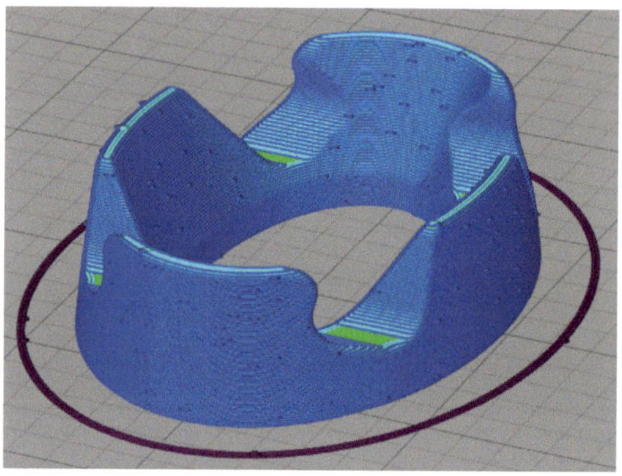

Bild 9.15 Das Resultat ist ein mit Pickeln übersätes Modell.

Stellt man die Funktion auf *Den Startpunkt wählen, der sich am nächsten an einer spezifizierten Position befindet* und die Koordinaten mittig zur Vorderseite des Modells ein, so entstehen die Pickel übereinander und erzeugen eine sogenannte *z*-Naht (*z*-Seam).

Die Startpunkte einer jeden Druckebene liegen am nächsten zur spezifischen Position x/y. Das heißt, die Koordinaten der spezifischen Position hängen von der Platzierung des Modells auf dem Druckbett sowie von der Größe des Druckbetts ab (Bild 9.16). Mein Druckbett hat zum Beispiel die Maße x_0 = 290 mm und y_0 = 205 mm. Die *z*-Naht soll sich mittig auf der Vorderseite des Modells befinden (Bild 9.17 und Bild 9.18). Also muss sich die *z*-Naht hierfür möglichst nahe an den Koordinaten $x = 0$ mm und $y = y_0/2 = 102{,}5$ mm befinden, wobei der *x*-Wert bis zum Modell reichen kann, ohne die *z*-Naht zu verändern (hier im Beispiel: $x = 110$).

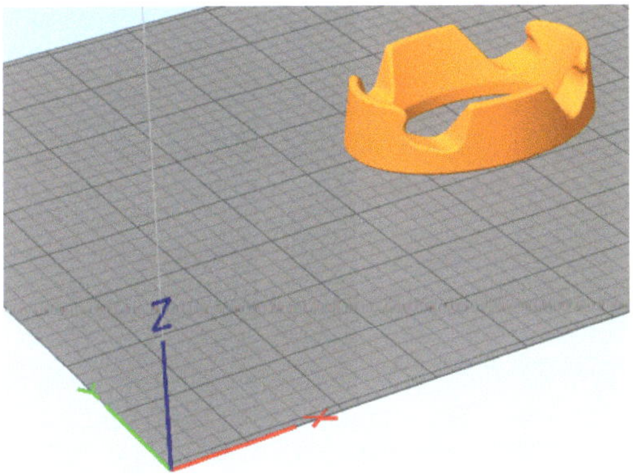

Bild 9.16 Koordinaten der Position der *z*-Naht

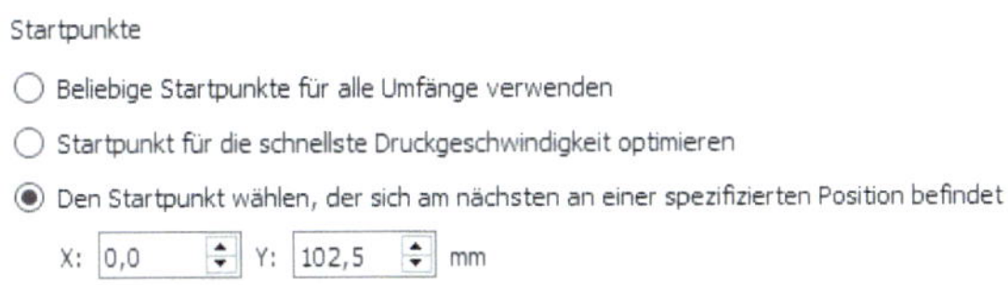

Bild 9.17 Startpunkte mittig übereinander legen (*z*-Naht)

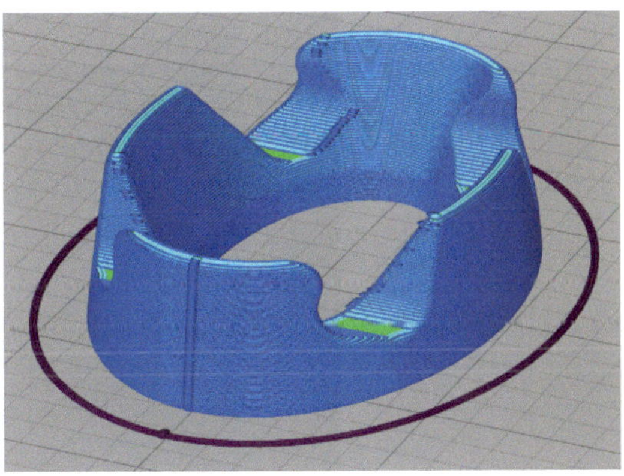

Bild 9.18 Das Resultat ist eine *z*-Naht an der Vorderseite des Modells.

Doch vielleicht bietet es sich an, diese *z*-Naht an eine andere Position des Modells zu verschieben, an der diese nicht so prägnant erscheint. Dafür muss man ein wenig mit den Koordinaten *x* und *y* spielen, um die *z*-Naht an eine möglichst wenig sichtbare Position zu verschieben (Bild 9.19 und Bild 9.20).

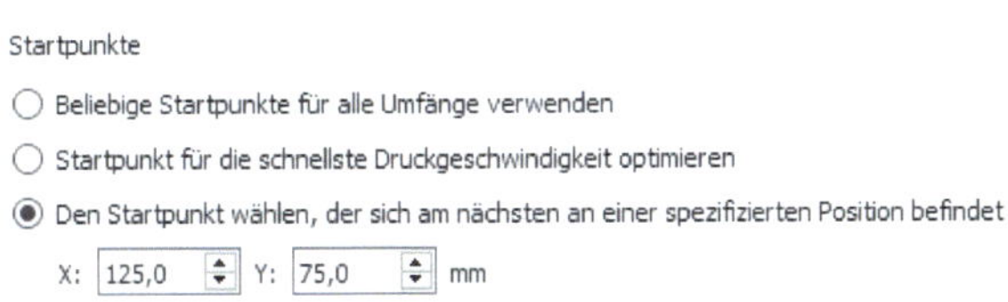

Bild 9.19 Startpunkte an eine weniger exponierte Stelle des Modells verschieben

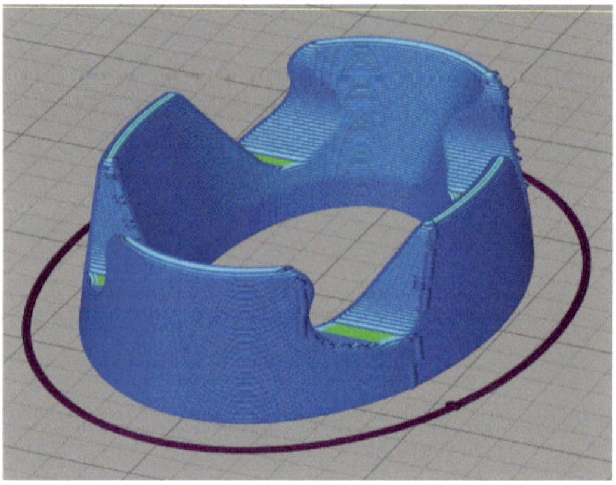

Bild 9.20 Das Resultat ist eine *z*-Naht rund um die Kanten und an einer kleinen Seitenfläche des Modells.

Vielleicht mag die *z*-Naht an der Vorderseite des Modells für die einen ein Designelement darstellen und kann dort verbleiben. Und dann gibt es noch die anderen, die gerne *z*-Naht-frei drucken möchten. Das geht nur über eine Nachbearbeitung der seitlich angebrachten, kleineren *z*-Naht (Bild 9.21). Diese ist einfacher zu entfernen.

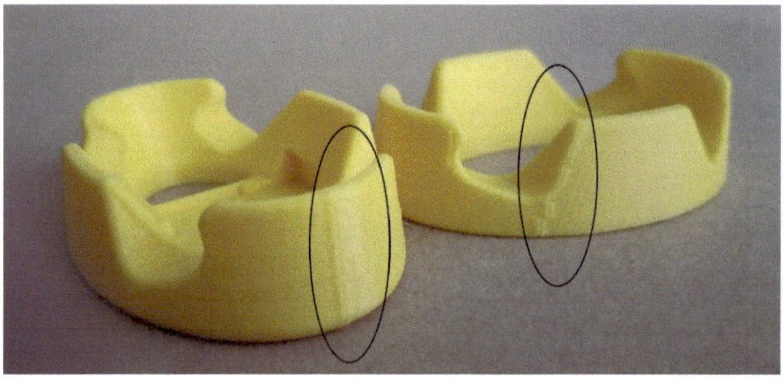

Bild 9.21 Vergleich der *z*-Naht an der Spitze und an der Seite des Modells

Darüber hinaus habe ich den Handyhalter mit unterschiedlichem Aussehen - glatte oder gerillte Außenwand, ovale oder runde Form - erzeugt (Tabelle 9.3).

Tabelle 9.3 Varianten des Handyhalters

Modell	
Handyhalter (oval, glatt).stl	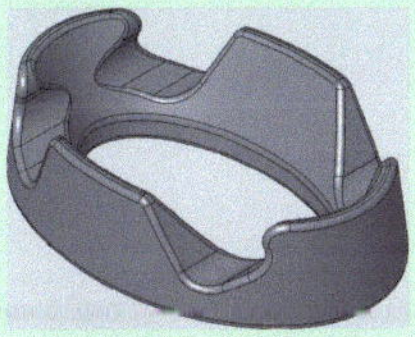
Handyhalter (oval, mit Rillen).stl	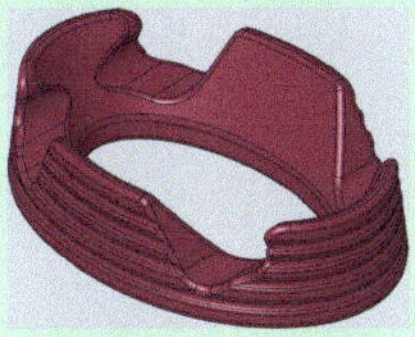
Handyhalter (rund, glatt).stl	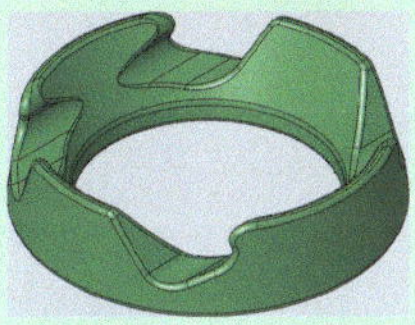
Handyhalter (rund, mit Rillen).stl	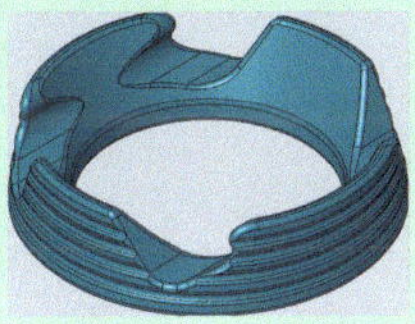

9.4 Handyhalter mit USB-Stick

In diesem Abschnitt stelle ich eine Variante des Handyhalters vor, die einen weiteren Halter für einen USB-Stick enthält. Der Speicherstick liegt unverlierbar im Handyhalter und kann mit leichtem Druck durch die kreisrunde Öffnung auf der Unterseite des Halters herausgeholt werden (Bild 9.22).

Der Speicherstick verfügt über einen herkömmlichen USB-3.0-Stecker und über einen USB-Typ C-Stecker für die neueren Androidhandys (Bild 9.23). Über den USB-3.0-Stecker können Daten vom PC auf den Speicher geladen werden. Anschließend steckt man den Speicherstick mit dem USB-Typ C-Stecker an das Androidhandy an – und schon kann man Musik hören oder Filme anschauen, und das ohne das Handy mit großen Datenmengen zu füllen.

Die Druckeinstellungen sind dieselben wie beim einfachen Handyhalter im Abschnitt 9.3. Für den kurzen, 16 mm breiten USB-Stick-Einschub ist kein Stützmaterial notwendig. Man sollte allerdings diesen Übergang mit erhöhter Geschwindigkeit drucken, damit die gedruckten Filamentfäden nicht durchhängen (Bild 9.24).

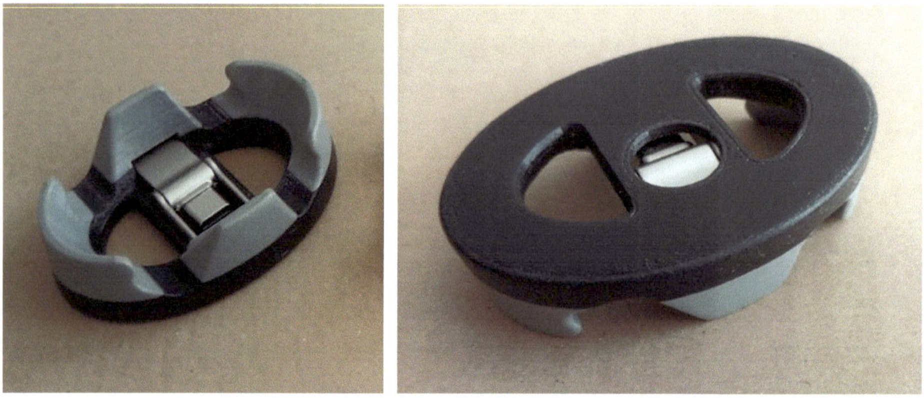

Bild 9.22 Handyhalter mit USB-Stick

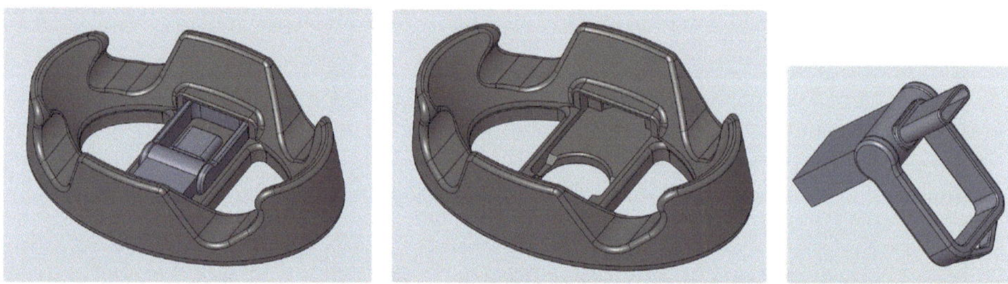

Bild 9.23 Handyhalter mit USB-C-Speicherstick USB 3.0 dual

Bild 9.24 Höhere Druckgeschwindigkeit bei Übergängen

Die infrage kommenden dualen USB-Speichersticks (USB 3.0 - USB Typ C) kann man unter anderem über Amazon beziehen:

- Amazon, ASIN: B07MT529V3 (*https://www.amazon.de/TOPESEL-OTG-Speicherstick-Flash-Laufwerke-Wasserdicht-Thumb-Laufwerke/dp/B07MT529V3*)
- Amazon, ASIN: B07PV6NZVW (*https://www.amazon.de/KEXIN-USB-Stick-Speicherstick-Wasserdicht-Schlüsselanhänger/dp/B07PV6NZVW*)
- eBay, EAN: 0 696 597 457 046 (*https://www.ebay.de/itm/155 083 266 096*)

Die Preise ändern sich fast täglich. Es lohnt sich also, gegebenenfalls ein paar Tage abzuwarten.

Ein- und Ausbau des Speichersticks

Zum Einbau des Speichersticks wird dieser, wie im Bild 9.25, um 45° angewinkelt, der Bügel wird in die breite Öffnung gesteckt und am Gelenk nach unten gedrückt. So sitzt der Speicherstick fest im Halter. Zum Ausbau des Speichersticks drückst du einfach von unten mit dem Finger durch die kreisrunde Öffnung und schon springt der Speicherstick heraus (Bild 9.26). Bild 9.27 zeigt das Handy samt Halter und Speicherstick im Betriebsmodus und Tabelle 9.4 zeigt verschiedene Varianten des speziellen Handyhalters.

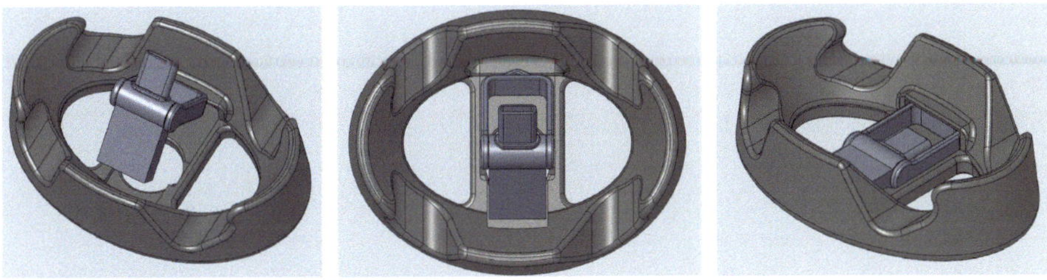

Bild 9.25 Einbau des Speichersticks

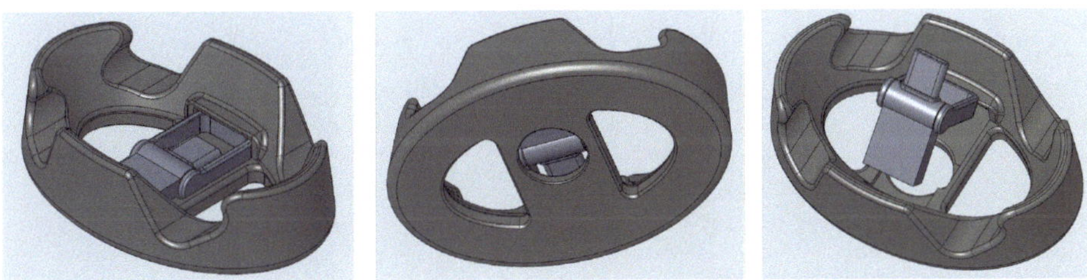

Bild 9.26 Ausbau des Speichersticks

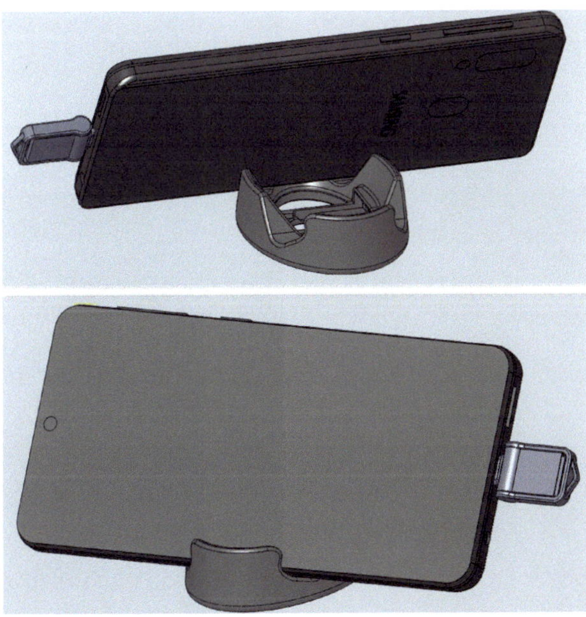

Bild 9.27 Handy, Halter und Speicherstick im Betriebsmodus

Tabelle 9.4 Varianten des Handyhalters mit USB-Stick

Modell	
Handyhalter (USB C dual, glatt).stl	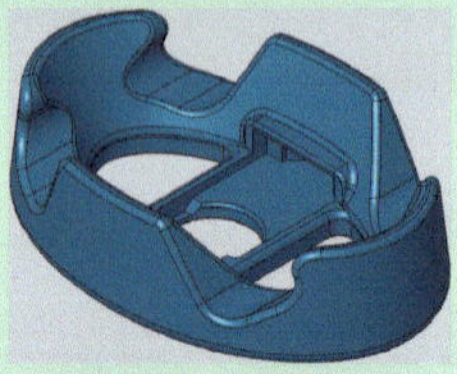
Handyhalter (USB C dual, mit Rillen).stl	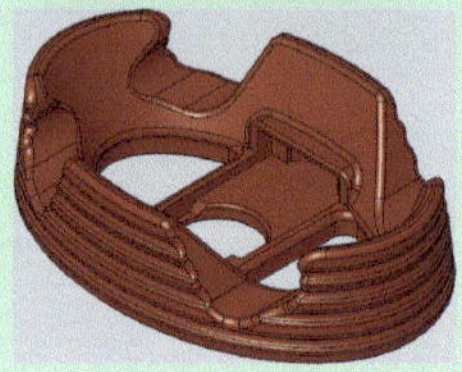

Um noch weitere Variationen von diesen Modellen zu erzeugen, kann man diese auch mehrfarbig drucken oder ein mehrfarbiges Filament benutzen (z.B. Rainbow Filament von Amazon, ASIN: B09YLB27XV). Das mehrfarbige Filament ist allerdings nur bei größeren Objekten sinnvoll (Bild 9.28).

Bild 9.28 Handyhalter und Tabletständer

10 Fruchtfliegenfalle

Sobald es warm wird, kommen die Fruchtfliegen wie aus dem Nichts und setzen sich auf das Obst in der Küche. Die kleinen Biester können einem ganz schön auf die Nerven gehen. Nach einigen Überlegungen kam mir die Idee für eine Fruchtfliegenfalle, mit der sich die Fruchtfliegen effektiv – und dennoch auf ästhetische Weise – wieder loswerden lassen. In diesem Kapitel zeige ich dir, wie man die Fruchtfliegenfalle erstellt.

Doch nun noch einmal von Anfang an. Wie kam mir der Einfall für die Konstruktion? Kaum schäle ich im Sommer eine Banane, sitzt in kürzester Zeit eine Fruchtfliege darauf. Das brachte mich auf die Idee, ein Stück Banane als Lockmittel einzusetzen. Ich habe mich im Internet schlau gemacht und herausgefunden, dass Bananenköder tatsächlich ein gutes Hausmittel gegen Fruchtfliegen sind. Aus einem Bananenstück und einer Flasche kann man ganz einfach eine Fruchtfliegenfalle bauen.[1] Für diese Flaschenfalle schneidet man eine Plastikflasche (500 ml) im oberen Drittel horizontal durch, schüttet ca. 2 cm Wasser in den Behälter, gibt ein Bananenstück hinzu und steckt das abgetrennte Oberteil verkehrt herum darauf. Das Ergebnis ist beeindruckend und ekelerregend zugleich, wie man in Bild 10.1 sehen kann. Ich dachte mir: Diese Fruchtfliegenfalle funktioniert wirklich, aber muss das Fliegengemetzel denn gleich auf den ersten Blick ersichtlich sein? Gibt es keine diskretere Lösung?

Ich habe erneut das Internet durchforstet und habe Folgendes erfahren: Obwohl sie als „Fruchtfliege" bezeichnet wird, ernährt sich Drosophila nicht von pflanzlichen Bestandteilen, sondern von den auf Früchten lebenden Hefezellen.[2] Das heißt, dass das bei der Fermentation der Hefe und des Zuckers auf der Frucht entstehende Kohlendioxid die Fruchtfliegen anzieht. Somit war mir klar, wie die Lösung auszusehen hat. Ein Sud aus Zuckerwasser und Hefe soll die Fruchtfliegen anziehen. Bei der Fermentierung des Zuckers durch die Hefe entsteht das gewünschte Kohlendioxid.

---

[1] *http://de.wikihow.com/Aus-einer-Plastikflasche-eine-Mückenfalle-bauen*

[2] *www.mpg.de/10 885 935/haltung-und-zucht*

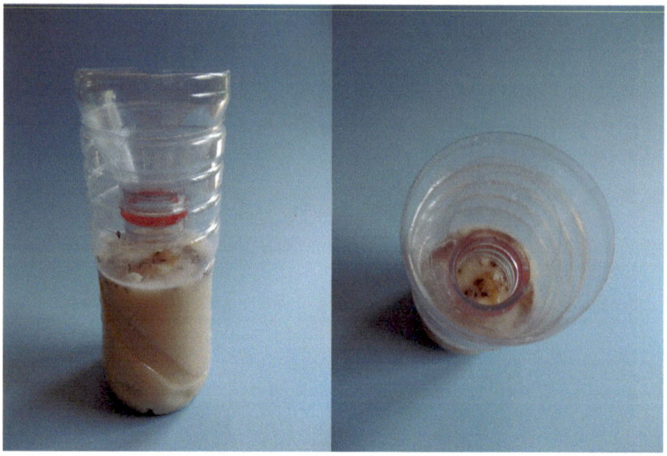

Bild 10.1 Eine Plastikflasche mit abgetrenntem und verkehrt herum aufgesetztem Oberteil ist die einfachste Methode, Fruchtfliegen zu fangen.

Ich habe mir ein Design für eine Fruchtfliegenfalle ausgedacht, welche die Funktion der zerschnittenen Plastikflasche erfüllt, zugleich undurchsichtig ist und außerdem stabil steht. Als Behältnis habe ich ein verschraubbares Senfglas aus meiner Altglassammlung verwendet (Bild 10.2).

Bild 10.2 Als Behältnis für meine Fruchtfliegenfalle dient ein Senfglas der Marke Develey (Original Münchner Weißwurstsenf oder Mittelscharfer Senf). Wahrscheinlich gibt es andere Hersteller, welche die gleichen Gläser verwenden, allerdings habe ich dies nicht geprüft.

Meine Konstruktion besteht aus einer aufschraubbaren Abdeckung, welche anstelle des Verschlussdeckels auf das Senfglas gesetzt wird. Dazu habe ich das Gewinde des Verschlussdeckels vermessen und in die Abdeckung einkonstruiert. Bild 10.3 und Bild 10.4 zeigen die Abdeckung aus verschiedenen Perspektiven.

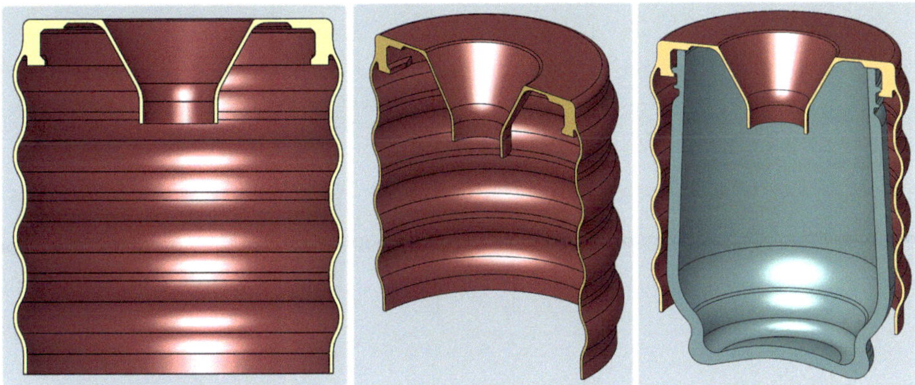

Bild 10.3 Abdeckung mit Innengewinde, welche auf das Senfglas gesetzt wird

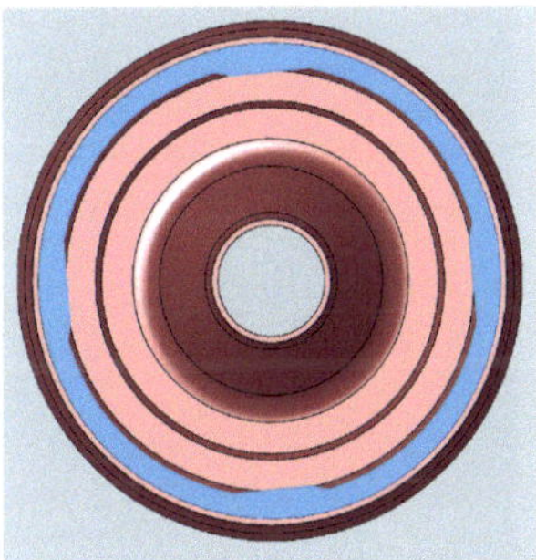

Bild 10.4 Ansicht der Abdeckung von unten (das Gewinde ist blau dargestellt)

Will man PLA als Druckmaterial für die Abdeckung verwenden, so sollte der Kunststoff mit einem Schutzlack vor Feuchtigkeit geschützt werden. Feuchtigkeit auf unbehandeltem PLA kann nämlich schnell dunkle Schimmelflecken erzeugen. Im Notfall kann man diese aber auch problemlos mit lauwarmem Wasser und Spülmittel entfernen. PETg ist das geeignetere Druckmaterial für die Abdeckung. Dieses Material saugt so gut wie keine Feuchtigkeit auf und wirkt so der Schimmelbildung länger entgegen. Außerdem kann man PETg problemlos in der Spülmaschine reinigen (bis ca. 80 °C deformiert es sich nicht).

■ 10.1 Übersicht der benötigten Teile

In der folgenden Liste findest du alles, was du für die Erstellung der Fruchtfliegenfalle benötigst.

Menge	Teil	Material
1×	*Abdeckung.stl*	PLA
1×	Senfglas mit Gewindedeckel und 250 ml Füllvermögen (Develey Original Münchner Weißwurstsenf bzw. Develey Mittelscharfer Senf)	
5 g	frische Hefe	
10 g	Zucker	
	etwas Spülmittel (bei Bedarf)	

10.2 Probedruck der Abdeckung

Bevor wir die komplette Abdeckung drucken, wollen wir überprüfen, ob das von mir konstruierte Gewinde gut sitzt. Um Zeit und Druckmaterial zu sparen, wenden wir einen kleinen Trick an. Die Abdeckung wird dazu auf die virtuelle Druckplattform im Slicer-Programm gestellt und um einige Millimeter nach unten verschoben. Der Bereich unterhalb der Druckplatte wird nicht im G-Code berücksichtigt und somit auch nicht gedruckt (Bild 10.5).

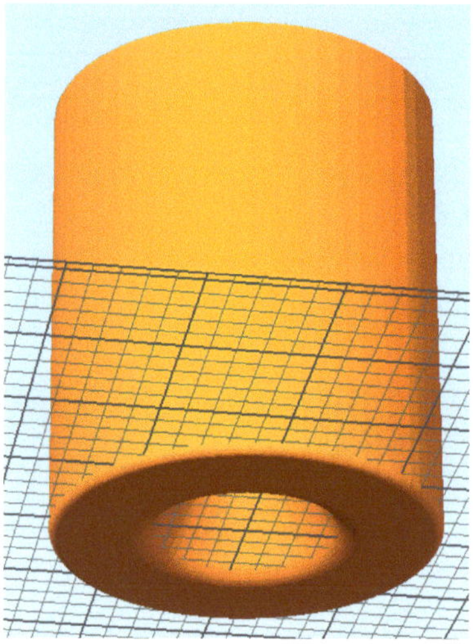

Bild 10.5 Die Abdeckung wird im Slicer-Programm leicht unterhalb der Druckplattform (graues Gitter) platziert und folglich beim Drucken nicht berücksichtigt.

Nun muss eine Druckbegrenzung nach oben hin definiert werden. Bei einer Höhe von 10 mm soll der Druck anhalten. Dazu wird unter *Modifikationen der Schichten* der Haken bei *Druck an der entsprechenden Höhe anhalten* gesetzt (Bild 10.6). Damit kommt in Bild 10.7 der dargestellte Druckbereich zustande.

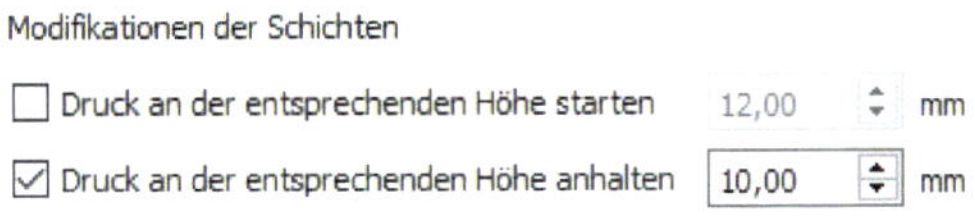

Bild 10.6 Einstellungen für die Druckunterbrechung nach einer Schichthöhe von 10 mm

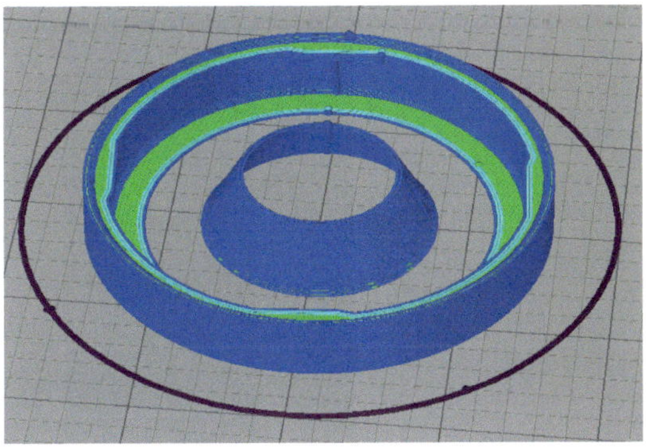

Bild 10.7 Druckvorschau im Slicer-Programm

10.3 Endgültiger Druck der Abdeckung

Nach gelungener Prüfung soll die Abdeckung nun komplett gedruckt werden. Die Wandstärke beträgt 1 mm. Das sind genau zwei Filamentbahnen nebeneinander. Es muss keine Füllung gedruckt werden, was die Druckzeit deutlich verringert. Um die Stabilität des zylindrischen Teils der Abdeckung zu erhöhen, habe ich den Sichtschutz (= äußere Wand) gewellt konstruiert. Bild 10.8 zeigt die Druckvorschau der Abdeckung im Schnitt.

Folgende allgemeine Druckeinstellungen sind für die Abdeckung vorzunehmen:

- Druckgeschwindigkeit: 60 mm/s
- Layerhöhe: 0,25 mm
- innerer Füllgrad: 15 %

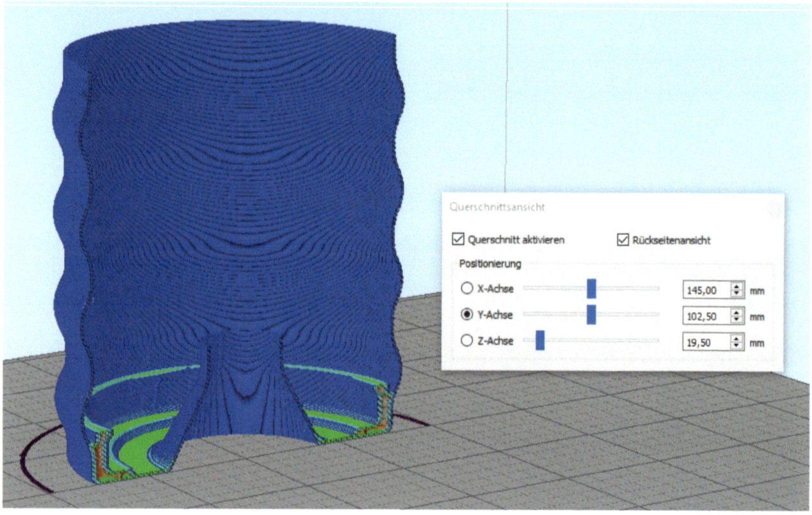

Bild 10.8 Druckvorschau der Abdeckung im Schnitt

Die Startpunkte für jede Druckschicht habe ich – wie bei den meisten Rundteilen üblich – übereinander gelegt (Bild 10.9).

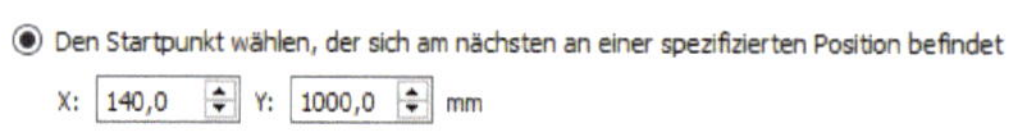

Bild 10.9 Positionierung der Startpunkte einer jeden Druckschicht

■ 10.4 Zubereitung des Fruchtfliegenköders

Nach dem erfolgreichen Druck der Abdeckung möchte ich abschließend noch die Rezeptur vorstellen, mit dem ich die größten Erfolge im Kampf gegen die Fruchtfliegen in der Küche erzielt habe. Für den Fruchtfliegenköder, der in das Senfglas gegossen wird, benötigst du 50 bis 100 ml Wasser, 5 g frische Hefe und einen Teelöffel Zucker. Die Zutaten werden so lange verrührt, bis die Hefe sich vollkommen aufgelöst hat. Zur Verringerung der Oberflächenspannung kann bei Bedarf ein Tropfen Spülmittel hinzugegeben werden. Dies ist meiner Erfahrung nach nicht unbedingt nötig, funktioniert aber ganz ordentlich. Die Fliegen bleiben allerdings auch ohne Spülmittel in der Falle. Zum Schluss wird die Abdeckung fest aufgeschraubt, sodass das Glas beim Anheben der Abdeckung nicht nach unten herausrutscht. Alle ein bis zwei Tage sollte ein wenig Hefe und Zucker nachgefüllt werden, da die Wirkung des Fruchtfliegenköders mit der Zeit schwächer wird. Für das

Einfüllen sollte man die Abdeckung abschrauben, damit die Hefe und der Zucker nicht schon an der Einlassöffnung hängenbleiben, denn dann würden die Fliegen nicht ins Innere eindringen und somit nicht in die Falle tappen.

Bild 10.10 Rezeptur für den Fruchtfliegenköder: 5 Gramm frische Hefe, einen Teelöffel Zucker und 50 bis 100 ml Wasser in das Senfglas geben und gut verrühren

Ich kann die Fruchtfliegenfalle nur wärmstens empfehlen. Die Fliegenköder-Rezeptur wirkt wahre Wunder und das Design der Abdeckung sorgt dafür, dass du dir bei der Zubereitung deiner Mahlzeiten nicht den Appetit verdirbst (Bild 10.11).

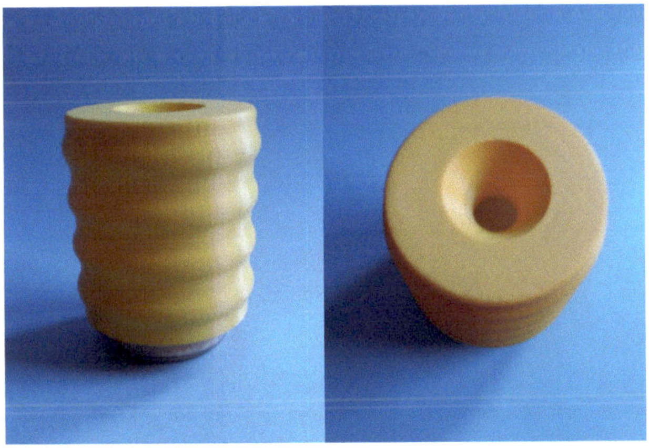

Bild 10.11 Ansicht der Fruchtfliegenfalle von der Seite und von oben

Bild 10.12 zeigt die Fruchtfliegenfalle, welche die Vorlage meines 3D-Druck-Projekts bildete, und das von mir entworfene Design im direkten Vergleich. Die Frage danach, was ästhetischer anzusehen ist, erübrigt sich.

Bild 10.12 Die ursprüngliche Fruchtfliegenfalle und das von mir entwickelte Design im Vergleich

Ich habe die Hoffnung, dass auch Stechmücken auf die Fliegenfalle hereinfallen. Eine zumindest ist bereits in die Falle getappt, wie Bild 10.13 zeigt.

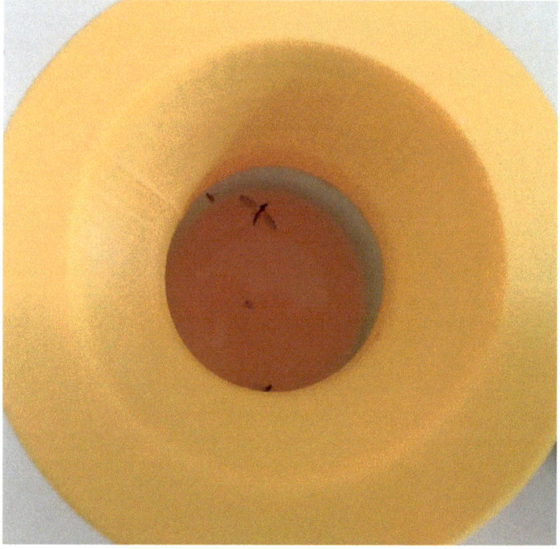

Bild 10.13 Die ersten Erfolge mussten nicht lange auf sich warten lassen.

11 Hamburgerpresse

Meine Familie und ich essen häufig Hamburger. Leider ist es so, dass die Hamburger beim Braten in der Pfanne regelmäßig ausfransen und auseinanderfallen, was mir ziemlich auf die Nerven geht. Meine Familie schenkte mir deshalb eine Hamburgerpresse aus Metall. Die Freude war groß, bis ich diese Presse zum ersten Mal benutzte. Irgendwie wollte sich das Fleisch nicht aus der Form herauslösen, und wenn es sich endlich herauslöste, dann zerfiel der Hamburger nicht selten in zwei Teile. „Das kann ich besser", dachte ich, und so entstand die Idee für die 3D-gedruckte Hamburgerpresse, die wir in diesem Kapitel fertigen werden. Es handelt sich dabei um eine Form mit einer herausnehmbaren Unterplatte (Bild 11.1).

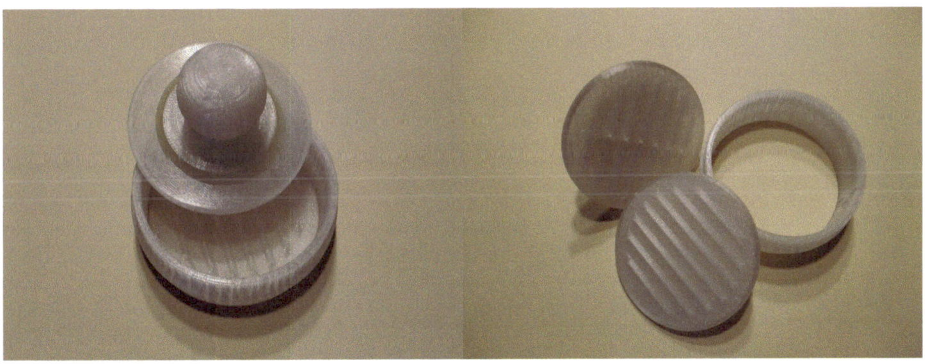

Bild 11.1 Hamburgerpresse

■ 11.1 Übersicht der benötigten Teile

In der folgenden Liste findest du alles, was du für die Erstellung der Hamburgerpresse benötigst.

Pos.	Menge	Teil	Material
1	1×	*Aussenring.stl*	PETg
2	1×	*Unterplatte.stl*	PETg
3	1×	*Oberplatte.stl*	PETg
4	1×	*Griff.stl*	PETg
5	1×	*Zentrierbolzen.stl*	PETg
	1×	Zwei-Komponenten-Kleber (z. B. Araldite® Rapid 5 min.)	
	1×	Schleifpapier	
	3×	Spannzwingen	

Bild 11.2 zeigt die Einzelteile in der Übersicht. Anhand der Positionsnummern (Pos.) erkennst du, um welches Teil aus der Liste es sich jeweils handelt. Die Unterplatte (Pos. 2) sowie die Oberplatte (Pos. 3) sind geriffelt, sodass die Hamburger die typischen Grillspuren bekommen. An die Oberplatte ist ein Griff (Pos. 4) geklebt. Der Zentrierbolzen (Pos. 5) dient zur Zentrierung des Griffes beim Kleben. Der Außenring (Pos. 1) sorgt dafür, dass das Hackfleisch während des Pressens in der Form bleibt. Mit der Hamburgerpresse lassen sich Buletten mit einem Durchmesser von 90 mm und einer maximalen Dicke von ca. 25 mm formen.

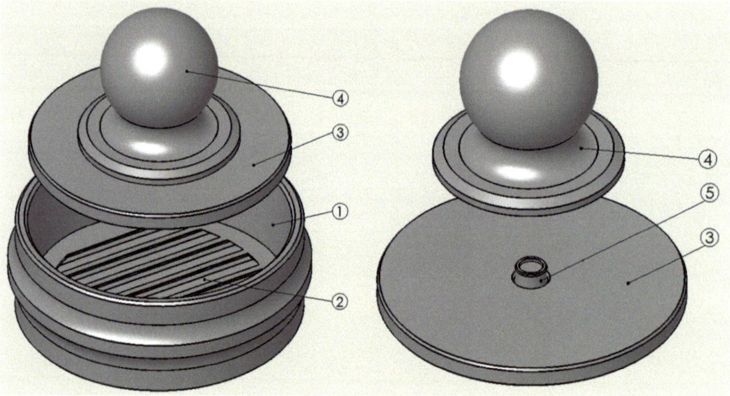

Bild 11.2 Aufbau der Hamburgerpresse

> **!** Als Druckmaterial ist unbedingt PETg zu verwenden. Dieses Material ist hydrophob, das heißt, es nimmt kein Wasser auf und hält einen Waschgang in der Spülmaschine ohne Probleme aus. PLA oder ABS besitzen diese Eigenschaft nicht und sollten deshalb nicht benutzt werden, da sich durch die Feuchtigkeitsaufnahme Keime im Material halten können.

11.2 Allgemeine Druckeinstellungen für sämtliche Teile der Hamburgerpresse

Das Material PETg muss mit einer höheren Temperatur als PLA gedruckt werden. Die optimale Drucktemperatur liegt zwischen 230 °C und 240 °C. Für den Druck habe ich 235 °C eingestellt. Um ein Ablösen des Bauteils während des Drucks (Warping) zu vermeiden, kann man ein Heizbett mit ca. 50 °C unterhalb der Druckplatte positionieren. Da mein Drucker kein Heizbett besitzt, muss ich eine perfekt sitzende erste Schicht erzeugen. Man kann dies begünstigen, indem man Haarspray auf die Druckplatte sprüht. Das auf die Druckplatte aufgesprühte Haarspray erzeugt eine höhere Anhaftung des Druckteils. Dies ist vor allem dann wichtig, wenn die unterste Druckschichtfläche sehr klein ist.

Außerdem sollte der Kühlventilator nicht gleich zu Beginn des Drucks die höchste Leistung bringen. So kühlen die ersten Schichten langsam aus und bleiben fest an der Druckplatte kleben. Bei diesem Druckprojekt habe ich unter *Ventilatorenkontrolle pro Schicht* die *Ventilatorgeschwindigkeit* für die Schichten 1 bis 3 auf 0 gestellt, das heißt, der Ventilator schaltet sich erst beim Druck der vierten Schicht ein (Bild 11.3).

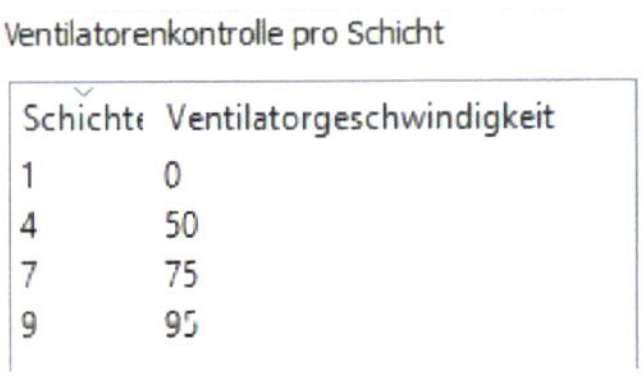

Bild 11.3 Einstellung der Düsenkühlung

Die Schichtdicke der Hamburgerpresse beträgt 0,2 mm. Je feiner die Schicht ist, desto glatter werden die Oberflächen. Um sicher zu gehen, dass die Flächen vollkommen geschlossen sind, habe ich unter *Geschlossene Deckschichten* bzw. *Geschlossene Bodenschichten* die Anzahl der Deck- und Bodenschichten auf 4 gestellt (Bild 11.4). Ansonsten sind drei geschlossene Boden- und Deckschichten ausreichend.

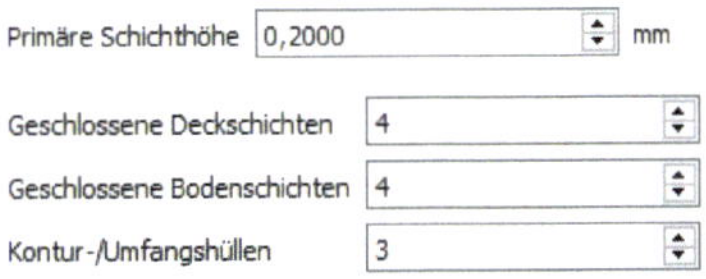

Bild 11.4 Erhöhte Anzahl an Boden- und Deckschichten

11.3 Druckeinstellungen für den Griff

Beim Drucken des Griffs braucht es trotz Überhang kein Stützmaterial (*Support*). Je dünner die Schichthöhe ist, desto größer kann der Überhangswinkel sein, den man ohne Stützen drucken kann. In diesem Fall liegt die maximale Schräge (gemessen zur Vertikalen) bei 40°. Man kann ohne weiteres Schrägen bis zu 60° drucken. Bei größeren Schrägen sollte die Schichthöhe verringert werden, wenn man keine Stützen drucken möchte.

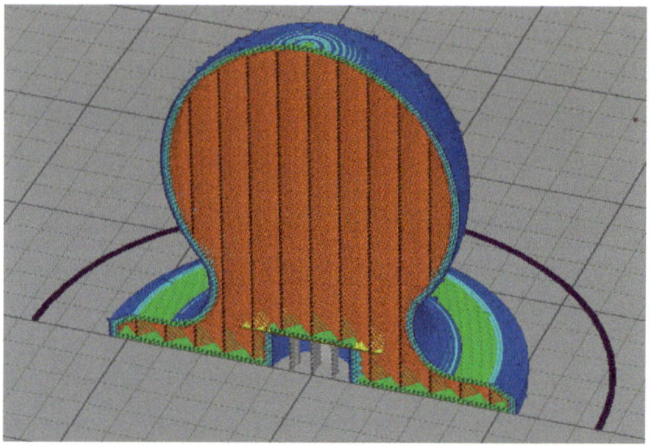

Bild 11.5 Schnittansicht des Griffes im Slicer-Programm: In der Mitte unten ist das Stützmaterial (grau) erkennbar.

Stützmaterial wird lediglich für die Zentrierbohrung benötigt, auf die der Griff geklebt wird. Stellt man unter *Stützmaterial erzeugen* den Wert bei *Obere vertikale Trennungsschichten* auf 1, so wird der oberste Layer des Stützmaterials nicht gedruckt (Bild 11.6). Damit ist die Anbindung der Stützen zum Teil geringer und die Stützen sind leichter entfernbar. Die Startpunkte sollten hier im Umfang und auf jeder Schicht beliebig (gemeint ist damit: zufällig) verteilt sein. Auf diese Weise verteilen sich die Druckanhäufungen, welche bei jedem Druck einer Umfangshülle entstehen, auf der gesamten Außenfläche und erzeugen so keine sichtbaren Narben.

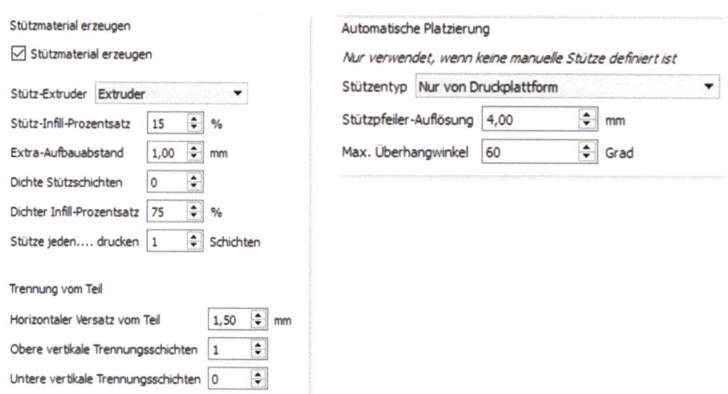

Bild 11.6 Einstellungen zum Stützmaterial

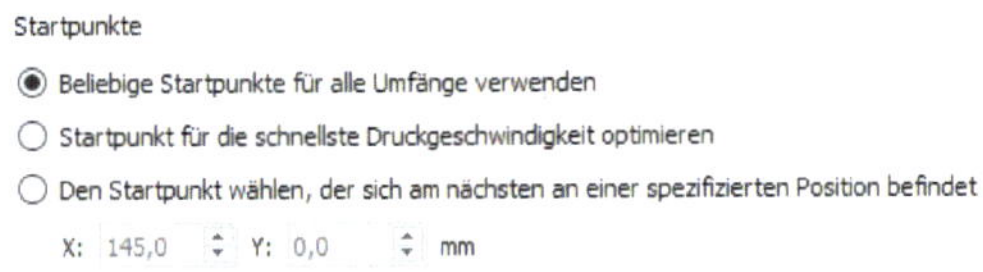

Bild 11.7 Beliebig verteilte Startpunkte

Folgende allgemeine Druckeinstellungen sind für den Griff vorzunehmen:

- Druckgeschwindigkeit 60 mm/s
- Layerhöhe: 0,20 mm
- innerer Füllgrad: 18 %

11.4 Druckeinstellungen für den Außenring

Für den Außenring können dieselben Einstellungen vorgenommen werden wie für den Griff. Lediglich das Stützmaterial kann ausgeschaltet bleiben.

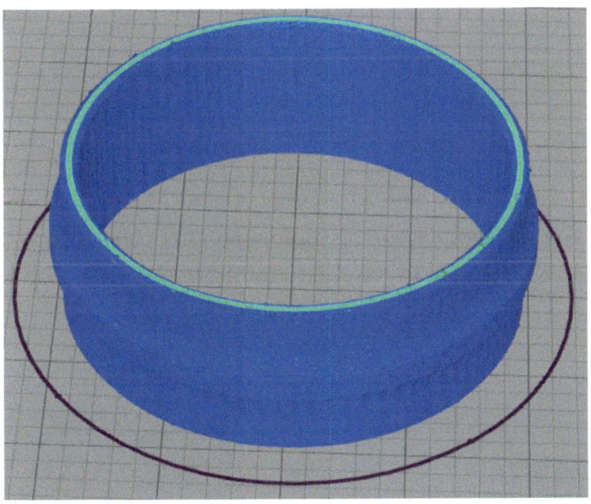

Bild 11.8 Außenring im Slicer

Folgende allgemeine Druckeinstellungen sind für den Außenring vorzunehmen:

- Druckgeschwindigkeit: 60 mm/s
- Layerhöhe: 0,20 mm
- innerer Füllgrad: 18 %

11.5 Druckeinstellungen für die Oberplatte

Auch für die Oberplatte können dieselben Einstellungen vorgenommen werden wie für den Griff.

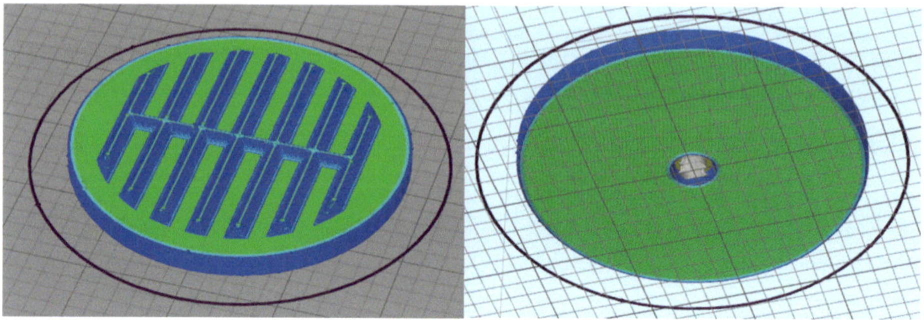

Bild 11.9 Oberplatte: Das Stützmaterial (grau) ist in der Mitte des rechten Bildes zu sehen.

Folgende allgemeine Druckeinstellungen sind für die Oberplatte vorzunehmen:

- Druckgeschwindigkeit: 60 mm/s
- Layerhöhe: 0,2 mm
- innerer Füllgrad: 18 %

11.6 Druckeinstellungen für die Unterplatte

Für die Unterplatte können ebenfalls dieselben Einstellungen vorgenommen werden wie für den Griff. Lediglich das Stützmaterial kann ausgeschaltet bleiben.

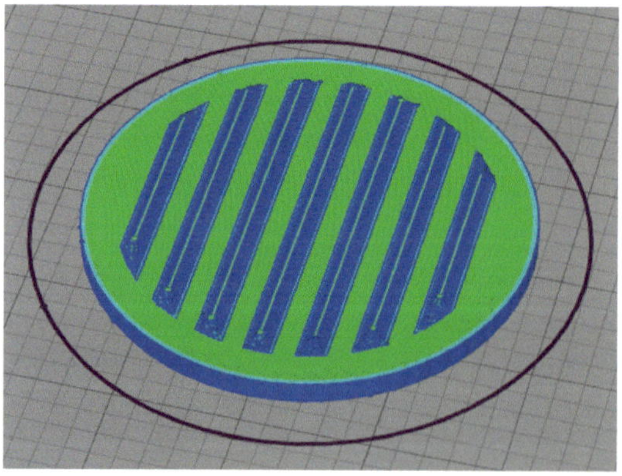

Bild 11.10 Unterplatte im Slicer

Folgende allgemeine Druckeinstellungen sind für die Unterplatte vorzunehmen:

- Druckgeschwindigkeit: 60 mm/s
- Layerhöhe: 0,20 mm
- innerer Füllgrad: 18 %

11.7 Druckeinstellungen für den Zentrierbolzen

Auch für den Zentrierbolzen können dieselben Einstellungen vorgenommen werden wie für den Griff. Lediglich das Stützmaterial kann ausgeschaltet bleiben.

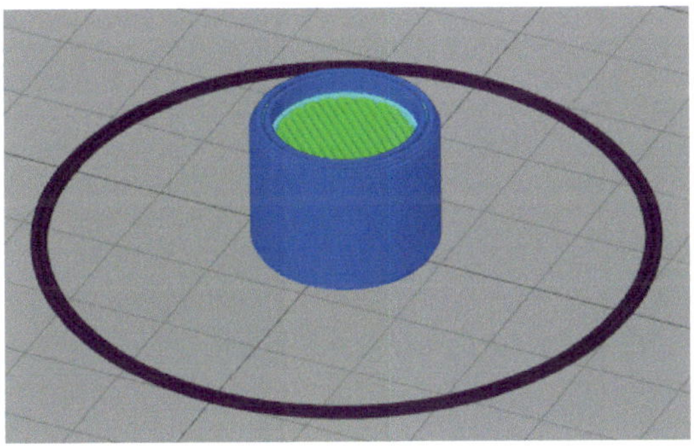

Bild 11.11 Zentrierbolzen im Slicer

Folgende allgemeine Druckeinstellungen sind für den Zentrierbolzen vorzunehmen:

- Die Druckgeschwindigkeit sollte wegen der geringen Größe auf ca. 35 - 40 mm/s gedrosselt werden.
- Layerhöhe: 0,20 mm
- innerer Füllgrad: 18 %

11.8 Verbindung von Griff und Oberplatte

Nachdem alle Teile gedruckt, abgeschliffen und gereinigt wurden, geht es an das Verkleben des Griffes mit der Oberplatte. Die Oberplatte sollte im Bereich der Klebestelle mit Schleifpapier angeraut werden. Gleiches gilt für die Unterseite des

Griffes. Dann trägt man einen Zwei-Komponenten-Kleber z. B. Araldite® Rapid 5 min.) an der Unterseite des Griffes auf, fügt den Zentrierbolzen ein, zentriert die beiden Teile auf der Unterplatte und drückt den Griff an. Durch Verdrehen des Griffes verteilt sich der Kleber gleichmäßig. Der Kleber sollte dabei rund um die Klebekante austreten, damit später Flüssigkeiten oder Speisereste keinen Platz zum Einnisten finden (siehe Pfeile in Bild 11.12).

Mit drei Spannzwingen wird der Griff solange fest an die Oberplatte angepresst, bis der Kleber ausgehärtet ist und aus den beiden Einzelteilen eine Einheit entstanden ist.

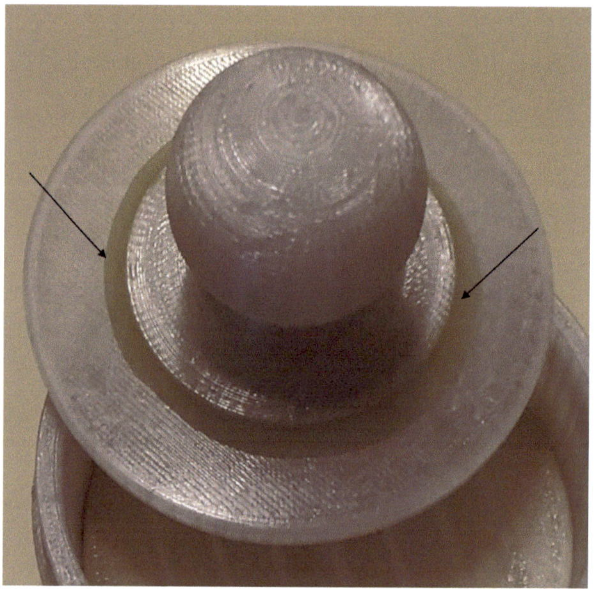

Bild 11.12 Klebekante rundum gut gefüllt mit Kleber

11.9 Konstruktive Varianten

Für den Fall, dass die Hamburgerpresse zu klein oder zu groß ist, kann man die Druckteile einfach im Slicer-Programm skalieren, ohne die CAD-Dateien verändern zu müssen. Ich möchte exemplarisch zeigen, wie man die Hamburgerpresse um 15 % vergrößert ohne die Höhe zu verändern. Der Durchmesser der Bouletten vergrößert sich hierbei von 90 mm auf 103,5 mm. Im ersten Schritt nimmt man unter *Skalierung ändern* den Haken bei *Einheitliche Skalierung* heraus. Damit sind alle drei Achsen individuell einstellbar. Dann stellt man die Skala in der x- und y-Achse jeweils auf 115 %. Es ist wichtig, dass der Wert gleich ist, da die runden Druckteile ansonsten oval werden. Selbstverständlich ist es auch möglich, eine einheitliche Skalierung vorzunehmen, das heißt, alle drei Achsen um denselben Wert zu vergrößern (Bild 11.13).

Bild 11.13 Einstellungen zur Größenveränderung eines Teils

11.10 Tipps zum richtigen Einsatz der Hamburgerpresse

Damit du keine Enttäuschungen bei der Verwendung der Hamburgerpresse erlebst, möchte ich dir abschließend noch ein paar Tipps zum richtigen Einsatz geben. Ich empfehle dir, die Ober- und Unterplatte jeweils mit Zellophan zu bespannen. Das erleichtert das Herausnehmen der Bouletten. Kommen wir nun zu den einzelnen Anwendungsschritten:

1. Als Erstes legst du die Unterplatte mit der Riffelung nach oben auf die Küchenplatte und legst dann den Außenring zentriert darüber.
2. Als Nächstes legst du die gewünschte Menge Hackfleisch in den Außenring hinein.
3. Dann presst du mit der geklebten Griff-Oberplatten-Einheit das Hackfleisch gleichmäßig zusammen.
4. Danach entfernst du die Griff-Oberplatten-Einheit und den Außenring.
5. Nun nimmst du die Unterplatte mit dem daraufliegenden Hackfleisch und kippst die Unterplatte auf einen Teller. Dank des Zellophans löst sich die Boulette recht leicht.
6. Nach Gebrauch solltest du die Presse am besten im Geschirrspüler reinigen. Dank der Verwendung von PETg als Druckmaterial ist dies problemlos möglich.

Wenn du diese Arbeitsschritte befolgst, dürfte dem perfekt geformten Hamburger künftig nichts mehr im Wege stehen. Viel Spaß beim Grillen!

12 Mückenstichheiler

Jeder kennt die lästigen Blutsauger, die uns im Sommer immer wieder aufs Neue ärgern und darin auch ziemlich erfolgreich sind. Die Rede ist natürlich von Stechmücken. Das Surren der umherfliegenden Insekten raubt uns den Schlaf und spätestens wenn man eingeschlafen ist, schlagen die Biester zu. Meistens jucken die Stiche so sehr, dass man sich mit dem Kratzen nicht zurückhalten kann, was den Schmerz nur noch schlimmer macht. Bei einem Mückenstich wird gerinnungshemmender und schmerzstillender Speichel injiziert. Der betäubende Effekt dauert nur bis zum Abflug der Mücke an und sorgt dafür, dass sie eine unbemerkte Mahlzeit verzehren kann. Dann schütten die Immunzellen den Botenstoff Histamin zur Abwehr der Fremdstoffe aus. Das Histamin reizt die Nervenzellen an der betroffenen Stelle, was zu einem Juckreiz und einer allergischen Reaktion mit Schwellung und Rötung der Haut führt.

Leider hatte ich bislang noch keinen zündenden Einfall, wie man die Quälgeister fangen und vernichten könnte. Stattdessen kam mir die Idee für einen Mückenstichheiler, den ich in diesem Kapitel vorstellen möchte. In einem stichgeplagten Moment durchforstete ich das Internet nach Möglichkeiten, den Juckreiz zu lindern. Dabei stieß ich auf folgenden Tipp: Man solle Hitze zwischen 40 °C und 50 °C auf die Stichstelle aufbringen (über 40 °C zerfallen Proteine und ab 50 °C besteht Verbrennungsgefahr). Ich probierte es sofort aus und war erstaunt über das Ergebnis. Eines Morgens bereitete ich mir eine Tasse Kaffee zu. Ich nahm den Löffel aus dem heißen Kaffee, trocknete ihn kurz ab und drückte den Löffel mehrmals leicht gegen den Stich (so lange wie ich die Temperatur aushielt). Diesen Vorgang wiederholte ich vier- bis fünfmal und danach war der Juckreiz tatsächlich weg. Ich war so begeistert von dieser Methode, dass ich mich auf die Suche nach professionellen Geräten zur Mückenstichlinderung machte. Unter *https://www.bite-away.com/de* fand ich ein batteriebetriebenes Gerät namens bite away®, das einem dicken Filzstift ähnelt. Mit diesem Gerät behandelte ich die Mückenstiche meiner ganzen Familie in fast schon industriellem Ausmaß. Ein Jahr verging und als die Mücken wieder angriffen und ich zum Stichheiler greifen wollte, waren die Batterien leider leer.

Deshalb suchte ich nach einem analogen, vom Strom unabhängigen Gerät. Schließlich fand ich den Stichlinderer von André Liebermann im Internet.[1] Dieses Modell nahm ich mir zum Vorbild für meine eigene Konstruktion.

[1] *http://www.greengadgets.de/2016/08/12/stichlinderer-mit-holz-und-reibung-gegen-den-juckreiz*

Mein DIY-Mückenstichheiler besteht aus drei zu fertigenden Bauteilen: dem Stift mit einem Polsternagel als aufheizbare Spitze, dem Behälter, in welchem man den Stift bei Nichtgebrauch lagert, und der auf den Behälter geklebten Holzplatte mit ein oder zwei Längsnuten (Bild 12.1).

Bild 12.1 Der von mir entwickelte Mückenstichheiler

12.1 Übersicht der benötigten Teile

In der folgenden Liste findest du alles, was du für die Erstellung des Mückenstichheilers benötigst.

Pos.	Menge	Teil	Material
1	1×	*Behaelter.stl*	PLA
2	1×	*Stift.stl* oder *Stift mit DIY-Raft.stl*	PLA
3	1×	Flachrundschraube mit Vierkantansatz (DIN 603 M6×80)	
4	1×	Polsternagel 8 mm	
5	1×	Holzplatte	
	ca. 24 cm	Schnur	
	1×	Zwei-Komponenten-Kleber (z. B. Araldite® Rapid 5 min.)	

Bild 12.2 zeigt die Einzelteile in der Übersicht. Anhand der Positionsnummern (Pos.) erkennst du, um welches Teil aus der Liste es sich jeweils handelt.

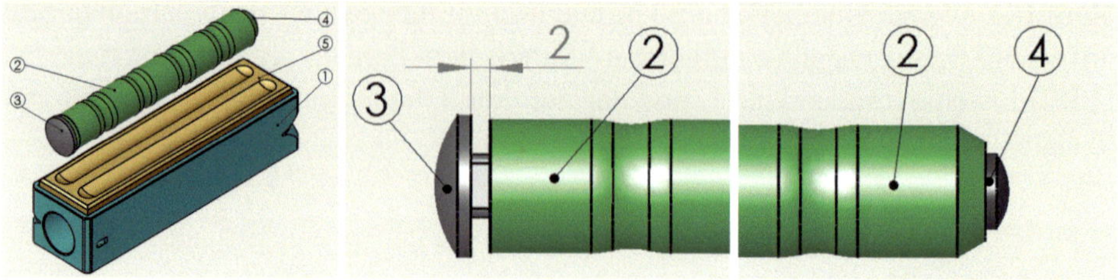

Bild 12.2 Aufbau des Mückenheilers

12.2 Druckeinstellungen für den Behälter

Für die große zentrale Bohrung im Behälter ist bei meinem Drucker (Witbox von BQ) kein Stützmaterial notwendig. Bei horizontalen Bohrungen kann dieser einen Durchmesser von bis zu 20 mm drucken, ohne dass Filamentstränge an der Oberseite der Bohrung herunterhängen. Bei größeren Bohrungen wird das Stützmaterial unerlässlich.

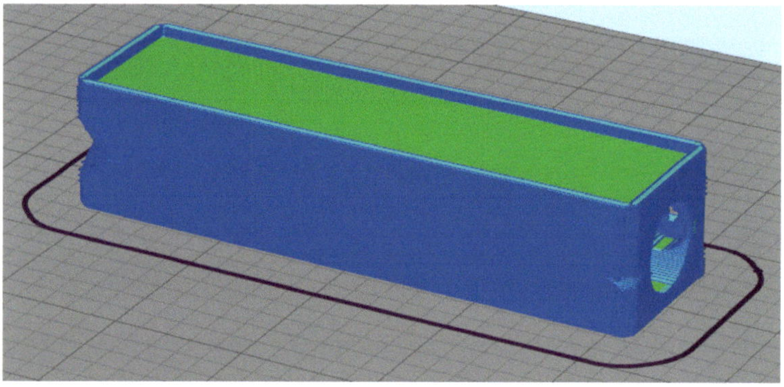

Bild 12.3 Behälter im Slicer

Folgende allgemeine Druckeinstellungen sind für den Behälter vorzunehmen:

- Druckgeschwindigkeit: 55 mm/s
- Layerhöhe: 0,25 mm
- innerer Füllgrad: 15 %

12.3 Druckeinstellungen für den Stift

Beim Drucken des Stifts habe ich wegen der kleinen Auflagefläche die Funktion *Raft* aktiviert. Dabei wird zuerst eine größere Fläche gedruckt, auf der wiederum der Stift gedruckt wird. Dadurch erhöht sich der Verbund zwischen dem Stift und der Druckplatte. Das berüchtigte Lösen des Druckteils von der Druckplatte (*Warping*) wird so vermieden. Allerdings ist das eine reine Vorsichtsmaßnahme. Letztlich weiß man nie, ob die Haftung der kleinen Auflagefläche den Druck überdauert. Nach dem Drucken ist die Raft-Ebene zu entfernen.

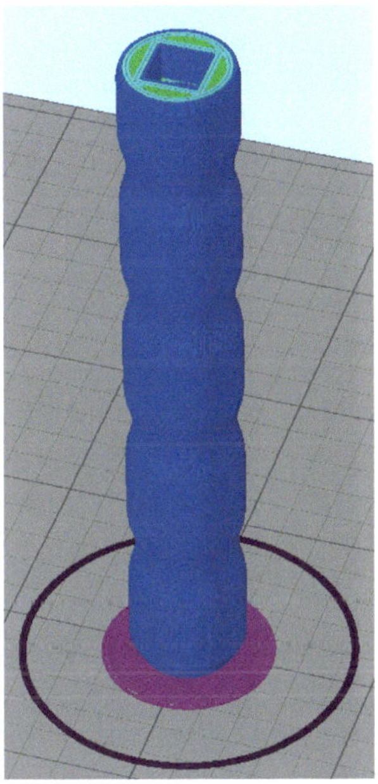

Bild 12.4 Stift im Slicer

In der Funktion *Raft* werden verschiedene Einstellungen vorgenommen (Bild 12.5). Die *Raft-Schichten* werden extrem langsam gedruckt. Daher ist es nicht sinnvoll, mehr als zwei davon zu drucken. Mit dem *Raft-Versatz vom Teil* wird die Größe der Raft-Fläche definiert. In diesem Fall ist sie 5 mm größer als die Auflagefläche des Stiftes. Der *Trennungs-Abstand* definiert den Abstand zwischen der obersten Raft-Schicht und der ersten (untersten) Druckschicht des Druckteils. Man verringert damit den Verbund zwischen dem Raft und dem Druckteil. Dies erleichtert das spätere Entfernen des Rafts erheblich. Ist dieser Wert jedoch zu groß, verringert sich die Haftung des Druckteiles auf dem Raft und der gewünschte Haftungseffekt geht wieder verloren. Den optimalen Wert (in diesem Falle 0,05 mm) erreicht man – wie bei vielen anderen Funktionen auch – nur durch Ausprobieren. Mit dem *Raft-Infill* wird die Dichte der Raft-Schichten definiert. Eine gute Haftung erreicht man durchaus schon mit 50 %. Je dichter das Raft gedruckt wird, desto schwieriger lässt es sich vom Druckteil lösen.

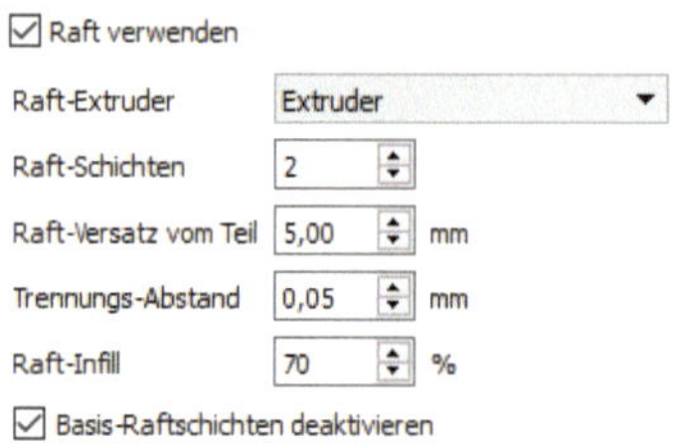

Bild 12.5 Raft-Einstellungen für den Stift

Alternativ zu den in Bild 12.5 dargestellten Raft-Einstellungen kann man auch einen DIY-Raft in der Konstruktionsphase anbringen.

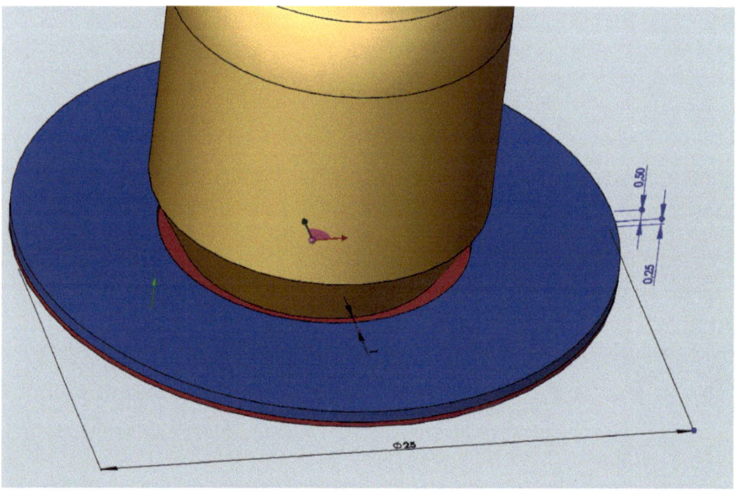

Bild 12.6 Stift mit DIY-Raft

Dazu habe ich als Auflagefläche eine Kreisscheibe (roter Bereich in Bild 12.6) mit dem Durchmesser von 25 mm und der Dicke einer Layerhöhe (entspricht 0,25 mm) an die Spitze des Stiftes konstruiert. Darüber habe ich zur Versteifung einen 0,5 mm dicken Ring mit einem Abstand von 1 mm zur Stiftspitze angebracht (blauer Bereich in Bild 12.6). Dies erleichtert das Entfernen des selbst erzeugen Rafts.

Folgende allgemeine Druckeinstellungen sind für den Stift vorzunehmen:

- Druckgeschwindigkeit: 45 mm/s
- Layerhöhe: 0,25 mm
- innerer Füllgrad: 15 %

12.4 Anfertigung der Holzplatte

Nach dem Druck des Behälters und des Stiftes erfolgt die Anfertigung der Holzplatte, welche auf dem Behälter aufliegen soll. Die Holzplatte ist aus hartem Buchenholz. Die Platte sollte nicht lackiert werden, da durch die Rauigkeit des unbehandelten Holzes die gewünschte Wärme beim Reiben des Stiftes entsteht. Um die Nuten zu fräsen, benötigt man spezielles Fräswerkzeug. Wenn du dieses Werkzeug nicht besitzt, kann dir vielleicht ein Schreiner in deiner Nähe aushelfen. Bild 12.7 zeigt alle Maße, die du benötigst, um die Holzplatte anzufertigen.

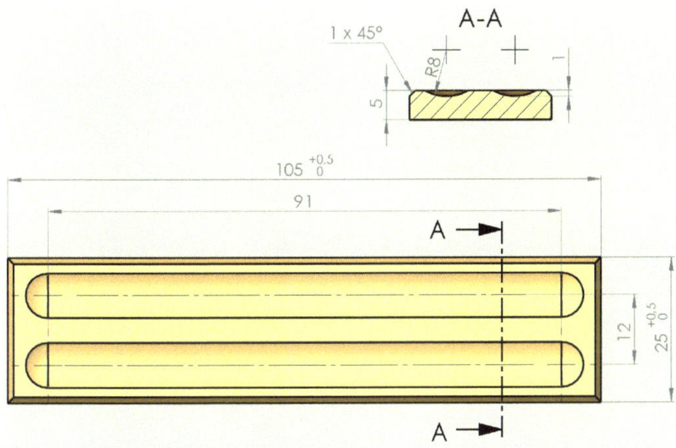

Bild 12.7 Maße der Holzplatte

12.5 Zusammenbau des Mückenstichheilers

Die Holzplatte wird mit einem Zwei-Komponenten-Kleber (z. B. Araldite® Rapid 5 min.) auf den Behälter geklebt. Auch der Polsternagel (Pos. 4) wird mit dem Zwei-Komponenten-Kleber in den Stift (Pos. 2) eingeklebt. Dazu gibt man genügend Kleber auf die Innenseite des hohlen Polsternagelkopfes und steckt diesen in die kleine Bohrung des Stiftes. Die Flachrundschraube (Pos. 3), welche der Stabilität des Stiftes dient, wird ebenfalls in den Stift eingeklebt. Dazu wird der Klebstoff nicht zu sparsam über die gesamte Länge des Schaftes verteilt. Die Schraube sollte nicht komplett in den Stift hineingesteckt werden, sondern es sollte ein kleiner Spalt (1 bis 2 mm) zwischen Schraubenkopf und Stift beibehalten werden (Bild 12.8).

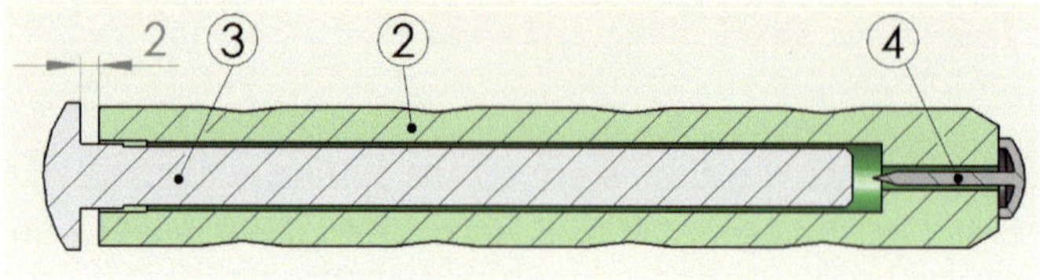

Bild 12.8 Die Flachrundschraube und der Polsternagel werden in den Stift geklebt.

Nach Aushärtung des Klebers wird in den verbleibenden Spalt zwischen Schraubenkopf und Stift eine Halteschnur gewickelt und verknotet. Das andere Ende der Schnur führt man durch die Bohrung ins Innere des Behälters und mach dort ebenfalls einen Knoten (Bild 12.9).

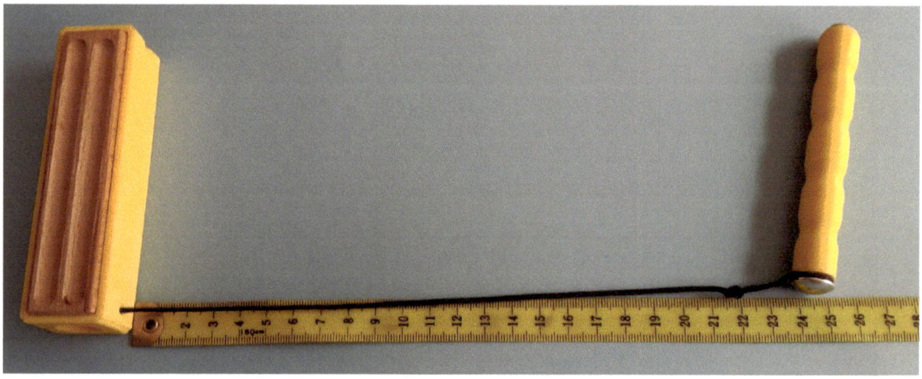

Bild 12.9 Die Schnur verbindet den Behälter mit dem Stift.

Die Länge der freien Schnur (ca. 24 cm) muss so bemessen sein, dass die Schnur sich einmal um den Behälter wickeln lässt, wenn der Stift im Behälter steckt. Hierfür befinden sich am anderen Ende des Behälters zwei Vertiefungen (rote Pfeile in Bild 12.10). Dort wird die Schnur unter leichtem Zug hineingespannt. Somit fällt der Stift nicht ungewollt aus dem Behälter heraus.

Bild 12.10 Befestigungsschnur zum Halten des Stiftes

12.6 Gebrauchsanweisung zur Verwendung des Mückenstichheilers

Abschließend möchte ich dir noch erklären, wie du den Mückenstichheiler richtig einsetzt, um den unangenehmen Juckreiz zu lindern. Um die nötige Hitze zu erzeugen, muss der Stift mit dem Polsternagel ca. 15 Sekunden kräftig auf dem Holzbrett hin und her gerieben werden. Dann hält man die heiße Kuppe auf den Mückenstich und wiederholt diesen Vorgang mehrmals, bis Linderung eintritt.

Achtung! Wende den Mückenstiftheiler nur bei dir selbst und nicht bei anderen Personen an. Bei der Selbstbehandlung wirst du den Stift immer dann reflexartig entfernen, sobald die Hitze unerträglich wird. Bei der Behandlung anderer Personen ist die Gefahr zu groß, dass du diesen Zeitpunkt verpasst, und so leichte Verbrennungen herbeiführst.

13 Blumenvase

Für einen Geburtstag war ich auf der Suche nach einer originellen Blumenvase. Im Internet fand ich schließlich ein geniales Design[1], das von Cemal Cetinkaya entworfen wurde und eine Weiterentwicklung des Primavera Bottle Designs ist. Die Vase ist eine Kombination aus einem schrägen Flaschenhalter und einer an ihr hängenden Coca-Cola-Flasche. Leider ist dieses Design für eine 0,5-l-Plastikflasche gedacht und darüber hinaus zu groß für einen üblichen Drucker. Das Vasengestell besteht aus zwei Teilen, welche zusammengesteckt und verklebt werden müssen.

Bild 13.1 Blumenvase mit Coca-Cola-Flasche

Deshalb habe ich das Design ein wenig abgewandelt, sodass es leichter zu drucken war und mehr meinen eigenen Vorstellungen entsprach. Ich wollte keine Plastikflasche, sondern eine Glasflasche verwenden. Coca-Cola vertreibt kleine 200-ml-Glas-

[1] *https://www.myminifactory.com/object/coke-vase-it-s-life-inside-8692*

flaschen mit einer Höhe von 17,5 cm und einen Flaschenhalsdurchmesser von 25,5 mm. Eine Glasflasche kostet in einem Sixpack ca. 90 Cent. Das Gestell habe ich nachempfunden und so verkleinert, dass es als ein ganzes Teil komplett auf ein DIN-A4-Druckbett passt.

Auf der Rückseite des Gestells musste noch ein Halter befestigt werden, damit die Flasche nicht nach hinten herausfallen kann. Bei meinem ersten Versuch habe ich diesen Halter mit zwei Holzschrauben befestigt. Leider gingen die Bohrungen im Gestell schnell kaputt, sodass ich mir eine andere Verbindung ausdenken musste. Ich entschied mich für eine Mutter-in-Nut-Verbindung (Bild 13.2).

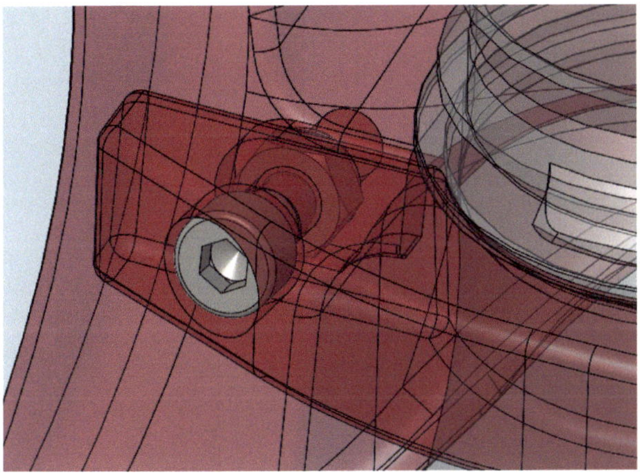

Bild 13.2 Der Halter an der Rückseite des Gestells ist mit Inbus-Schraube und einer Mutter befestigt.

13.1 Übersicht der benötigten Teile

In der folgenden Liste findest du alles, was du für die Erstellung der Blumenvase benötigst.

Pos.	Menge	Teil	Material
1	1×	*Gestell.stl* oder *Gestell (mit Stuetzmaterial).stl*	PLA
2	1×	*Halter.stl*	PLA
3	1×	*Etikett (Happy Birthday).stl*	PLA
4	2×	6kt-Mutter (ISO 4032 - M3)	
5	2×	Zylinderschraube DIN 912 M3 × 12 oder Zylinderschraube DIN 912 M3 × 10	
6	1×	Coca-Cola-Glasflasche (200 ml, 17,5 cm hoch)	
	1×	Gabel	
	1×	tiefer Teller	
	3×	selbstklebende Filzpunkte (Durchmesser: 15 mm, Dicke: 1 mm)	

Bild 13.3 zeigt die Einzelteile in der Übersicht. Anhand der Positionsnummern (Pos.) erkennst du, um welches Teil aus der Liste es sich jeweils handelt.

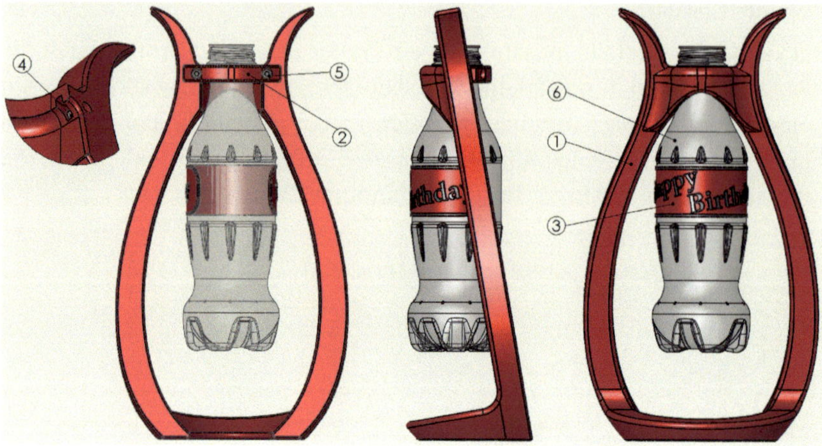

Bild 13.3 Vase

■ 13.2 Druckeinstellungen für das Gestell

Die beiden horizontal liegenden Einschübe für die Befestigungsmuttern, mit welchen der Halter an der Rückseite des Gestells befestigt wird, benötigen eine Stützstruktur. Da Stützmaterial an dieser engen Stelle nur schwer zu entfernen ist, habe ich die Stützstruktur in die Konstruktion eingearbeitet. Ich konstruierte eine Stütze, welche von der Druckplattform schräg in die Nut hineinragt (blauer Teil in Bild 13.4). Schräg stehendes Stützmaterial lässt sich bei allen mir bekannten Slicern nicht verarbeiten. Die Auflagefläche dieser Stützstruktur auf dem Druckbett ist eine Kreisscheibe. Damit vergrößert sich die Haftung der Stützstruktur. Ich habe einen kleinen Abstand von einem Layer (0,2 mm) zwischen der Oberseite der Stütze und der Unterseite der Nut belassen (gelber Pfeil in Bild 13.4). So kann die Stützstruktur leichter demontiert werden.

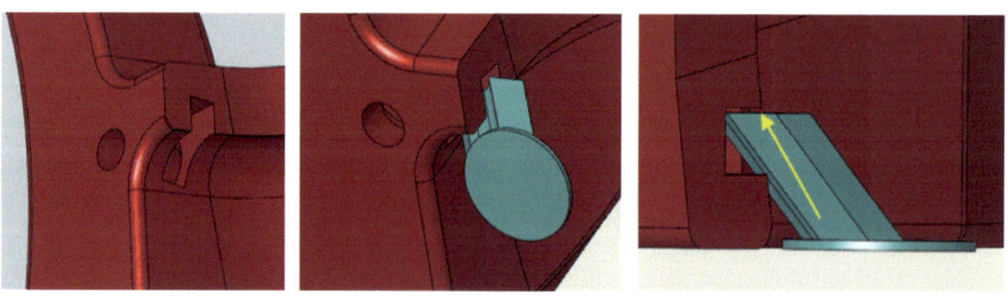

Bild 13.4 Konstruktiv erzeugtes Stützmaterial (blauer Teil im Bild)

Es stehen demnach zwei Gestell-Dateien zur Verfügung: Eine ohne zusätzliche Stützstruktur namens *Gestell.stl* (hier muss die Stützstruktur mit dem Slicer eingebracht werden) und eine mit zusätzlicher Stützstruktur namens *Gestell (mit Stuetzmaterial).stl.*

Das Stützmaterial beim Gestell soll erst ab einem Überhangwinkel von 55° (gemessen von der Vertikalen) zum Einsatz kommen. Diese Einstellung ist unter *Automatische Platzierung* bei *Max. Überhangwinkel* vorzunehmen (Bild 13.5). Bild 13.6 zeigt die Position des Stützmaterials.

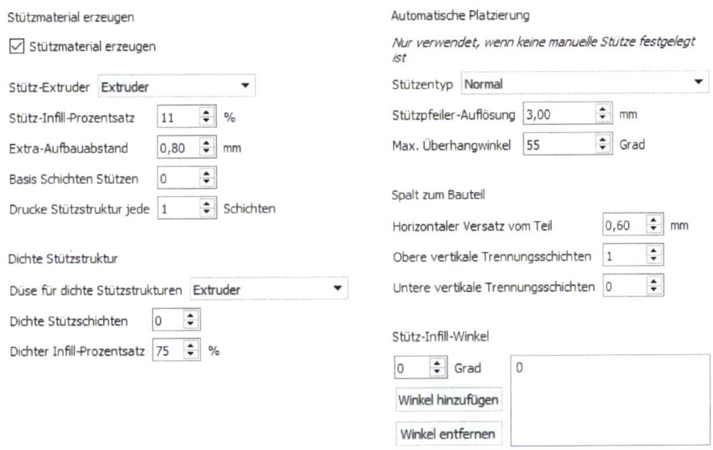

Bild 13.5 Einstellungen zum Stützmaterial

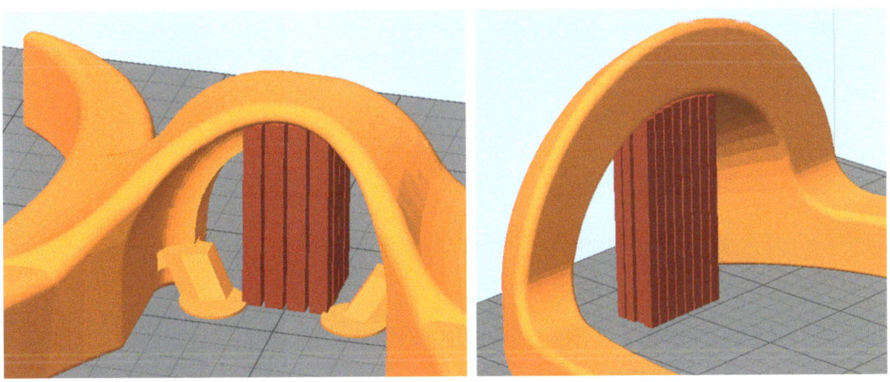

Bild 13.6 Position des Stützmaterials

Für das Gestell habe ich unter *Schicht-Einstellungen* vier *Oberste feste Schichten* eingestellt (Bild 13.7). Die darunterliegende Füllung (Infill) ist so grob (10 %), dass drei Deckschichten zu wenig sind, um eine vollkommen geschlossene und lückenlose Fläche zu drucken. Dafür erfolgt der Druck so schneller.

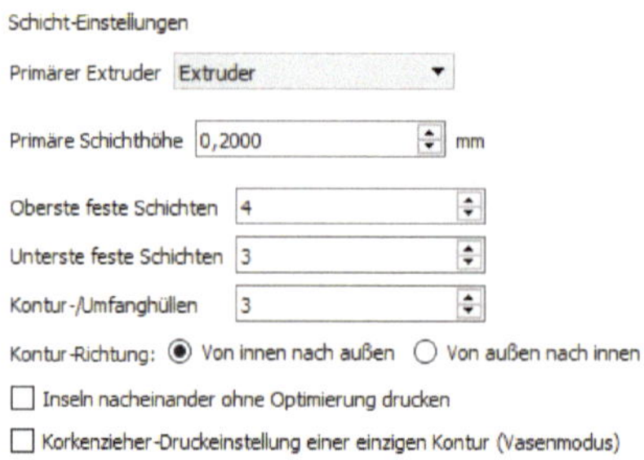

Bild 13.7 Einstellung der obersten festen Schicht

Die Startpunkte habe ich auf die große Rundung am Fuß des Gestells gelegt (Pfeile in Bild 13.8). Damit wird ein Großteil der Startpunkte nicht im sichtbaren Bereich der Vase liegen (Bild 13.9).

Folgende allgemeine Druckeinstellungen sind für das Gestell vorzunehmen:

- Druckgeschwindigkeit: 60 mm/s
- Layerhöhe: 0,2 mm
- innerer Füllgrad: 10 %

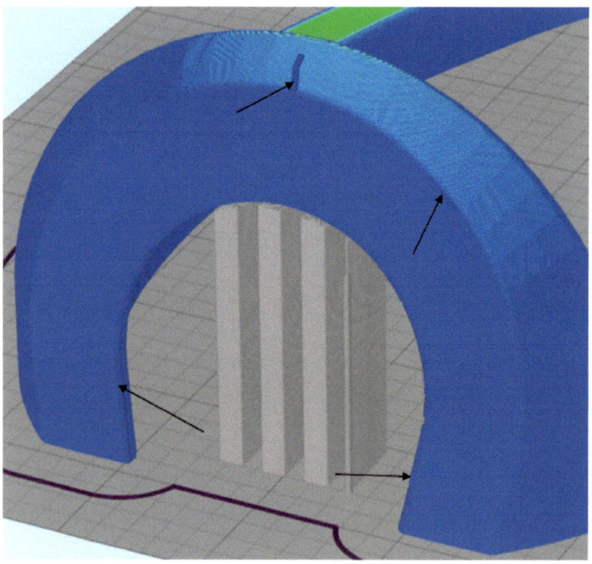

Bild 13.8 Startpunkte am Fuß der Vase (siehe Pfeile)

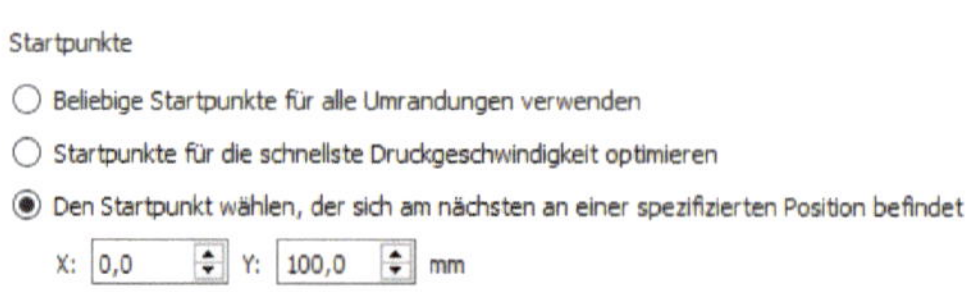

Bild 13.9 Die Startpunkte werden auf die Unterseite der Vase gelegt.

■ 13.3 Druckeinstellungen für den Halter

Der Halter wird mit einer niedrigeren Geschwindigkeit gedruckt als das Gestell, da die Druckqualität bei hoher Druckgeschwindigkeit auf kurze Druckwege absinkt.

Folgende allgemeine Druckeinstellungen sind für den Halter vorzunehmen:

- Druckgeschwindigkeit: 45 mm/s
- Layerhöhe: 0,2 mm
- innerer Füllgrad: 15 %

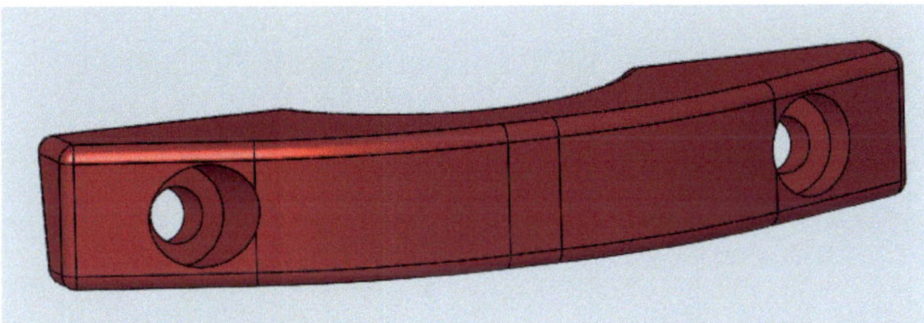

Bild 13.10 Halter

■ 13.4 Druckeinstellungen für das Etikett

Falls man die Vase zu einem bestimmten Anlass verschenken will, habe ich ein Etikett mit Schriftzug kreiert, welches man optional drucken und um die Flasche wickeln kann. Die Größe des Etikettes hängt vom vertikalen Platz (30 mm) und vom Durchmesser (51,5 mm) der Flasche ab. Das Etikett soll etwa 250 °C um die Flasche gewickelt werden können. Die Länge des Etiketts berechnet sich wie folgt: L_{min} = 250°/360° · p · 51,5 mm = 112 mm

Bild 13.11 Zweifarbiges Etikett

Das Etikett benötigt zwei G-Codes, da die Grundfläche in einer Farbe und der Text in einer anderen Farbe gedruckt wird. Die Grundfläche hat drei Layer mit je

0,2 mm Dicke. Das Druckende der Grundfläche liegt demnach bei 0,6 mm. Hierzu ist unter *Modifikation der Schichten* der Haken bei *Druck an der entsprechenden Höhe anhalten* zu setzen und der Wert auf 0,60 mm zu stellen (Bild 13.12).

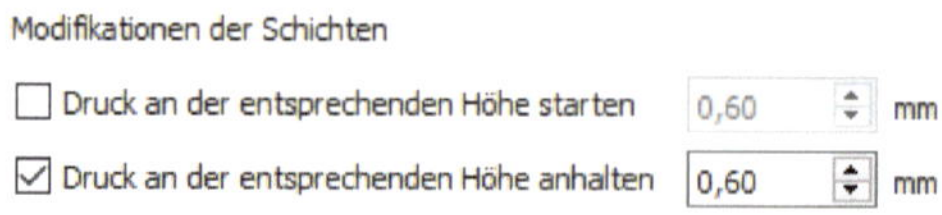

Bild 13.12 Das Druckende liegt bei einer Höhe von 0,6 mm.

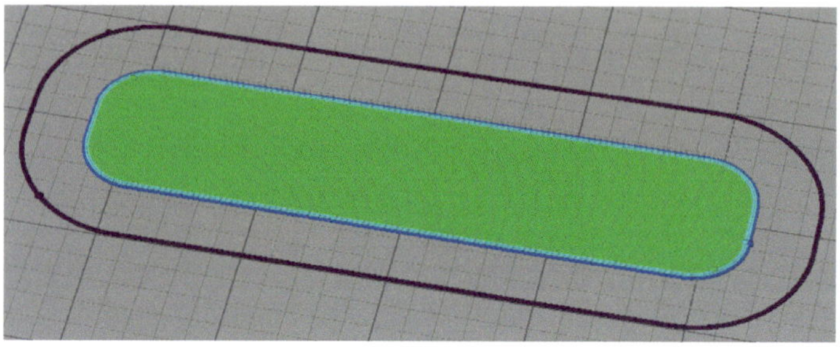

Bild 13.13 Grundkörper ohne Text im Slicer

Folgende allgemeine Druckeinstellungen sind für den Grundkörper ohne Text vorzunehmen:

- Druckgeschwindigkeit: 60 mm/s
- Layerhöhe: 0,2 mm

Nach dem Druck des Grundkörpers ist ein Filamentwechsel zu einer anderen Farbe zu tätigen, um den Text zu drucken. Der Text ist zwei Layer dick. Der Druckbeginn des Textes liegt logischerweise auch bei 0,6 mm. Hierzu ist unter *Modifikation der Schichten* der Haken bei *Druck an der entsprechenden Höhe starten* zu setzen und der Wert auf 0,60 mm zu stellen (Bild 13.14).

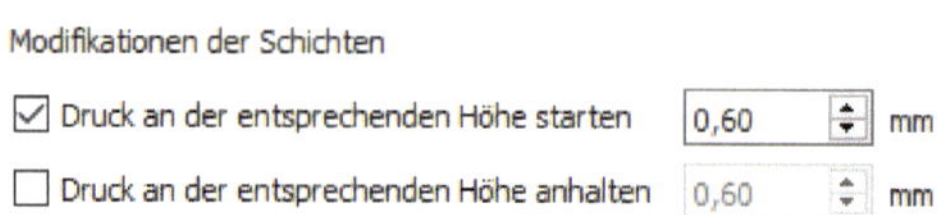

Bild 13.14 Der Druck des Textes beginnt ab einer Höhe von 0,6 mm.

Bild 13.15 Text im Slicer

Folgende allgemeine Druckeinstellungen sind für den Text vorzunehmen:

- Druckgeschwindigkeit: 40 mm/s
- Layerhöhe: 0,2 mm

Eine wichtige Einstellung für Modelle, bei denen der Druckkopf ständig springen muss, wie hier beim Textdruck, ist der *Mindestweg für Einzug* (Bild 13.16). Dabei wird das Filament eingezogen, wenn der Extruder weiter als 1 mm (wie hier im Beispiel) bis zur nächsten Druckstelle bewegt werden muss. Dadurch wird Tropfen- bzw. Fadenbildung verhindert. Würde der Wert z. B. bei 10 mm stehen (wie beim Gestell), dann würden sich bei den kurzen Sprüngen dünne Fäden zwischen den Buchstaben bilden, die im Anschluss zeitaufwendig entfernt werden müssten.

Bild 13.16 Einstellung für Einzug (retract)

13.5 Nachbearbeitung des Etiketts

Da das Etikett nur flach gedruckt werden kann, muss es im nächsten Schritt noch in Form gebracht werden. PLA hat eine niedrige Glastemperatur (ca. 55 °C), deshalb kann man bei relativ niedriger Temperatur eine Verformung vornehmen (zum Vergleich: Die Glastemperatur von PETg liegt bei 70 - 75 °C, die von ABS liegt bei 95 °C). Dazu legt man das Etikett in einen tiefen Teller mit ca. 50 - 60 °C heißem Wasser. Mit einer Gabel holt man das Etikett aus dem Wasser und biegt es leicht mit den Händen. Das Teil sollte mindestens 20 Sekunden im heißen Wasser liegen, bevor man es zum Biegen herausholt. Man sollte den Kunststoff nicht länger als 10 Sekunden an der Luft manipulieren, da dieser sonst erkaltet und brüchig werden kann.

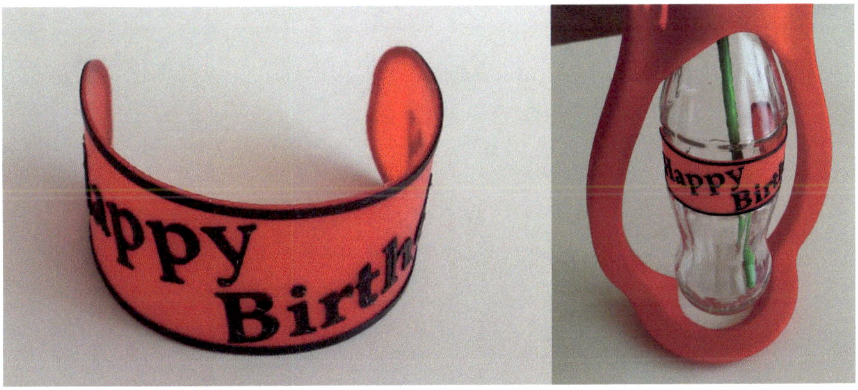

Bild 13.17 Gebogenes Etikett

Das Etikett ist nun immer wieder um die Flasche zu wickeln, bis die gewünschte Form erreicht ist. Dann sollte noch ein wenig enger gebogen werden, damit das Etikett fest sitzt. Der Kunststoff federt im erkalteten Zustand ein wenig, sodass man das Etikett leicht anbringen und wieder entfernen kann.

Bild 13.18 Die fertige Vase mit Etikett

Abschließend kann man am Fuß der Vase drei selbstklebende Filzpunkte (Durchmesser: 15 mm, Dicke: 1 mm) anbringen, um der Vase noch größere Standfestigkeit zu verleihen (Bild 13.20).

Der Text auf dem Etikett der Blumenvase lässt sich natürlich beliebig variieren („Don't worry, be happy", „Du bist die Beste" etc.). Wenn du mehrere Etiketten vorrätig hältst, dann kannst du die Etiketten je nach Anlass auswechseln und so die Botschaft an den Beschenkten anpassen. Die Rose sollte natürlich jedes Mal frisch sein! Es passt dafür auch nur eine hinein. Das spart Geld, ist aber mindestens genauso überzeugend wie ein Blumenstrauß.

Bild 13.19 Die fertige Vase ohne Etikett

Bild 13.20 Selbstklebende Filzpunkte am Fuß der Vase

14 Brillengestell

Eines der meistgebrauchten Hilfsmittel in der heutigen Zeit sind Sehhilfen. Fast die Hälfte der Bevölkerung trägt Brillen, seien es Sonnen- oder Lesebrillen. Bei über 60-Jährigen liegt der Anteil der Brillenträger sogar bei über 90 %.[1] Des Weiteren sind Brillenträger schlauer und attraktiver.[2] So sagt man zumindest. Außerdem gehören Brillen zu den meistverlorenen Gegenständen. Das Drucken eines Brillengestells verhindert zwar das Verlieren nicht, aber es macht Spaß, sich selbst ein Gestell zu drucken.

Als Vorlage habe ich im Internet eine Brillenkontur von Ray-Ban Justin herausgesucht und diese Kontur auf mein CAD-Modell übertragen (Bild 14.1 und Bild 14.2). Den Bügel musste ich mir ohne Vorlage konstruieren und mehrmals umkonstruieren, bis ich ein Brillengestell hatte, welches passt. Ein großes Problem war das Bügelscharnier. Zuerst wollte ich mir eines kaufen, aber die Schrauben waren derart klein, dass ich vermutete, dass diese keinen vernünftigen Halt erzeugen würden. Deshalb habe ich das Scharnier selbst konstruiert und den Bügel mittels einer nicht ganz so kleinen Schraube (M1,6 × 10) mit einer Mutter befestigt. Zudem benötigt man einen Optiker, der die Nuten der Brillenfassung mit einem Taster vermisst und die fertig geschliffenen Gläser dann zerstörungsfrei einsetzt.

Bild 14.1 Brillengestell des Typs Ray-Ban Justin

[1] ZVA-Brillenstudie 2019: *https://www.zva.de/brillenstudie*

[2] *https://optik-gronde.de/brillen-fakten*

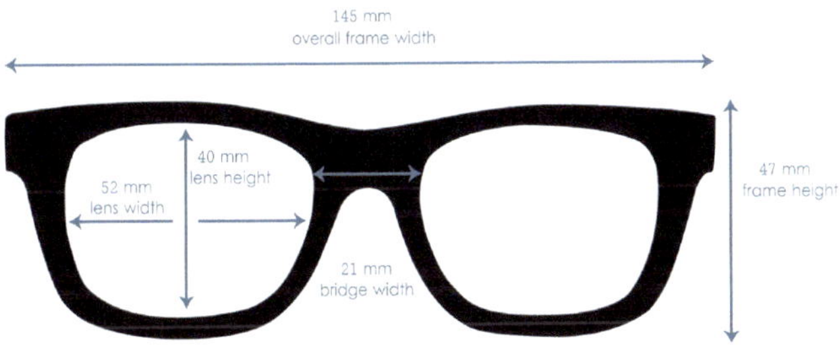

Bild 14.2 Vorlage der Brillenkontur von Ray-Ban Justin

Als Material würde ich PETg oder ABS, aber auf keinen Fall PLA vorschlagen. Denn wenn man die Brille im Sommer mal im Auto lässt, wo es durchaus mal heißer als 50 °C werden kann, sollte der Brillenrahmen nicht einfach so dahinschmelzen. Die Glastemperatur, bei der ein Kunststoff vom festen in den gummiartigen Zustand übergeht, liegt bei PLA bei ca. 45 °C. Bei ABS liegt diese Glastemperatur bei 105 °C und bei PETg um die 80 °C.

Die Brille besteht aus drei Teilen, dem Brillenrahmen, einem Scharnier und einem Bügel mit je einer gegenüberliegenden (gespiegelten) Version (Bild 14.3). Die gespiegelten Teile können im Slicer erzeugt werden. Der Bügel wird mit der Unterseite nach unten gedruckt. Der gegenüberliegende Bügel wird im Slicer durch Spiegeln erzeugt. Nach dem Entfernen des Stützmaterials sollten die Unterseiten und Innenseiten der Bügel, vor allem die Ohrpartie, glatt abgeschliffen werden. Auch beim Scharnier gilt, dass die gespiegelte Version erst im Slicer erzeugt wird (Bild 14.4). Die Scharniere werden mit einem Zwei-Komponenten-Kleber an den Brillenrahmen geklebt.

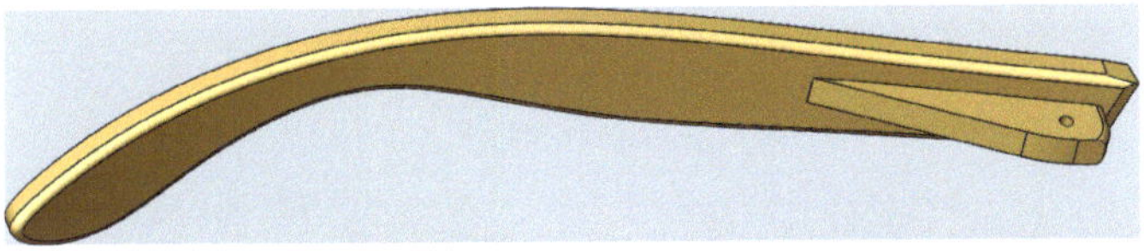

Bild 14.3 Linker Bügel

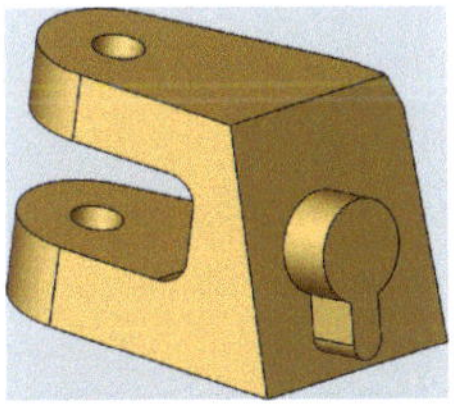

Bild 14.4 Linkes Scharnier

14.1 Übersicht der benötigten Teile

In der folgenden Liste sind alle Teile aufgeführt, die du für das Brillengestell benötigst. Bild 14.5 zeigt die Einzelteile in der Übersicht. Anhand der Positionsnummern (Pos.) erkennst du, um welches Teil aus der Liste es sich jeweils handelt.

Pos.	Menge	Teil	Material
1	1×	*Brillenrahmen.stl*	PETg
2	1×	*Brillenbuegel links.stl*	PETg
3	1×	*Scharnier links.stl*	PETg
4	2×	Schlitzschraube M1,6 × 10	
5	2×	6kt-Mutter ISO 4032 - M1,6	
6	1×	*Scharnier rechts.stl*	PETg
7	1×	*Brillenbuegel rechts.stl*	PETg

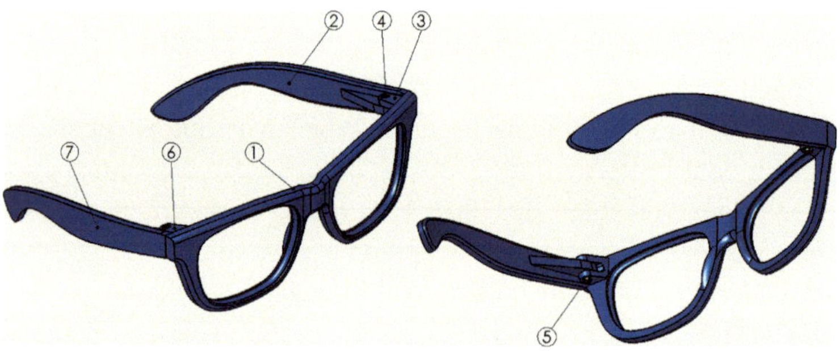

Bild 14.5 Brillengestell

14.2 Druckeinstellungen für den Brillenrahmen

Der Brillenrahmen wird liegend gedruckt. Die beiden äußeren Auflageflächen liegen auf dem Druckbett auf. Somit wird die zum Gesicht gewandte Seite mit Stützmaterial (Bild 14.7) versehen, welches nach dem Druck abgetrennt wird. Die verbleibenden Reste müssen dann noch abgeschliffen bzw. abgeschmirgelt werden. Die Vorderseite erhält das Relief mit den konstanten Höhenlinien.

Die beiden spitz zulaufenden Außenkanten des Brillengestells haben eine derart kleine Kontaktfläche zum Druckbett, dass man leider sicher sein kann, dass diese sich während des Druckens vom Druckbett lösen. Damit das nicht geschieht, habe ich an den Außenkanten kleine Auflageflächen hinzukonstruiert (Bild 14.6). Die beiden Auflageflächen an den Nasenhöckern sorgen dafür, dass kein Stützmaterial rund um diese Nasenhöcker gedruckt wird.

Bild 14.6 Auflageflächen am Brillenrahmen

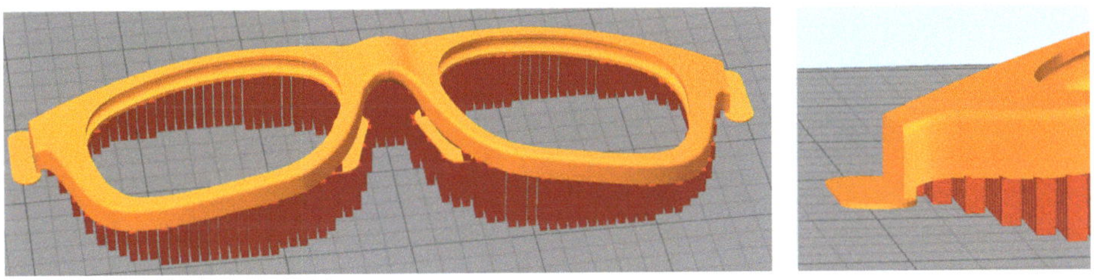

Bild 14.7 Stützelemente unterhalb des Brillenrahmens

Das Stützmaterial soll 1 mm über den Rand des Druckes abstehen (*Extra-Aufbauabstand* = 1 mm), damit die gedruckten Konturen nicht genau auf den Rand der Auflagefläche des Stützmaterials treffen (Bild 14.9). Das Stützmaterial ist so auch besser entfernbar, da man die Überstände gut mit einer Zange greifen kann.

Ich habe keinen Spalt (*Obere vertikale Trennungsschichten* = 0) zwischen dem Druckteil und dem Stützelement gewählt (Bild 14.9). Bei schräg geneigten Druckelementen ist der Spalt unbrauchbar, denn auf den stufenförmig gedruckten Stützebenen liegen die Schichten des Druckteils immer auf. Bei horizontalen Druckflächen hingegen wird die Oberseite des Stützmaterials eben gedruckt und der Spalt (obere Trennungsschicht) vermindert das Anhaften des Druckmaterials. Die dichten Stützschichten sorgen für eine glattere Trennschicht zwischen dem Modell und dem Stützmaterial. Je größer die Anzahl, desto dicker diese dichte Schicht.

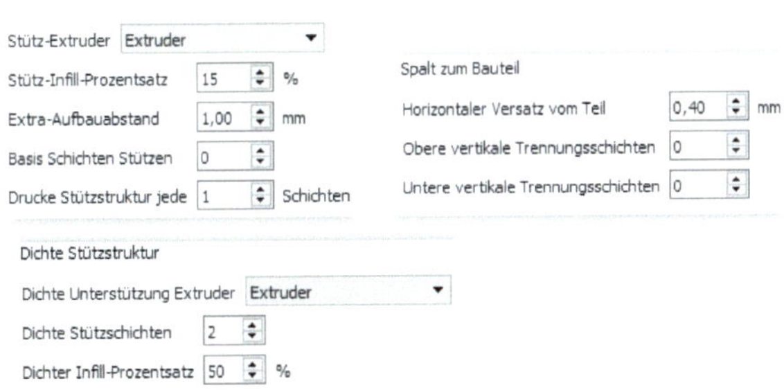

Bild 14.8 Einstellungen für das Stützmaterial

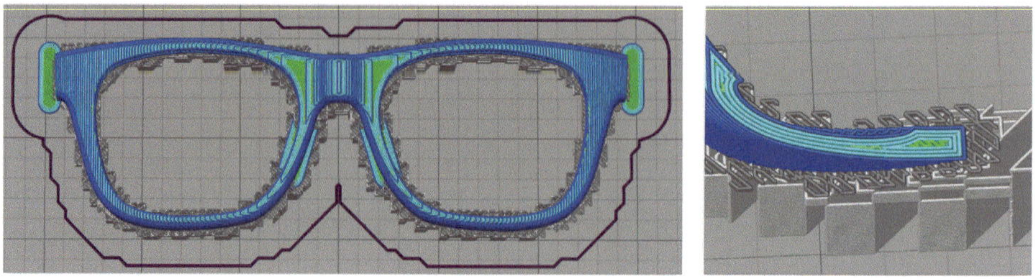

Bild 14.9 Stützmaterial

Die Anzahl der Umfangkonturen habe ich so gewählt, dass praktisch kein Infill nötig ist. Die Druckgeschwindigkeit liegt bei 45 mm/s. Bild 14.10 zeigt die allgemeinen Druckeinstellungen.

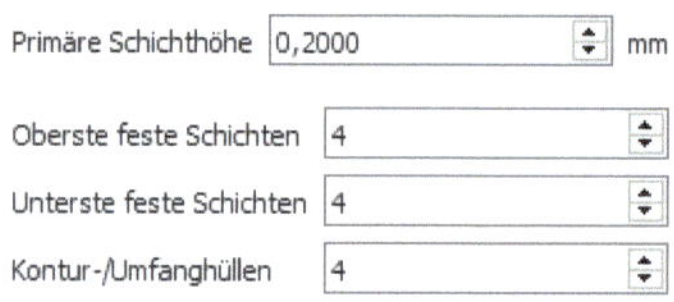

Bild 14.10 Allgemeine Druckeinstellungen

■ 14.3 Druckeinstellungen für die Bügel

Der Bügel sollte so positioniert werden, dass nur der hintere Teil auf dem Druckbett aufliegt (Bild 14.11). Der vordere Teil sollte sich ca. 3–5 mm oberhalb des Druckbetts befinden. Damit wird erreicht, dass die vordere Partie nicht zu flach gedruckt wird. Die Seitenfläche sollte möglichst senkrecht zum Druckbett stehen.

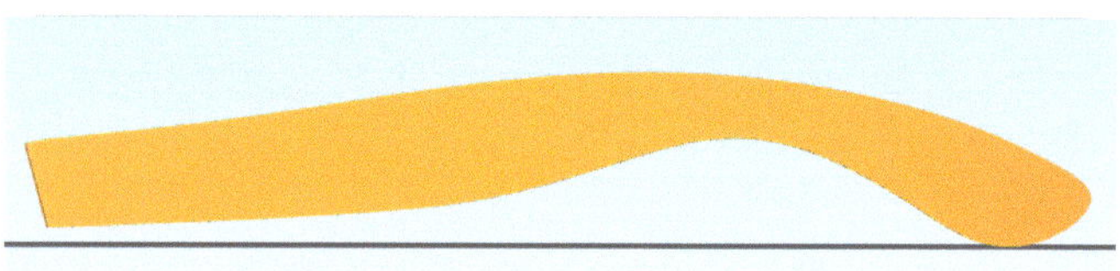

Bild 14.11 Positionierung des Bügels

Danach muss der Bügel ein zweites Mal in den Slicer geladen werden (Bild 14.12).

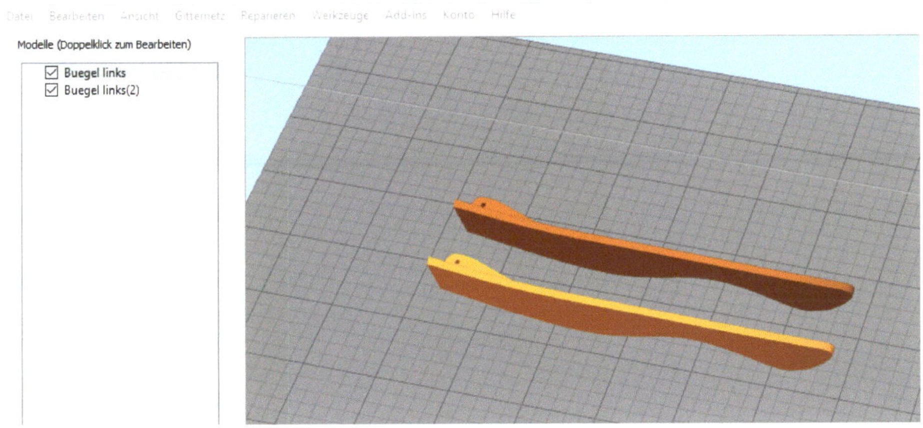

Bild 14.12 Bügel zweimal in den Slicer laden

Dann markiert man das Modell, welches man spiegeln möchte, und unter GITTERNETZ > GITTERNETZ SPIEGELN und *Y spiegeln* wird das Teil gespiegelt (Bild 14.13 und Bild 14.14).

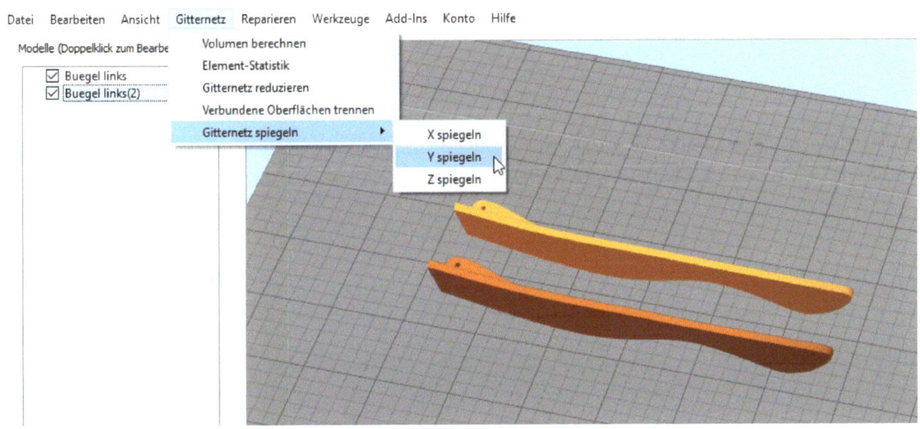

Bild 14.13 Gewünschten Bügel markieren und spiegeln

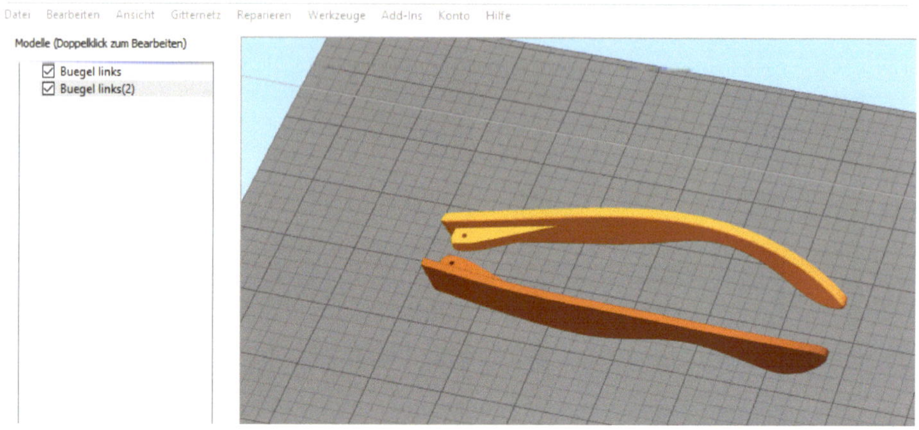

Bild 14.14 Bügel mit gespiegelter Version erzeugen

Das Stützmaterial (Bild 14.15 und Bild 14.16) hat einen relativ großen *Extra-Aufbauabstand* (Bild 14.17). Ziel ist es, dass das in Projektion auf das Druckbett dünne Profil ein extra breites Stützmaterial bekommt, was dem Warping (Ablösen der Stützstruktur) entgegenwirken soll.

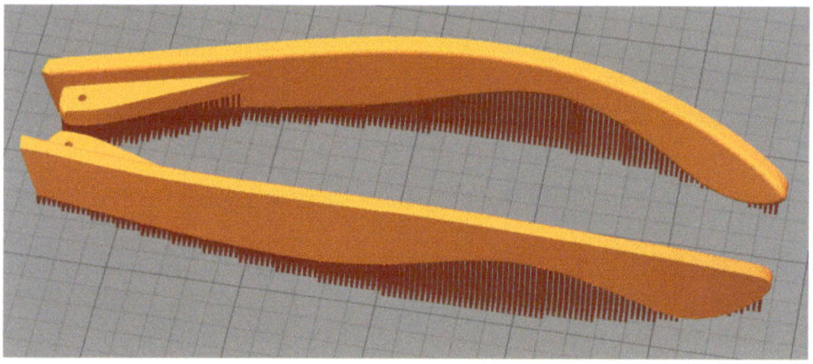

Bild 14.15 Bügel mit Stützmaterial versehen

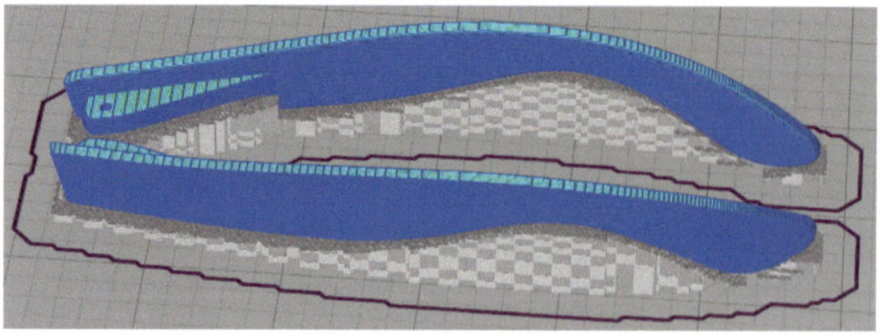

Bild 14.16 Stützstruktur der Bügel

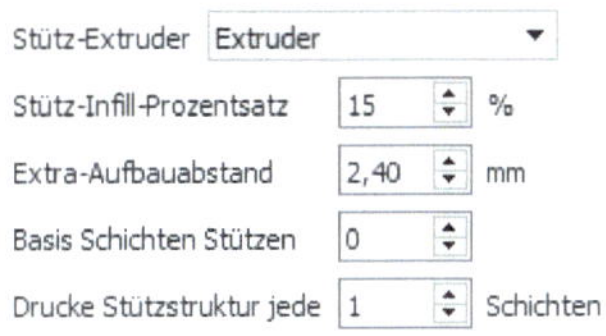

Bild 14.17 Stützmaterial

Das Stützmaterial kann mit unterschiedlicher Dichte gedruckt werden. Mit der oberen Einstellung wird das grobe Stützmaterial erzeugt. Mit der Einstellung *Dichte Stützstruktur* wird direkt unterhalb des zu stützenden Bereichs eine dichtere Stützkontur gedruckt. In diesem Fall sind es 2 Stützstrukturebenen mit einer Dichte von 50 %. Außerdem sollte diese Struktur nicht direkt mit dem Druckteil verschmelzen, weshalb man einen *Spalt zum Bauteil* und eine *Obere vertikale Trennungsschicht* einfügt (Bild 14.18 und Bild 14.19).

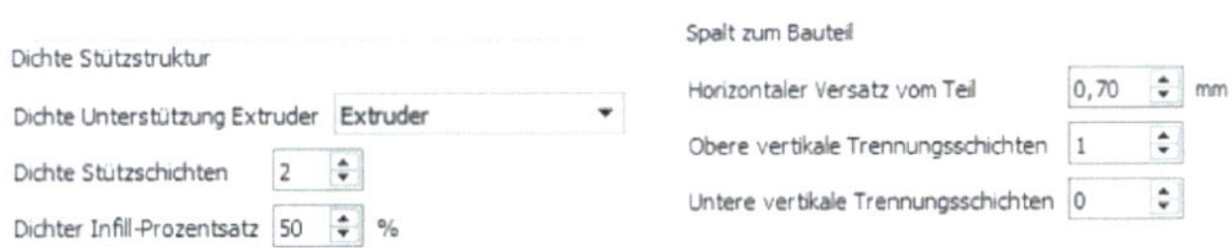

Bild 14.18 Einstellungen des Stützmaterials direkt an der Unterkante des Bügels

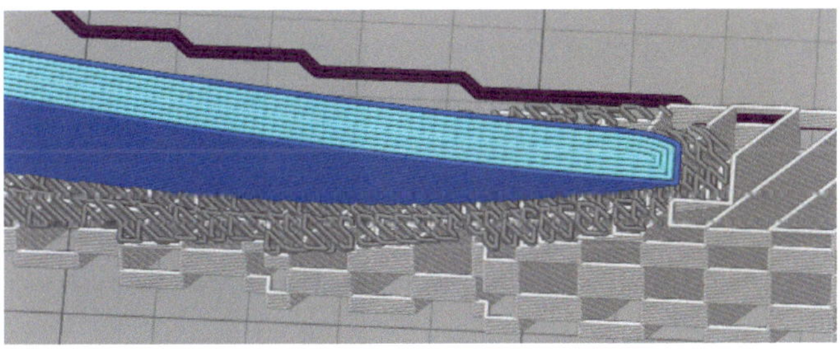

Bild 14.19 Dichte Stützstruktur direkt unterhalb des Bügels

Die restlichen Druckeinstellungen sind in Bild 14.20 dargestellt. Die Druckgeschwindigkeit beträgt 50 mm/s.

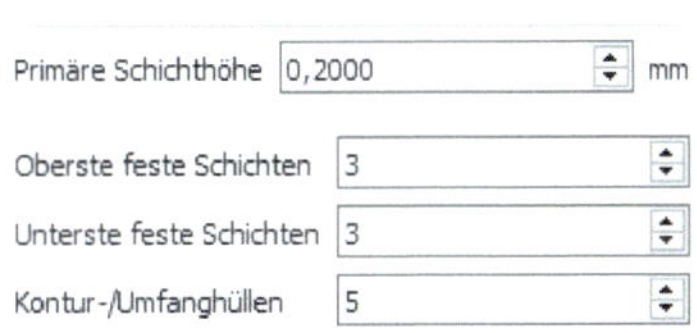

Bild 14.20 Allgemeine Druckeinstellungen

14.4 Druckeinstellungen für die Scharniere

Das Scharnier muss, wie auch der Bügel in Abschnitt 14.3, im Slicer gespiegelt werden (Bild 14.21).

Die restlichen Druckeinstellungen sind in Bild 14.22 dargestellt. Es wird mit einer niedrigen Druckgeschwindigkeit von 25 mm/s für kleinere Teile und einem Infill von 40 % gedruckt.

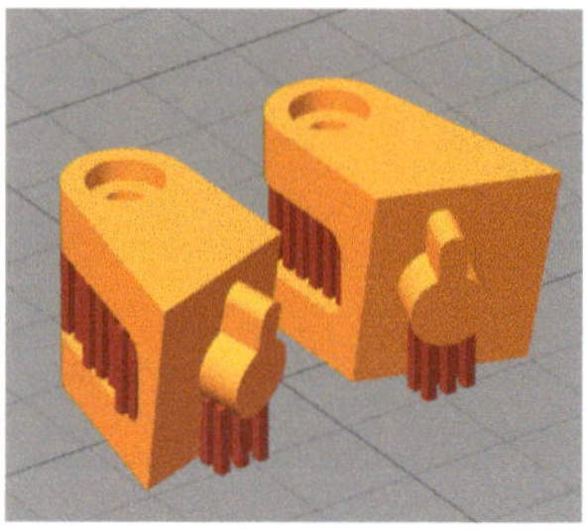

Bild 14.21 Mit gespiegelter Version erzeugtes Scharnier

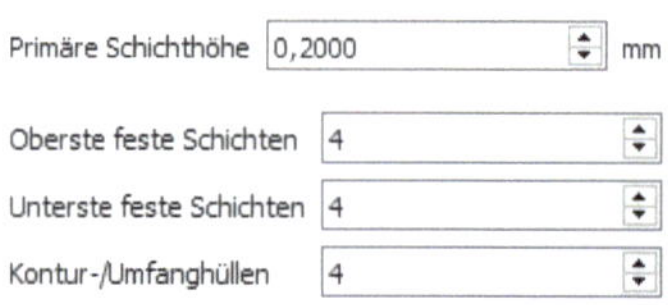

Bild 14.22 Allgemeine Druckeinstellungen

Wie in Bild 14.24 zu sehen, habe ich die oberen und unteren Trennungsschichten auf 1 gesetzt, damit das Stützmaterial besser aus dem Schlitz entfernt werden kann. Mit *Dichte Stützschichten* (Bild 14.24 sowie dunkelgrau in Bild 14.25) erzeugt man glattere Bauteilflächen. Allerdings sollten es mindestens 2 bis 3 Schichten sein, damit die Auflagefläche der Stützstruktur gleichmäßig und eben wird. Bild 14.23 zeigt die Einstellungen der Stützstruktur.

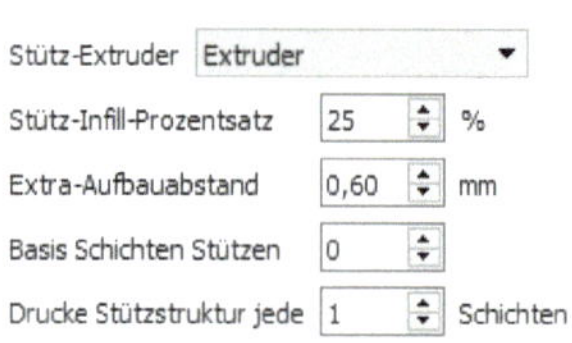

Bild 14.23 Einstellungen der Stützstruktur

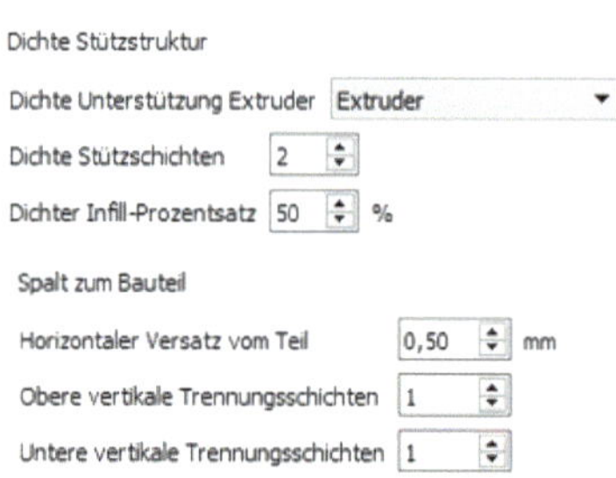

Bild 14.24 Einstellungen der Stützstruktur

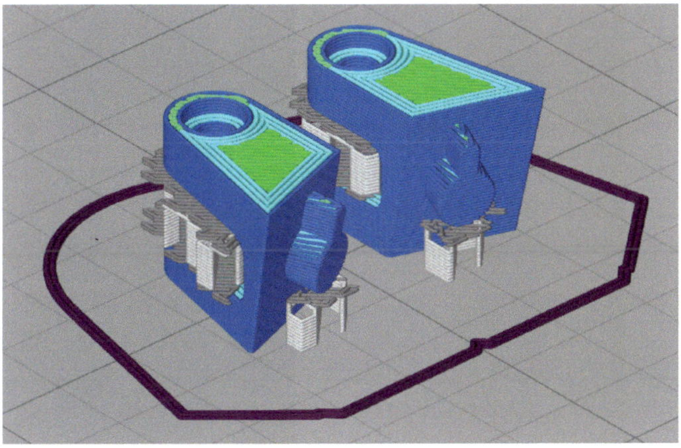

Bild 14.25 Scharnier

■ 14.5 Zusammenbau des Brillengestells

Im Brillengestell befinden sich an beiden Seiten Vertiefungen, in die die Scharniere eingefügt werden. Den Klebebereich kann man mit einem Zwei-Komponenten-Kleber bestreichen und überschüssigen Kleber entfernen, solange dieser noch flüssig ist (Bild 14.26). Ich benutze üblicherweise den 2K-Kleber von Araldite Rapid, welcher nach maximal 4 Minuten aushärtet. Trotzdem empfehle ich, ca. eine Stunde zu warten, bis man die Bügel anschraubt.

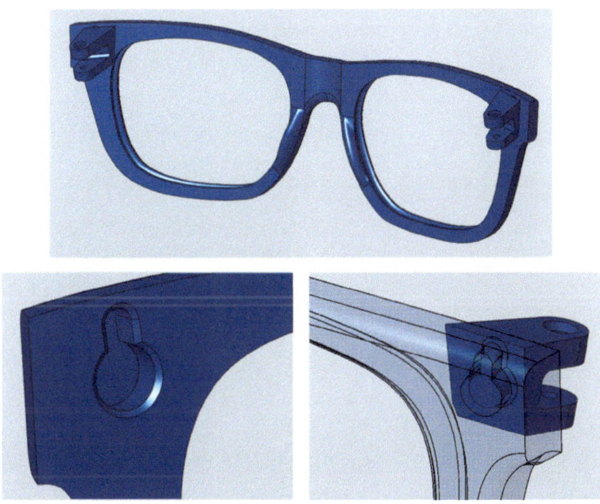

Bild 14.26 Kleben der Scharniere an das Brillengestell

Nach dem Ankleben der Gelenke und vor der Bügelmontage kann man sämtliche Teile mit einem Klarlack einsprühen. Dadurch bekommen die grauen Schleifspuren vom Entfernen der Stützstruktur wieder ihre ursprüngliche Farbe.

Für Menschen mit empfindlichen Nasenrücken kann man aufklebbare Brillen-Nasenpads erwerben. Sie sind weich und rutschfest (Amazon, ASIN B09K3Z1QRW, B081GB8F89 und B07H4HRW16 und viele mehr).

Bevor die Bügel verschraubt werden, müssen eventuell die Bohrungen etwas aufgefeilt werden. Danach wird die Schraube M1,6 × 10 von oben eingefügt und unterhalb des Scharniers mit einer Mutter M1,6 gekontert (Bild 14.27). Die Schraubverbindung sollte nicht zu fest angezogen werden. Gegen das Verlieren der Mutter hilft ein kleiner Tropfen Sekundenkleber auf dem Gewinde. Bild 14.28 zeigt das fertige Brillengestell.

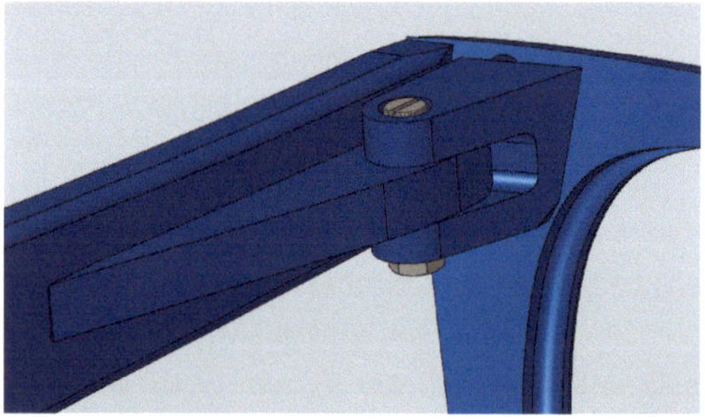

Bild 14.27 Verschraubung der Bügel

Bild 14.28 Fertiges Brillengestell

■ 14.6 Einfügen der Brillengläser

Nachdem man sich beim Optiker die Augen hat vermessen lassen und die Brillengläser ausgesucht hat, muss der Optiker die beiden Nuten (Form der Fassung) in dem Brillengestell mit einer Abtastvorrichtung vermessen (Bild 14.29).

Vor dem Einfügen der Brillengläser empfehle ich, das Brillengestell ca. eine Minute in warmes Wasser (40–50 °C) zu legen. Somit ist das Gestell nicht so spröde, dass dieses beim Einbau der Gläser bricht. Ich habe mir im Laufe der Zeit vier Brillen machen lassen. Beim Einbau der Gläser wurde das Gestell nicht erwärmt und trotzdem hat kein Gestell Schaden genommen, aber man weiß ja nie ...

Bild 14.29 Ermittlung der Form der Fassung mittels einer Abtastvorrichtung[3]

Bild 14.30 zeigt die fertig montierte Brille. Bild 14.31 zeigt zum Vergleich eine Originalbrille des Typs Ray-Ban Justin.

Bild 14.30 Fertig montierte Brillen

Bild 14.31 Original Brillengestell des Typs Ray-Ban Justin

[3] Die Bilder wurden mit freundlicher Unterstützung Antonio Gómez von Opticalia la Cañada (*https://opticalacanada.com*) zur Verfügung gestellt.

15 MP3-Player

Es ist Sommer. Eine Gartenparty oder ein Ausflug zum See stehen an und du möchtest ein bisschen Musik mit Freunden hören. Doch wo bekommst du draußen in der Natur einen Lautsprecher her? In diesem Kapitel werden wir einen MP3-Player in Mono- und Stereoausfertigung drucken. In diesen legst du ganz einfach eine microSD-Karte ein, auf der deine Lieblingssongs gespeichert sind, und schon ertönt die Musik über den Lautsprecher des MP3-Players. Bist du gespannt, wie sich dieses Projekt realisieren lässt? Dann lass uns loslegen ...

15.1 MP3-Player (Mono)

Auf der Plattform Thingiverse fand ich ein schönes Beispiel eines DIY-MP3-Players mit Lautsprecherhorn.[1] Das bemerkenswerte Design von Martin Schiller bildete die Grundlage meiner eigenen Konstruktion, denn mir fielen sofort ein paar Dinge auf, die ich verändern wollte.

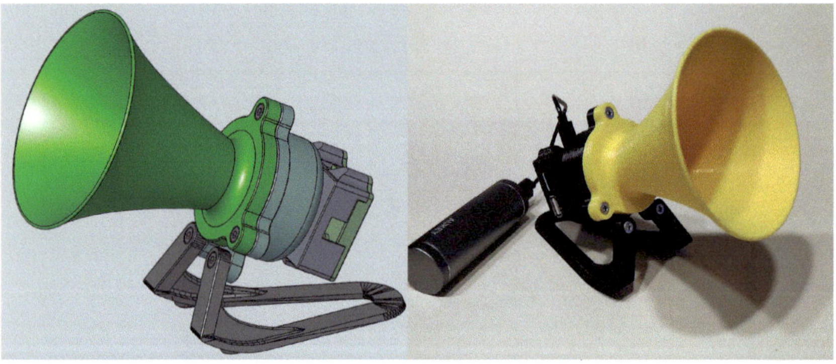

Bild 15.1 MP3-Player (Mono)

[1] *http://www.thingiverse.com/thing:1925707*

Der Deckel der Box auf der Rückseite, in der eine MP3-Player-Karte steckt, schnappt im ursprünglichen Design über drei Laschen in die Box ein. Zum Öffnen benötigt man einen Schraubendreher, damit die Laschen angehoben werden können. Das funktioniert gut mit Spritzgusskunststoffteilen, doch PLA wäre zu hart und würde sicherlich brechen. Also habe ich stattdessen eine Schraubverbindung hineinkonstruiert. Die Muttern hierfür habe ich in Nuten in der Box versteckt, die nur von innen aus zugänglich sind. Die Schrauben befinden sich in den Senklochbohrungen des Deckels (Bild 15.2).

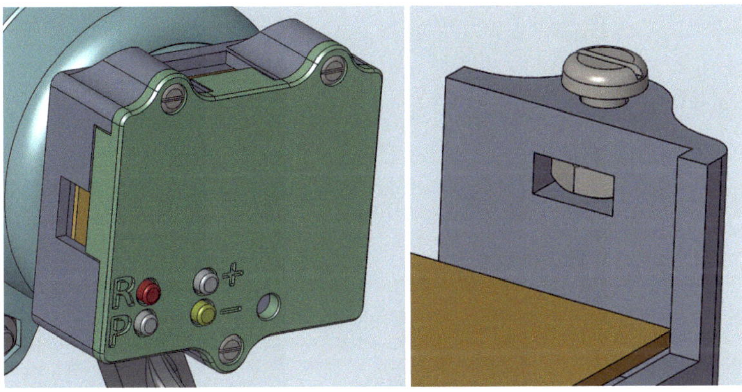

Bild 15.2 Schraubverbindung für den Deckel (die Mutter steckt in einer Nut)

Des Weiteren wollte ich den Lautsprecher innen stärker schützen, indem ich ein Schutzgitter auf der Lautsprecherseite des Horns anbrachte (Bild 15.3).

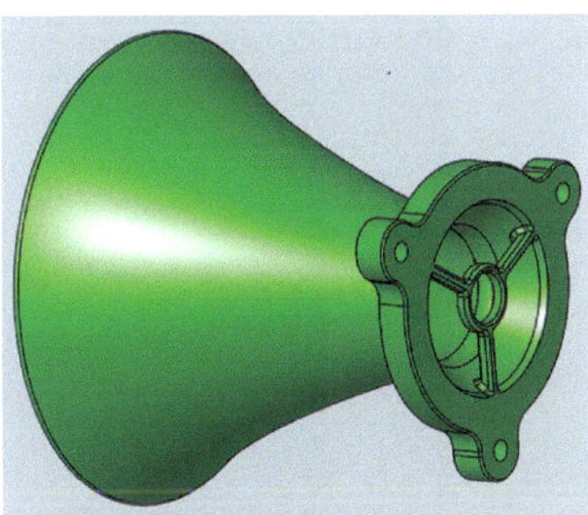

Bild 15.3 Schutzgitter vor dem Lautsprecher

Außerdem haben mir die Schraubverbindungen des ursprünglichen Designs nicht gefallen, da die Muttern und die überstehenden Schraubenenden von vorne zu sehen waren. Ich habe die Schraubverbindung deshalb einfach umgedreht. So sieht man von vorne nur die Schraubköpfe in Senkbohrungen. Auf der Rückseite befinden sich die Muttern in Sechskantvertiefungen (Bild 15.4).

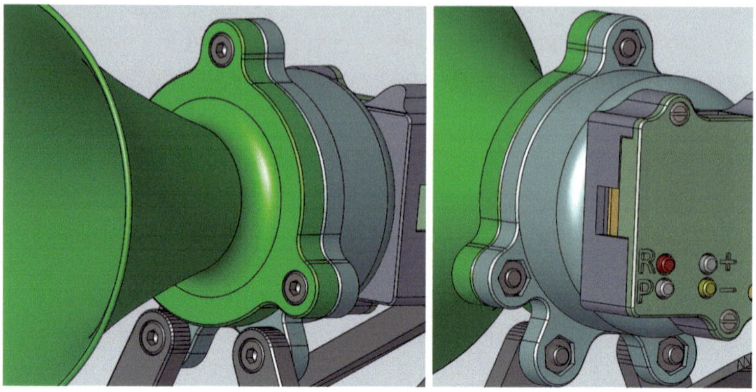

Bild 15.4 Versenkte Schraubenköpfe und Muttern

Meine letzte Änderung bestand darin, dass ich am gebogenen Halter kleine Stützen anbrachte, da der Schwerpunkt des MP3-Players so weit vorne lag, dass das Gestell zum Kippen neigte (Bild 15.5).

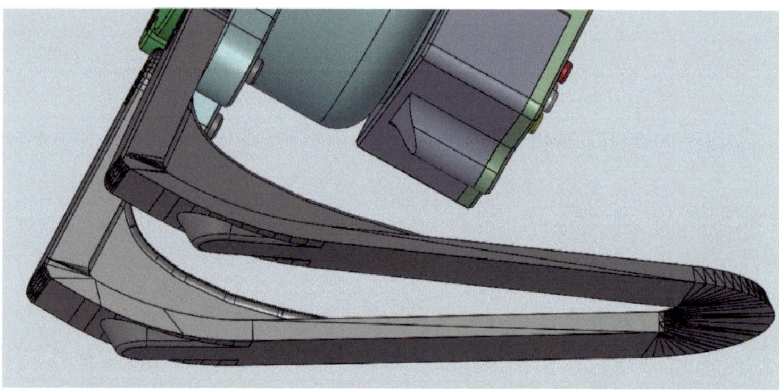

Bild 15.5 Kleine Stützen am Halter verhindern das Kippen.

Am Prinzip des Originaldesigns habe ich nichts verändert.

15.1.1 Übersicht der benötigten Teile

In der folgenden Liste findest du alles, was du für die Erstellung des MP3-Players (Mono) benötigst.

Pos.	Menge	Teil	Material
1	1×	*Halter.stl*	PLA
2	1×	*Box.stl*	PLA
3	4×	*Taste.stl*	PLA
4	1×	*Deckel.stl*	PLA
5	1×	*Lautsprecherhalter.stl*	PLA
6	1×	*Horn.stl*	PLA
7	1×	MP3-Player-Karte bzw. -Platine (Amazon, ASIN: B01KO9HBM6)	
8	1×	Lautsprecher 3 W, 4 Ohm (Amazon, ASIN: B01E8017C8)	
9	5×	Mutter ISO 4032 - M4	
10	5×	Zylinderschraube DIN 912 M4 × 10	
11	2×	Zylinderschraube DIN 912 M3 × 8	
12	3×	Flachkopfschrauben mit Schlitz ISO 1580 - M2,5 × 8	
13	3×	Mutter ISO 4032 - M2.5	
14	2×	Mutter ISO 4032 - M3	
	1×	microSD-Speicherkarte (mit gespeicherten Songs)	
	1×	USB-Kabel (microUSB-Stecker)	
	1×	Akku (Powerbank)	
		etwas Klebefilm (zum Verkleben der Tasten)	

Bild 15.6 und Bild 15.7 zeigen die Einzelteile in der Übersicht. Anhand der Positionsnummern (Pos.) erkennst du, um welches Teil aus der Liste es sich jeweils handelt.

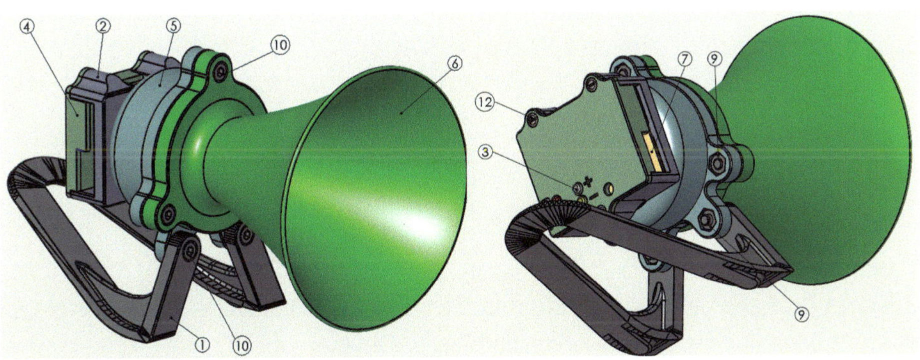

Bild 15.6 Aufbau des Mono-MP3-Players

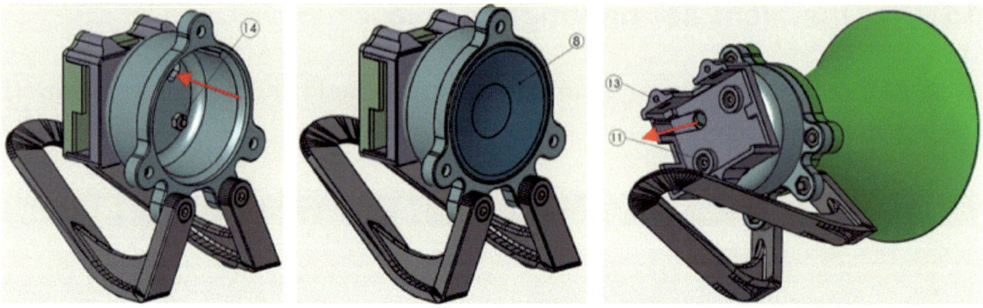

Bild 15.7 Die roten Pfeile zeigen, an welchen Stellen die Kabeldurchführung erfolgt.

15.1.2 Zusammenbau des MP3-Players (Mono)

Als Erstes werden alle Teile so montiert wie in Bild 15.6 und Bild 15.7 dargestellt. Außen vor bleiben erst einmal das Lautsprecherhorn (Pos. 6), der Lautsprecher (Pos. 8) und der Deckel (Pos. 4).

An den Lautsprecher müssen zunächst zwei Kabel mit einer Länge von ca. 12 cm angebracht werden. Diese Kabel müssen durch die Öffnung des Lautsprecherhalters durchgeführt (rote Pfeile in Bild 15.7) und – wie in Bild 15.8 dargestellt – an die Klemmen der MP3-Player-Platine (Pos. 7) angeschraubt werden.

Bild 15.8 Lautsprecherkabel an Klemmleiste befestigen

Danach setzt man die MP3-Player-Platine in die Box (Pos. 2) und verschließt diese mit dem Deckel (Pos. 4). Zuvor sind die vier Tasten in den Deckel zu stecken. Um das Herausfallen der Tasten zu vermeiden, sollte man auf der Rückseite des Deckels einen Klebefilm über die Tasten kleben (Bild 15.9). Die vier Tasten müssen genau auf den Schaltern der MP3-Player-Platine sitzen. Man kann das überprüfen, indem man jede Taste drückt. Dabei muss ein Klicken zu hören sein. Am Ende des Kapitels findest du eine Beschreibung der Tastenbelegung der MP3-Player-Platine.

Nun muss der Lautsprecher in die Vertiefung des Lautsprecherhalters (Pos. 5) gelegt und das Horn (Pos. 6) am Lautsprecherhalter verschraubt werden. Für die musikalische Beschallung fehlen jetzt nur noch eine microSD-Speicherkarte mit Liedern, ein USB-Kabel (microUSB-Stecker) für den Akku sowie der Akku (Powerbank) selbst.

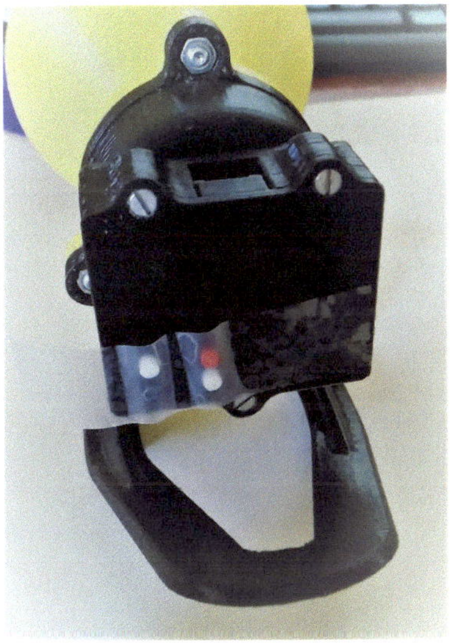

Bild 15.9 Etwas Klebefilm hält die Tasten während der Montage im Deckel.

Die MP3-Player-Platine besitzt einen Mono-Ausgang. Dabei wird der rechte oder der linke Kanal einfach entfernt. Da Musik üblicherweise in Stereo vorliegt, kann es also sein, dass man manche Lieder nur noch zur Hälfte hört. Über verschiedene Online-Programme kann man Lieder jedoch von Stereo nach Mono konvertieren. Dann klingen sie auch in diesem MP3-Player wieder perfekt. Unter *http://audio.online-convert.com/convert-to-wav* findest du einen von vielen Online-Konvertern für diesen Zweck.

15.1.3 Druckteile des MP3-Players (Mono)

Der MP3-Player (Mono) setzt sich aus den in Bild 15.10 dargestellten Druckteilen zusammen.

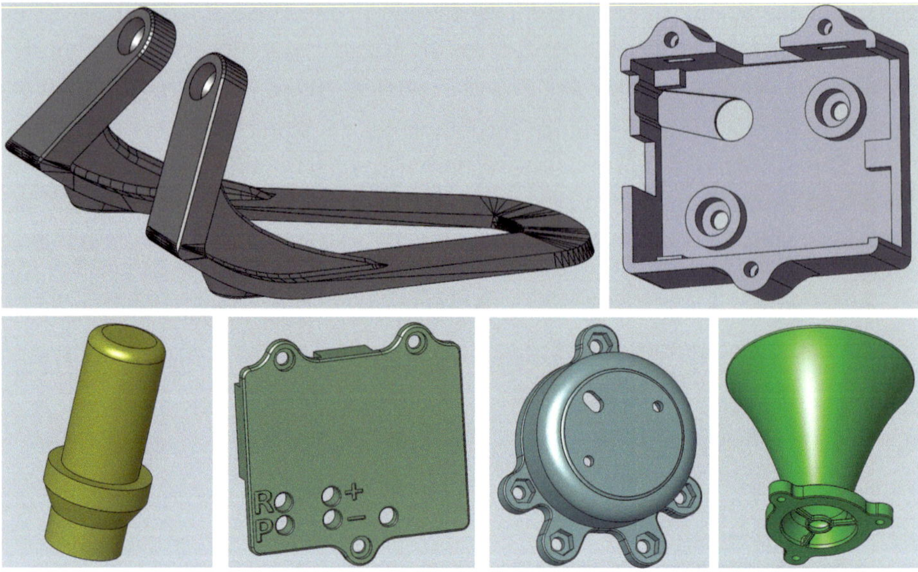

Bild 15.10 Von oben links nach unten rechts: Halter (Pos. 1), Box (Pos. 2), Taste (Pos. 3), Deckel (Pos. 4), Lautsprecherhalter (Pos. 5) und Horn (Pos. 6)

15.1.4 Druckeinstellungen für den Halter

Der Halter bräuchte eigentlich Stützmaterial für die beiden kopfüber liegenden Senklochbohrungen (Bild 15.11).

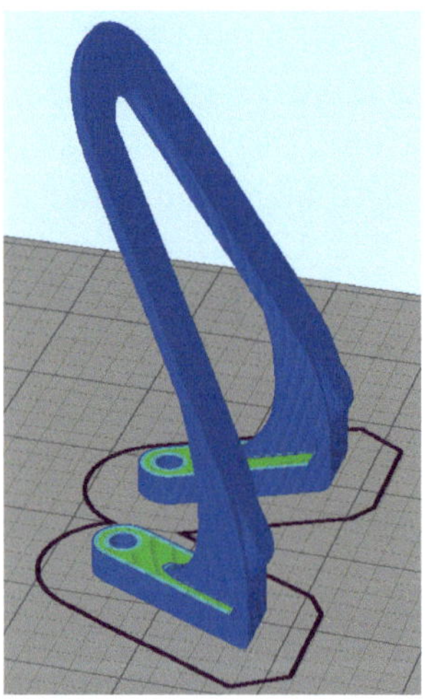

Bild 15.11 Halter im Slicer

Um dies zu umgehen, ist eine Fase von ca. 45° in die Bohrungen zu konstruieren. Für solche Schrägen ist Stützmaterial nicht notwendig (Bild 15.12).

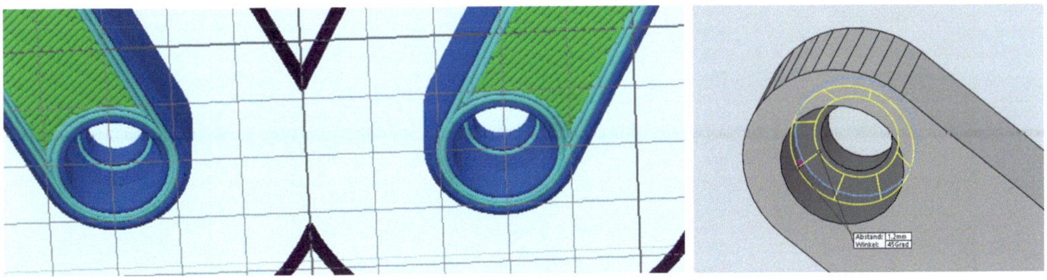

Bild 15.12 Fase in den Senklochbohrungen

Folgende allgemeine Druckeinstellungen sind für den Halter vorzunehmen:

- Druckgeschwindigkeit: 45 mm/s
- Schichthöhe: 0,2 mm
- innerer Füllgrad: 15 %

15.1.5 Druckeinstellungen für die Box

Die drei Nuten in der Box benötigen Stützmaterial (Bild 15.13).

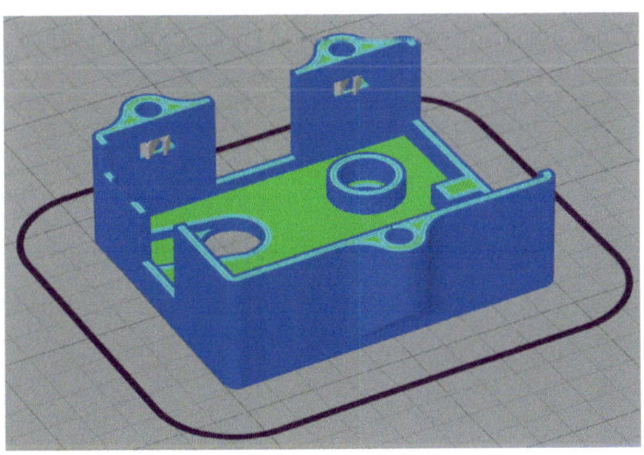

Bild 15.13 Box im Slicer

Da die Nuten relativ klein sind, muss die Dichte des Stützmaterials erhöht werden, damit eine vernünftige Stützstruktur entsteht. Hierfür habe ich unter *Stützmaterial erzeugen* den Wert des *Stütz-Infill-Prozentsatzes* auf 25 % gesetzt (Bild 15.14).

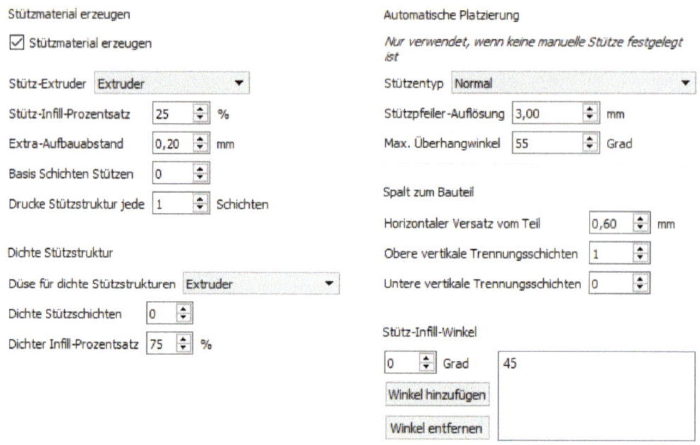

Bild 15.14 Einstellungen für das Stützmaterial in den Nuten

Rechts in Bild 15.15 kann man gut erkennen, was passiert, wenn die Dichte (13 %) zu niedrig eingestellt wird. Statt mehrerer Auflagenstränge entsteht nur jeweils ein Auflagestrang pro Bohrung. Die zu stützenden Kreiskonturen darüber können so nicht mehr vollständig gestützt werden. Die Druckbereiche über den Stützstrukturen hängen durch und die Nuten werden unbrauchbar.

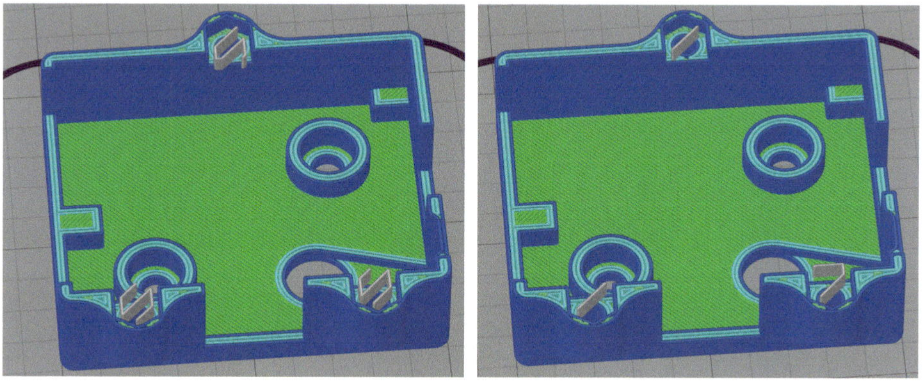

Bild 15.15 Schnittbilder durch die Nuten: Stützmaterial in den Nuten mit einem Stütz-Infill-Prozentsatz von 25 % (links) und 13 % (rechts)

Üblicherweise drucke ich die Stützstruktur mit 140 % der Druckgeschwindigkeit. Kleine Stützstrukturen sollten allerdings langsamer gedruckt werden. In diesem Fall habe ich *Geringe Geschwindigkeit für Stützstruktur* auf 100 % gesetzt (Bild 15.16).

Bild 15.16 Kleine Stützstrukturen langsamer drucken

Folgende allgemeine Druckeinstellungen sind für die Box vorzunehmen:

- Druckgeschwindigkeit 45 mm/s
- Schichthöhe 0,2 mm
- innerer Füllgrad: 10 %

15.1.6 Druckeinstellungen für die Taste

Solch kleine Teile wie die Taste sollten am besten langsam gedruckt werden. Die Druckgeschwindigkeit sollte daher nicht höher als 25 mm/s sein. Von der Taste werden vier Stück benötigt (am besten in verschiedenen Farben).

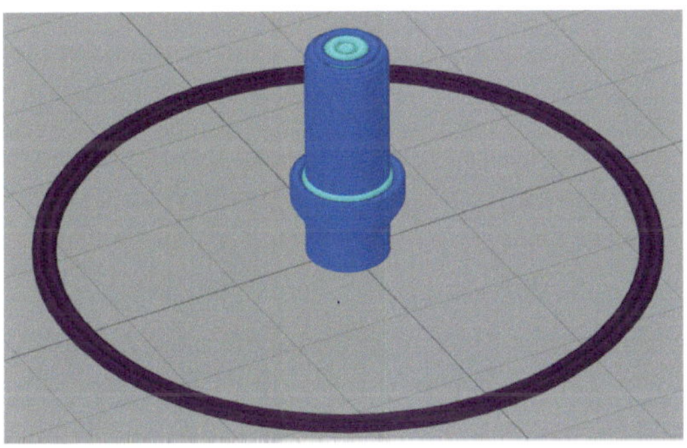

Bild 15.17 Taste im Slicer

Folgende allgemeine Druckeinstellungen sind für die Taste vorzunehmen:

- Druckgeschwindigkeit: 25 mm/s
- Schichthöhe: 0,2 mm
- innerer Füllgrad: 10 %

15.1.7 Druckeinstellungen für den Deckel

Für den Deckel sind keine besonderen Druckeinstellungen vorzunehmen.

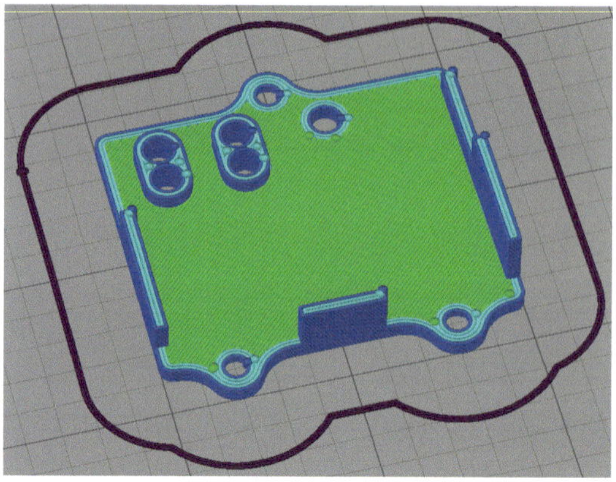

Bild 15.18 Deckel im Slicer

Folgende allgemeine Druckeinstellungen sind für den Deckel vorzunehmen:

- Druckgeschwindigkeit: 45 mm/s
- Schichthöhe: 0,2 mm
- innerer Füllgrad: 15 %

15.1.8 Druckeinstellungen für den Lautsprecherhalter

Der Lautsprecherhalter benötigt Stützmaterial (Bild 15.19). Damit das Stützmaterial wieder gut entfernt werden kann, sollte der *Horizontale Versatz vom Teil* unter *Spalt zum Bauteil* (= Abstand zur Wand des Druckteils) nicht zu klein eingestellt sein. Dieser Wert kann durchaus auch höher als in Bild 15.20 angegeben sein. Wenn unter *Obere vertikale Trennungsschichten* der Wert auf 1 gestellt wird, klebt die zu stützende Unterseite des Druckteils nicht so stark auf dem Stützmaterial. Größere Werte als 1 sind meines Erachtens wenig sinnvoll, da diese Unterseite dann durchhängt und kein schönes Druckbild erzeugt.

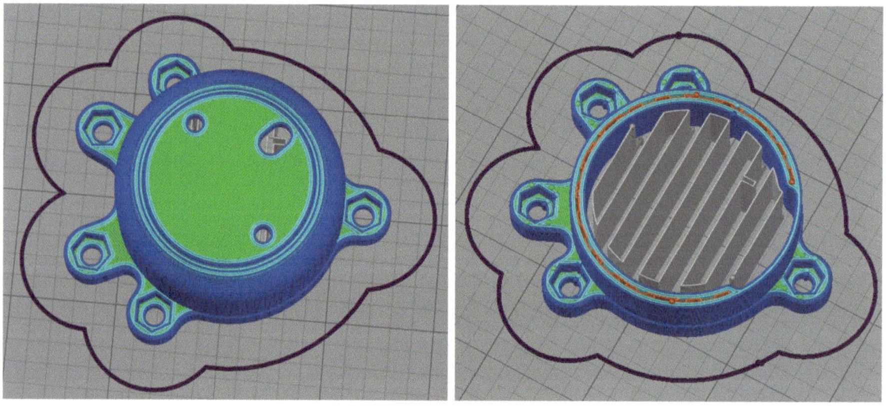

Bild 15.19 Lautsprecherhalter (links) und Stützstruktur (rechts)

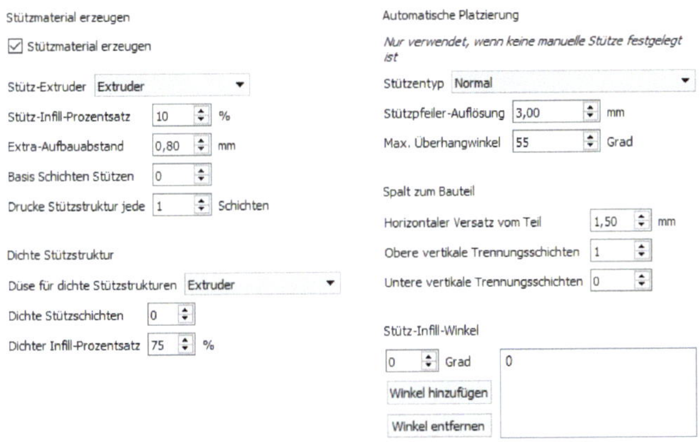

Bild 15.20 Einstellungen des Stützmaterials

Um die Stützkonturdichte richtig abschätzen zu können, vergleicht man den Abstand der Stützstrukturstränge (grauer Bereich in Bild 15.21) mit den Bodenlinien der virtuellen Druckplatte. Auf der Druckplatte sind dünne Linien im Abstand von 5 mm zueinander eingezeichnet. Wie man in Bild 15.21 erkennen kann, besitzen die Stützstrukturstränge praktisch denselben Abstand wie die Linien auf der Druckplatte. Meines Erachtens ist dieser Abstand der Stützstrukturstränge zueinander optimal für die Abstützung von ebenen Flächen.

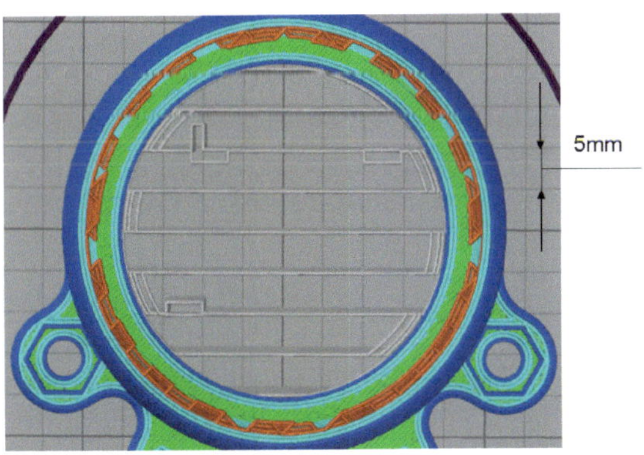

Bild 15.21 Dichte der Stützstruktur abschätzen

Eine wichtige Einstellung für das Gelingen der zu stützenden Ebene ist, dass die Druckstränge der Ebene (gelber Bereich in Bild 15.22) möglichst senkrecht zu den Stützstruktursträngen verlaufen.

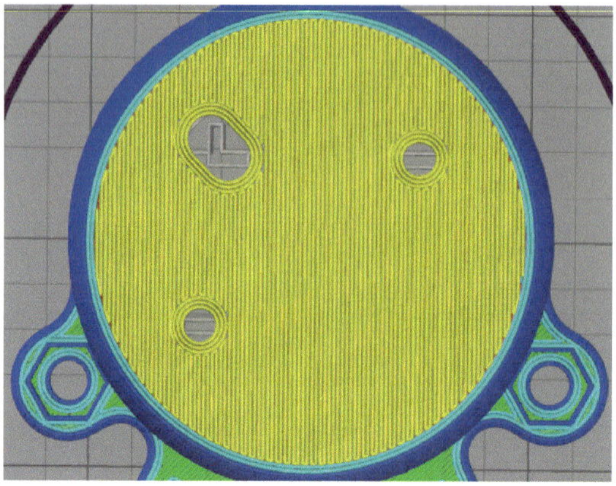

Bild 15.22 Zu stützende Ebene

Die Einstellung hierfür findet man unter *Übergänge* (unter der Funktion *Andere*). Die beiden Felder *Überschreibe Füllungswinkel von Brücken* und *Einstellungen der Brücken für Konturen übernehmen* müssen aktiviert sein (= Haken gesetzt). Der *Füllungswinkel von Brücken* steht hier bei 90°. Dieser Winkel sollte nach Möglichkeit senkrecht zum *Stütz-Infill-Winkel* (unter der Funktion *Stützen*) sein, um eine optimale Stützwirkung zu erzielen. Die beiden Stränge dürfen auf keinen Fall parallel verlaufen (Bild 15.23).

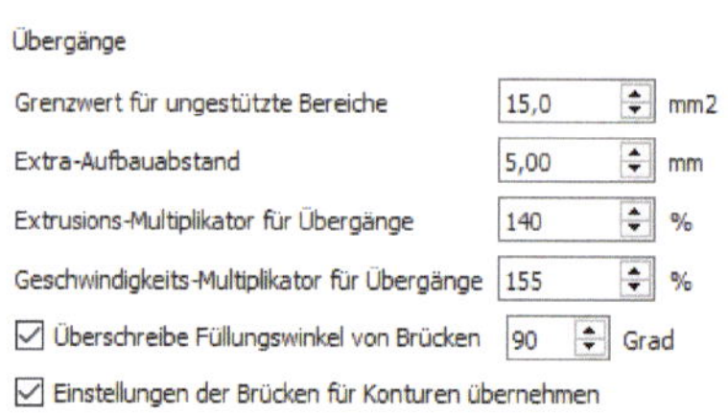

Bild 15.23 Druckrichtung der zu stützende Ebenen (Füllungswinkel)

Ein Beispiel: Ist der *Stütz-Infill-Winkel* 35°, so liegt der *Füllungswinkel* bei 35° + 90° = 125° (Bild 15.24).

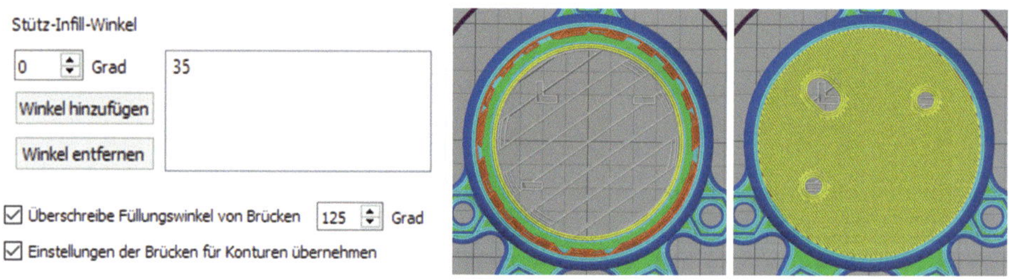

Bild 15.24 Druckrichtung der Stützstruktur und der zu stützenden Ebene

Folgende allgemeine Druckeinstellungen sind für den Lautsprecherhalter vorzunehmen:

- Druckgeschwindigkeit: 45 mm/s
- Schichthöhe: 0,2 mm
- innerer Füllgrad: 15 %

15.1.9 Druckeinstellungen für das Horn

Damit die Wand des Horns mit genau vier Kontursträngen gedruckt werden kann, sollte über die gesamte Höhe des Horns die Wandstärke horizontal gemessen konstant bei 1,8 mm liegen. So liegen die Lagen dicht und spaltfrei zueinander (Bild 15.26).

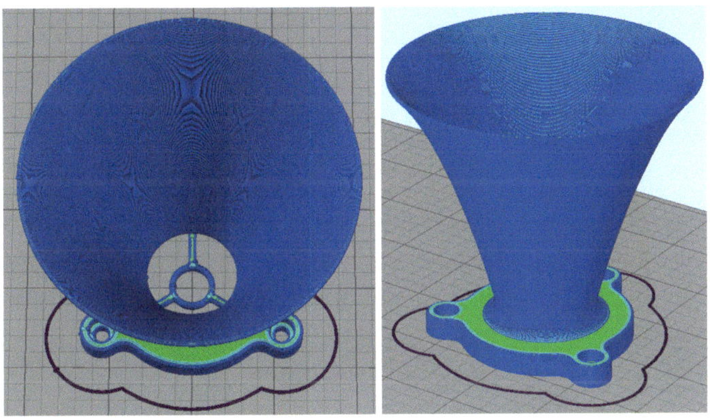

Bild 15.25 Horn im Slicer

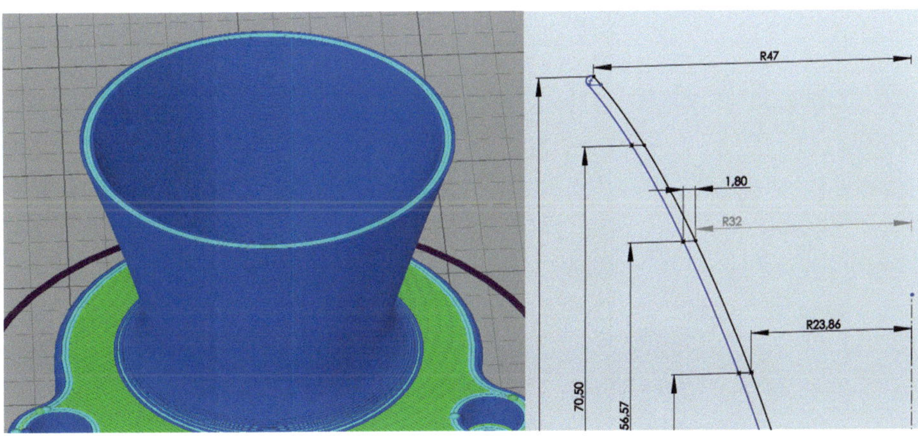

Bild 15.26 Konstruktion einer Wand mit konstanter horizontaler Wandstärke

Bei einem Rotationsteil lege ich die Startpunkte gerne übereinander. So wird der Druck sauberer. Die durch die Startpunkte entstandene Narbe kann bei der Montage des Horns in den weniger sichtbaren Teil des MP3-Players gelegt werden (Bild 15.27).

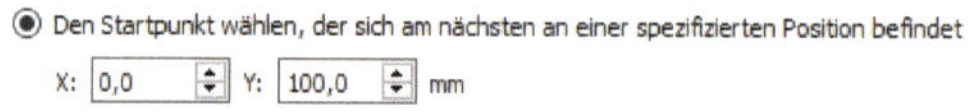

Bild 15.27 Startpunkte übereinander gelegt

Folgende allgemeine Druckeinstellungen sind für das Horn vorzunehmen:

- Druckgeschwindigkeit: 50 mm/s
- Schichthöhe: 0,2 mm
- innerer Füllgrad: 15 %

15.2 MP3-Player (Stereo)

Dafür, dass nur ein kleiner 3-W-Lautsprecher im MP3-Player verbaut ist, ist der Klang erstaunlich gut, doch es ist und bleibt ein Mono-Lautsprecher. Anfangs glaubte ich, dass beide Spuren gleichzeitig auf den einen Lautsprecher gehen (Stereo auf Mono getrimmt sozusagen), doch leider ist dem nicht so. Es ist nur eine (linke oder rechte) Spur zu hören. Allerdings handelt es sich bei der MP3-Player-Karte um einen Stereo-Kopfhöreranschluss. Also habe ich mir einen Verstärker gesucht und ihn am Kopfhörerstecker des MP3-Players angeschlossen. Daraus entstand ein echter Stereo-MP3-Player mit zwei 3-W-Lautsprechern. Das Prinzip ist dasselbe wie beim Vorgängermodell, diesmal jedoch mit zwei Lautsprechern, einem zusätzlichen Verstärker und einer größeren Box (Bild 15.28).

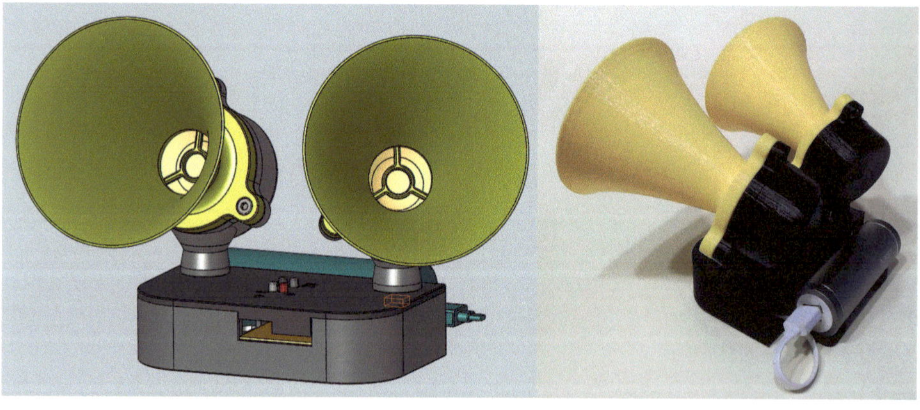

Bild 15.28 MP3-Player (Stereo)

15.2.1 Übersicht der benötigten Teile

In der folgenden Liste findest du alles, was du für die Erstellung des MP3-Players (Stereo) benötigst.

Pos.	Menge	Teil	Material
1	2×	*Horn.stl*	PLA
2	2×	*Lautsprecherhalter.stl*	PLA
3	2×	*Halter.stl*	PLA
4	1×	*Box.stl*	PLA
5	1×	*Deckel.stl*	PLA
6	4×	*Taste.stl*	PLA
7	2×	Lautsprecher 3 W, 4 Ohm (Amazon, ASIN: B01E8O17C8)	
8	1×	MP3-Player-Karte bzw. -Platine (Amazon, ASIN: B01KO9HBM6)	
9	1×	Verstärker (Amazon, ASIN: B01N5JTWGY)	
10	6×	Zylinderschraube DIN 912 M4 × 10	
11	2×	Zylinderschraube DIN 912 M4 × 25	
12	8×	Mutter ISO 4032 - M4	
13	2×	Scheibe DIN 125 - A 4.3	
14	4×	Senkschraube mit Innen-6kt DIN 7991 - M3 × 25	
15	4×	Mutter ISO 4032 - M3	
	1×	microSD-Speicherkarte (mit gespeicherten Songs)	
	1×	USB-Kabel (microUSB-Stecker)	
	1×	Akku (Powerbank)	
		etwas Klebefilm (zum Verkleben der Tasten)	

Bild 15.29 und Bild 15.30 zeigen die Einzelteile in der Übersicht. Anhand der Positionsnummern (Pos.) erkennst du, um welches Teil aus der Liste es sich jeweils handelt.

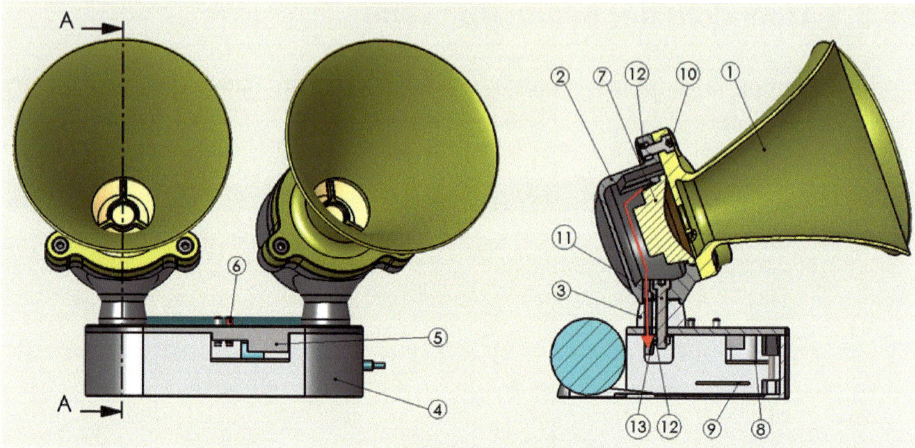

Bild 15.29 Aufbau des Stereo-MP3-Players (Teil 1)

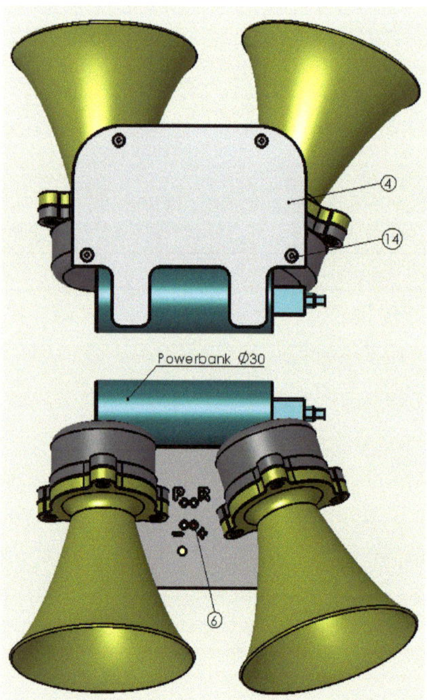

Bild 15.30 Aufbau des Stereo-MP3-Players (Teil 2)

15.2.2 Zusammenbau des MP3-Players (Stereo)

Als Erstes ist der Lautsprecherhalter (Pos. 2) und der Halter (Pos. 3) am Deckel (Pos. 5) zu befestigen. Dann führt man die beiden Kabel des Lautsprechers durch die Öffnung (roter Pfeil in Bild 15.29), legt den Lautsprecher mittig in den Lautsprecherhalter und schraubt das Horn (Pos. 1) an. Erst danach sollte man die Kabelenden mit der Steckverbindung vercrimpen. Sobald beide Hörner am Deckel befestigt sind (auf Drehbarkeit der Hörner achten), kann mit der Verkabelung der beiden Karten begonnen werden.

15.2.3 Schaltplan des MP3-Players (Stereo)

In Bild 15.31 ist der Schaltplan des MP3-Players (Stereo) dargestellt. Links ist die MP3-Player-Karte, rechts die Verstärkerkarte zu sehen. Der Verstärker verstärkt das Signal aus dem Kopfhöreranschluss. Man benötigt außerdem noch einen abgewinkelten Audio-Klinkenstecker (3,5 mm), neun Steckverbinder (female) sowie Kabelgehäuse für die Verkabelung des Verstärkers.[2]

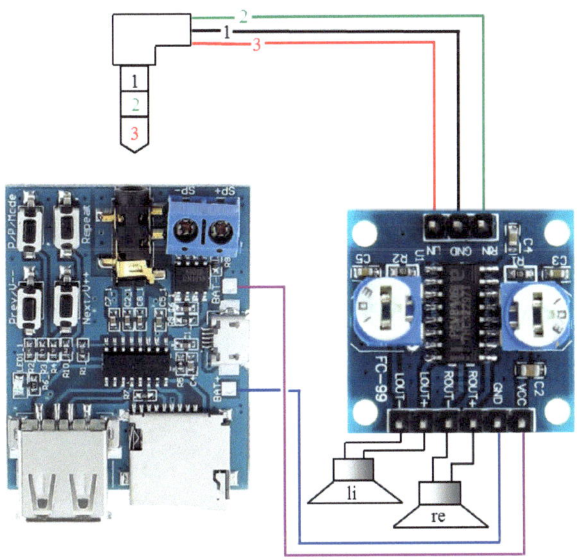

Bild 15.31 Kabelplan: MP3-Player-Platine (links) und Verstärker (rechts)

Das Klinkensteckerkabel sollte ca. 10 cm hinter dem abgewinkelten Stecker abschnitten werden und die Kabelenden sollten von ihrem Kabelschutz befreit werden. Die Kabel 1–3 sind mit einem Multimeter zu bestimmen. An die Kabelenden

[2] Bei Amazon erhältlich (ASIN B01FUBJM7K, ASIN B01N9FOYOX, ASIN B008N29J68 oder ASIN B01M4QKH1Y)

ist jeweils eine Steckverbindung zu verklemmen (falls vorhanden mit einer Crimpzange, ansonsten mit eine kleinen Zange) und ein Kabelgehäuse aufzustecken. Die anderen sechs Kabel benötigen diese Steckverbindungen auch an einem Kabelende. Die Kabel für die Lautsprecher sollten etwa 15 cm lang sein.

Die Stromversorgung der Verstärkerkarte geschieht über die MP3-Player-Karte. Dabei geht das rosa Kabel von BAT+ zu VCC und das blaue Kabel von BAT− zu GND. Das Vertauschen der Kabel führt zu einem Kurzschluss und kann unter Umständen beide Karten zerstören.

Ein kurzes USB-Kabel mit einem USB-Stecker und einem microUSB-Stecker (= Ladekabel für Handys) ist vor der Deckelmontage an der MP3-Player-Karte einzustecken. Die vier Tasten müssen in den Deckel gesteckt und an der Oberseite mit einem Klebeband fixiert werden, um das Herausrutschen zu vermeiden. Bei der Deckelmontage sollte darauf geachtet werden, dass die Kabel nicht zwischen den Tasten und den Schaltern auf dem MP3-Player liegen.

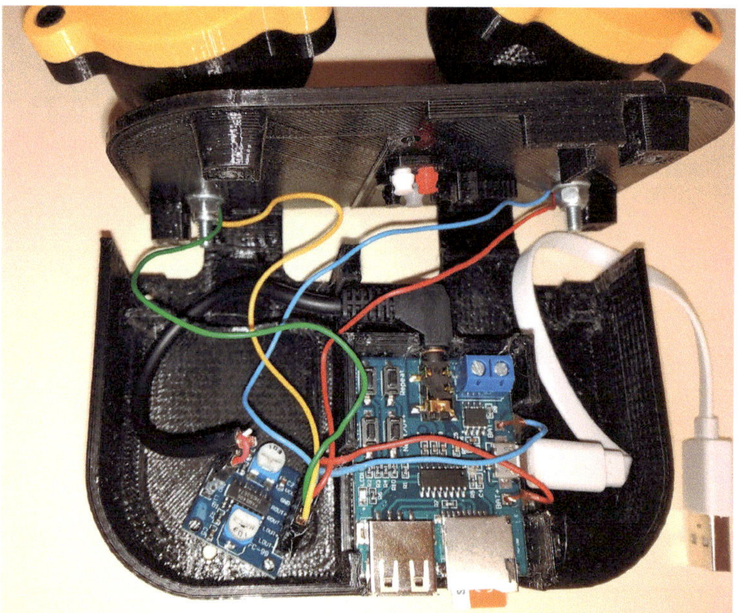

Bild 15.32 Verkabelung der beiden Lautsprecher mit dem Verstärker und der MP3-Player Platine

15.2.4 Druckteile des MP3-Players (Stereo)

Der MP3-Player (Stereo) setzt sich aus den in Bild 15.33 dargestellten Druckteilen zusammen.

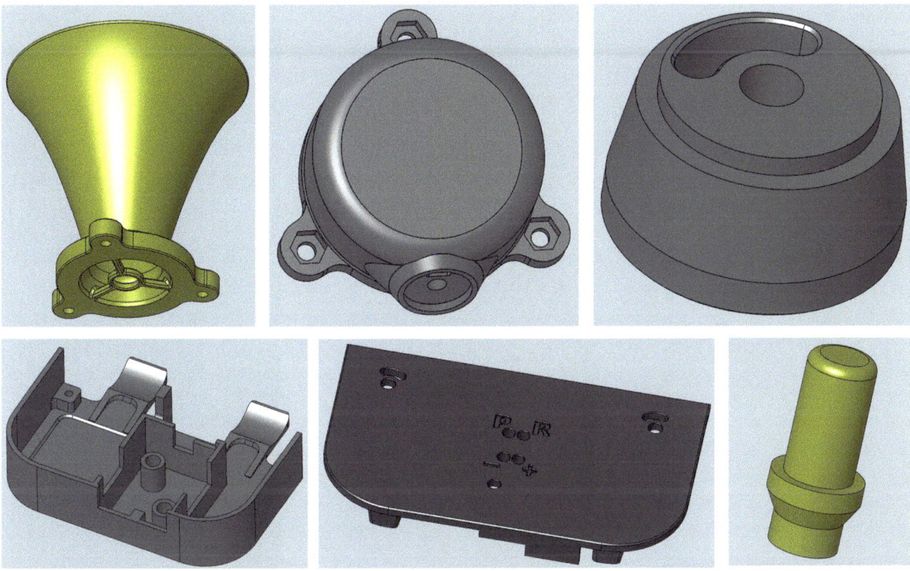

Bild 15.33 Von oben links nach unten rechts: Horn (Pos. 1), Lautsprecherhalter (Pos. 2), Halter (Pos. 3), Box (Pos. 4), Deckel (Pos. 5) und Taste (Pos. 6)

15.2.5 Druckeinstellungen für das Horn

Die Druckeinstellungen für das Lautsprecherhorn sind bei beiden MP3-Playern identisch.

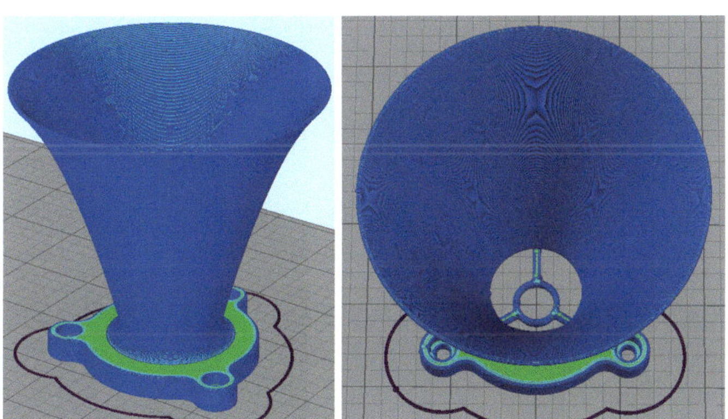

Bild 15.34 Horn im Slicer

Folgende allgemeine Druckeinstellungen sind für das Horn vorzunehmen:

- Druckgeschwindigkeit: 50 mm/s
- Schichthöhe: 0,2 mm
- innerer Füllgrad: 15 %

15.2.6 Druckeinstellungen für den Lautsprecherhalter

Für den Lautsprecherhalter sind dieselben Stützmaterialeinstellungen wie bei der der Mono-Ausführung vorzunehmen. Ich habe lediglich unter *Platzierung per Gitternetz* den *Stützentyp* auf *Nur von Druckplattform* umgestellt. Damit erspare ich mir das Entfernen des Stützmaterials in den Bohrungen, welche bei dieser geringen Größe nicht benötigt werden (Bild 15.36).

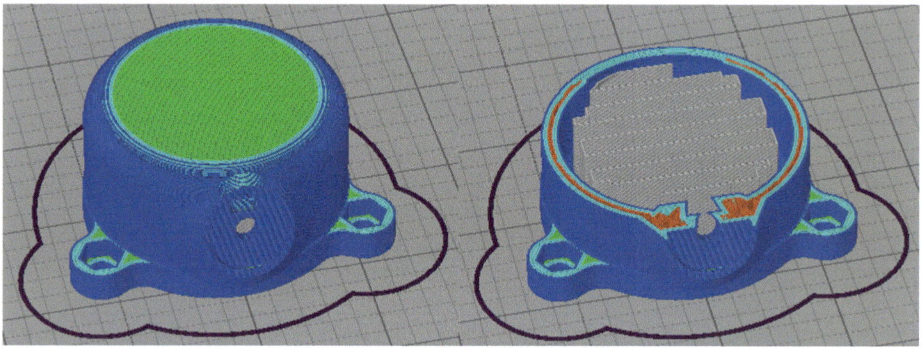

Bild 15.35 Lautsprecherhalter im Slicer

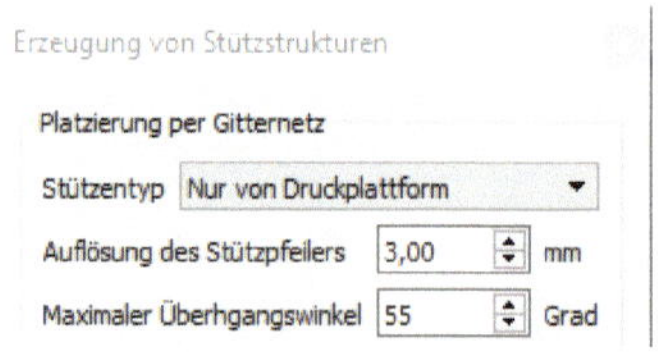

Bild 15.36 Erzeugung des Stützmaterials nur von der Druckplattform aus

Folgende allgemeine Druckeinstellungen sind für den Lautsprecherhalter vorzunehmen:

- Druckgeschwindigkeit: 45 mm/s
- Schichthöhe: 0,2 mm
- innerer Füllgrad: 15 %

15.2.7 Druckeinstellungen für den Halter

Für den Halter sind keine besonderen Druckeinstellungen vorzunehmen.

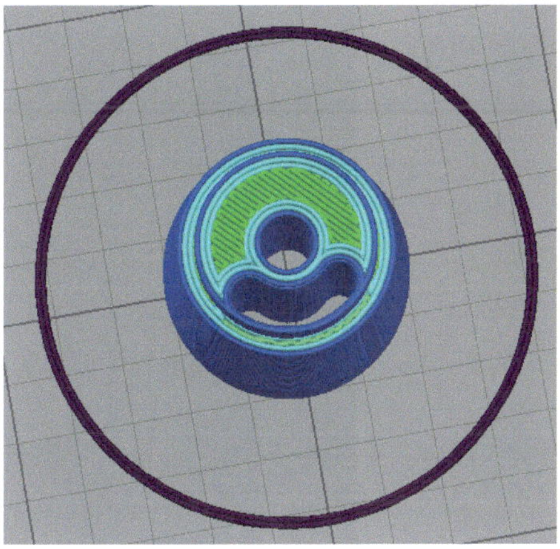

Bild 15.37 Halter im Slicer

Folgende allgemeine Druckeinstellungen sind für den Halter vorzunehmen:

- Druckgeschwindigkeit: 40 mm/s
- Schichthöhe: 0,2 mm
- innerer Füllgrad: 15 %

15.2.8 Druckeinstellungen für die Box

Um das Stützmaterial in den kleinen, kopfüber liegenden Senklochbohrungen zu vermeiden, habe ich eine 45°-Fase in der Senklochbohrung eingefügt (Bild 15.39).

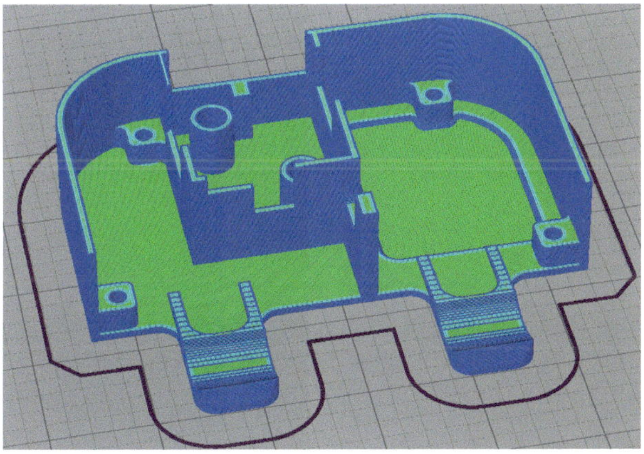

Bild 15.38 Box im Slicer

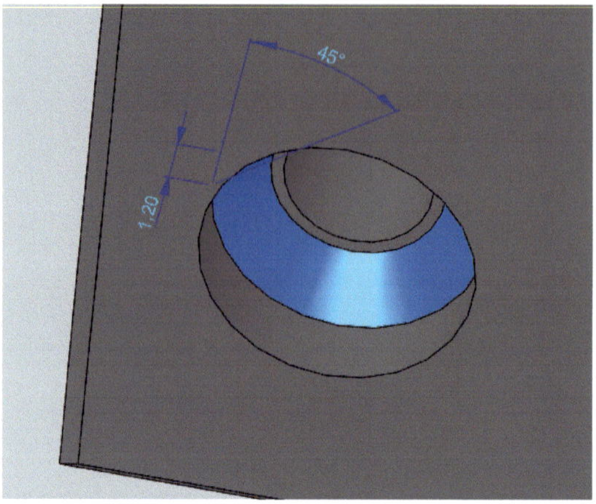

Bild 15.39 45°-Fase in Senklochbohrung

Folgende allgemeine Druckeinstellungen sind für die Box vorzunehmen:

- Druckgeschwindigkeit: 50 mm/s
- Schichthöhe: 0,2 mm
- innerer Füllgrad: 15 %

15.2.9 Druckeinstellungen für den Deckel

Bei sehr kleinen Stützstrukturen wie beim Deckel (in den Nuten für die Muttern, siehe Bild 15.40) sollte die Druckgeschwindigkeit der Stützen ungefähr bei 35 mm/s liegen. Die Druckgeschwindigkeit des Druckteils liegt hier bei 50 mm/s.

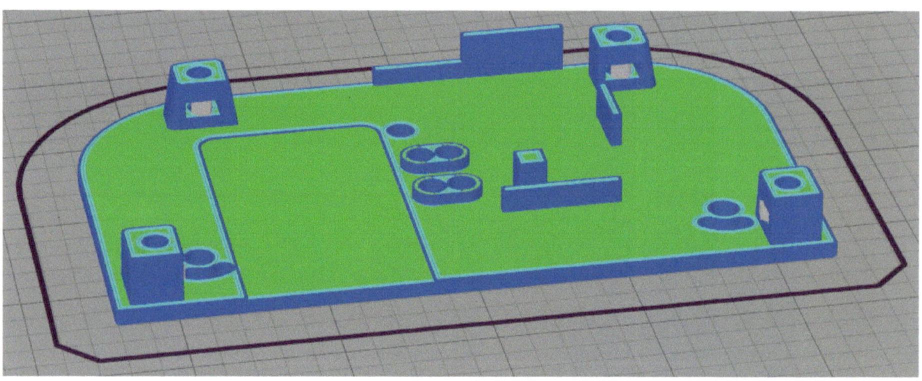

Bild 15.40 Deckel im Slicer

Damit liegt der Wert für *Geringe Geschwindigkeit für Stützstruktur* bei 70 %. Dieser Wert berechnet sich aus folgender Formel: Druckgeschwindigkeit der Stützstruktur geteilt durch Druckgeschwindigkeit des Druckteils mal 100 %. Das heißt:

$$\frac{35}{50} \cdot 100\,\% = 70\,\%$$

Bild 15.41 Kleine Stützstrukturen müssen langsam gedrückt werden.

Folgende allgemeine Druckeinstellungen sind für den Deckel vorzunehmen:

- Druckgeschwindigkeit: 50 mm/s
- Schichthöhe: 0,2 mm
- innerer Füllgrad: 15 %

15.2.10 Druckeinstellungen für die Taste

Die Tasten vom Stereo-MP3-Player sind etwas länger als die vom Mono-MP3-Player und können nicht einfach ausgetauscht werden. Die Druckeinstellungen können jedoch übernommen werden. Von der Taste werden vier Stück benötigt (am besten in verschiedenen Farben).

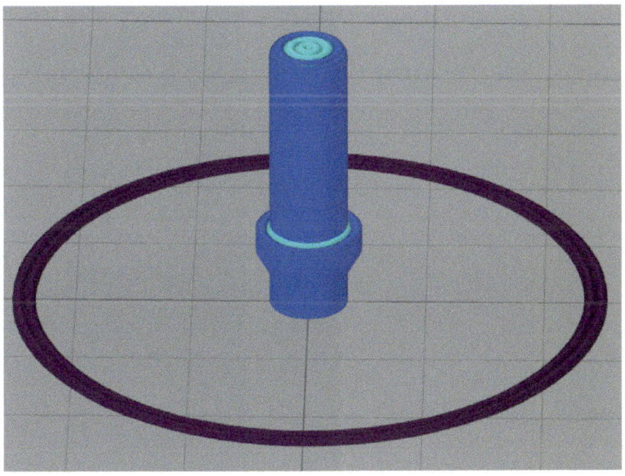

Bild 15.42 Taste im Slicer

Folgende allgemeine Druckeinstellungen sind für die Taste vorzunehmen:

- Druckgeschwindigkeit: 25 mm/s
- Schichthöhe: 0,2 mm
- innerer Füllgrad: 10 %

15.2.11 Tastenbelegung der MP3-Player-Karte

Bild 15.43 zeigt die MP3-Player-Karte. In Tabelle 15.1 ist eine kurze Beschreibung der Tastenbelegung der MP3-Player-Platine dargestellt.

Bild 15.43 MP3-Player-Platine

Tabelle 15.1 Tastenbelegung zum Steuern des MP3-Players

Taste	1× drücken	lang drücken	aufgedrucktes Zeichen auf dem Deckel
Prev/V–	vorheriges Lied	leiser	-
Next/V++	nächstes Lied	lauter	+
P/P/Mode	Play/Pause	TF-Kartenmodus	P
Repeat	ein Lied wiederholen/alle Lieder wiederholen	-	R

Die Musik aus dem selbstgebauten MP3-Player hört sich viel besser an als aus den Playern, die im Supermarkt erhältlich sind.

16 Tischventilator

In diesem Kapitel stelle ich dir drei verschiedene Typen von Tischventilatoren vor. Für jeden dieser Ventilatoren werden mehrere Druckteile und einige Kaufteile benötigt. Dieses Projekt war für mich das erste, an das ich mich heranwagte, welches ein wenig Elektronik benötigt. Da ich kein Elektrotechniker bin, hatte ich riesigen (wahrscheinlich viel zu großen) Respekt vor Stromschlägen und kaputten Schaltungen. Doch bei der Realisierung stellte sich heraus, dass diese Angst absolut unbegründet war. Auf das Löten von Kabelverbindungen kann weitgehend verzichtet werden. Im Anschluss an die drei Ventilatoren-Projekte stelle ich noch eine Methode vor, durch welche die Luftströmung nach vorne gerichtet wird und so einen höheren Kühleffekt erzeugt. Die dabei eingesetzten Strömungsrichter können nachträglich in die beiden großen Ventilatoren eingebaut werden.

16.1 Ventilator 80 mm

Mein erster Ventilator ist aus der Idee heraus geboren worden, einen kleinen Lüfter für den Schreibtisch zu bauen. Eine Grundbedingung war deshalb, dass der Ventilator sehr leise sein soll. Ich besorgte mir einen günstigen Ventilator für PCs, bemerkte jedoch schnell, dass die Luftströmung eines Ventilators recht stark radial nach außen bläst und nicht in axialer Richtung, wie man es erwarten könnte. Deshalb sieht meine Konstruktion einen Strömungsrichter (gelb) und mit ein wenig Abstand ein konisches, am Austritt gewelltes Rohr (grau) vor, welche auf den Ventilator gesetzt werden (Bild 16.1 und Bild 16.2). Mit dem gewellten Austritt wollte ich erreichen, dass mehr Umgebungsluft mitgerissen wird. Ob dem so ist, kann ich nicht sagen, weil die Strömungsgeschwindigkeit wohl zu gering ist, um diesen Effekt zu spüren oder sogar zu messen. Doch die Luftströmung kommt nun dahin, wohin man sie haben will. Der Ventilator ist außerdem schwenkbar. Dazu öffnet man die Flügelmutter leicht, kippt den Ventilator in die gewünschte Position und zieht danach die Flügelmutter wieder an (bitte nicht zu fest anziehen!).

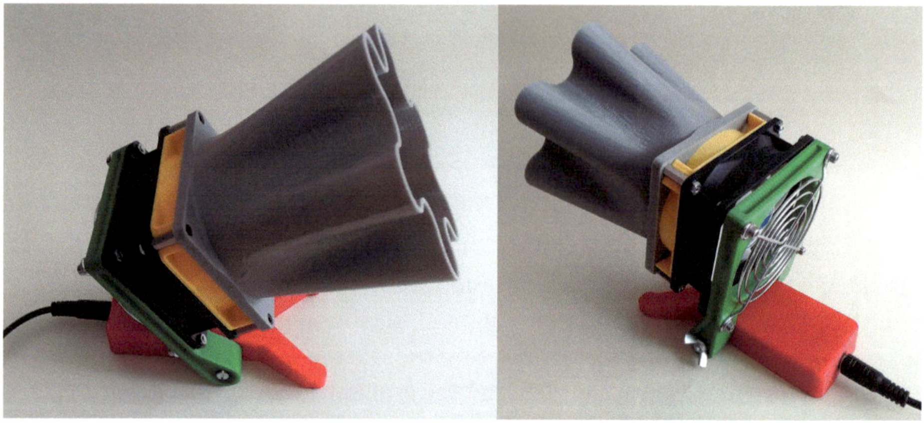

Bild 16.1 Kleiner Ventilator mit 80 mm Durchmesser

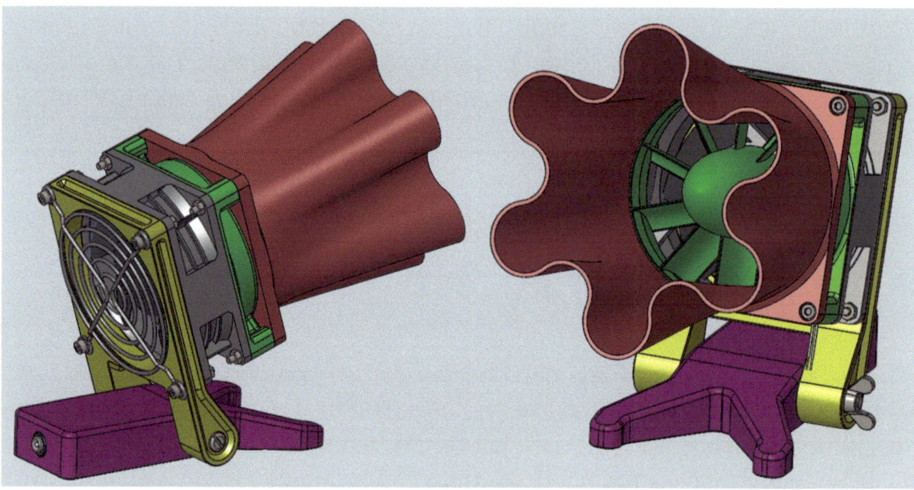

Bild 16.2 Kleiner Ventilator mit 80 mm Durchmesser

16.1.1 Übersicht der benötigten Teile

In der folgenden Liste findest du alles, was du für die Erstellung des Tischventilators (80 mm) benötigst.

Pos.	Menge	Teil	Material
1	1×	*Duese.stl*	PLA
2	1×	*Halter.stl*	PLA
3	1×	*Stroemungsrichter.stl*	PLA
4	1×	*Basis.stl*	PLA
5	1×	Lüftergitter 80 mm (Amazon, ASIN: B01FLVMPUA)	
6	1×	Ventilator 80 mm (Amazon, ASIN: B002QVFN7G)	
7	1×	Stecker Female Jack 5.5 × 2.1 12 VDC (Amazon, ASIN: B00XX8Q9K6)	
8	1×	Gewindeeinsatz M4 (im Baumarkt erhältlich); Alternative (ohne Rand): Eindrehschraube (Amazon, ASIN: B00FZQPXFQ)	
9	1×	Flachkopfschraube mit Schlitz ISO 1580 - M4 × 80	
10	1×	Flügelmutter DIN 315 - M4	
11	10×	6kt-Mutter Nut ISO 4032 - M3	
12	6×	Scheibe DIN 125 - A 3.2	
13	1×	Scheibe DIN 125 - A 4.3	
14	2×	Zylinderschraube DIN 912 M3 × 12	
15	4×	Zylinderschraube DIN 912 M3 × 20	
16	4×	Zylinderschraube DIN 912 M3 × 25	
	1×	Netzteil 12 VDC, 2A Adapter (Amazon, ASIN: B01I66W6XS)	
	1×	Ein-/Aus-Schalter (Amazon, ASIN: B01MZ1DW2P)	
	4×	kleine, selbstklebende Filzpads oder Gummipuffer	

Bild 16.3 und Bild 16.4 zeigen die Einzelteile in der Übersicht. Anhand der Positionsnummern (Pos.) erkennst du, um welches Teil aus der Liste es sich jeweils handelt.

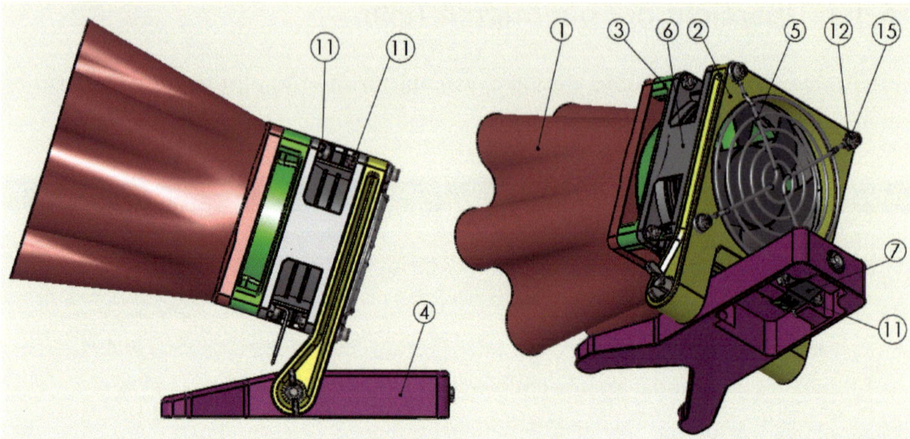

Bild 16.3 Bauteile für den Zusammenbau des Ventilators (Teil 1)

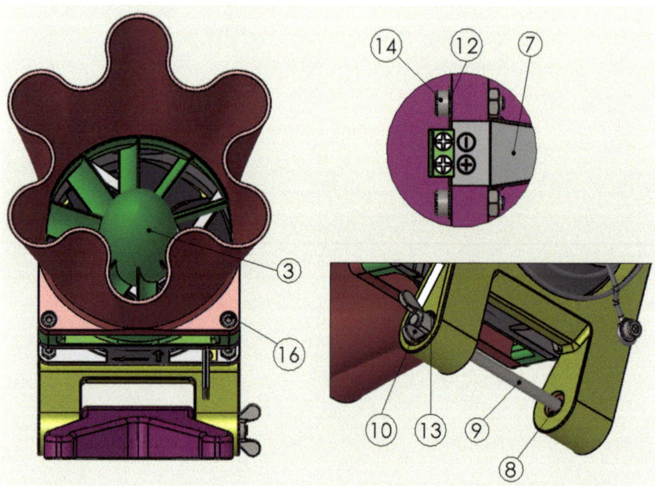

Bild 16.4 Bauteile für den Zusammenbau des Ventilators (Teil 2)

16.1.2 Zusammenbau des Ventilators (80 mm)

Mit einem langen Inbusschlüssel dreht man den Gewindeeinsatz (Pos. 8) langsam in die Bohrung des Halters (Pos. 2). Dabei dreht man immer wieder vorwärts und rückwärts, sodass das schneidende Gewinde des Gewindeeinsatzes den Kunststoff nicht einreißt. Der Gewindeeinsatz darf nicht aus der Bohrung herausragen (Bild 16.5).

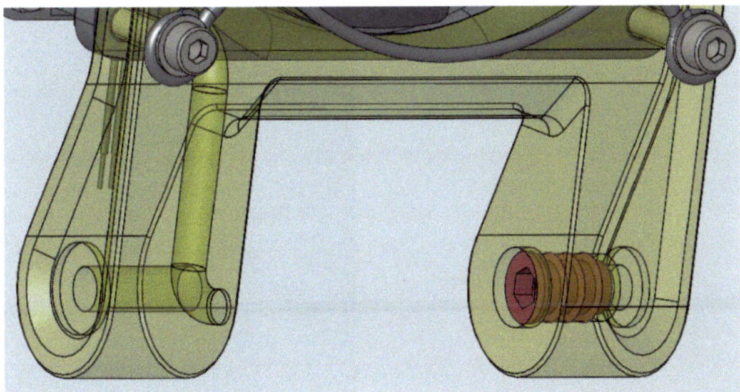

Bild 16.5 Einschrauben des Gewindeeinsatzes

Nun schneidet man das Kabel des Ventilators direkt am Stecker ab und führt es in die Bohrung des Halters (Pos. 2) ein, bis das Kabel an der Unterseite herausragt. Dann muss das Kabel in die nierenförmige Bohrung der Basis (Pos. 4) eingeführt werden. Der Halter (Pos. 2) wird jetzt auf die Basis (Pos. 4) gesteckt. Dabei ist darauf zu achten, dass das Kabel nicht beschädigt wird (Bild 16.6).

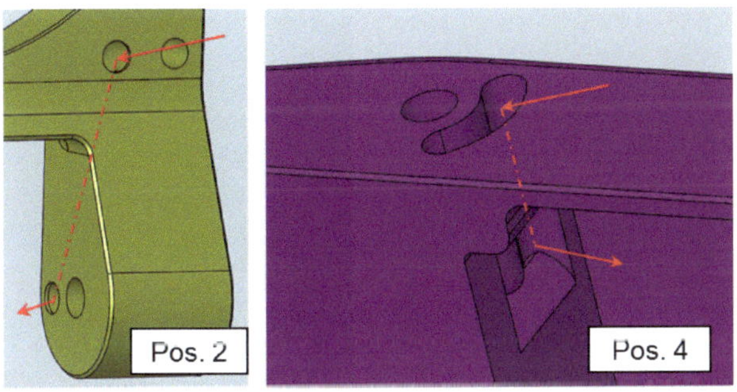

Bild 16.6 Kabel durch den Halter (Pos. 2) und die Basis (Pos.4) führen

Als Nächstes wird der Stecker (Pos. 7) in die Bohrung der Basis (Pos. 4) gesteckt und mit den Schrauben, den Scheiben und den Muttern gesichert. Danach alles wie in Bild 16.7 dargestellt montiert.

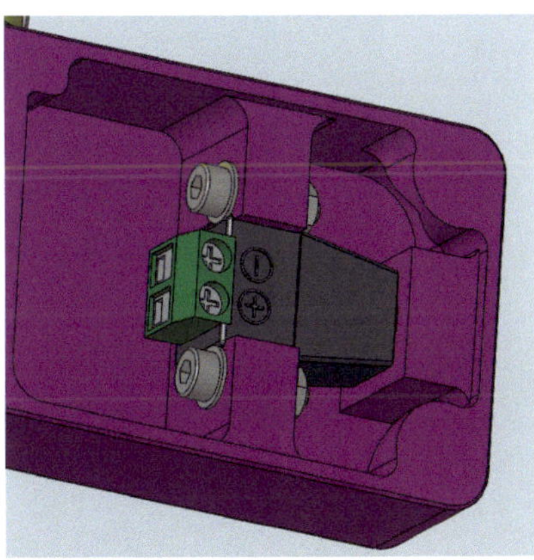

Bild 16.7 Montage des Steckers

An die Unterseite der Basis (Pos. 4) können nun vier kleine, selbstklebende Filzpads oder Gummipuffer angebracht werden (Bild 16.8).

Bild 16.8 Filzpads an die Unterseite kleben

16.1.3 Verkabelung des Ventilators (80 mm)

Dieser Ventilator hat vier Kabel. Das gelbe Kabel wird an den Pluspol des Steckers (Pos. 7) und das schwarze an den Minuspol angeklemmt. Da die Hersteller der Ventilatoren sich an keine Norm halten, was die Verkabelung angeht, können die Kabel durchaus auch einfarbig sein. Wenn kein Datenblatt vorliegt (was bei Amzaon leider nicht selten ist) und im Internet keine Informationen zu finden sind, dann hilft nur Ausprobieren. Man braucht dabei keine Angst zu haben, dass der Ventilator durchbrennt, solange das Netzteil maximal 12 VDC hergibt.

Zwischen dem Netzteil und dem Ventilator habe ich einen Ein-/Aus-Schalter (Amazon, ASIN: B01MZ1DW2P) angeschlossen. Damit entfällt das lästige Ein- und Ausstecken des Netzteils. Allerdings sollte das Netzgerät bei längerem Nichtgebrauch des Ventilators immer abgesteckt werden (Bild 16.9).

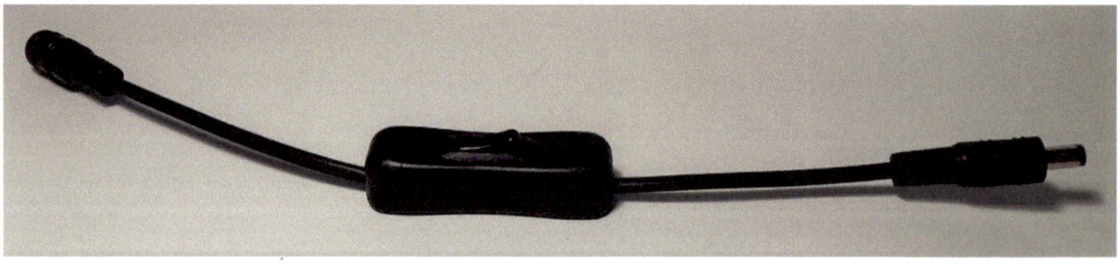

Bild 16.9 An-/Aus-Schalter

16.1.4 Druckteile des Ventilators (80 mm)

Der Ventilator setzt sich aus den in Bild 16.10 dargestellten Druckteilen zusammen.

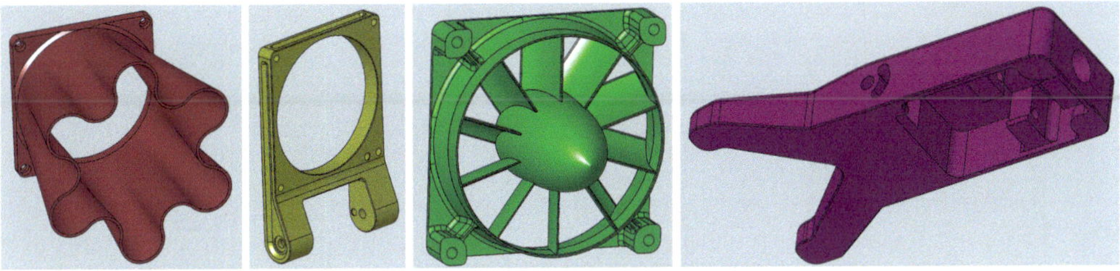

Bild 16.10 Von links: Rohr (Pos. 1), Halter (Pos. 2), Strömungsrichter (Pos. 3) und Basis (Pos. 4)

16.1.5 Druckeinstellungen für das Rohr

Die Schichthöhe habe ich bei meinem Druckteil auf 0,2 mm gestellt. Stellt man die Schichthöhe auf 0,25 mm, spart man sich ungefähr 45 Minuten Druckzeit bei einer berechneten Druckzeit von knapp drei Stunden. Um eine hässliche Naht auf dem Rohr zu vermeiden (siehe Pfeil in Bild 16.11), sollte man die Einstellung *Beliebige Startpunkte für alle Umfänge verwenden* vornehmen (Bild 16.12).

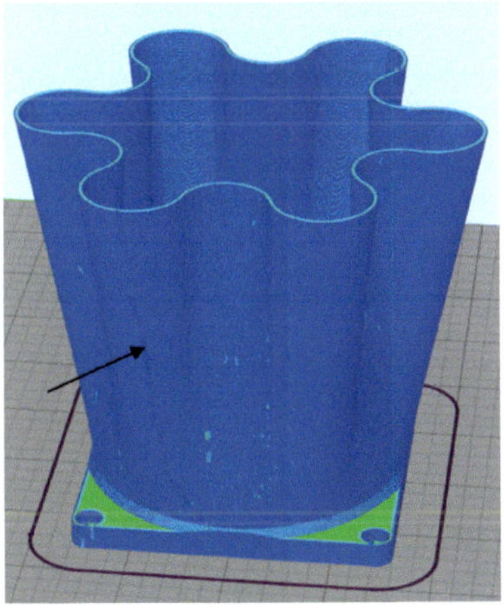

Bild 16.11 Startpunkte für das Rohr

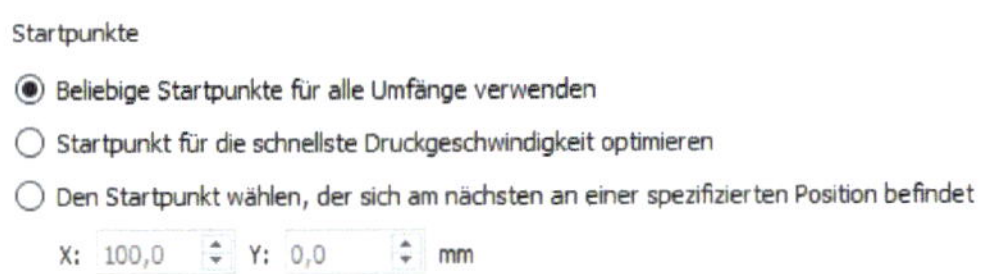

Bild 16.12 Diese Einstellung vermeidet Narbenbildung durch übereinander liegende Startpunkte bei Rotationsteilen.

Folgende allgemeine Druckeinstellungen sind für das Rohr vorzunehmen:

- Druckgeschwindigkeit: 55–60 mm/s
- Schichthöhe: 0,2 mm
- innerer Füllgrad: 10 %

16.1.6 Druckeinstellungen für den Halter

Damit der untere Teil der beiden Rundungen des Halters auch rund gedruckt wird, müssen diese abgestützt werden. Dafür setzt man unter *Platzierung per Gitternetz* den Wert bei *Maximaler Überhangswinkel* auf 50° (gemessen von der Vertikalen: 0° vertikal; 90° horizontal). Das bedeutet, dass bei größeren Winkeln Stützen gedruckt werden, bei kleineren nicht (Bild 16.13).

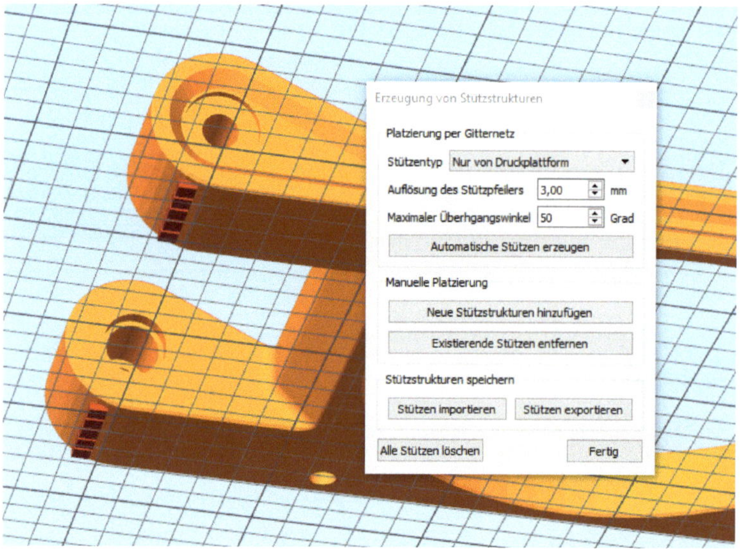

Bild 16.13 Stützmaterial für den Halter erzeugen

Eine wichtige Einstellung für das Stützmaterial in einer Rundung ist *Spalt zum Bauteil*. Der Abstand des Stützmaterials zur Rundung ist links in Bild 16.14 größer als rechts. Nur rechts in Bild 16.14 kann man den Abstand des Stützmaterials genau einstellen. Ein kleiner Abstand sollte bleiben. Auf diese Weise ist das Entfernen des Stützmaterials einfacher und hinterlässt weniger Spuren auf dem Druckteil.

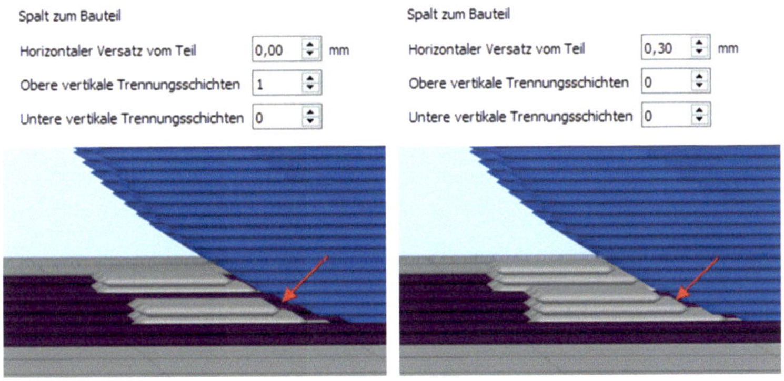

Bild 16.14 Einstellungen für verschiedene Abstände der Stützstruktur zum Druckteil (links: Abstand groß, rechts: Abstand beliebig klein einstellbar)

Folgende allgemeine Druckeinstellungen sind für den Halter vorzunehmen:

- Druckgeschwindigkeit: 55 mm/s
- Schichthöhe: 0,2 mm
- innerer Füllprozentsatz: 10 %

16.1.7 Druckeinstellungen für den Strömungsrichter

Beim Druck des Strömungsrichters möchte ich aufzeigen, dass man unter bestimmten Bedingungen auch auf das Infill verzichten kann. Man spart damit nämlich Druckzeit und Filament. Voraussetzung hierfür ist, dass a) die äußeren Konturen stark genug sind, Druckkräfte aufzunehmen, und b) dass das Infill nicht als inneres Stützmaterial für horizontale Ebenen dienen muss. Im Falle des Strömungsrichters wird auf das Infill verzichtet, indem man einen hohlen Zapfen druckt (Bild 16.16). Der Wert bei *Innerer Infill-Prozentsatz* wird dazu auf 0 % gesetzt (Bild 16.17).

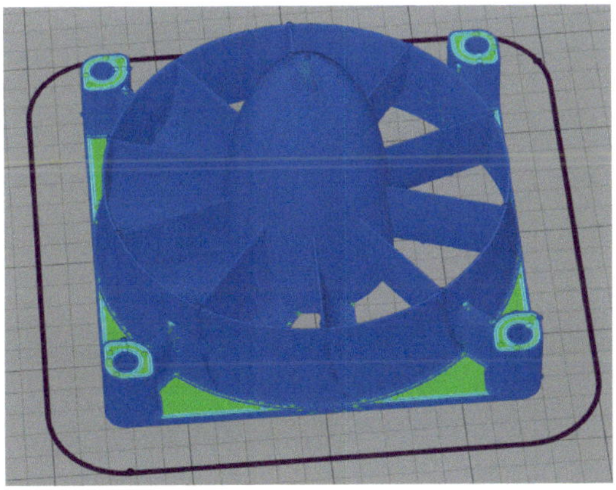

Bild 16.15 Strömungsrichter im Slicer

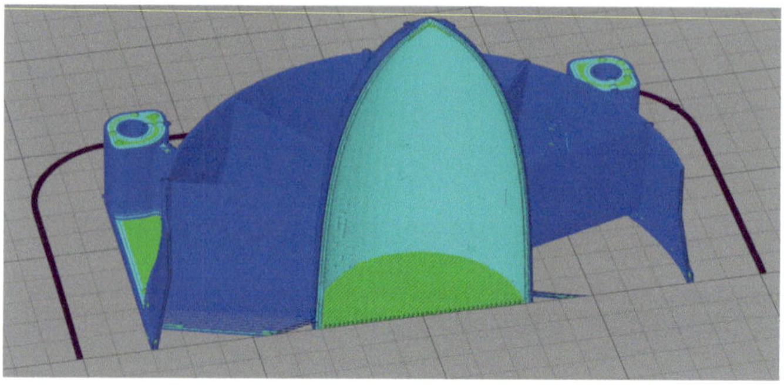

Bild 16.16 Hohler Zapfen des Strömungsrichters

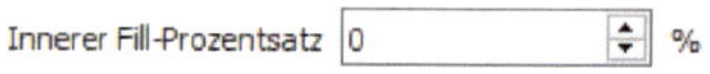

Bild 16.17 Einstellung zur Vermeidung der inneren Füllung des Zapfens

Bei den Auflagen an den vier Ecken des Strömungsrichters liegt ein scheinbarer Widerspruch zu Bedingung b) vor. Da der Spalt aber relativ schmal ist, kann die (horizontale) Oberseite leicht gefüllt werden (Bild 16.18).

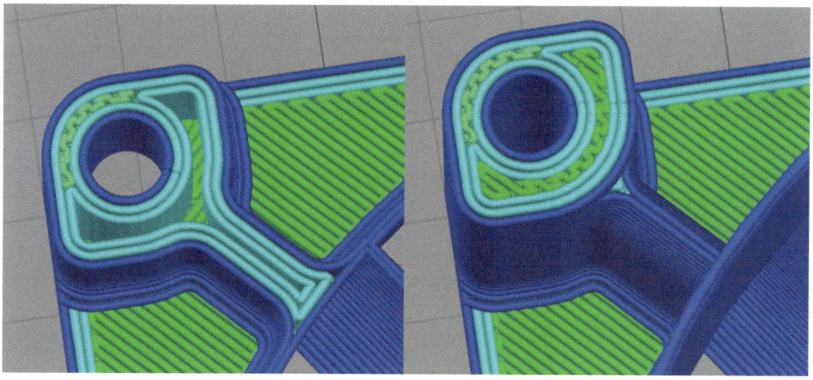

Bild 16.18 Hohle Auflagen an den Ecken des Strömungsrichters

Folgende allgemeine Druckeinstellungen sind für den Strömungsrichter vorzunehmen:

- Druckgeschwindigkeit: 55 mm/s
- Schichthöhe: 0,2 mm
- innerer Füllprozentsatz: 0 %

16.1.8 Druckeinstellungen für die Basis

Der Hohlraum auf der Unterseite der Basis muss mit Stützmaterial ausgefüllt werden. Zuerst sollte bestimmt werden, wo sich die Stützen befinden sollen. Wenn man Stützen in Bohrungen vermeiden möchte, stellt man unter *Platzierung per Gitternetz* den *Stützentyp* auf *Nur von Druckplattform* (Bild 16.20). Damit bleiben die Kabeldurchführung und das Schraubloch für die Schraube frei von Stützmaterial. Die große, horizontale Bohrung auf der Rückseite der Basis (für den Stromstecker) hat einen Durchmesser von knapp 11 mm. Erst ab einem Durchmesser von 20 mm ist Stützmaterial notwendig.

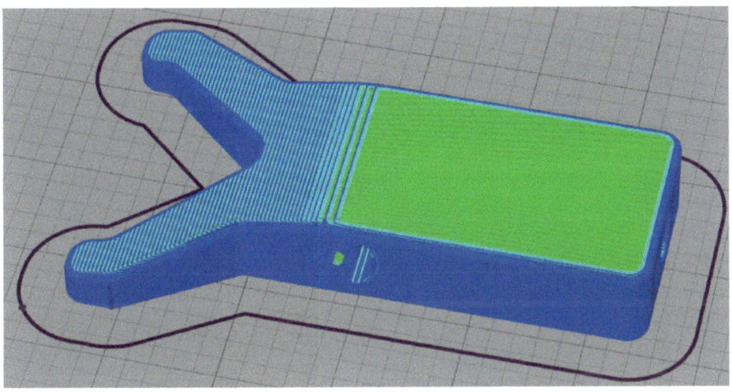

Bild 16.19 Basis im Slicer

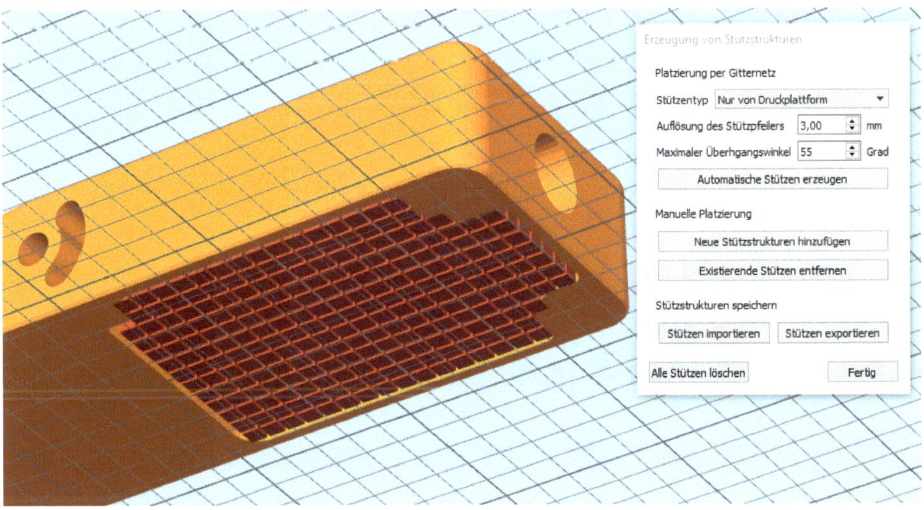

Bild 16.20 Orte des Stützmaterials

Bei der Definition des Stützmaterials denke ich immer zuerst an dessen Entfernung vom Druckteil (Bild 16.21). Zum einen sollte zwischen den Stützsträngen so viel Abstand sein, dass man mit einer Zange hineingreifen kann (*Stütz-Infill-Prozentsatz* unter *Stützmaterial erzeugen*: 13 %). Zum anderen sollten die Stützen die vertikalen Wände nicht berühren (*Horizontaler Versatz vom Teil* unter *Spalt zum Bauteil*: 1,30 mm). Damit die Verbindung zwischen der Oberseite der Stützschicht und der darüber liegenden Ebene des Druckteils etwas lockerer ist, sollte die oberste Stützschicht nicht gedruckt werden (*Obere vertikale Trennungsschichten* unter *Spalt zum Bauteil*: 1).

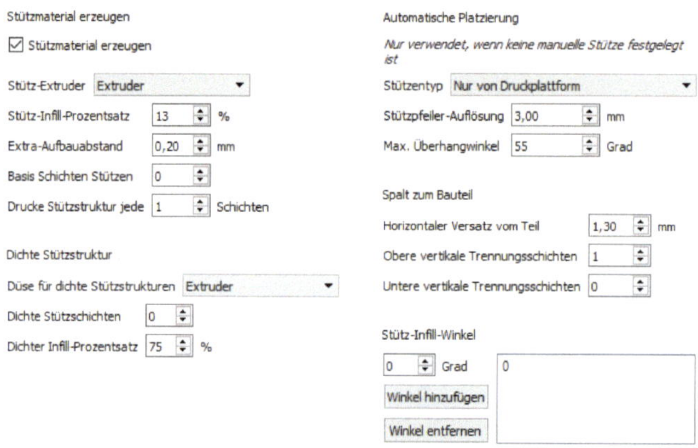

Bild 16.21 Definition des Stützmaterials

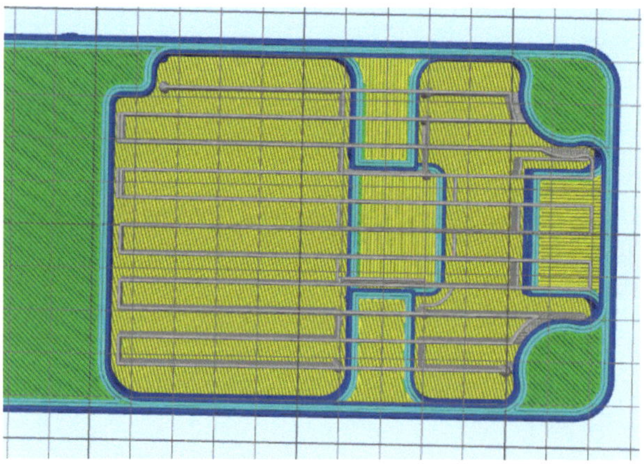

Bild 16.22 So sieht das eingestellte Stützmaterial in der Vorschau aus.

Folgende allgemeine Druckeinstellungen sind für die Basis vorzunehmen:

- Druckgeschwindigkeit: 55 mm/s
- Schichthöhe: 0,2 mm
- innerer Füllprozentsatz: 10 %

16.2 Ventilator 120 mm

Nach erfolgreicher Fertigung des kleinen Ventilators wollte ich einen größeren bauen. Ich fand einen - im Vergleich zum 80-mm-Ventilator - wesentlich leiseren PC-Ventilator mit einem Durchmesser von 120 mm, der zusätzlich mit einer LED-Rundum-Innenbeleuchtung ausgestattet ist. Der Ventilator besitzt (wie sein Vorgängermodell) eine Schwenkmöglichkeit (Bild 16.23).

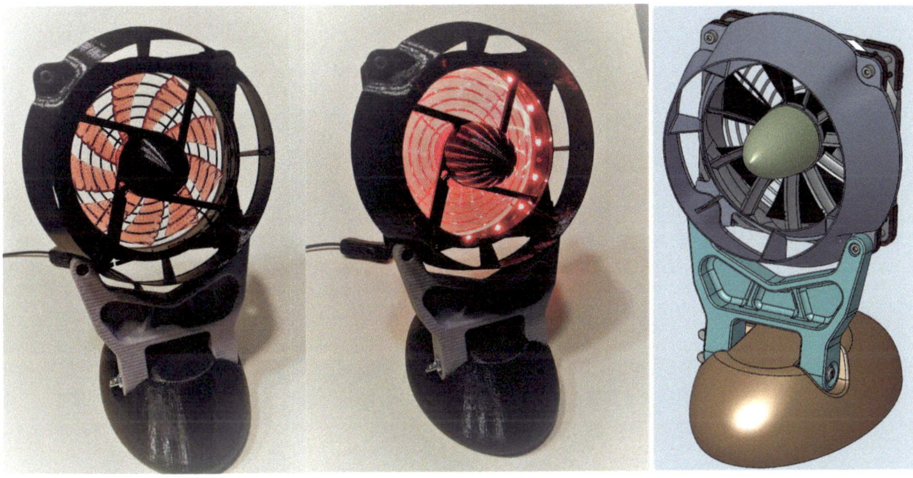

Bild 16.23 Ventilator mit 120 mm Durchmesser

16.2.1 Übersicht der benötigten Teile

In der folgenden Liste findest du alles, was du für die Erstellung des Tischventilators (120 mm) benötigst.

Pos.	Menge	Teil	Material
1	1×	*Duese.stl*	PLA
2	1×	*Zapfen.stl*	PLA
3	1×	*Halter.stl*	PLA
4	1×	*Basis.stl*	PLA
5	1×	Gewindeeinsatz M4 (im Baumarkt erhältlich); Alternative (ohne Rand): Eindrehschraube (Amazon, ASIN: B00FZQPXFQ)	
6	1×	Ventilator 120 mm (Amazon, ASIN: B01LGSBYCC)	
7	1×	Lüftergitter 120 mm (Amazon, ASIN: B00HPKC182)	
8	1×	Stecker Female Jack 5.5 × 2.1 12 VDC (Amazon, ASIN: B00XX8Q9K6)	

Pos.	Menge	Teil	Material
9	6×	Scheibe DIN 125 - A 4.3	
10	1×		
11	1×	Flügelmutter DIN 315 - M4	
12	2×	Scheibe DIN 125 - A 3.2	
13	2×	6kt-Mutter ISO 4032 - M3	
14	2×	Zylinderschraube DIN 912 M3 × 12	
15	5×	6kt-Mutter ISO 4032 - M4	
16	4×	Zylinderschraube DIN 912 M4 × 35	
	1×	Netzteil 12 VDC, 2 A-Adapter (Amazon, ASIN: B01I66W6XS)	
	1×	An/Aus-Schalter (Amazon, ASIN: B01MZ1DW2P)	
		Zwei-Komponenten-Kleber (z. B. Araldite® Rapid 5 min.)	
		kleine, selbstklebende Filzpads oder Gummipuffer	

Bild 16.24 und Bild 16.25 zeigen die Einzelteile in der Übersicht. Anhand der Positionsnummern (Pos.) erkennst du, um welches Teil aus der Liste es sich jeweils handelt.

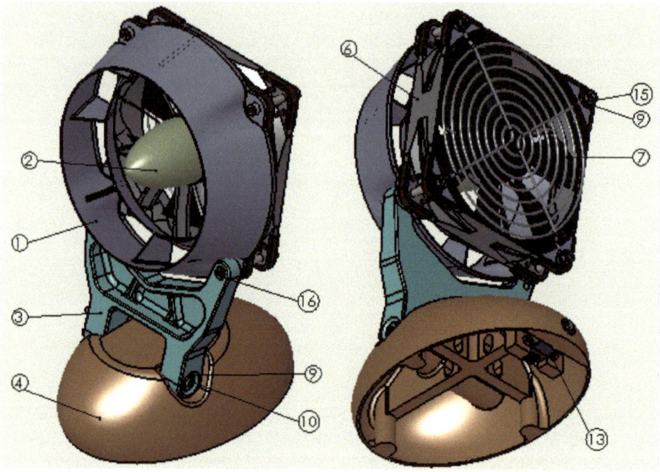

Bild 16.24 Bauteile für den Zusammenbau des Ventilators (Teil 1)

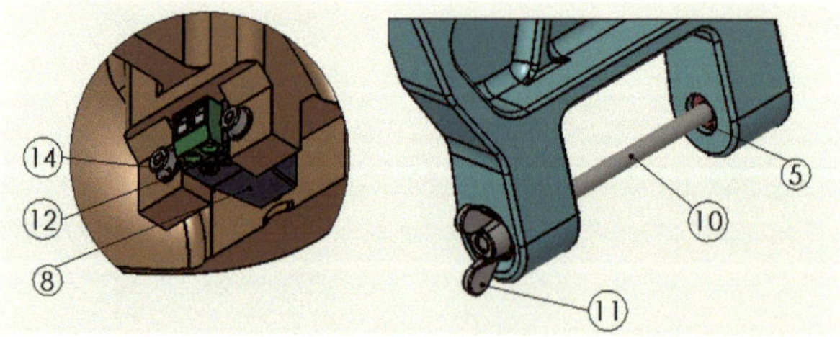

Bild 16.25 Bauteile für den Zusammenbau des Ventilators (Teil 2)

16.2.2 Zusammenbau des Ventilators (120 mm)

Mit einem langen Inbusschlüssel dreht man den Gewindeeinsatz (Pos. 5) langsam in die Bohrung des Halters (Pos. 3). Dabei dreht man vorwärts und rückwärts, sodass das schneidende Gewinde des Gewindeeinsatzes den Kunststoff nicht einreißt. Der Gewindeeinsatz darf nicht aus der Bohrung herausragen.

Dieser Ventilator hat drei Kabel. Vor dem Abschneiden des Steckers muss geprüft werden, welche zwei der drei Kabel für den Betrieb notwendig sind. Es sollen nur die beiden stromführenden Kabel (schwarz und schwarz-grün) in die Bohrung eingeführt werden. Das dritte Kabel (auch schwarz) wird nicht gebraucht und kann, wenn der Ventilator komplett montiert ist und funktioniert, abgeschnitten werden.

Das Kabel des Ventilators wird nun direkt am Stecker abgeschnitten und die beiden benötigten Kabel werden in die Bohrung des Halters (Pos. 3) eingeführt, bis das Kabel an der Unterseite herausragt. Dann muss das Kabel in die Bohrung der Basis (Pos. 4) eingeführt werden (Bild 16.26 und Bild 16.27).

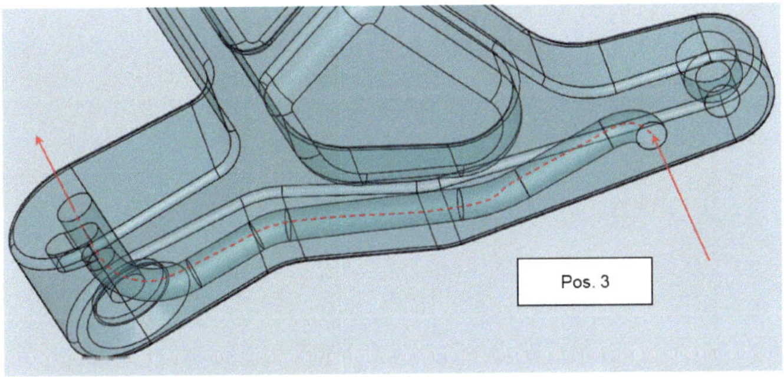

Bild 16.26 Kabeldurchführung im Halter

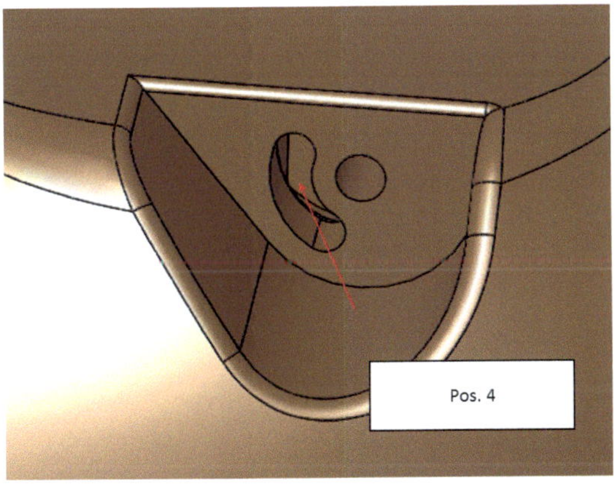

Bild 16.27 Kabeldurchführung in der Basis

Der Halter (Pos. 3) wird jetzt auf die Basis (Pos. 4) gesteckt. Dabei ist darauf zu achten, dass das Kabel nicht beschädigt wird. An die Unterseite der Basis (Pos. 4) können nun vier kleine, selbstklebende Filzpads oder Gummipuffer angebracht werden.

Der Zapfen muss nun noch mit einem Zwei-Komponenten-Kleber (Rapid von Araldite®) an den Ventilator geklebt werden. Der Ventilator wird zum Kleben horizontal hingelegt. Vor dem Kleben muss der Aufkleber auf der Vorderseite des Ventilators entfernt werden.

16.2.3 Verkabelung des Ventilators (120 mm)

Als Nächstes wird das Kabel in die vier Langlöcher eingeführt, damit die Kabel nicht heraushängen können. Das schwarze Kabel wird an den Pluspol des Steckers (Pos. 8) und das schwarz-grüne Kabel an den Minuspol angeklemmt (Bild 16.28).

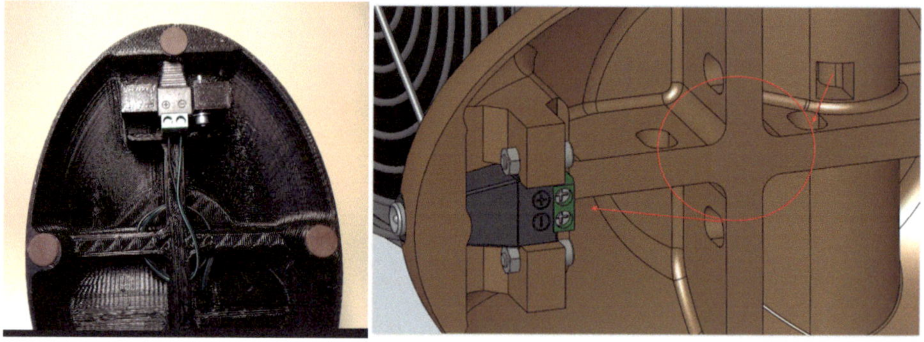

Bild 16.28 Kabel und Stecker in der Basis

Zwischen dem Netzteil und dem Ventilator habe ich einen An-/Aus-Schalter (Amazon, ASIN: B01MZ1DW2P) angeschlossen. Auf diese Weise entfällt das lästige Ein- und Ausstecken des Netzteils. Allerdings sollte der Stecker bei längerem Nichtgebrauch des Ventilators immer abgesteckt werden.

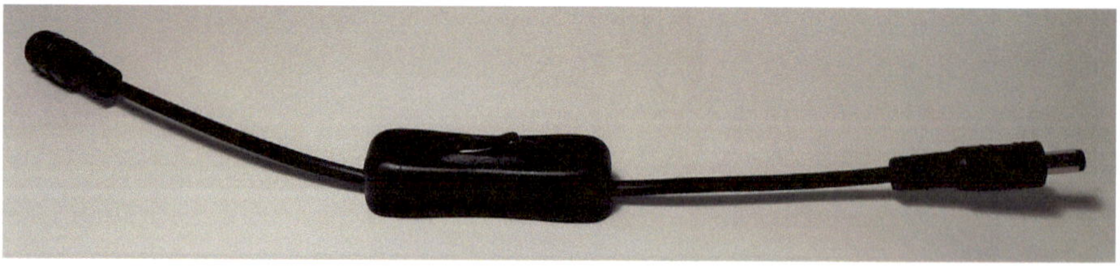

Bild 16.29 An-/Aus-Schalter

16.2.4 Druckteile des Ventilators (120 mm)

Der Ventilator setzt sich aus den in Bild 16.30 dargestellten Druckteilen zusammen.

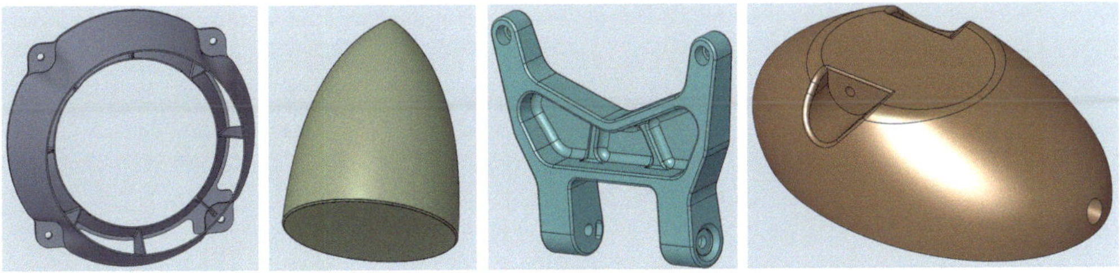

Bild 16.30 Von links nach rechts: Düse (Pos. 1), Zapfen (Pos. 2), Halter (Pos. 3) und Basis (Pos. 4)

16.2.5 Druckeinstellungen für die Düse

Die Düse ist ein dünnwandiger Körper. Um eine dünne Wand ohne Infill zu erzeugen, sollte man die Wandstärke an den Druckdüsendurchmesser anpassen. Die Wandstärke sollte dafür in der Horizontalen eingestellt werden und nicht der Wandabstand an sich. Der horizontale Wandabstand (siehe Bild 16.32) sollte doppelt so breit sein wie die Extrusionsbreite des Filaments (entspricht 120 % des Druckdüsendurchmessers: 0,48 mm), also ca. 1,0 mm (siehe Abschnitt 3.2.3). Da es hier nicht so sehr auf eine exakte Wandbreite ankommt, habe ich die Wandstärke so weit reduziert (0,8 mm), dass gerade noch zwei Konturen nebeneinander gedruckt werden und der Wand auf diese Weise genügend Stabilität verliehen wird.

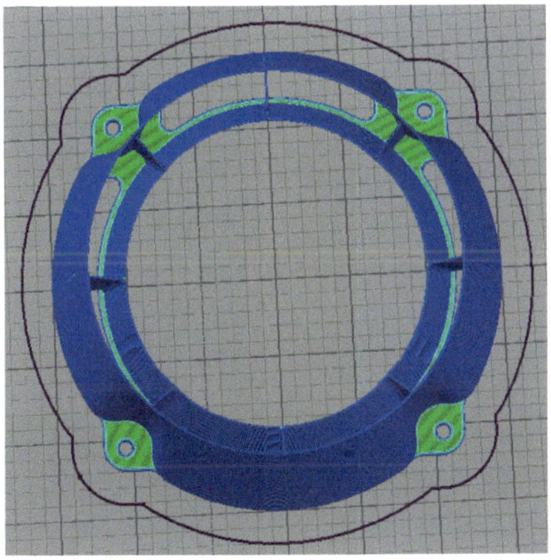

Bild 16.31 Düse im Slicer

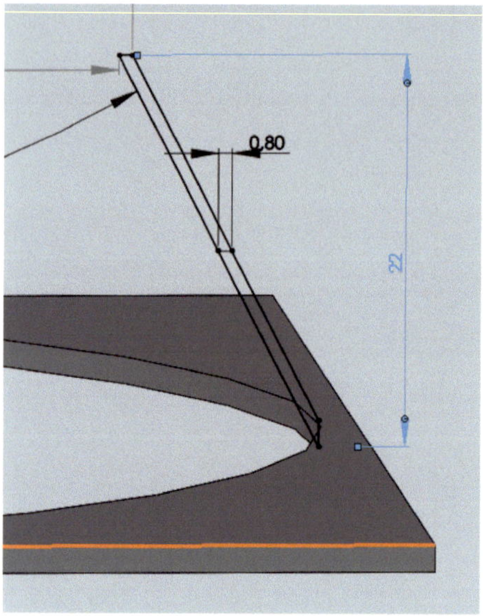

Bild 16.32 Konstruktion der dünnen Wand

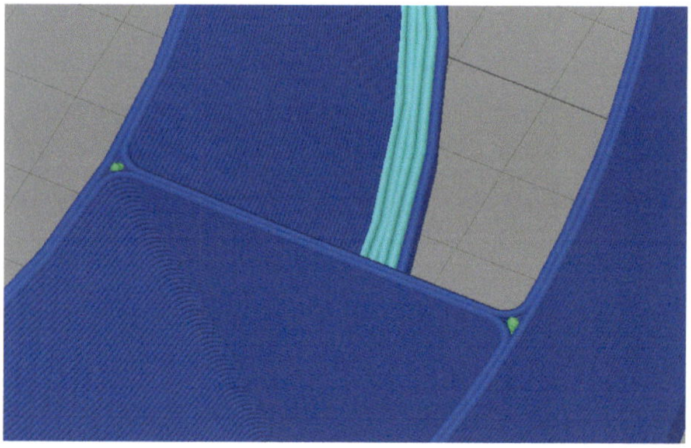

Bild 16.33 Dünne Wand mit 0,8 mm Wandstärke

Ziel ist es, zwei Konturstränge (*Outer Perimeter*) nebeneinander zu drucken, die sich berühren, damit der Slicer kein Infill erzeugt. Vergrößert man die horizontale Wandstärke von 0,8 mm auf 1,5 mm, so werden die beiden Konturstränge (dunkelblauer Bereich in Bild 16.34) mit einem kleinen Abstand zueinander gedruckt und der Spalt dazwischen wird abwechselnd mit einer inneren Kontur (hellblauer Bereich in Bild 16.34) und mit Füllmaterial (grüner Bereich in Bild 16.34) gefüllt. Das dauert um einiges länger, verbraucht natürlich mehr Filament und der Druckkopf zittert dabei sehr stark. Im Gegenzug wird die Düse ein wenig stabiler.

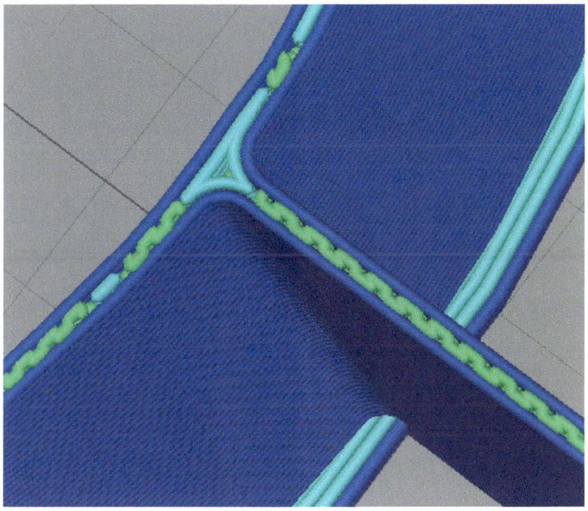

Bild 16.34 Dünne Wand mit 1,5 mm Wandstärke

Für die Einstellung der Startpunkte habe ich mich für die Variante *Startpunkt für die schnellste Druckgeschwindigkeit optimieren* entschieden. Hier verteilen sich die Startpunkte ziemlich gleichmäßig auf dem Körper (Bild 16.35).

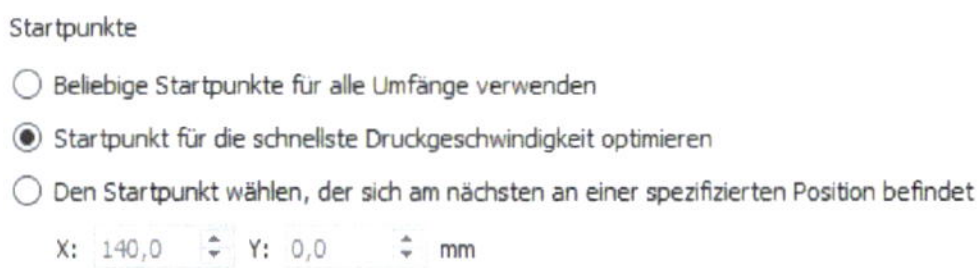

Bild 16.35 Einstellung der Startpunkte

Folgende allgemeine Druckeinstellungen sind für die Düse vorzunehmen:

- Druckgeschwindigkeit: 50 mm/s
- Schichthöhe: 0,25 mm
- innerer Füllprozentsatz: 10 %

16.2.6 Druckeinstellungen für den Zapfen

Kommen wir nun zu den Druckeinstellungen für den Zapfen. An diesem Rotationsteil kann man gut den Einfluss der Startpunkteeinstellung auf das Druckergebnis sehen. Wenn eine Seite des Körpers im verbauten Zustand nicht einsehbar und der sichtbare Teil eben sowie gleichmäßig sein soll, dann ist folgende Einstellung vorzunehmen: *Den Startpunkt wählen, der sich am nächsten an einer spezifizierten Position befindet* (Bild 16.36). Die dann entstehende Narbe lässt sich mit Schmirgelpapier leicht entfernen.

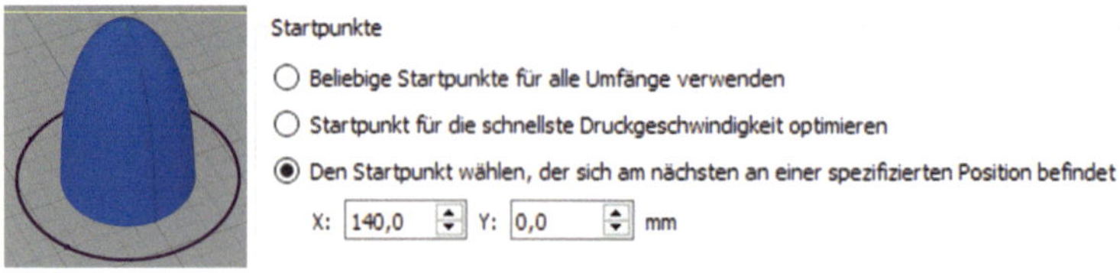

Bild 16.36 Narbenbildung durch übereinander liegende Startpunkte

Für den Fall, dass die Optik des Körpers weniger wichtig ist, dafür aber eine kürzere Druckdauer gewünscht ist, ist die Einstellung *Startpunkt für die schnellste Druckgeschwindigkeit optimieren* zu wählen (Bild 16.37).

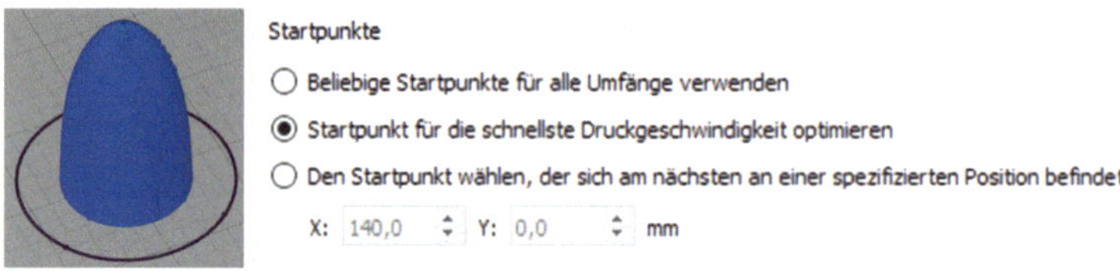

Bild 16.37 Mehrere Zonen mit kleinen Anhäufungen von Startpunkten

Bei der Einstellung *Beliebige Startpunkt für alle Umfänge verwenden* sind die Startpunkte gleichmäßig über den ganzen Körper verteilt. Die Oberfläche ist dann gleichmäßig rau. Dies ist speziell für Druckteile mit Gewinde die beste Einstellung (Bild 16.38).

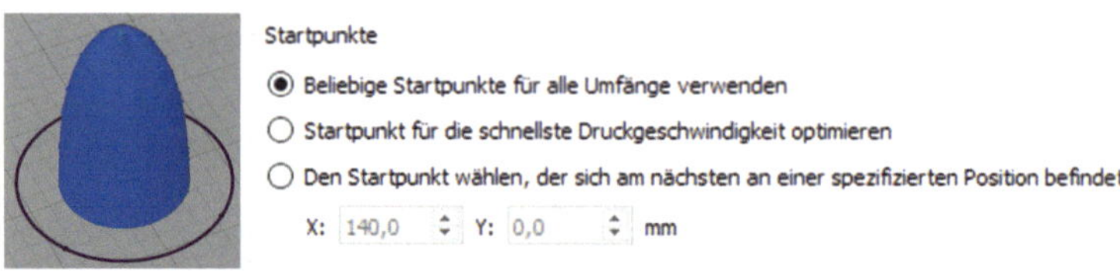

Bild 16.38 Startpunkte werden zufällig (und ziemlich gleichmäßig) am ganzen Körper verteilt.

Bei den steil zu druckenden Wänden kann man den Zapfen innen auch ohne Füllmuster (Infill) drucken. Dazu muss der *Innere Füll-Prozentsatz* auf 0 % gestellt werden (Bild 16.39). Die Festigkeit der Außenkonturen ist groß genug, sodass der Zapfen nicht zusammengedrückt werden kann.

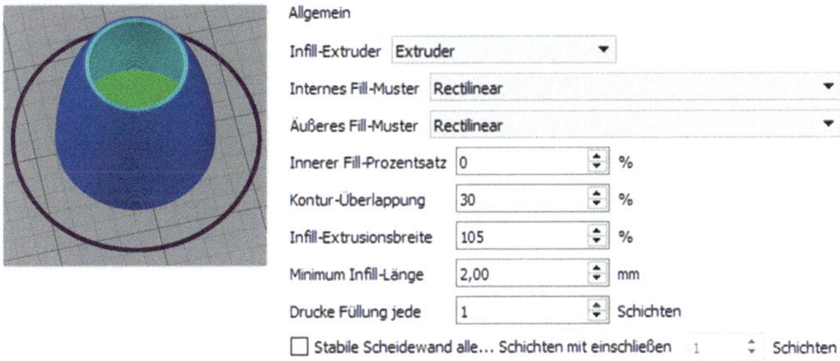

Bild 16.39 Druck eines hohlen Zapfens

Folgende allgemeine Druckeinstellungen sind für den Zapfen vorzunehmen:

- Druckgeschwindigkeit: 50 mm/s
- Schichthöhe: 0,2 mm
- innerer Füllprozentsatz: 8 % (oder 0 %)

16.2.7 Druckeinstellungen für den Halter

Die Stützstruktur des Halters habe ich benutzt, um den unteren, fast horizontalen Teil der Rundung abzustützen (Bild 16.40).

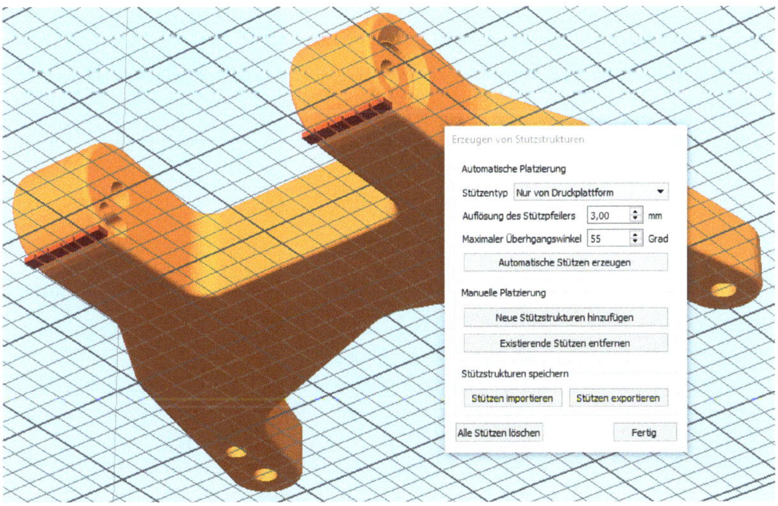

Bild 16.40 Ort des Stützmaterials

Die Einstellung für das Stützmaterial unter *Spalt zum Bauteil* ist wie folgt: Bei *Obere vertikale Trennungsschichten* und *Untere vertikale Trennungsschichten* ist der Wert auf 0 zu setzen. Der *Horizontale Versatz vom Teil* ist 0,3 mm (Bild 16.41).

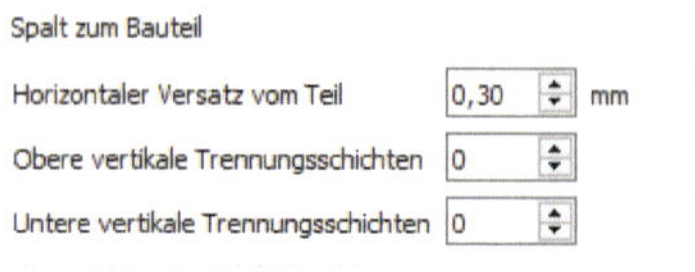

Bild 16.41 Abstand des Stützmaterials vom Druckteil

Auch hier ist darauf zu achten, dass sich kein Stützmaterial in den Bohrungen befindet. Dazu sollte man das Teil im Schnitt darstellen und mögliche Stützstrukturen entfernen (Bild 16.42).

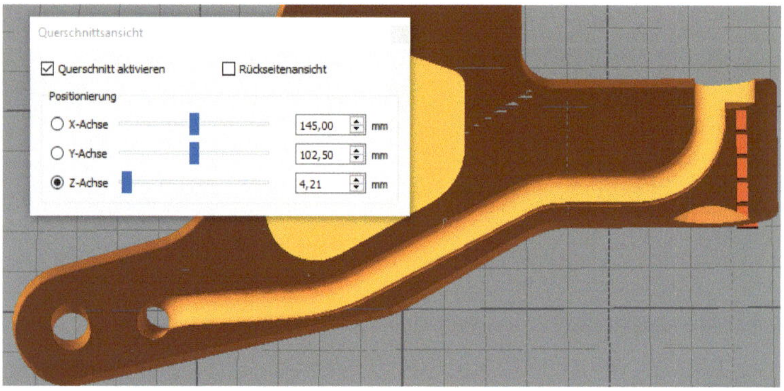

Bild 16.42 Schnitt durch den Halter zur Darstellung der Kabelbohrung

Den Startpunkt einer jeden Schicht habe ich zwischen die kurzen Arme gelegt. Dort fallen diese Anhäufungen nicht auf (Bild 16.43 und Bild 16.44).

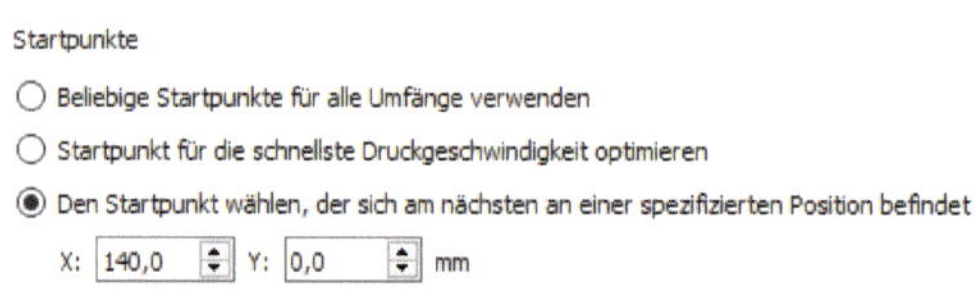

Bild 16.43 Position der Startpunkte

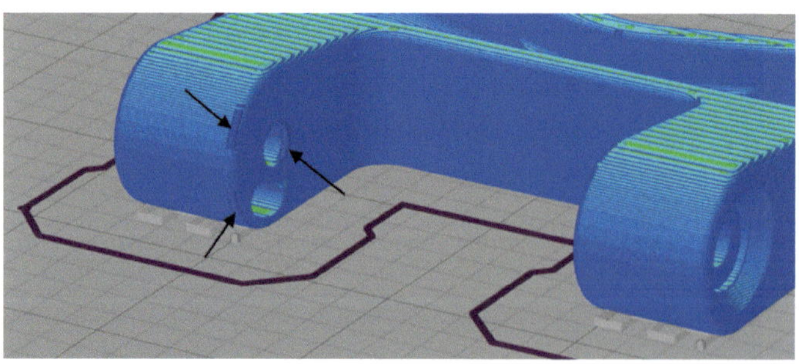

Bild 16.44 Die Startpunkte liegen zwischen den Armen des Halters.

Folgende allgemeine Druckeinstellungen sind für den Halter vorzunehmen:

- Druckgeschwindigkeit: 45 mm/s
- Schichthöhe: 0,25 mm
- innerer Füllprozentsatz: 10 %

16.2.8 Druckeinstellungen für die Basis

Die Basis ist ein dünnwandiger Körper in Form einer halben Walnussschale. Die Dichte der Stützstruktur habe ich unter *Stütz-Infill-Prozentsatz* auf grobe 8 % gestellt, da es sich um ein relativ großes Objekt handelt und die Innenseite nicht sichtbar ist (Bild 16.46). Deshalb ist es nicht nötig, großen Aufwand für eine perfekte, nicht einsehbare Innenseite zu betreiben.

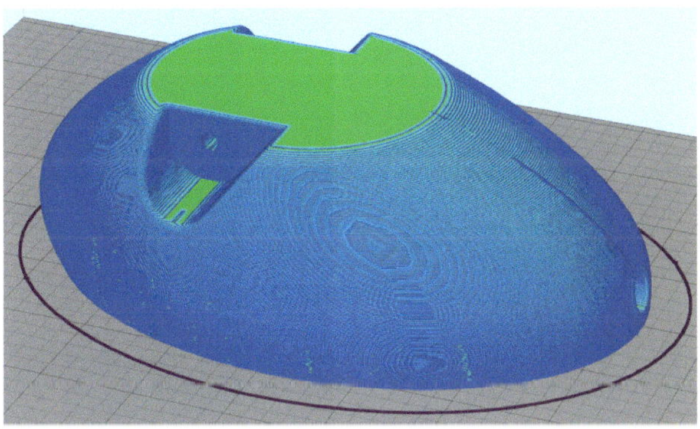

Bild 16.45 Basis im Slicer

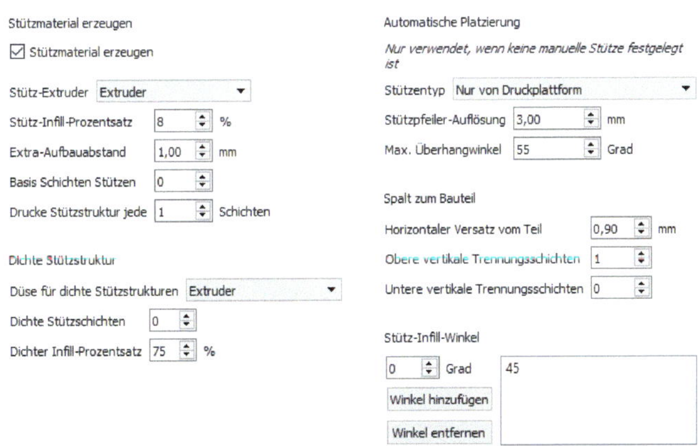

Bild 16.46 Einstellung des Stützmaterials

Zuerst müssen die Positionen des Stützmaterials definiert werden und überflüssiges Stützmaterial muss gelöscht werden. Ein *Maximaler Überhangwinkel* mit 55° erzeugt bei meinem 3D-Drucker gute Resultate (Bild 16.47).

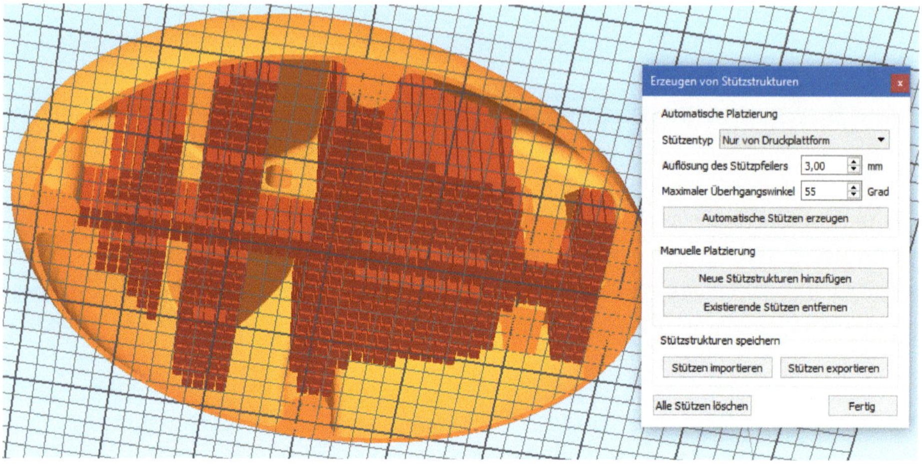

Bild 16.47 Druckorte des Stützmaterials

Bei diesem Druckteil ist die Einstellung des *Stütz-Infill-Winkels* wichtig (Bild 16.46). Die Bahnen des Stützmaterials sollten nicht parallel zu den Außenbahnen der zu stützenden Ebenen sein. Was passiert, wenn dem nicht so ist, kann man gut in Bild 16.48 erkennen. Die schwarzen Pfeile markieren die Außenbahnen, welche parallel zu den Stützmaterialbahnen liegen und nicht gestützt werden. Diese Außenbahnen hängen beim Druck durch und bilden keine vernünftige Kontur für die später gedruckte Ebene (gelb dargestellt).

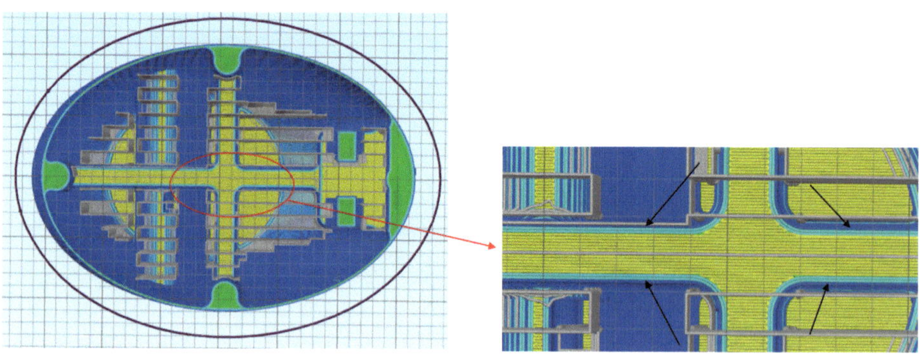

Bild 16.48 Schlechte Stützeigenschaft durch den Stütz-Infill-Winkel (0°)

Die richtige Einstellung für den *Stütz-Infill-Winkel* zum Stützen aller Außenkonturen ist 45° (Bild 16.49).

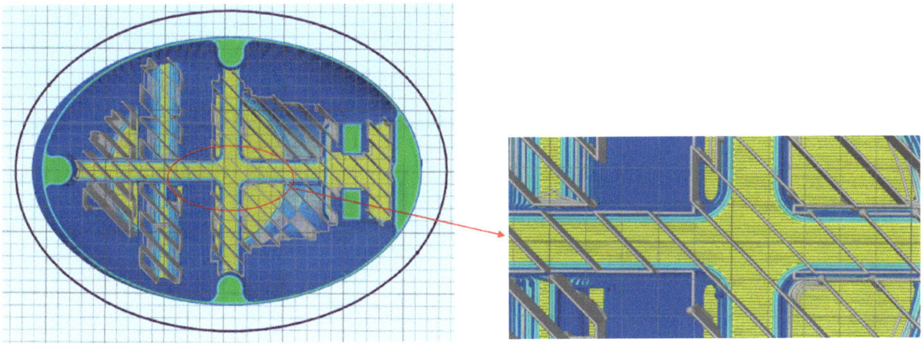

Bild 16.49 Gute Stützwirkung durch den Stütz-Infill-Winkel (45°)

Den Startpunkt einer jeden Schicht habe ich auf die Rückseite gelegt. Damit wird die sichtbare Vorderseite schön glatt gedruckt und die Naht auf der Rückseite fällt praktisch nicht auf (Bild 16.50).

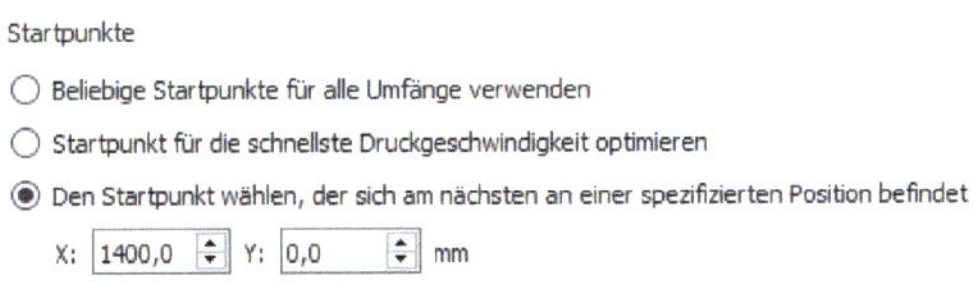

Bild 16.50 Einstellung der Startpunkte

Folgende allgemeine Druckeinstellungen sind für die Basis vorzunehmen:

- Druckgeschwindigkeit: 55 mm/s
- Schichthöhe: 0,2 mm
- innerer Füllprozentsatz: 10 %

16.3 Doppelventilator 120 mm

Nachdem ich in der Praxis testen konnte, wie leise und gut der Ventilator mit 120 mm Durchmesser läuft, wollte ich eine noch stärkere Version dieses Ventilators fertigen, indem ich zwei Ventilatoren verbaute (Bild 16.51). Weil ich Angst hatte, dass die beiden Ventilatoren zu stark blasen könnten, habe ich einen Spannungsregulator eingebaut. So kann man die Drehgeschwindigkeit stufenlos einstellen.

Bild 16.51 Doppelventilator mit 120 mm Durchmesser

Da ich Lust auf etwas Besonderes hatte, habe ich mich für Doppelventilator mit blauer und roter Beleuchtung entschieden (Bild 16.52). Ich hatte anfangs die Sorge, dass das Licht mich während der Arbeit stört, aber es stört keineswegs, weil das Licht nicht blinkt, sondern dauerhaft leuchtet. Doch notwendig ist diese Beleuchtung natürlich nicht. Es gibt Ventilatoren in vielen anderen Farben und natürlich auch Ventilatoren, die nicht leuchten.

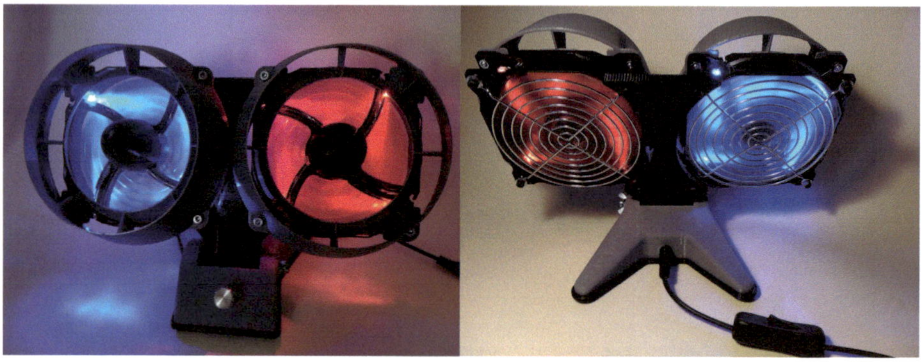

Bild 16.52 Vorderansicht und Rückansicht des Doppelventilators

Als Konstruktionsgrundlage dient der Ventilator mit 120 mm Durchmesser aus Abschnitt 16.2, dessen Design ich nochmals weiterentwickelt habe. Diesmal ist die Basis unten mit einer Basisplatte abgedeckt. In der Basis verstecken sich die Elektronik und die Kabel. Die eingesetzten Verbindungsfeatures (Schraubverbindung mit Nutmutter) habe ich in Kapitel 4 ausführlich beschrieben.

Wegen der Komplexität dieses Ventilators habe ich den Doppelventilator in drei Unterbaugruppen unterteilt, auf welche ich im Folgenden eingehen werde.

16.3.1 Unterbaugruppe Fußplatte

Übersicht der benötigten Teile

In der folgenden Liste findest du alles, was du für die Erstellung der Unterbaugruppe Fußplatte benötigst.

Pos.	Menge	Teil	Material
1	1×	*Basisplatte.stl*	PLA
2	4×	Zylinderschraube DIN 912 M3 × 12	
3	4×	Nutmutter M3 (Misumi, Artikelnr. HNTF5-3, oder Amazon, ASIN: B01KSTL0TW)	

Bild 16.53 zeigt die Einzelteile in der Übersicht. Anhand der Positionsnummern (Pos.) erkennst du, um welches Teil aus der Liste es sich jeweils handelt. Die Nutmuttern werden mit drei bis vier Umdrehungen auf die Zylinderschrauben aufgeschraubt.

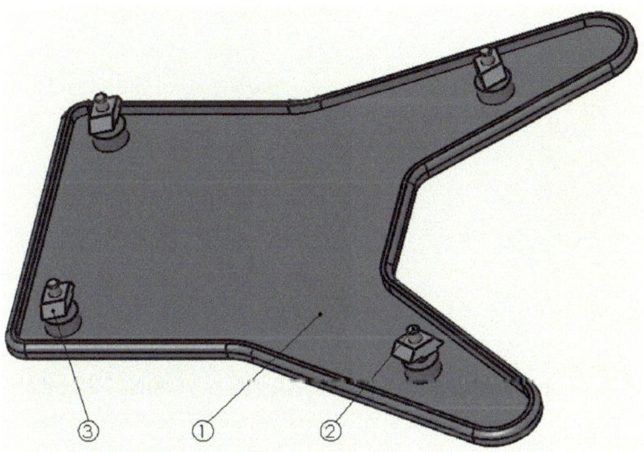

Bild 16.53 Aufbau der Unterbaugruppe Fußplatte

16.3.2 Unterbaugruppe Basis

Übersicht der benötigten Teile

In der folgenden Liste findest du alles, was du für die Erstellung der Unterbaugruppe Basis benötigst.

Pos.	Menge	Teil	Material
1	1×	*Basis.stl*	PLA
2	1×	*Zylinder.stl*	PLA
3	1×	Gewindeeinsatz M4 (Baumarkt) Alternative (ohne Rand): Eindrehschraube (Amazon, ASIN: B00FZQPXFQ)	
4	1×	Drehknopf Drehzahlregler (Amazon, ASIN: B00ENE03MO)	

Pos.	Menge	Teil	Material
5	1×	Stecker Female Jack 5.5 × 2.1 12 VDC (Amazon, ASIN: B00XX8Q9K6)	
6		Platine Drehzahlregler (Amazon, siehe Pos. 4)	
7	2×	6kt-Mutter ISO 4032 - M3	
8	1×	Scheibe DIN 125 - A 3.2	
9	1×	Zylinderschraube DIN 912 M3 × 16	
10	1×	Zylinderschraube DIN 912 M3 × 6	

Bild 16.54 zeigt die Einzelteile in der Übersicht. Anhand der Positionsnummern (Pos.) erkennst du, um welches Teil aus der Liste es sich jeweils handelt.

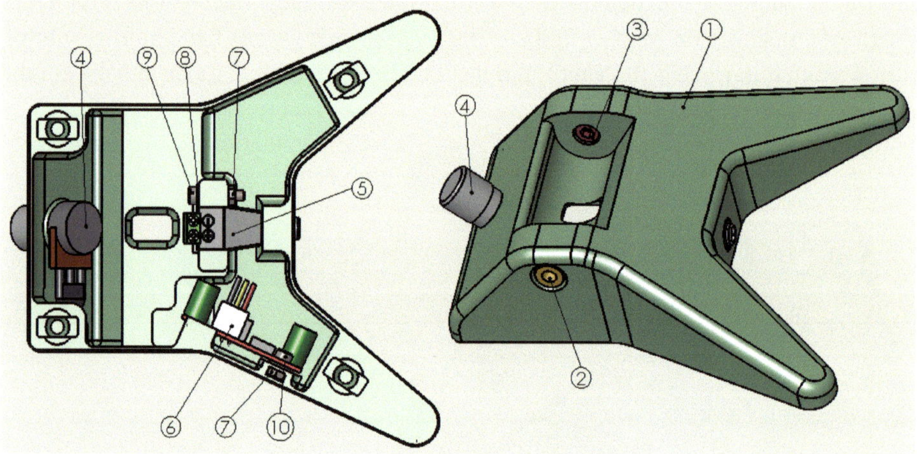

Bild 16.54 Aufbau der Unterbaugruppe Basis

Das Potentiometer (Pos. 4) und die Platine (Pos. 6) sind ein und dasselbe Bestellteil (Bild 16.55). Als Erstes muss der Drehknopf vom Poti (Pos. 4) abgezogen und die Mutter (blauer Pfeil in Bild 16.56) abgenommen werden. Dann wird das Poti in die Bohrung gesteckt, sodass die Lasche (roter Pfeil in Bild 16.56) in die Vertiefung (gelber Pfeil in Bild 16.56) der Basis trifft. Mit der Mutter wird das Poti fest eingespannt und der Drehknopf wird dann wieder auf das Poti gesteckt.

Bild 16.55 Platine

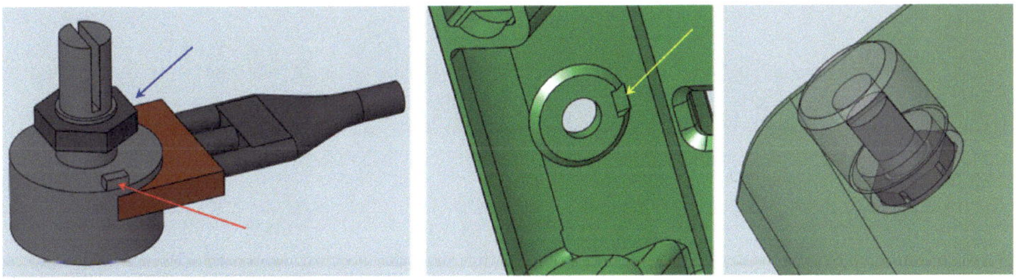

Bild 16.56 Einbau des Potentiometers zur Regulierung der Drehgeschwindigkeit der Ventilatoren

Als Nächstes wird der Gewindeeinsatz (Pos. 3) mit einem Inbusschlüssel langsam in die linke Bohrung hineingedreht. Dann wird der Stecker (Pos. 5) in seine Position gesteckt und mit Schraube (Pos. 9), Scheibe (Pos. 8) sowie Mutter (Pos. 7) gesichert. Das Kabel des Potis sollte unter dem Stecker verlaufen. Zuletzt ist der Zylinder in die rechte Bohrung zu setzen. Dieser sollte ein kleines Spiel haben. Die Mutter (Pos. 7) wird nun bis zum Grund in die Nut gepresst. Erst wenn die Platine (Pos. 6) mit den Kabeln angeschlossen ist, ist diese mit der Schraube (Pos. 10) zu befestigen.

16.3.3 Unterbaugruppe Ventilatorenhalter

Übersicht der benötigten Teile

In der folgenden Liste findest du alles, was du für die Erstellung der Unterbaugruppe Ventilatorenhalter benötigst.

Pos.	Menge	Teil	Material
1	1×	*Ventilatorhalter.stl*	PLA
2	2×	*Duese.stl*	PLA
3	2×	*Zapfen.stl*	PLA
4	2×	Ventilator 120 mm (Amazon, ASIN: B01LGSBYCC)	
5	2×	Lüftergitter 120 mm (Amazon, ASIN: B00HPKC182)	
6	24×	Scheibe DIN 125 - A 4.3	
7	16×	6kt-Mutter ISO 4032 - M4	
8	12×	Zylinderschraube DIN 912 M4 × 12	
9	4×	Zylinderschraube DIN 912 M4 × 20	

Bild 16.57 zeigt die Einzelteile in der Übersicht. Anhand der Positionsnummern (Pos.) erkennst du, um welches Teil aus der Liste es sich jeweils handelt.

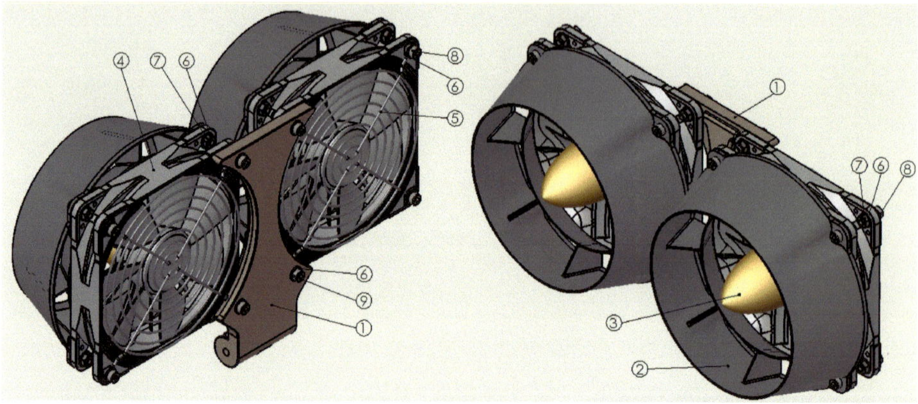

Bild 16.57 Aufbau der Unterbaugruppe Ventilatorenhalter

Als Erstes werden die Stecker der Ventilatoren abgeschnitten. Dann wird je ein Kabelbündel der Ventilatoren in je eine Öffnung des Halters (Pos. 1) eingeführt und unten wieder herausgezogen (rote Pfeile in Bild 16.58).

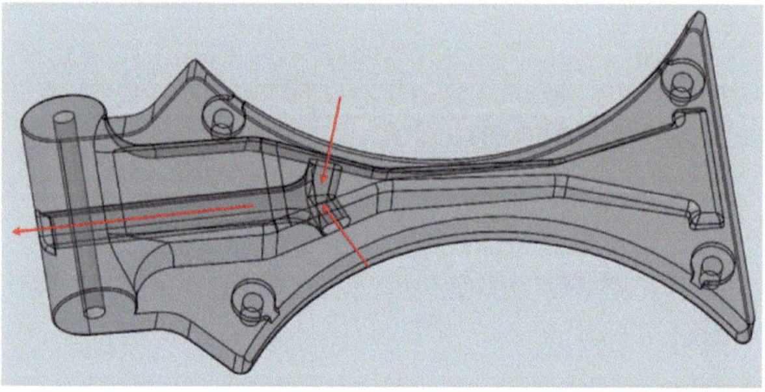

Bild 16.58 Kabel in den Halter einführen

Nun werden die Ventilatoren (Pos. 4) samt dem Lüftergitter (Pos. 5) an den Halter (Pos. 1) angeschraubt. Die beiden Düsen werden auf der Vorderseite der Ventilatoren befestigt. Auf dem Gehäuse der Ventilatoren befindet sich ein Pfeil, der die Strömungsrichtung anzeigt. Dieser Pfeil muss in Richtung der Düse zeigen. Vor dem Ankleben der Zapfen (Pos. 3) ist der Aufkleber zu entfernen.

16.3.4 Hauptbaugruppe

Übersicht der benötigten Teile

In der folgenden Liste findest du alles, was du für die Erstellung der Hauptbaugruppe benötigst.

Pos.	Menge	Teil
1	1×	*Bg. Basis*
2	1×	*Bg. Fußplatte*
3	1×	*Bg. Ventilatorenhalter*
4	1×	Scheibe DIN 125 - A 4.3
5	1×	Flügelmutter DIN 315-M4
6	1×	Flachkopfschraube mit Schlitz ISO 1580 - M4 × 80
	4×	kleine, selbstklebende Filzpads oder Gummipuffer

Bild 16.59 zeigt die Einzelteile in der Übersicht. Anhand der Positionsnummern (Pos.) erkennst du, um welches Teil aus der Liste es sich jeweils handelt.

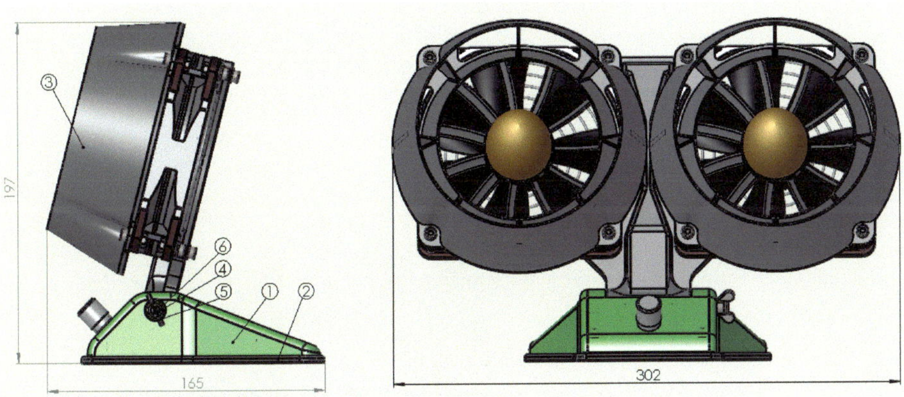

Bild 16.59 Zusammenbau der drei Unterbaugruppen

Zunächst sind die Kabel der Ventilatoren (Pos. 3) in der Bohrung der *Bg. Basis* (Pos. 1) durchzufädeln. Die beiden Baugruppen *Bg. Basis* und *Bg. Ventilatorenhalter* (Pos. 1 und Pos. 3) werden nun über Schraube, Scheibe und Flügelmutter (Pos. 4 bis Pos. 6) miteinander verschraubt. An die Unterseite der Fußplatte (Pos. 2) können nun vier kleine, selbstklebende Filzpads oder Gummipuffer angebracht werden.

16.3.5 Verkabelung des Doppelventilators

In diesem Fall hat jeder der beiden Ventilatoren zwei schwarze und ein schwarzweißes Kabel. Das schwarz-weiße Kabel wird für den Betrieb nicht benötigt. Von beiden Ventilatoren werden die mittleren schwarzen Kabel auf eine Lüsterklemme (+-Pol) montiert. Die äußeren schwarzen Kabel werden auf eine andere Lüsterklemme (–-Pol) montiert. Dann muss ein Kabel eingefügt werden, welches den +-Pol der Lüsterklemme mit der Position OUT+ auf der Platine verbindet. Ein weiteres Kabel verbindet den –-Pol der Lüsterklemme mit der Position OUT– auf der Platine. Nun führt ein Kabel von der Position IN+ der Platine auf den + -Pol des Steckers und ein anderes Kabel von der Position IN– der Platine auf den –-Pol des Steckers.

Das mittlere schwarze Kabel muss an den +-Pol angeschlossen werden, das äußere schwarze Kabel an den –-Pol. Bild 16.60 zeigt den Anschlussplan.

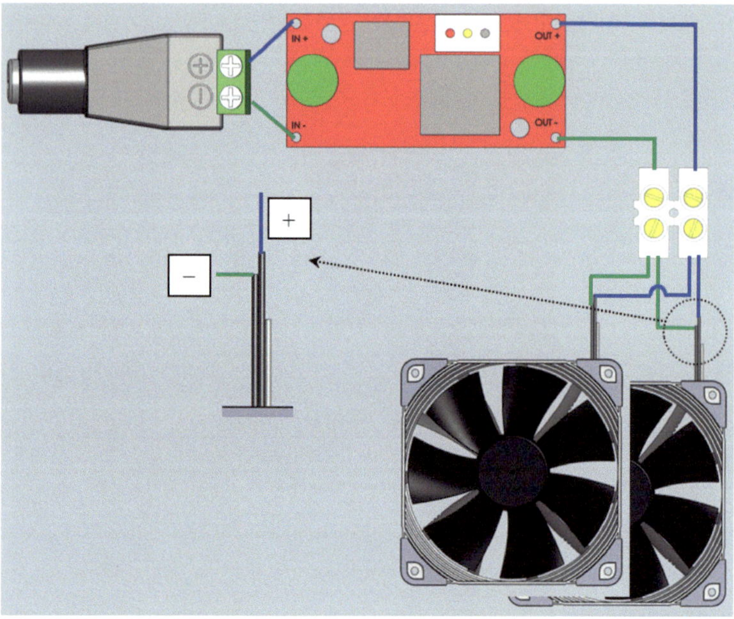

Bild 16.60 Anschlussplan: Das mittlere schwarze Kabel ist der +-Pol, das äußere schwarze Kabel ist der –-Pol.

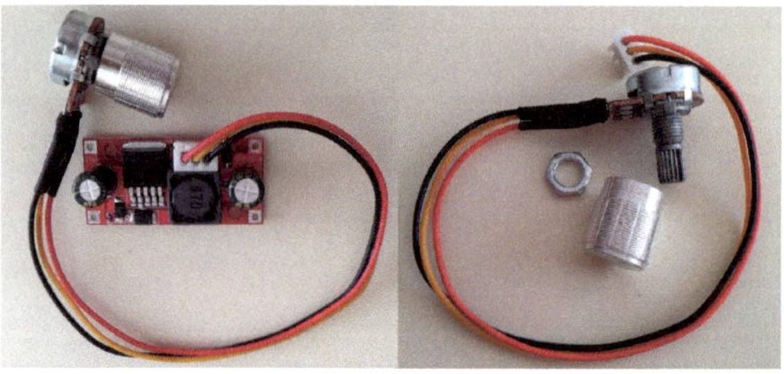

Bild 16.61 Potentiometer mit Platine

Nach dem erfolgreichen Verkabeln muss nur noch die Fußplatte montiert werden.

16.3.6 Druckteile des Doppelventilators

Der Doppelventilator setzt sich aus den in Bild 16.62 bis Bild 16.64 dargestellten Druckteilen zusammen.

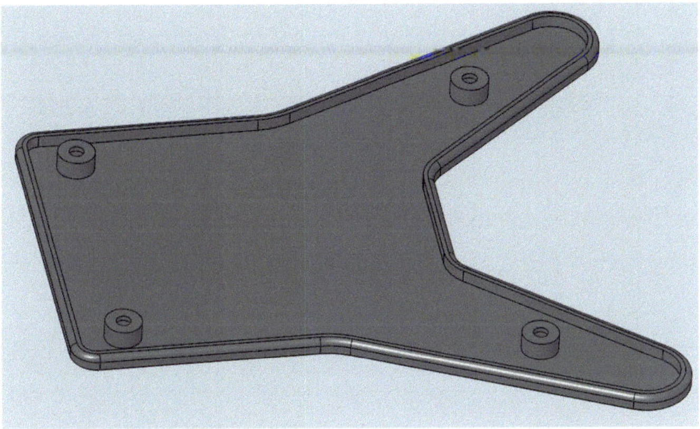

Bild 16.62 Unterbaugruppe Fußplatte: Basisplatte (Pos. 1)

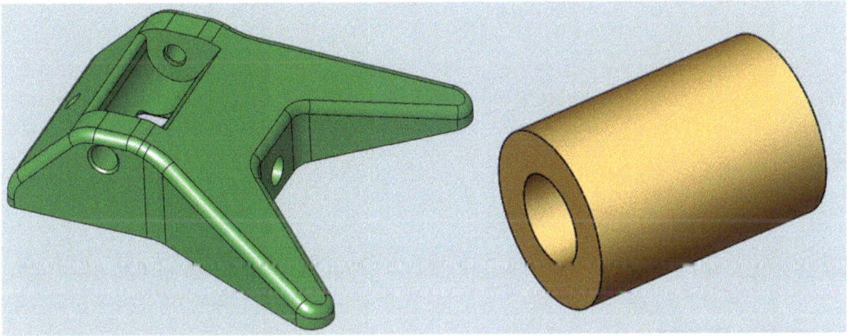

Bild 16.63 Unterbaugruppe Basis: Basis (Pos. 1, links) und Zylinder (Pos. 2, rechts)

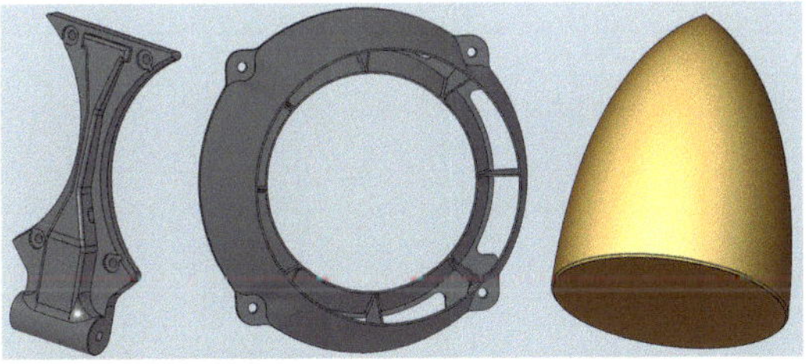

Bild 16.64 Unterbaugruppe Ventilatorenhalter (von links nach rechts): Ventilatorenhalter (Pos. 1), Düse (Pos. 2) und Zapfen (Pos. 3)

Druckeinstellungen für die Basisplatte

Beim Drucken der Basisplatte gibt es keine besonderen Einstellungen zu berücksichtigen.

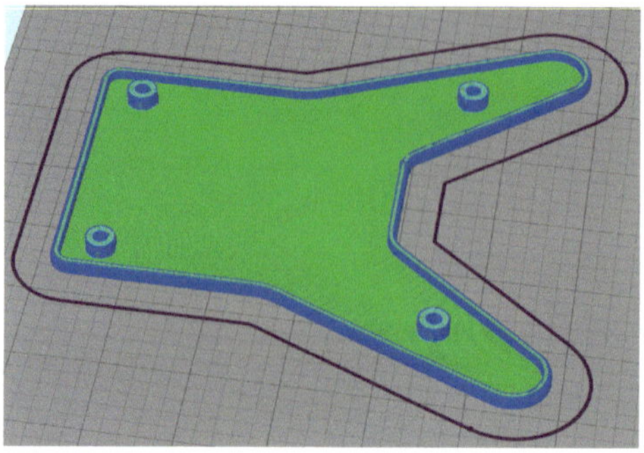

Bild 16.65 Basisplatte im Slicer

Einzig die Startpunkte sollten aus optischen Gründen auf der Rückseite der Basisplatte liegen (Bild 16.66).

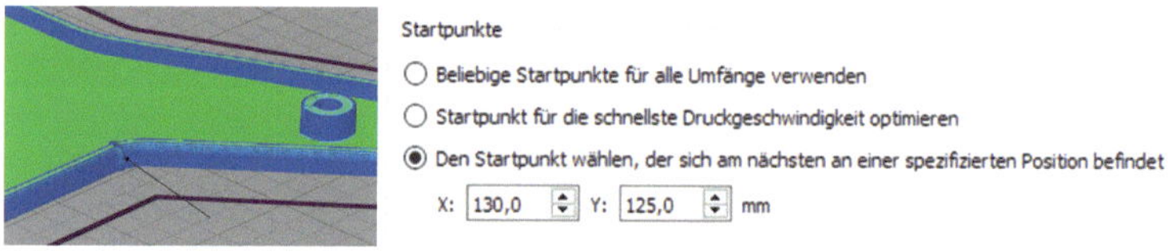

Bild 16.66 Einstellung der Startpunkte

Folgende allgemeine Druckeinstellungen sind für die Basisplatte vorzunehmen:

- Druckgeschwindigkeit: 50 mm/s
- Schichthöhe: 0,25 mm
- innerer Füllprozentsatz: 15 %

Druckeinstellungen für die Basis

Die Basis ist mit Abstand das am schwierigsten zu druckende Teil dieses Projekts. Gleich bei meinem ersten Druckversuch hat sich das Teil an drei Stellen von der Druckplatte gelöst (*Warping*).

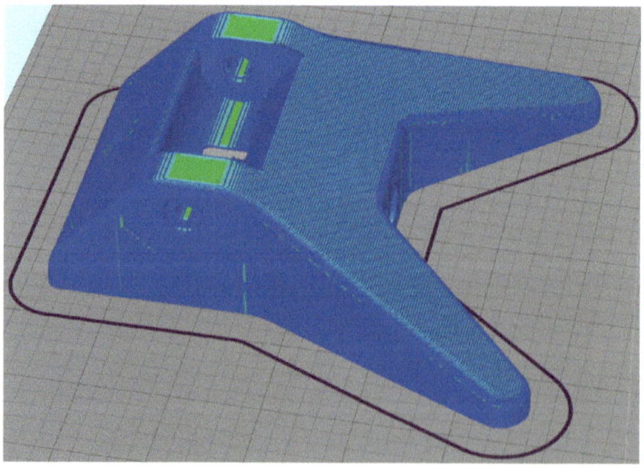

Bild 16.67 Basis im Slicer

Wenn die Datei nur im stl-Format vorliegt, dann gibt es bloß eine Lösung: Man fügt eine Haftfläche (*Raft*) unterhalb des Teils hinzu. Auf diesem Raft haftet das zu druckende Teil besser. Doch dieser Raft ist auch schwer vom Teil zu entfernen und hinterlässt Markierungen auf der Unterseite der Druckteile. Außerdem dauert der Druck ca. 25 Minuten länger. Das ist bei einer Druckzeit von knapp vier Stunden nicht wenig. Bild 16.68 zeigt den Raft von unten. Rechts daneben ist die dazugehörige Einstellung zu sehen.

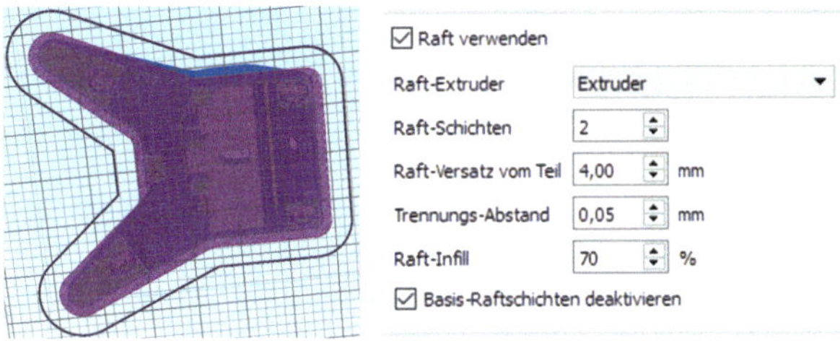

Bild 16.68 Raft-Erstellung mit dem Slicer

Im nächsten Schritt habe ich überlegt, wie ich den Raft selbst konstruieren könnte. Der DIY-Raft sollte folgende Bedingungen erfüllen:

- Die Raft-Flächen sollten sich an den Extremen des Druckteils befinden.
- Die Raft-Flächen sollten so groß wie nötig sein, um die Haftfläche genügend zu vergrößern.
- Die Raft-Schichtdicke sollte 2 bis 4 Druckschichten (Layer) dick sein. Mehr Schichten sorgen nämlich nicht für mehr Haftung. In diesem Falle ist die Raft-Schichtdicke zwei Druckschichten dick.

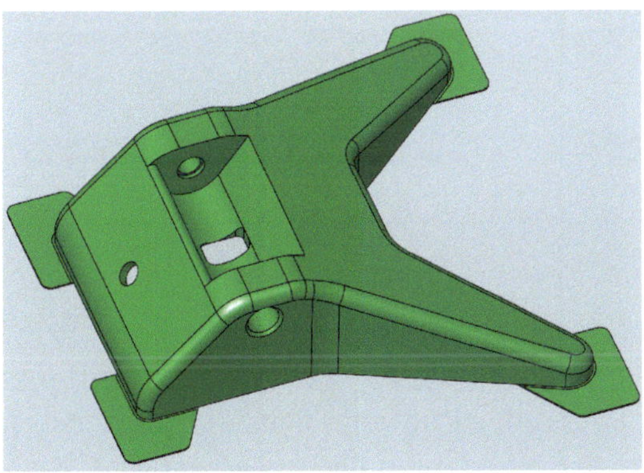

Bild 16.69 Konstruktiv erstelltes Raft (DIY-Raft)

Nur die erste Druckschicht des Rafts ist mit der Kontur des Teils verschmolzen. Das reicht vollkommen für den Halt des Druckteils auf der Druckplatte aus (Bild 16.70).

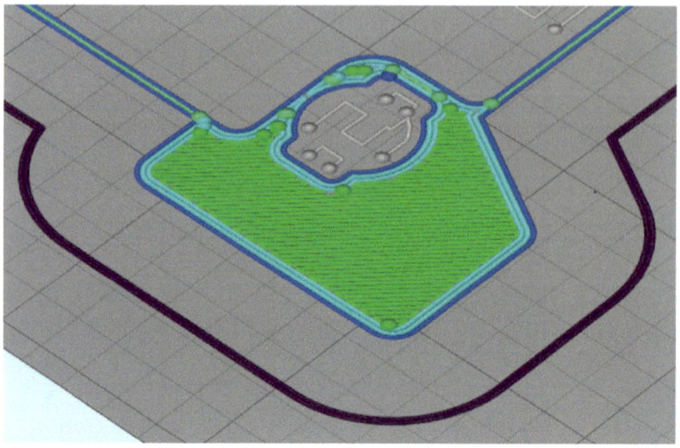

Bild 16.70 Erste Druckschicht des Rafts

Die zweite Druckschicht des Rafts hat ein horizontales Offset von 1 mm zur Teilekontur. Die zweite Raftschicht berührt daher das Teil nicht (Bild 16.71). Damit kann man die Raftschicht nach dem Drucken einfach wegbrechen oder mit einem Cutter entfernen.

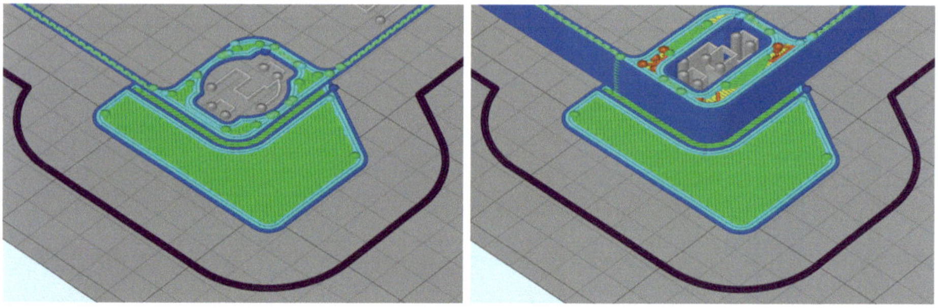

Bild 16.71 Zweite Druckschicht des Rafts

Darüber hinaus sollte man ein Haarspray zur Erhöhung der Haftung einsetzen. Ich benutze ein günstiges Spray mit extra starker Haftung.

Dieser DIY-Raft hat folgenden Vorteil: Er baut nicht unter dem Teil auf, sondern daneben. Damit sind die zusätzlich zu druckenden Raftflächen wesentlich kleiner als der vom Slicer erzeugte Raft.

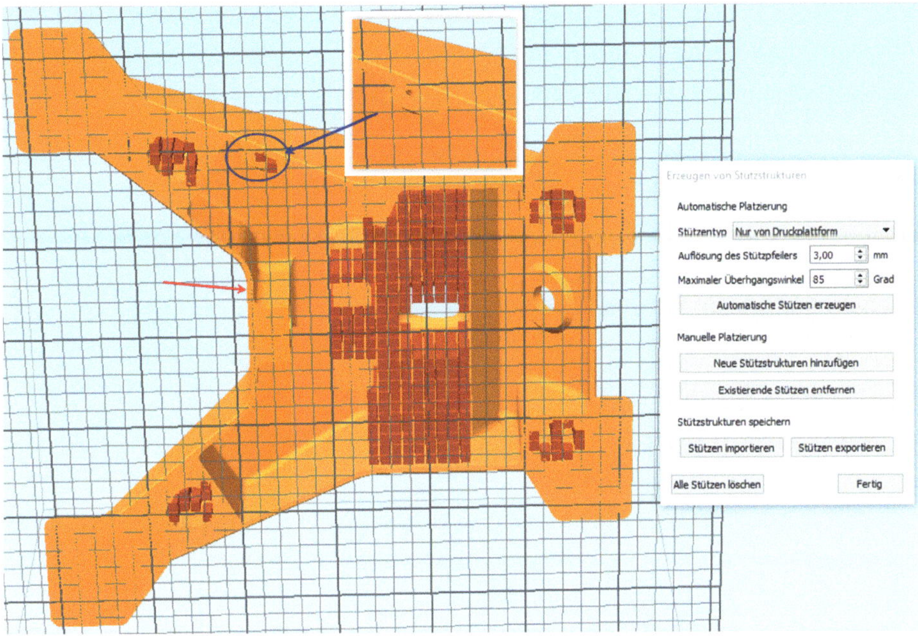

Bild 16.72 Orte des Stützmaterials

Ein weiteres Thema ist die Einstellung des Stützmaterials (*Support*). Beim ersten Druckversuch hatte ich praktisch das ganze Teil mit Stützmaterial versehen. Beim Beobachten des Druckes bemerkte ich, dass das Stützmaterial bei den schrägen Deckwänden nicht benötigt wurde. Daher entfernte ich beim zweiten Druckversuch alle Stützen, indem ich unter *Automatische Platzierung* den *Maximalen Überhangswinkel* auf 85° stellte. Damit werden nur die horizontalen Druckebenen mit Stützen versehen (Bild 16.72). Vergiss nicht die Stützen in kleinen Bohrungen zu löschen, so wie in der Nut für die Mutter (blau eingekreiste Stelle mit Pfeil in Bild 16.72). Diese horizontalen Ebenen überbrückt der Drucker leicht. Das gilt für Längen bis zu 15 mm und vielleicht noch mehr.

Den Startpunkt (siehe Bild 16.73) habe ich so gewählt, dass die Naht der Startpunkte sich auf der Rückseite der Basis befindet, also dort, wo der Stecker liegt (roter Pfeil in Bild 16.72).

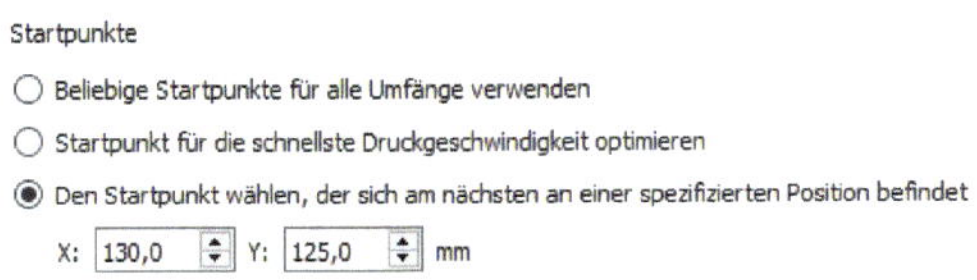

Bild 16.73 Einstellung der Startpunkte

Auch dieses Teil steht selbstverständlich als stl- und step-Datei unter der Bezeichnung *Basis (anti warping).stl* zur Verfügung.

Folgende allgemeine Druckeinstellungen sind für die Basis vorzunehmen:

- Druckgeschwindigkeit: 50 mm/s
- Schichthöhe: 0,25 mm
- innerer Füllprozentsatz: 20 %

Druckeinstellungen für den Zylinder

Folgende allgemeine Druckeinstellungen sind für die Zylinder vorzunehmen:

- Druckgeschwindigkeit: 30 mm/s
- Schichthöhe: 0,25 mm
- innerer Füllprozentsatz: 20 %

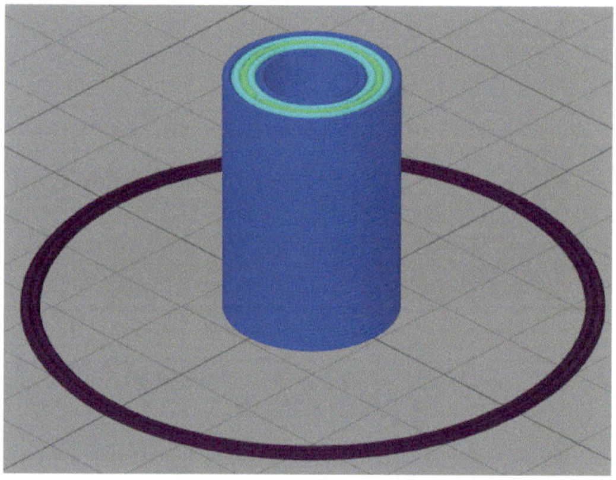

Bild 16.74 Zylinder im Slicer

Druckeinstellungen für den Ventilatorenhalter

Beim Ventilatorenhalter ist zu berücksichtigen, dass sich kein Stützmaterial in den Kabeldurchgängen befindet (rote Pfeile in Bild 16.76).

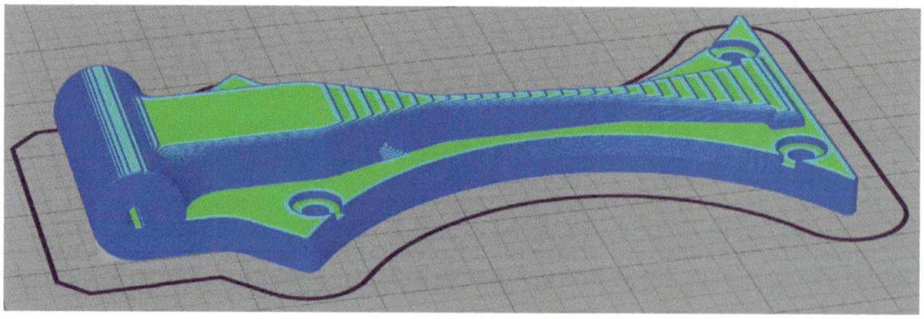

Bild 16.75 Ventilatorenhalter im Slicer

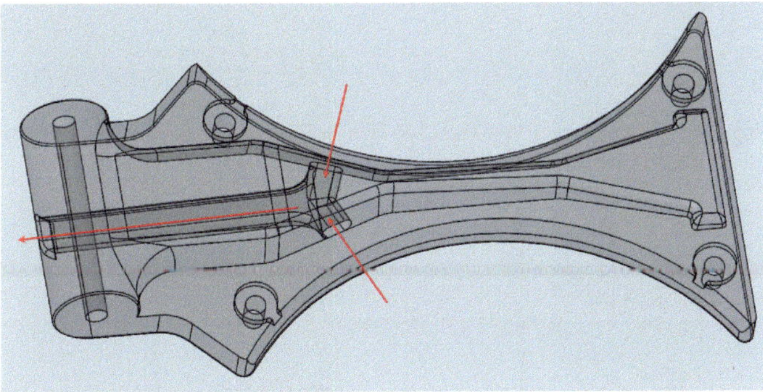

Bild 16.76 Kabeldurchgänge ohne Stützmaterial

Folgende Einstellungen sind für ein passendes Stützmaterial der Rundung vorzunehmen: Der *Horizontale Versatz vom Teil* sollte bei 0,3 mm liegen und die *Oberen vertikalen Trennungsschichten* sowie die *Unteren vertikalen Trennungsschichten* sollten auf 0 stehen (Bild 16.77).

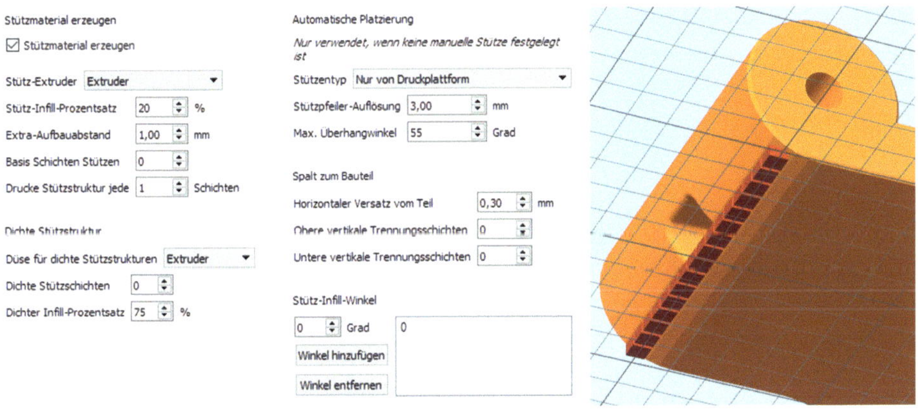

Bild 16.77 Einstellung und Ort des Stützmaterials

Bild 16.78 zeigt das Ergebnis der Stützmaterialeinstellung.

Folgende allgemeine Druckeinstellungen sind für den Ventilatorenhalter vorzunehmen:

- Druckgeschwindigkeit: 50 mm/s
- Schichthöhe: 0,25 mm
- innerer Füllprozentsatz: 15 %

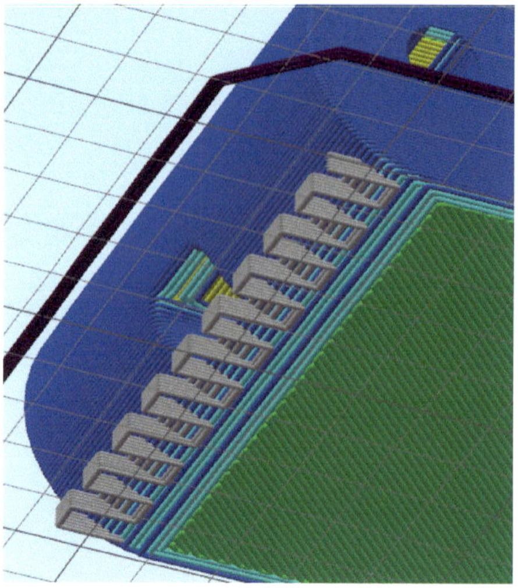

Bild 16.78 Stützmaterial

Druckeinstellungen für die Düse

Die Düse ist unverändert vom Ventilator mit 120 mm aus Abschnitt 16.2 übernommen worden. Die Düse muss zweimal gedruckt werden.

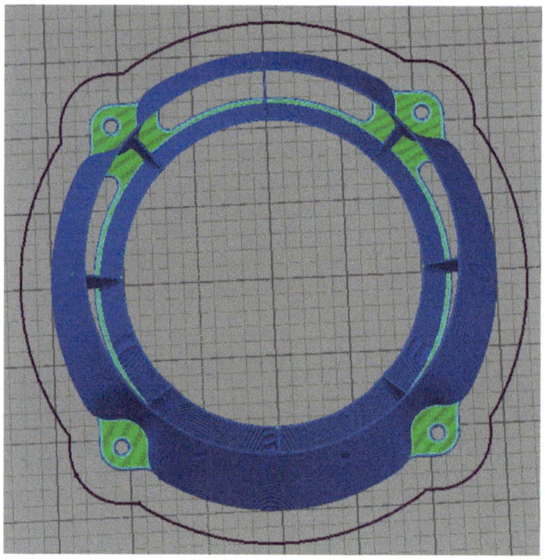

Bild 16.79 Düse im Slicer

Folgende allgemeine Druckeinstellungen sind für die Düse vorzunehmen:

- Druckgeschwindigkeit: 50 mm/s
- Schichthöhe: 0,25 mm
- innerer Füllprozentsatz: 10 %

Druckeinstellungen für den Zapfen

Der Zapfen ist unverändert vom Ventilator mit 120 mm aus Abschnitt 16.2 übernommen worden. Der Zapfen muss zweimal gedruckt werden.

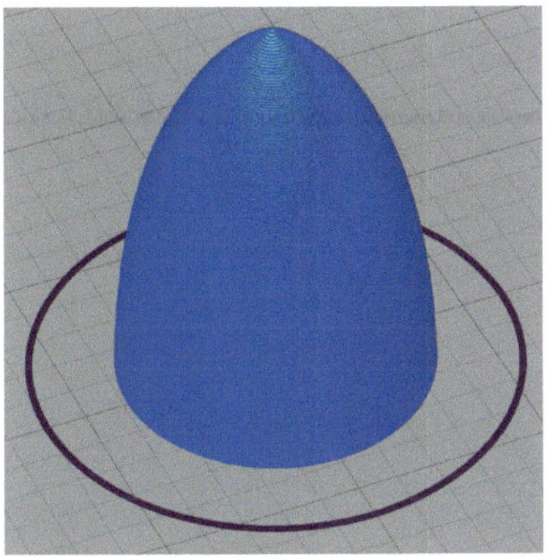

Bild 16.80 Zapfen im Slicer

Folgende allgemeine Druckeinstellungen sind für den Zapfen vorzunehmen:

- Druckgeschwindigkeit: 50 mm/s
- Schichthöhe: 0,2 mm
- innerer Füllprozentsatz: 0 %

16.4 Varianten der Ventilatoren (120 mm)

Die beiden großen Ventilatoren mit 120 mm Durchmesser aus Abschnitt 16.2 und Abschnitt 16.3 erzeugen eine für mich sehr angenehme, kühlende Luftströmung. Meine Frau bevorzugt den Doppelventilator, wollte aber gerne eine noch stärkere Luftströmung haben. Also erzeugte ich einen Strömungsrichter für den größeren Ventilator, in der Hoffnung, dass dieser Umbau den gewünschten Effekt erbringt.

In einem informativen Video auf Youtube hat Brandon Waldaias diesen Strömungseffekt mit und ohne Strömungsrichter[1] schön dargestellt: *https://www.youtube.com/watch?v=rDq4KSlZcTo.* Die Strömung kommt verwirbelt aus dem Ventilator, das heißt, dass die Luft zum einen in axialer Richtung strömt, und zum anderen, dass die Luft sich um die Drehachse des Ventilators dreht. Dadurch ergibt sich eine niedrigere axiale Strömungsgeschwindigkeit. Mit einem Strömungsrichter wird der verwirbelte Anteil der Strömung in axiale Richtung gelenkt. Damit steigt die Axialgeschwindigkeit spürbar an.

[1] *https://www.thingiverse.com/thing:2 512342*

Für diejenigen, die den Zapfen noch nicht angeklebt und die Düse noch nicht gedruckt haben, habe ich eine Düse mit Strömungsrichter und mit eingebautem Zapfen (Neuteil der Düse) erstellt. Für diejenigen, die den Zapfen schon angeklebt und die Düse noch nicht gedruckt haben, habe ich hier eine Düse mit Strömungsrichter mit einer Bohrung für den existierenden Zapfen (Umbauteil für die Düse) erstellt. Falls jemand die Düse schon gedruckt und den Zapfen angeklebt hat, habe ich noch eine dritte Variante erstellt: ein Strömungsrichter als Nachrüstteil für die Düse. Das Neuteil und das Umbauteil haben dieselben Anschlussmaße wie die ursprüngliche Düse und können ohne Weiteres in beide 120-mm-Ventilatoren eingebaut werden. Schrauben und Muttern können übernommen werden.

16.4.1 Neuteil der Düse

Übersicht der benötigten Teile

Alles, was du für das Neuteil der Düse benötigst, ist die STL-Datei.

Pos.	Teil	Material
1	*Duese (Neuteil).stl*	PLA

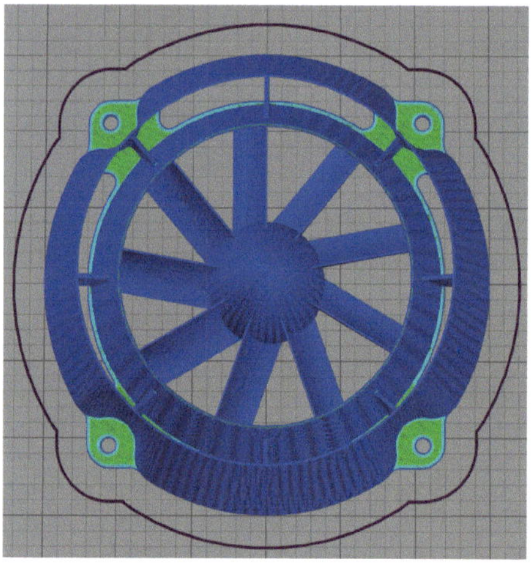

Bild 16.81 Düse (Neuteil) im Slicer

Beim Druck von dünnwandigen Wänden können verschiedene Infills zwischen den Außenkonturen erzeugt werden. Hierfür ist die Funktion *Innerer dünner Wand-Modus* verantwortlich. Stellt man diese Funktion auf *Lücken füllen erlauben*, dann wird ein Infill zwischen den Außenkonturen erzeugt (Bild 16.82). Die Funktion ist für dieses Teil ziemlich ungeeignet, da der Extruder ein Zick-Zack-Muster druckt und dabei extrem zittert.

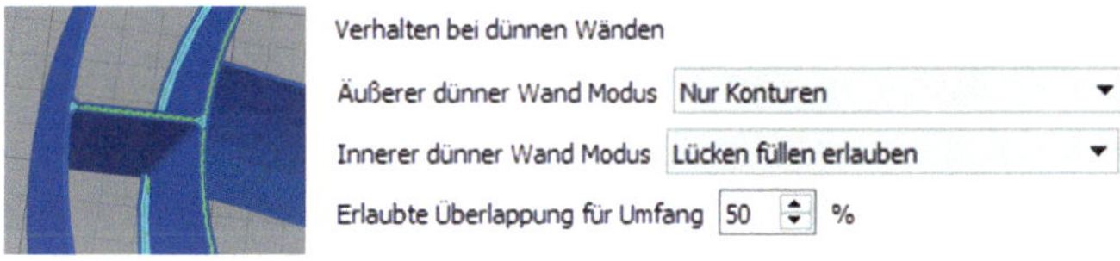

Bild 16.82 Keine empfehlenswerte Einstellung

Stellt man diese Funktion auf *Nur Konturen* ein, so werden nur die drei voreingestellten Außenkonturen (Kontur-/Umfangshüllen) ohne Infill gedruckt (Bild 16.83). Dabei kann es vorkommen, dass sich die Konturen nicht berühren, was ein großer Nachteil für die Festigkeit des Druckteils darstellt.

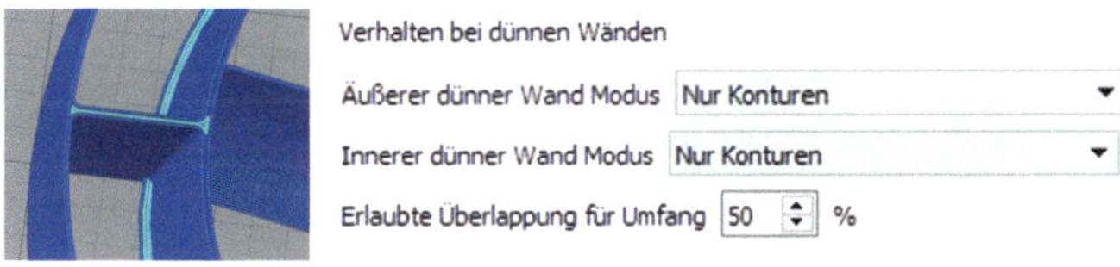

Bild 16.83 Ebenfalls keine empfehlenswerte Einstellung

Die beste Einstellung erreicht man, indem man die Funktion auf *Einzeln extrudierte Wände erlauben* stellt (Bild 16.84). Hierbei wird ein Infill erzeugt, welches parallel zu den Außenkonturen verläuft. Es verbindet die beiden Außenkonturen miteinander (hohe Festigkeit) und der Extruder muss nicht im Zick-Zack drucken.

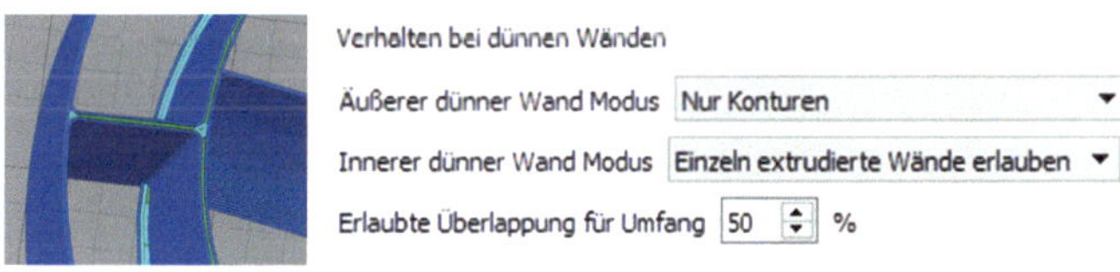

Bild 16.84 Beste Einstellung für dünne Wände

Auf die innere Füllung kann man verzichten. Die steile Wand des Zylinders benötigt kein inneres Stützmaterial (*Infill*) und die Festigkeit ist hier nicht relevant. Also kann man ohne Weiteres den *Inneren Fill-Prozentsatz* auf 0 % stellen (Bild 16.85).

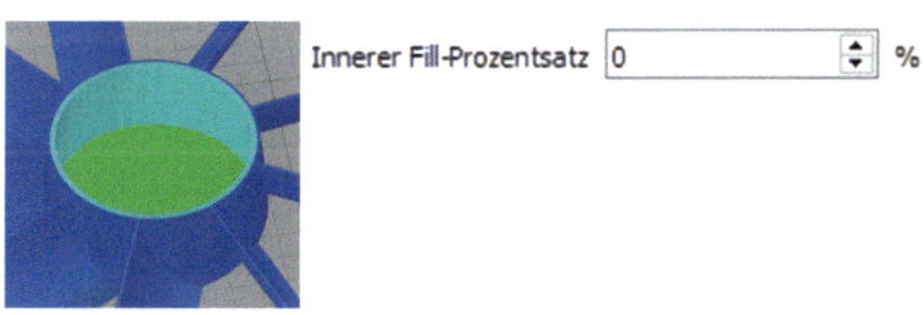

Bild 16.85 Hohler Zapfen der Düse

Da kein Füllmaterial gedruckt werden soll, muss auch dafür gesorgt werden, dass keine Hohlräume zwischen der Unterseite und der Oberseite eines Bauteils (in diesem Beispiel die vier Laschen) entstehen. Die Laschen sind 2,5 mm dick und die Druckschichtdicke beträgt 0,25 mm. Also muss die Anzahl von *Oberste feste Schichten* und *Unterste feste Schichten* zusammen 10 ergeben (Bild 16.86).

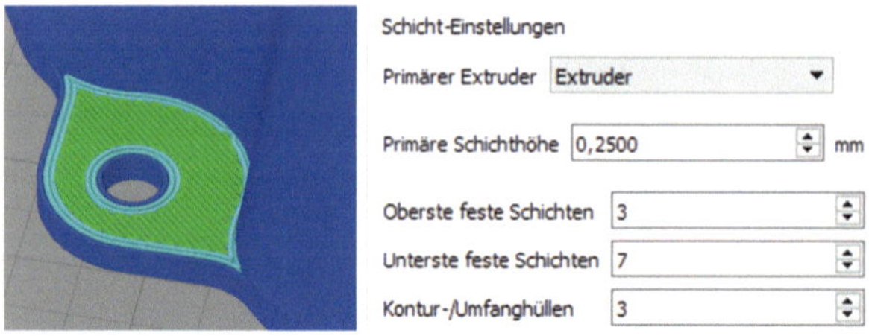

Bild 16.86 Anzahl der untersten und obersten festen Schichten an die Laschendicke anpassen

Folgende allgemeine Druckeinstellungen sind für das Neuteil der Düse vorzunehmen:

- Druckgeschwindigkeit: 60 mm/s
- Schichthöhe: 0,25 mm
- innerer Füllprozentsatz: 0 %

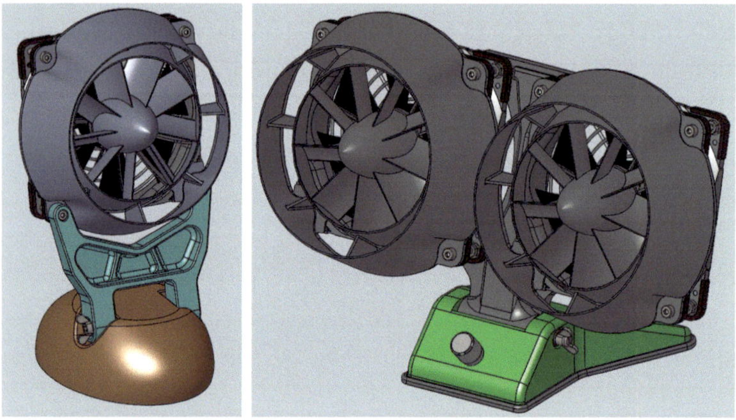

Bild 16.87 Das Neuteil der Düse passt in beide Ventilatorenvarianten.

16.4.2 Umbauteil der Düse

Übersicht der benötigten Teile

Alles, was du für das Umbauteil der Düse benötigst, ist die STL-Datei.

Pos.	Teil	Material
1	*Duese (Umbauteil).stl*	PLA

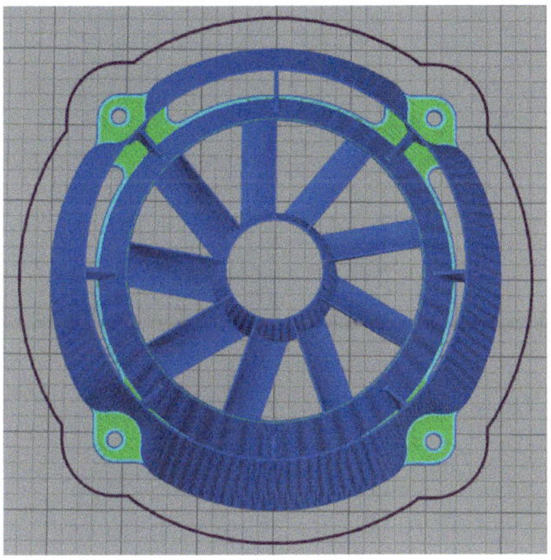

Bild 16.88 Umbauteil der Düse im Slicer

Es gelten dieselben Einstellungen wie beim Neuteil der Düse. Folgende allgemeine Druckeinstellungen sind für das Umbauteil der Düse vorzunehmen:

- Druckgeschwindigkeit: 60 mm/s
- Schichthöhe: 0,25 mm
- innerer Füllprozentsatz: 0 %

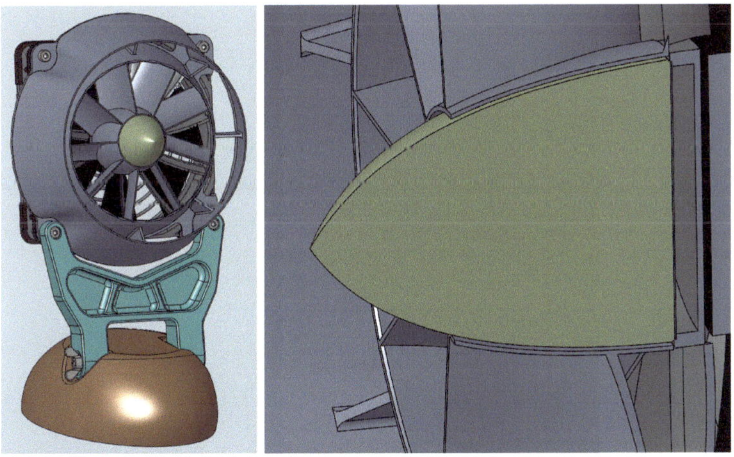

Bild 16.89 Umbauteil der Düse bei schon eingeklebtem Zapfen

16.4.3 Nachrüstteil der Düse

Übersicht der benötigten Teile

Alles, was du für das Nachrüstteil benötigst, ist die STL-Datei.

Pos.	Teil	Material
1	*Duese (Nachruestteil).stl*	PLA

Es gelten dieselben Einstellungen wie beim Neuteil der Düse. Folgende allgemeine Druckeinstellungen sind für das Nachrüstteil vorzunehmen:

- Druckgeschwindigkeit: 60 mm/s
- Schichthöhe: 0,25 mm
- innerer Füllprozentsatz: 0 %

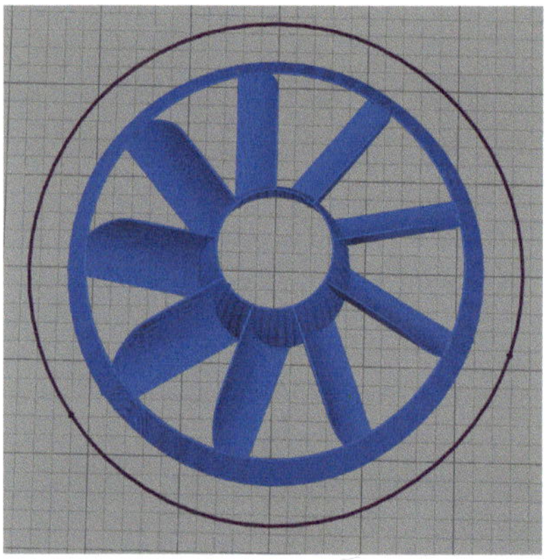

Bild 16.90 Nachrüstteil für die Düse im Slicer

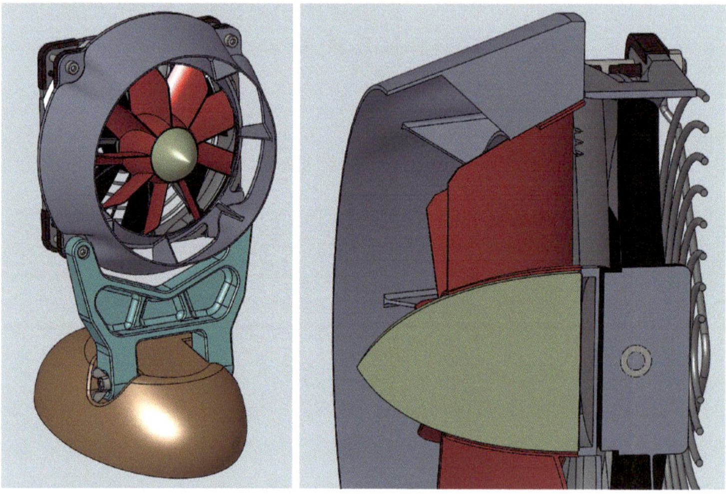

Bild 16.91 Nachrüstteil (rot) für die vorhandene Düse bei schon eingeklebtem Zapfen

Nun kann die Hitze kommen! Denke jedoch daran, dass ab einer Umgebungstemperatur, die deiner Haut entspricht (also ca. 34 °C) kein Kühleffekt mehr eintritt, sondern das Gegenteil.

17 Alarmvorrichtung zum Erkennen von Filament-Problemen

Erfahrene 3D-Druckfans können so manche Geschichte zu Fehldrucken erzählen, die stundenlang nicht bemerkt werden. Ein Fehldruck kann durch zwei Dinge verursacht werden. Zum einen kann das Filament reißen, wenn es ein wenig brüchig geworden ist (aufgrund schlechter Lagerung oder weil das Filament schon einige Jahre alt ist). Zum anderen kann sich das Filament auf der Rolle verheddern und dabei so verklemmen, dass der Filament-Nachschub blockiert wird. Das tritt oft bei häufig benutzten und bei fast leeren Rollen auf. Ohne ständige Beobachtung bleibt der Fehler in beiden Fällen unbemerkt.

Bild 17.1 Beispiel für das Verheddern des Filaments auf der Rolle

In diesem Kapitel möchte ich eine Lösung für die Filament-Probleme vorstellen – und zwar in Form eines Alarmmoduls. In beiden Fällen soll ein akustisches Signal aktiviert werden. Ist das Filament gerissen, hat man circa eine Minute Zeit, den Druck anzuhalten, indem man am Display die Funktion *Filament-Wechsel* einstellt. Dann tauscht man das Filament durch ein neues aus und druckt wieder weiter. Falls sich das Filament auf der Rolle einklemmt hat, hat man nach Alarmbeginn weniger als eine halbe Minute Zeit, das Filament auf der Rolle manuell zu entspannen, ohne den Druck dabei anzuhalten zu müssen. Man kann also während des Druckes beruhigt fernsehen oder eine Siesta einlegen, sollte allerdings bei Alarm schnell reagieren, um das Druckteil zu retten.

Bild 17.2 Drucker mit Filament-Alarm

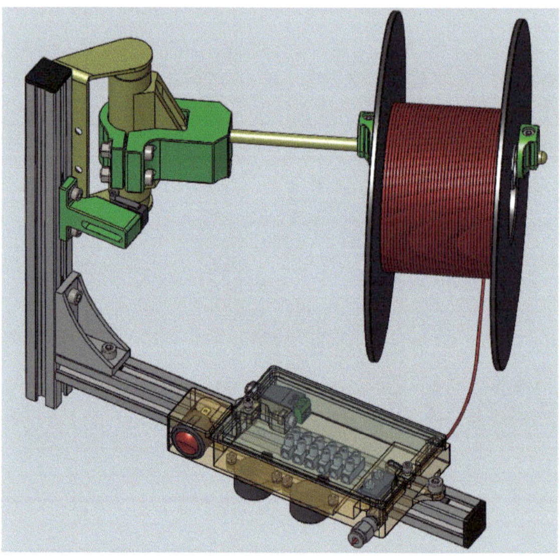

Bild 17.3 Der Filament-Alarm ist eine Vorrichtung zum Erkennen eines Kabelbruches oder eines eingeklemmten Filaments auf der Spule.

Den Aufbau des Alarmmoduls habe ich in vier Unterbaugruppen aufgeteilt, auf welche ich im Folgenden eingehen werde.

17.1 Unterbaugruppe Filamentrollenhalter

Die erste Unterbaugruppe ist der Filamentrollenhalter (Bild 17.4).

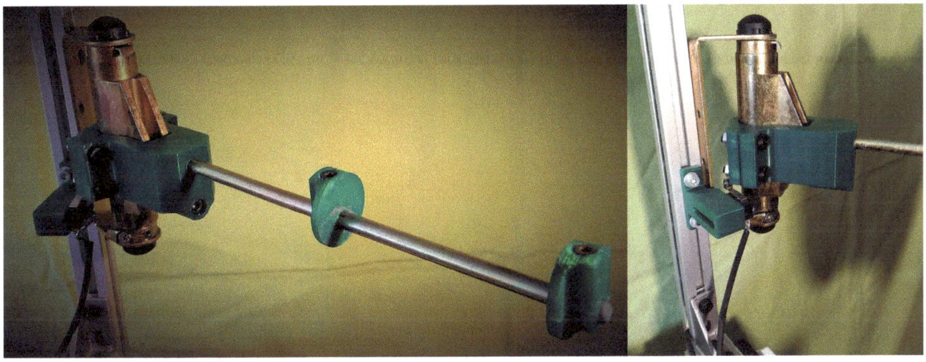

Bild 17.4 Filamentrollenhalter

Übersicht der benötigten Teile

In der folgenden Liste findest du alles, was du für die Erstellung der Unterbaugruppe Filamentrollenhalter benötigst.

Pos.	Menge	Teil	Material
1	1×	Stangentürschließer (Amazon, ASIN: B00PYG2SGY oder ASIN: B005PLO64A*))	
2	1×	*Halter.stl*	PLA
3	2×	*Anschlag.stl*	PLA
4	1×	Aluminiumrohr (Ø 25 1,5 L = 75 mm)	
5	2×	Nutstein (Misumi, HNKK5-4) alternativ: Gleitmutter M4 (Amazon, ASIN: B01KSTL1LY)	
6	2×	Zylinderschraube DIN 912 M4 × 10	
7	4×	Zylinderschraube DIN 912 M5 × 25	
8	1×	Zylinderschraube DIN 912 M5 × 35	
9	4×	Scheibe DIN 125 – A 5.3	
10	2×	Mutter ISO 4032 – M4	
11	5×	Mutter ISO 4032 – M5	
12	2×	Senkschraube mit Innen-6kt DIN 7991 – M4 × 8	

*) Der Stangentürschließer mit ASIN B005PLO64A ist um einiges günstiger, allerdings sind mir die Positionen der Anschraubbohrungen nicht bekannt.

Bild 17.5 zeigt die Einzelteile in der Übersicht. Anhand der Positionsnummern (Pos.) erkennst du, um welches Teil aus der Liste es sich jeweils handelt.

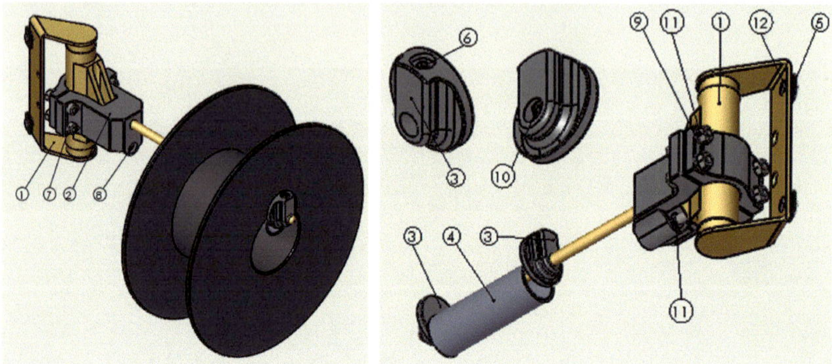

Bild 17.5 Aufbau des Filamentrollenhalters

Zusammenbau des Filamentrollenhalters

Vor der Montage muss beim Spanner des Stangentürschließers (Pos. 1) die Torsionsfeder gelockert werden, indem man den Stift an der Unterseite des Gelenks mit einer Zange herauszieht. Zur einfacheren Montage habe ich den Stift durch eine M3-Schraube ersetzt. Diese Schraube muss nun an die gewünschte Position in eine der Bohrungen gesteckt werden. Die Spannung im Arm sollte minimal sein (Bild 17.6).

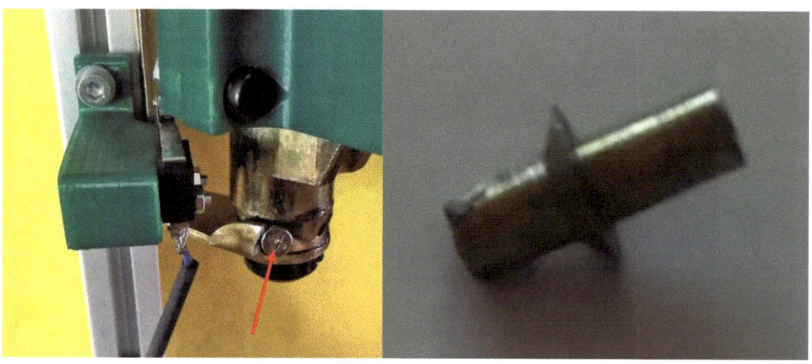

Bild 17.6 Der Anschlag (siehe roter Pfeil) am Stangentürschließer sollte auf minimale Spannung eingestellt sein.

Der Halter (Pos. 2) klemmt den Schwenkarm des Stangentürschließers in die horizontale Position. Mit Schraube (Pos. 8) und Mutter (Pos. 11) kann der Schwenkarm ein wenig gehoben werden. Das Rohr (Pos. 4) ist nicht erforderlich, allerdings verringert es die Schwingungen an der Filament-Rolle (Bild 17.7).

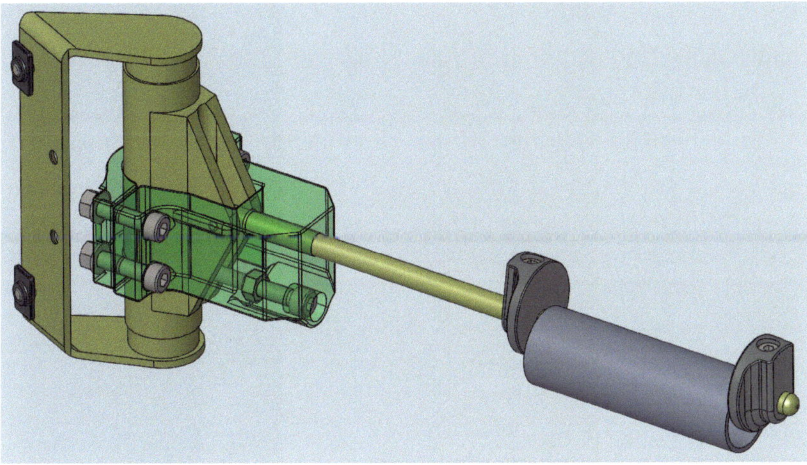

Bild 17.7 Der Halter (Pos. 2, durchsichtig dargestellt) hält den Schwenkarm in horizontaler Position.

Montiere den äußeren Anschlag so weit außen wie möglich auf dem Schwenkarm. So wird die Vorrichtung feinfühliger. Zur Arretierung muss eine Mutter M4 in den Anschlag eingeführt werden. Mit einer Zylinderschraube M4 × 10 wird der Anschlag auf der Stange befestigt (Bild 17.8).

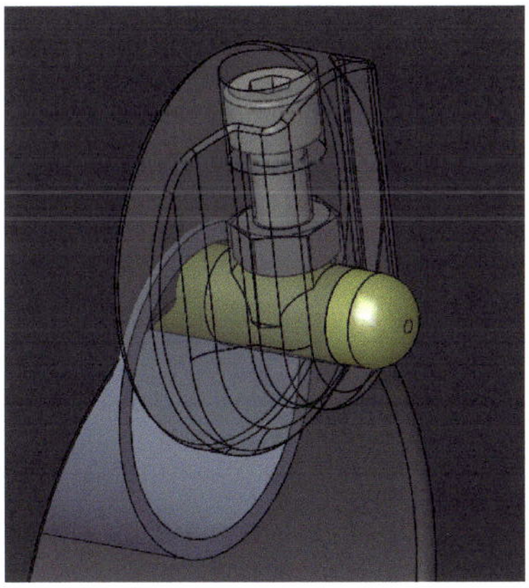

Bild 17.8 Anschlag mit innen liegender Mutter

17.2 Unterbaugruppe Sensorhalter

Die zweite Unterbaugruppe ist der Sensorhalter (Bild 17.9).

Übersicht der benötigten Teile

In der folgenden Liste findest du alles, was du für die Erstellung der Unterbaugruppe Sensorhalter benötigst.

Bild 17.9 zeigt die Einzelteile in der Übersicht. Anhand der Positionsnummern (Pos.) erkennst du, um welches Teil aus der Liste es sich jeweils handelt.

Pos.	Menge	Teil	Material
1	1×	*Sensorhalter.stl*	PLA
2	1×	Endschalter (Amazon, ASIN: B00E0JOTV8)	
3	2×	Zylinderschraube DIN 912 M2.5 × 20	
4	2×	Mutter ISO 4032 - M2.5	
5	2×	Scheibe DIN 125 - A 4.3	
6	2×	Zylinderschraube DIN 912 M4 × 12	
7	2×	Nutstein (Misumi, HNKK5-4) alternativ: Gleitmutter M4 (Amazon, ASIN: B01KSTL1LY)	

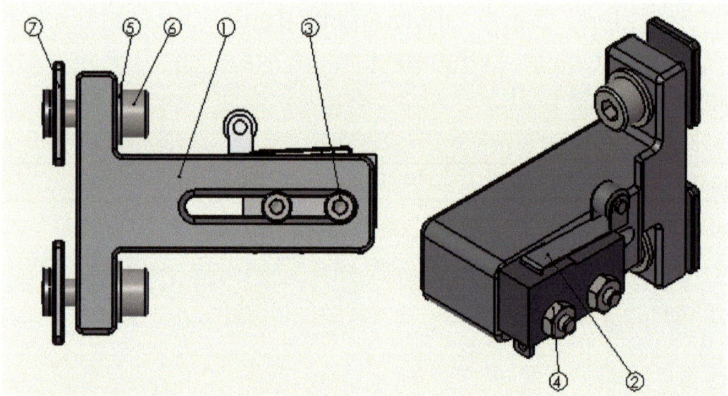

Bild 17.9 Aufbau des Sensorhalters

■ 17.3 Unterbaugruppe Elektronikgehäuse

Die dritte Unterbaugruppe ist das Elektronikgehäuse (Bild 17.10).

Übersicht der benötigten Teile

In der folgenden Liste findest du alles, was du für die Erstellung der Unterbaugruppe Elektronikgehäuse benötigst. Bild 17.10 zeigt die Einzelteile in der Übersicht. Anhand der Positionsnummern (Pos.) erkennst du, um welches Teil aus der Liste es sich jeweils handelt.

Pos.	Menge	Teil	Material
1	1×	*Gehaeuse.stl*	PLA
2	1×	*Deckel.stl*	PLA
3	1×	Schnellkupplung für 4 mm Schlauch (Amazon, ASIN: B01HGRCBTM)	
4	1×	Lüsterklemme (0,5-1,5 mm²)	
5	1×	Endschalter (Amazon, ASIN: B00E0IOTV8*))	
6	1×	Kippschalter rot (Amazon, ASIN: B01IH1VH6E)	
7	2×	Signaltongeber (Amazon, ASIN: B00NQAI3X2)	
8	1×	Stecker Female Jack 5.5 × 2.1 12 VDC (Amazon, ASIN: B00XX8Q9K6)	
9	2×	Nutstein (Misumi, HNKK5-5) alternativ: Gleitmutter M5 (Amazon, ASIN: B01KSTL2RM)	
10	2×	Zylinderschraube DIN 912 M2.5 × 16	
11	7×	Zylinderschraube DIN 912 M3 × 8	
12	2×	Zylinderschraube DIN 912 M5 × 10	
13	2×	Scheibe DIN 125 - A 2.7	
14	1×	Scheibe DIN 9021 - 3.2	
15	2×	Mutter ISO 4032 - M2.5	
16	7×	Mutter ISO 4032 - M3	
17	1×	Mutter ISO 4032 - M5	
	1×	Netzteil 12 VDC, 2 A-Adapter (Amazon, ASIN: B01I66W6XS)	

*) Es sind weitere Bohrungen im Gehäuse vorhanden, die es erlauben, einen anderen Typ von Endschalter einzubauen. Dieser Endschalter (ASIN: B01DDNY38K) ist etwa doppelt so groß wie der Standard-Endschalter (Pos. 5).

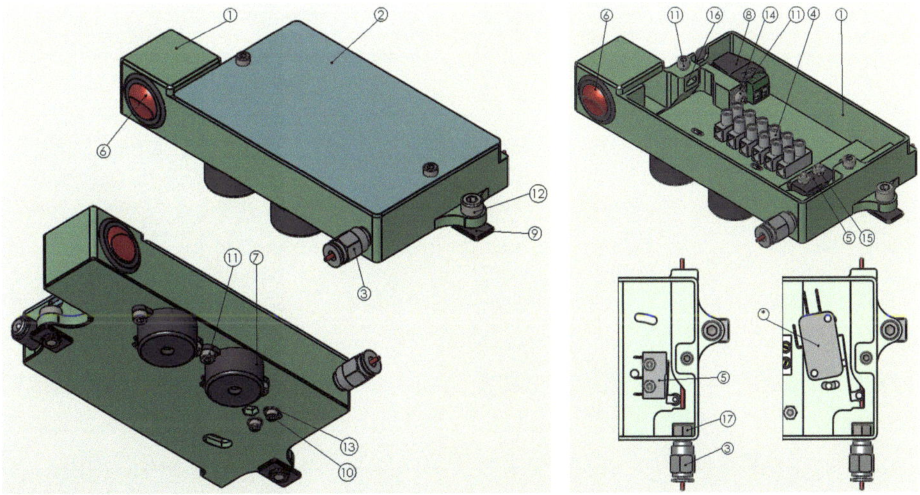

Bild 17.10 Aufbau des Elektronikgehäuses: Das rechte Bild (rechts unten) zeigt den Einbau des alternativen Endschalters (Pos. *).

17.4 Unterbaugruppe Gestell

Die vierte und letzte Unterbaugruppe ist das Gestell (Bild 17.11).

Übersicht der benötigten Teile

In der folgenden Liste findest du alles, was du für die Erstellung der Unterbaugruppe Gestell benötigst.

Pos.	Menge	Teil
1	1×	Aluminiumprofil, L = 230 mm (Misumi, HFS5-2020-230)
2	1×	Aluminiumprofil, L = 270 mm (Misumi, HFS5-2020-270)
3	1×	Verbinder (Misumi, HBLFSSW5)
4	2×	Nutstein (Misumi, HNKK5-5) alternativ: Gleitmutter M5 (Amazon, ASIN: B01KSTL2RM)
5	2×	Profilendkappe (Misumi, HFC5-2020-B)
6		Zylinderschraube DIN 912 M5 × 10

Bild 17.11 zeigt die Einzelteile in der Übersicht. Anhand der Positionsnummern (Pos.) erkennst du, um welches Teil aus der Liste es sich jeweils handelt. Die Befestigung des Gestells dürfte bei jedem Drucker anders ausfallen, deshalb dient Bild 17.11 nur zur Orientierung. Rechts ist die Befestigung des Gestells an meinen Drucker (Witbox) zu sehen. Alle hier gezeigten Winkel sind im Baumarkt erhältlich.

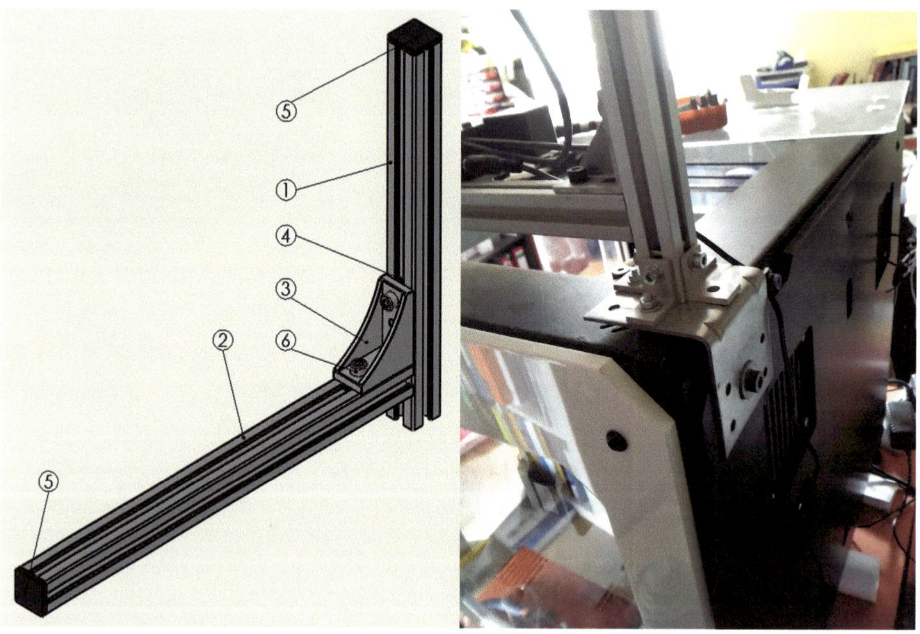

Bild 17.11 Aufbau des Gestells

17.5 Verkabelung

Der Schalter (Pos. 6 in Bild 17.10) hat einen goldfarbenen Kontakt und zwei silberfarbene Kontakte. Am goldfarbenen Kontakt ist das grüne Kabel anzubringen. Alle Lötstellen am Schalter und den beiden Endschaltern sollten mit Schrumpfschläuchen geschützt werden (siehe Bild 17.12 und Bild 17.13).

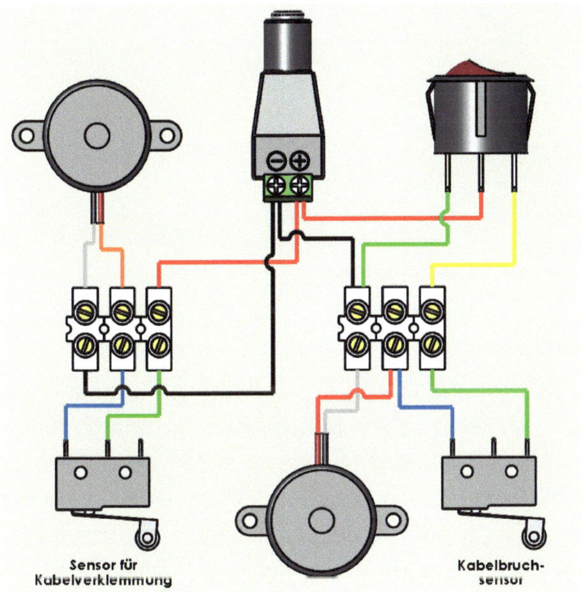

Bild 17.12 Kabelschaltplan

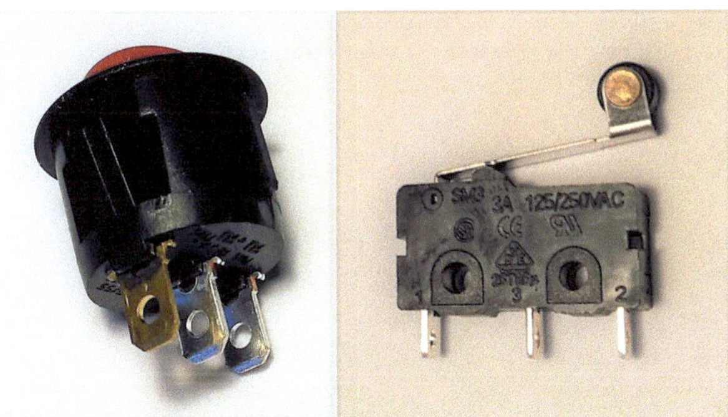

Bild 17.13 Ein-/Aus-Schalter und Endschalter

Funktionsweise des Sensors für verheddertes Filament

Sobald das Netzteil angeschlossen ist, wird der Endschalter automatisch aktiviert. Man kann diesen soweit in Richtung Druckplattform drehen, bis der Alarm ertönt. Ertönt kein Alarm, so kann der Endschalter z. B. zu weit vom Halter entfernt montiert worden sein. Dann muss man den Sensorhalter sowie den darauf montierten

Endschalter in die passende Position verschieben. Dabei sollte darauf geachtet werden, dass zwischen Filament-Rolle und Elektronikgehäuse noch ca. 5 cm Platz ist. Damit wird gewährleistet, dass ab Alarmbeginn noch 5 cm rohes Filament verdruckt werden kann. Das entspricht ungefähr einer halben Minute (abhängig von der Druckgeschwindigkeit).

Bild 17.14 Position des Sensorhalters (Endschalters) für verheddertes Filament

Funktionsweise des Kabelbruchsensors

Der Endschalter des Kabelbruchsensors kann erst durch Betätigen des Schalters am Gehäuse aktiviert werden. Dabei leuchtet zur Kontrolle der Schalterknopf in Rot. Bei einem Filament-Wechsel schaltet man zuvor den Schalter aus. So ertönt der Alarm nicht, solange kein Filament vorhanden ist. Zu Druckbeginn sollte der Schalter natürlich wieder angeschaltet werden. Falls der Alarm permanent ertönt (das heißt mit und ohne Filament), dann muss der Endschalter näher zum Filament justiert werden.

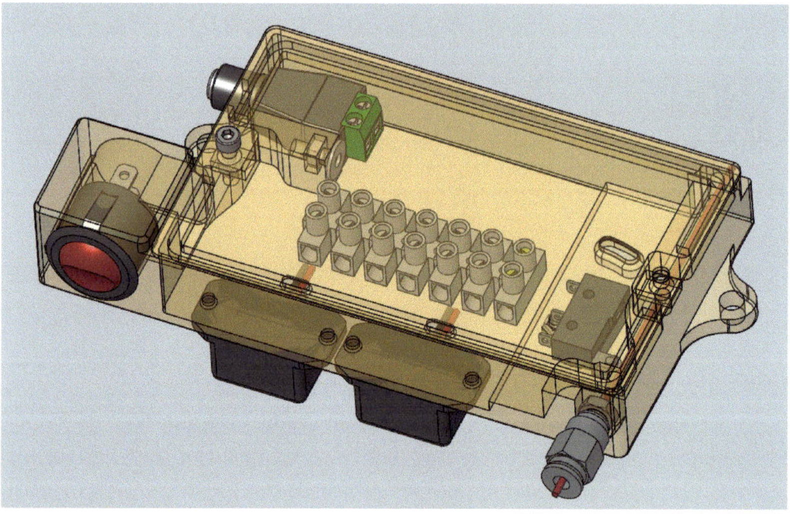

Bild 17.15 Kabelbruchsensor

Bild 17.16 zeigt, wie die Verkabelung im Gehäuse aussieht, wenn man schlampig gearbeitet hat. Das geht sicher besser ...

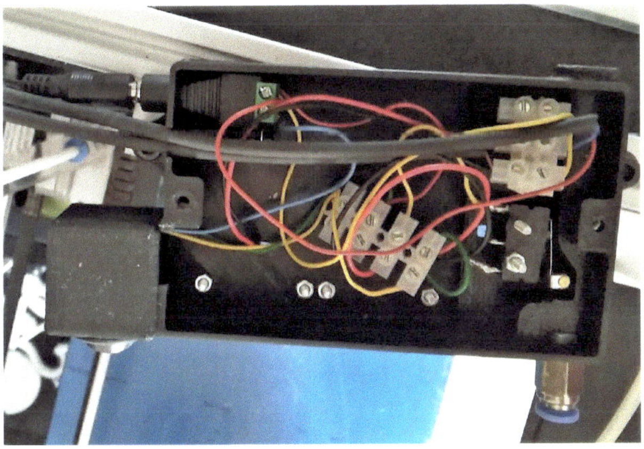

Bild 17.16 Verkabelung im Gehäuse

17.6 Druckteile für die Alarmvorrichtung

Die Alarmvorrichtung setzt sich aus den in Bild 17.17 bis Bild 17.19 dargestellten Druckteilen zusammen.

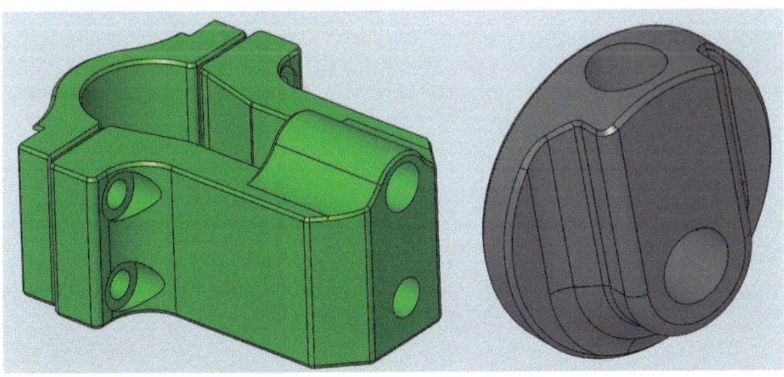

Bild 17.17 Unterbaugruppe Filamentrollenhalter: Halter (Pos. 2, links) und Anschlag (Pos. 3, rechts)

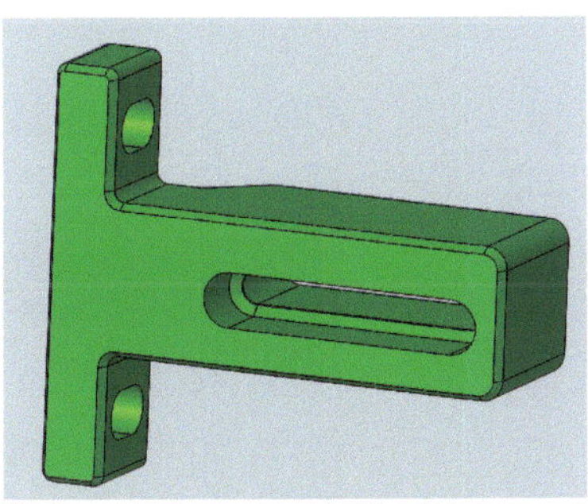

Bild 17.18 Unterbaugruppe Sensorhalter: Sensorhalter (Pos. 1)

Bild 17.19 Unterbaugruppe Elektronikgehäuse: Gehäuse (Pos. 1, links) und Deckel (Pos. 2, rechts)

17.6.1 Druckeinstellungen für den Halter

Der zweitteilige Halter muss einiges aushalten. Um die Festigkeit des Druckteils zu erhöhen, können zwei Maßnahmen getroffen werden. Die erste Maßnahme ist die Anpassung der Außendruckschichten unter *Schicht-Einstellungen*. Üblicherweise stehen bei mir alle drei Parameter auf 3 (*Oberste feste Schichten*, *Unterste feste Schichten* und *Kontur-/Umfangshüllen*). In diesem Fall erhöhe ich alle drei Werte auf 4. Um einen noch stärkeren Halter zu bekommen, könnte man die Anzahl der *Kontur-/Umfangshüllen* auch auf 5 oder höher stellen (Bild 17.21).

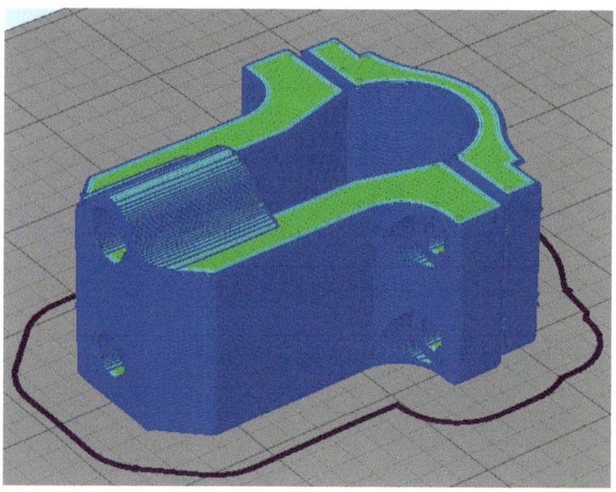

Bild 17.20 Halter im Slicer

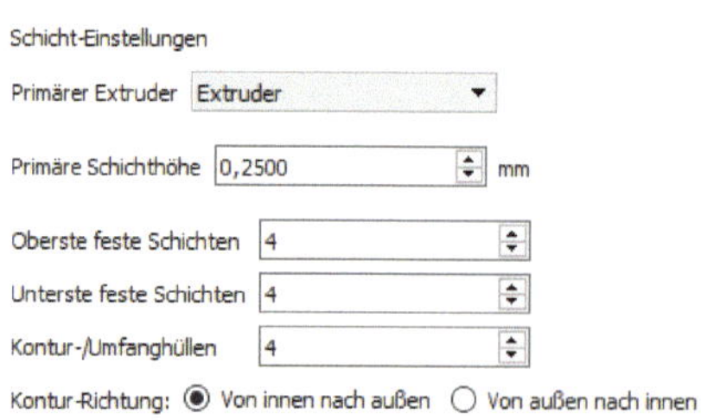

Bild 17.21 Einstellung der Außendruckschichten für erhöhte Steifigkeit

Die zweite Maßnahme ist die Anpassung der Füllung im Inneren des Druckteils. Dazu stellt man unter *Allgemein* das *Interne Fill-Muster* auf *Full Honeycomb* (Bild 17.22). Der *Innere Fill-Prozentsatz* sollte bei ungefähr 60–70 % liegen (Bild 17.23). Damit auf jeder Druckschicht die komplette Form des Bienenwabenmusters gedruckt wird, ist unter *Versatz der Füllungs-Winkel (innen)* der Haken bei *Jeden Infill-Winkel auf jeder Schicht drucken* zu setzen. Dieses Bienenwabenmuster ist die widerstandfähigste Füllung in der 3D-Druck-Technik, allerdings dauert der Druck damit bedeutend länger.

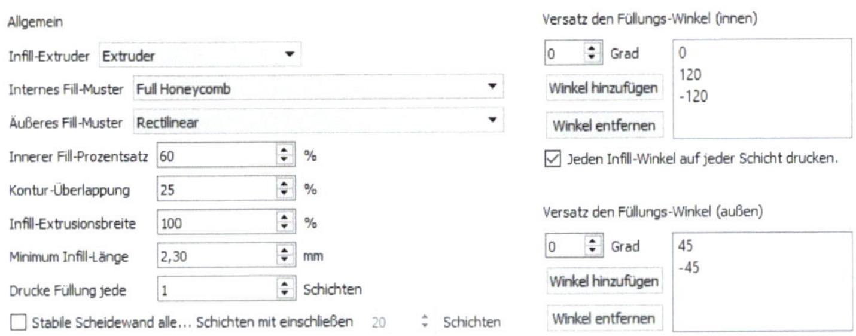

Bild 17.22 Einstellung der Füllung für erhöhte Steifigkeit

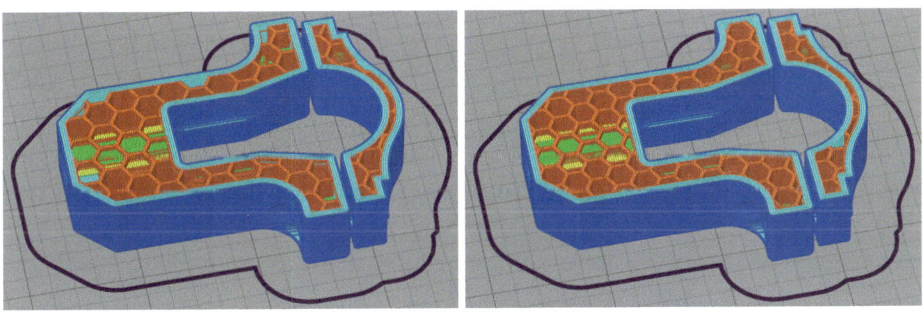

Bild 17.23 Füllung mit Bienenwabenmuster: 60 % (links) und 70 % (rechts)

Folgende allgemeine Druckeinstellungen sind für den Halter vorzunehmen:

- Druckgeschwindigkeit: 50 mm/s
- Schichthöhe: 0,25 mm
- innerer Füll-Prozentsatz: 70 % (Honeycomb)

17.6.2 Druckeinstellungen für den Anschlag

Für die horizontale Bohrung des Anschlags ist kein Stützmaterial notwendig. Auch sonst sind keine besonderen Druckeinstellungen vorzunehmen.

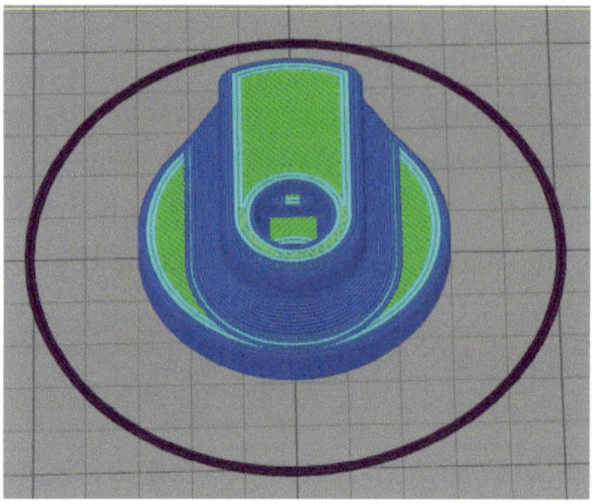

Bild 17.24 Anschlag im Slicer

Folgende allgemeine Druckeinstellungen sind für den Anschlag vorzunehmen:

- Druckgeschwindigkeit: 45 mm/s
- Schichthöhe: 0,25 mm
- innerer Füll-Prozentsatz: 15 %

17.6.3 Druckeinstellungen für den Sensorhalter

Um auf das Stützmaterial im unten gelegenen breiteren Langloch des Sensorhalters verzichten zu können, habe ich schon während der Konstruktion eine Fase eingefügt (siehe roter Pfeil in Bild 17.26).

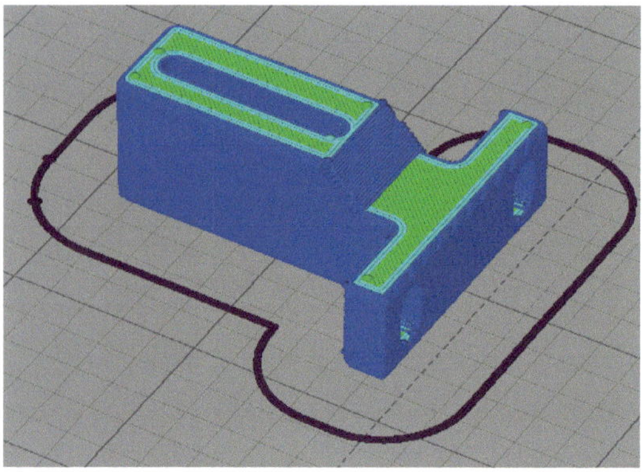

Bild 17.25 Sensorhalter im Slicer

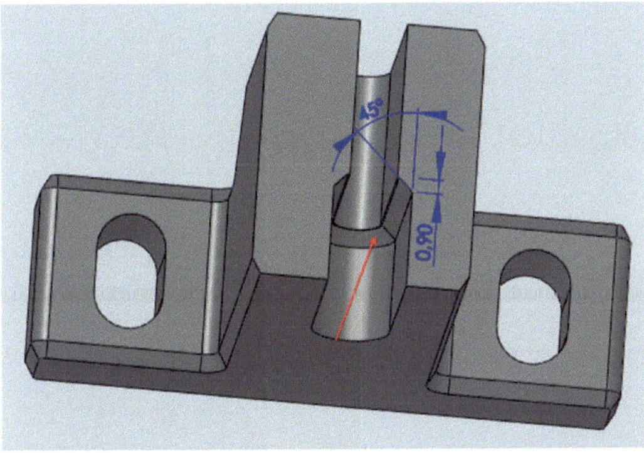

Bild 17.26 Zur Vermeidung des Stützmaterials ist eine Fase eingefügt worden.

Folgende allgemeine Druckeinstellungen sind für den Sensorhalter vorzunehmen:

- Druckgeschwindigkeit 45 mm/s
- Schichthöhe 0,25 mm
- innerer Füll-Prozentsatz: 15 %

17.6.4 Druckeinstellungen für das Gehäuse

Das Gehäuse benötigt eine Stützstruktur in der großen horizontalen Bohrung (auf der linken Seite) und in den beiden Einschüben für die Muttern (Bild 17.27). Wichtig dabei ist, dass all die anderen, kleineren Bohrungen von möglichen Stützen befreit werden (siehe grüne Pfeile in Bild 17.28).

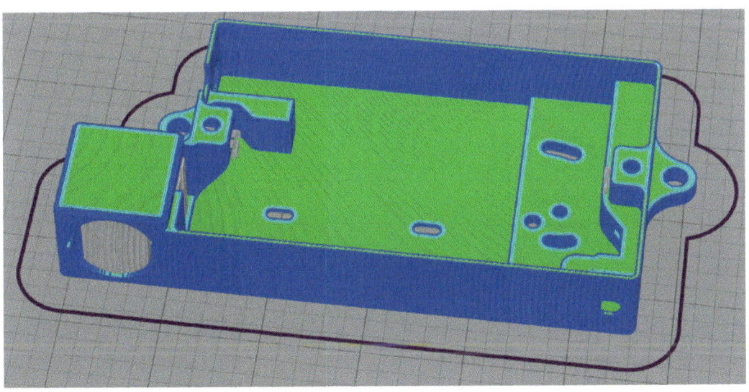

Bild 17.27 Gehäuse im Slicer

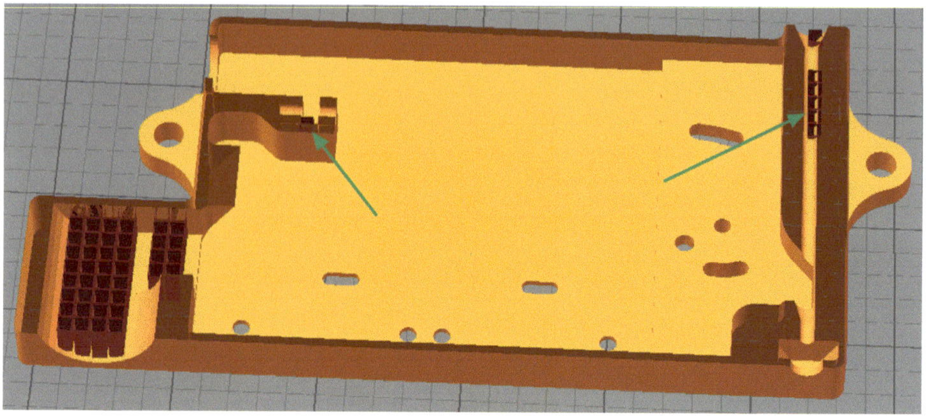

Bild 17.28 Überflüssiges Stützmaterial ist zu entfernen.

An dieser Stelle möchte ich gerne noch auf eine Kleinigkeit hinweisen: Mit dem Slicer-Programm erstellt man automatisch Stützmaterial und kümmert sich normalerweise nur um die Entfernung der unnötigerweise erstellten Stützen. Dieses Beispiel soll zeigen, dass der Druck bei automatisch erstellen Stützen unstetig werden kann (siehe Pfeil in Bild 17.29).

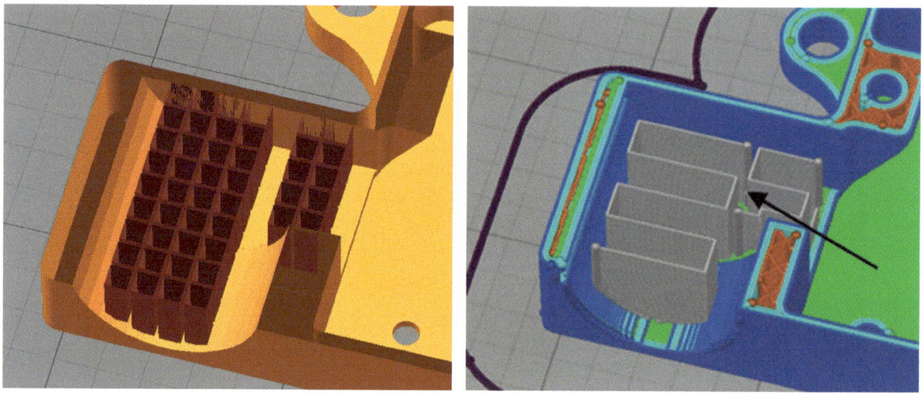

Bild 17.29 Zwei eng aneinander liegende Stützstrukturen

Dies kann man verhindern, indem man Stützmaterial zwischen den beiden Blöcken hinzufügt. So wird der Druck in diesem Bereich durchgängiger und ein klein wenig schneller (Bild 17.30).

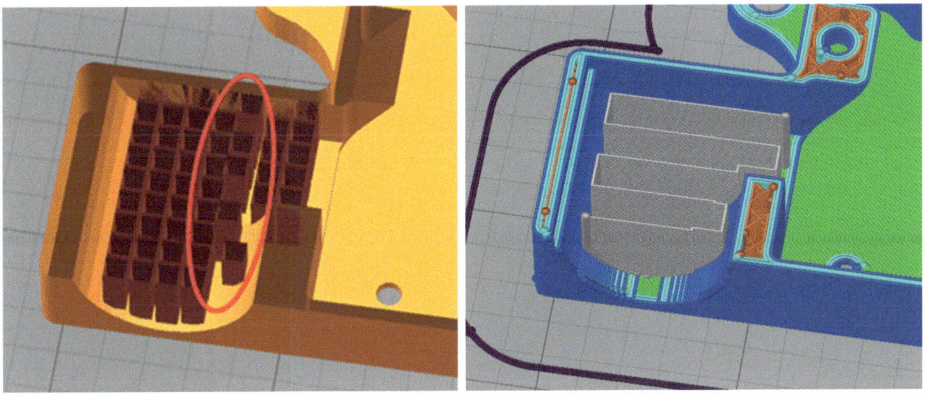

Bild 17.30 Zu einer Stützstruktur verbunden

Folgende allgemeine Druckeinstellungen sind für das Gehäuse vorzunehmen:

- Druckgeschwindigkeit: 55 mm/s
- Schichthöhe: 0,25 mm
- innerer Füll-Prozentsatz: 15 %

17.6.5 Druckeinstellungen für den Deckel

Bei diesem großflächigen und dünnwandigen Teil ist die Druckauflage so groß, dass man auf Haarspray (das heißt eine verstärkte Anhaftung) verzichten sollte. Dann geht die Entfernung vom Druckbett leichter von der Hand.

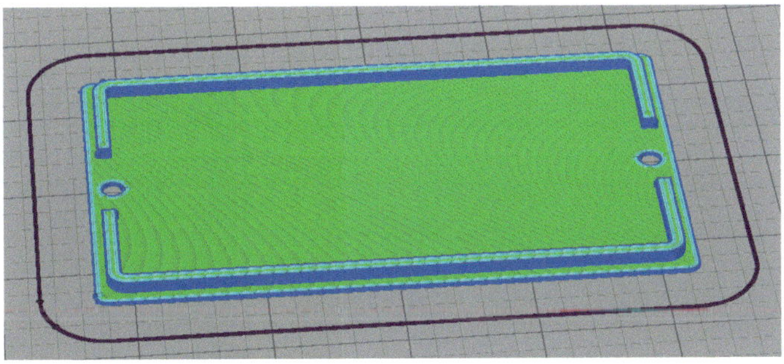

Bild 17.31 Deckel im Slicer

Folgende allgemeine Druckeinstellungen sind für das Gehäuse vorzunehmen:

- Druckgeschwindigkeit 70 mm/s
- Schichthöhe: 0,25 mm
- innerer Füll-Prozentsatz: 15 %

Mit der Fertigung der Alarmvorrichtung hast du gleich zwei Fliegen mit einer Klappe geschlagen. Zum einen hast du deine 3D-Druck-Kenntnisse weiter ausgebaut, zum anderen bist du nun gut gerüstet, um alle noch folgenden Projekte ohne Filament-Probleme zu realisieren ...

18 Geige

Auch wenn ich kein musikalisch veranlagter Mensch bin, zog mich das Geigenmodell von Stepan Ignatovich, welches ich auf Thingiverse entdeckte, sofort in seinen Bann.[1]

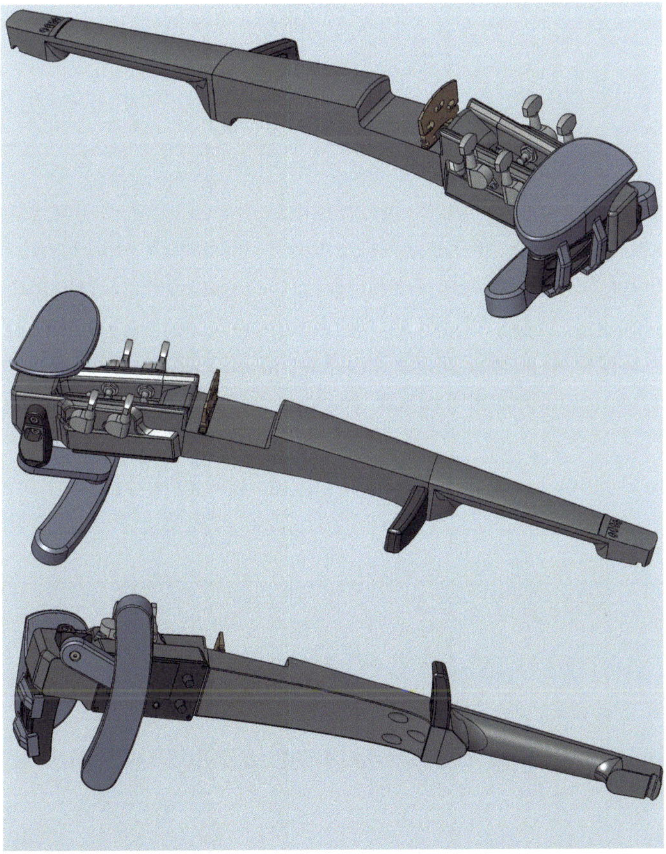

Bild 18.1 Geige

[1] *https://www.thingiverse.com/thing:781491*

Die „analogen“ Musiker in meinem Familien- und Freundeskreis waren ebenfalls sehr beeindruckt, welch guten Sound man aus einer selbstgemachten Kunststoffgeige herausholen kann. Diese Geige ist zwar nicht meiner eigenen Kreativität entsprungen, doch wie so oft ließ ich es mir auch dieses Mal nicht nehmen, das Design in einigen Punkten abzuändern.

So habe ich zum Beispiel bei den Schraubenverbindungen die von außen eingeschobenen Muttern durch einschraubbare Gewindeeinsätze ersetzt. Auf diese Weise sind von außen keine Schlitze mehr zu sehen (Bild 18.2).

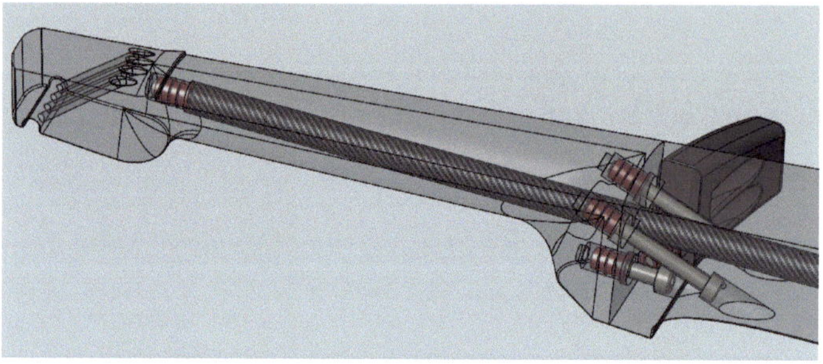

Bild 18.2 Gewindeeinsätze (in Rot)

Außerdem habe ich das Kohlefaserrohr, das zur Stabilität der Geige beiträgt, mit einem innen eingeklebten Aluminiumrohr verstärkt und zusätzlich eine Gewindestange eingesetzt, welche die drei Körper der Geige fest miteinander verspannt.

Der Kinnhalter und die Schulterstütze sind kommerzielle Teile, die auch von professionellen Geigern verwendet werden. Sie sind ergonomisch und stellen für den erfahrenen Geiger kein Gewohnheitsproblem dar. Leider sind diese Elemente nicht besonders günstig.

Ich habe die Geige in fünf Unterbaugruppen aufgeteilt, auf welche ich im Folgenden eingehen werde.

■ 18.1 Unterbaugruppe Vorderteil

Die erste Unterbaugruppe ist das Vorderteil. In das Vorderteil sind vier Gewindeeinsätze einzuschrauben (Bild 18.3).

Übersicht der benötigten Teile

In der folgenden Liste findest du alles, was du für die Erstellung der Unterbaugruppe Vorderteil benötigst.

Pos.	Menge	Teil	Material
1	1×	*Vorderteil.stl*	PLA
2	4×	Gewindeeinsatz M4	

Bild 18.3 zeigt die Einzelteile in der Übersicht. Anhand der Positionsnummern (Pos.) erkennst du, um welches Teil aus der Liste es sich jeweils handelt.

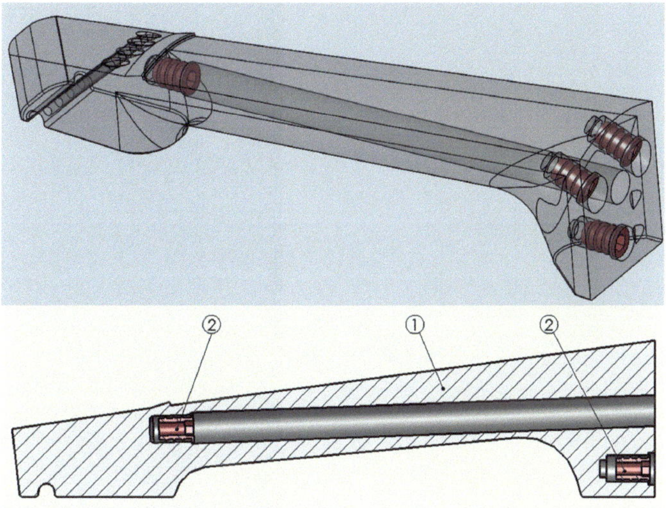

Bild 18.3 Aufbau des Vorderteils

18.2 Unterbaugruppe Mittelteil

Die zweite Unterbaugruppe ist das Mittelteil. In das Mittelteil sind insgesamt fünf Gewindeeinsätze einzuschrauben (Bild 18.4).

Übersicht der benötigten Teile

In der folgenden Liste findest du alles, was du für die Erstellung der Unterbaugruppe Mittelteil benötigst.

Pos.	Menge	Teil	Material
1	1×	*Mittelteil.stl*	PLA
2	1×	*Anschlag.stl*	PLA
3	5×	Gewindeeinsatz M4	
4	2×	Zylinderschraube DIN 912 M4 × 16	

Bild 18.4 zeigt die Einzelteile in der Übersicht. Anhand der Positionsnummern (Pos.) erkennst du, um welches Teil aus der Liste es sich jeweils handelt.

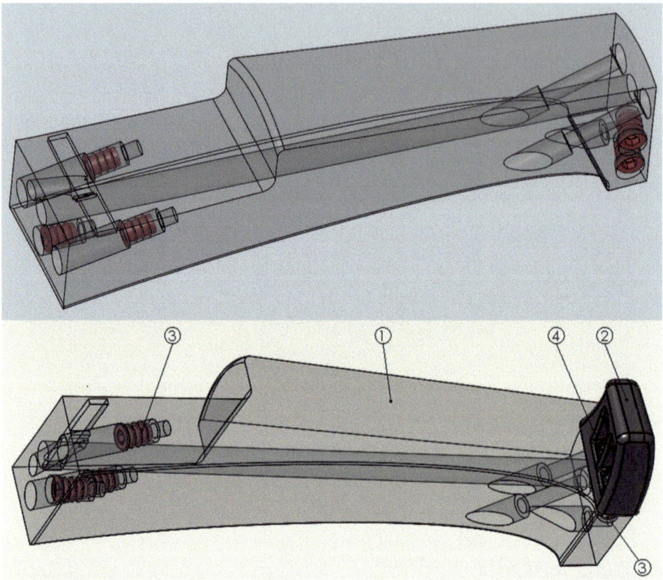

Bild 18.4 Aufbau des Mittelteils

18.3 Unterbaugruppe Hinterteil

Die dritte Unterbaugruppe ist das Hinterteil. In das Hinterteil sind vier Gewindeeinsätze einzuschrauben (Bild 18.5).

Übersicht der benötigten Teile

In der folgenden Liste findest du alles, was du für die Erstellung der Unterbaugruppe Hinterteil benötigst.

Pos.	Menge	Teil	Material
1	1×	*Hinterteil.stl*	PLA
2	1×	*Halter Kinnhalter.stl*	PLA
3	1×	*Bg. Halter Schulterstütze*	
4	4×	Gewindeeinsatz M4	
5	4×	Zylinderschraube DIN 912 M4 × 16	
6	2×	Scheibe DIN 125 - A 4.3	

Bild 18.5 zeigt die Einzelteile in der Übersicht. Anhand der Positionsnummern (Pos.) erkennst du, um welches Teil aus der Liste es sich jeweils handelt.

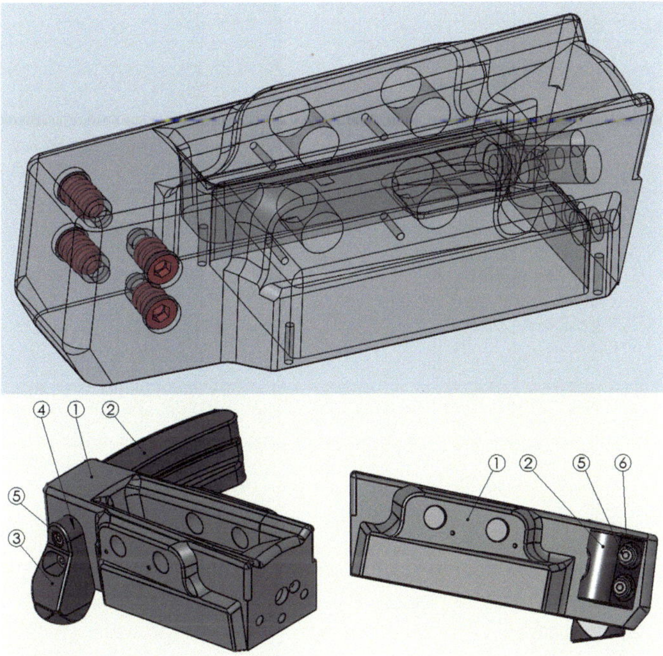

Bild 18.5 Aufbau des Hinterteils

18.4 Unterbaugruppe Halter Schulterstütze

Die vierte Unterbaugruppe ist der Halter Schulterstütze. In den Halter ist ein Gewindeeinsatz einzuschrauben (Bild 18.6).

Übersicht der benötigten Teile

In der folgenden Liste findest du alles, was du für die Erstellung der Unterbaugruppe Halter Schulterstütze benötigst.

Pos.	Anzahl	Teil	Material
1	1×	*Halter Schulterstuetze (Version 1).stl* alternativ: *Halter Schulterstuetze (Version 2).stl*	PLA
2	1×	Gewindeeinsatz M4	

Bild 18.6 zeigt die Einzelteile in der Übersicht. Anhand der Positionsnummern (Pos.) erkennst du, um welches Teil aus der Liste es sich jeweils handelt.

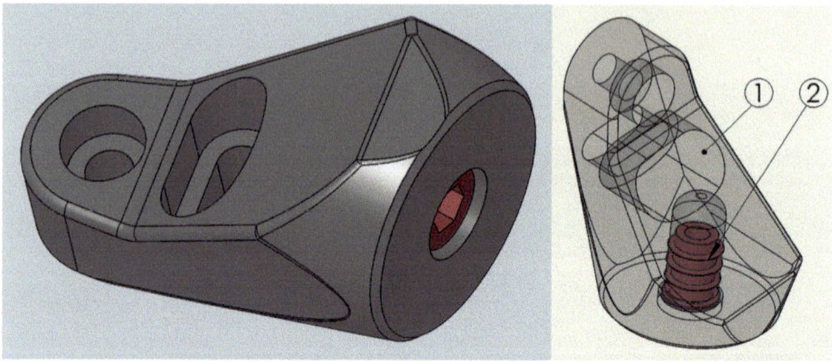

Bild 18.6 Aufbau des Halters Schulterstütze

Von der Schulterstütze habe ich zwei Versionen angefertigt. Durch Ausprobieren wirst du schnell herausfinden, welche für dich besser geeignet ist.

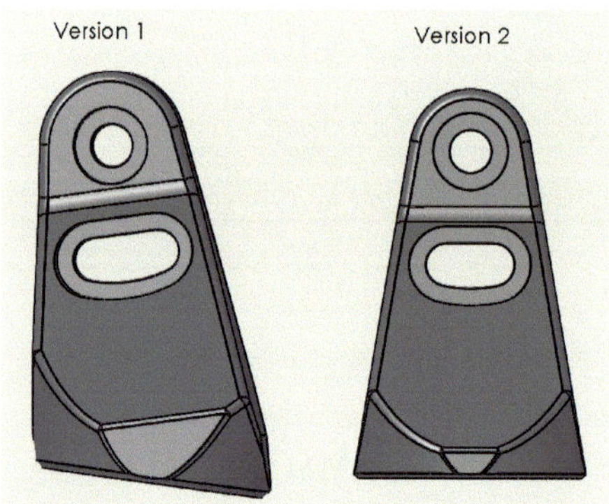

Bild 18.7 Zwei Versionen des Halters Schulterstütze

■ 18.5 Unterbaugruppe Rohr

Die fünfte Unterbaugruppe ist das Rohr (Bild 18.8).

Übersicht der benötigten Teile

In der folgenden Liste findest du alles, was du für die Erstellung der Unterbaugruppe Rohr benötigst.

Pos.	Menge	Teil
1	2×	Rohr KF 8 × 6 mm (Amazon, ASIN: B01HTYGRHY)
2	1×	Aluminiumrohr 6 × 4 mm
3	1×	Gewindestange M4
	1×	Zwei-Komponenten-Kleber (z. B. Araldite® Rapid 5 min.)
		etwas Kreppband

Bild 18.8 zeigt die Einzelteile in der Übersicht. Anhand der Positionsnummern (Pos.) erkennst du, um welches Teil aus der Liste es sich jeweils handelt.

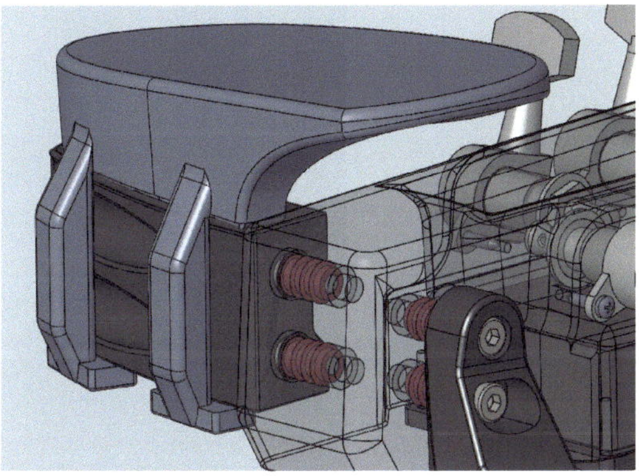

Bild 18.8 Aufbau des CFK-Rohrs mit Aluminiumrohr und Gewindestange

Die bei Amazon bezogenen Kohlefaserrohre haben eine Länge von 330 mm (Pos. 1). Somit ist ein kleiner Zuschnitt eines zweiten Rohres von 23 mm nötig, um auf die Gesamtlänge von 353 mm zu kommen. Das Aluminiumrohr (Pos. 2) hat ebenfalls eine Länge von 353 mm. Die beiden Kohlefaserrohre werden nun mit einem Zwei-Komponenten-Kleber auf das Aluminiumrohr geklebt. Um zu verhindern, dass die Gewindestange innen an das Aluminiumrohr anschlägt, habe ich an drei Stellen der Gewindestange jeweils eine Lage Kreppband aufgeklebt.

18.6 Baugruppe Geige

Die Baugruppe Geige setzt sich aus allen vorangehend genannten Unterbaugruppen zusammen (Bild 18.9).

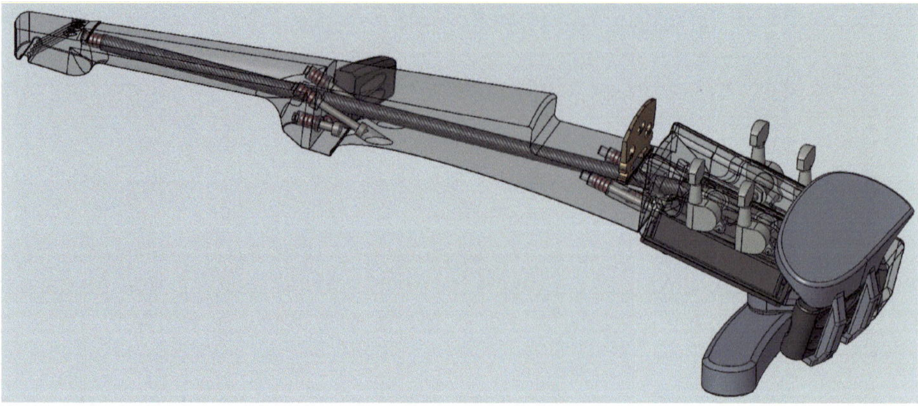

Bild 18.9 Geige mit durchsichtigem Korpus

Übersicht der benötigten Teile

In der folgenden Liste findest du alles, was du für die Erstellung der Baugruppe Geige benötigst.

Pos.	Menge	Teil
1	1×	*Bg. Vorderteil*
2	1×	*Bg. Mittelteil*
3	1×	*Bg. Hinterteil*
4	1×	*Bg. Rohr*
5	2×	Wirbel rechts (Amazon, ASIN: B005LMPB9M)
6	2×	Wirbel links (Amazon, ASIN: B005LMPB9M)
7	1×	Electronics Box (Amazon, ASIN: B01FSH21X8)
8	1×	Tonabnehmer (Amazon, ASIN: B01FSH21X8)
9	1×	Kinnhalter Wittner 4-/4 (Amazon, ASIN: B003YP9BUI) alternativ: Kinnhalter Wittner 4/4 (Thomann, Artikelnr. 204 313)
10	1×	Schulterstütze Wittner Isny 4/4 (Amazon, ASIN: B00DQ4RHIU) alternativ: Schulterstütze Wittner Isny 4/4 (Thomann, Artikelnr. 310 409)
11	1×	Steg (Amazon, ASIN: B00AKTNXUA)
12	2×	Zylinderschraube DIN 912 M4 × 20
13	4×	Zylinderschraube DIN 912 M4 × 40
14	1×	Scheibe DIN 125 - A 4.3
15	1×	Hutmutter DIN 1587 - M4 --NNU
16	1×	Senkschraube DIN 7991 - M4 × 20
	1×	E/A/D/G-Set Geige, 4/4 Violinensaiten, Stahlkern (Amazon, ASIN: B009HL2LUU)
	1×	Geigenbogen 4/4 (erhältlich bei Thomann, *www.thomann.de*)

Bild 18.10 zeigt die Einzelteile in der Übersicht. Anhand der Positionsnummern (Pos.) erkennst du, um welches Teil aus der Liste es sich jeweils handelt.

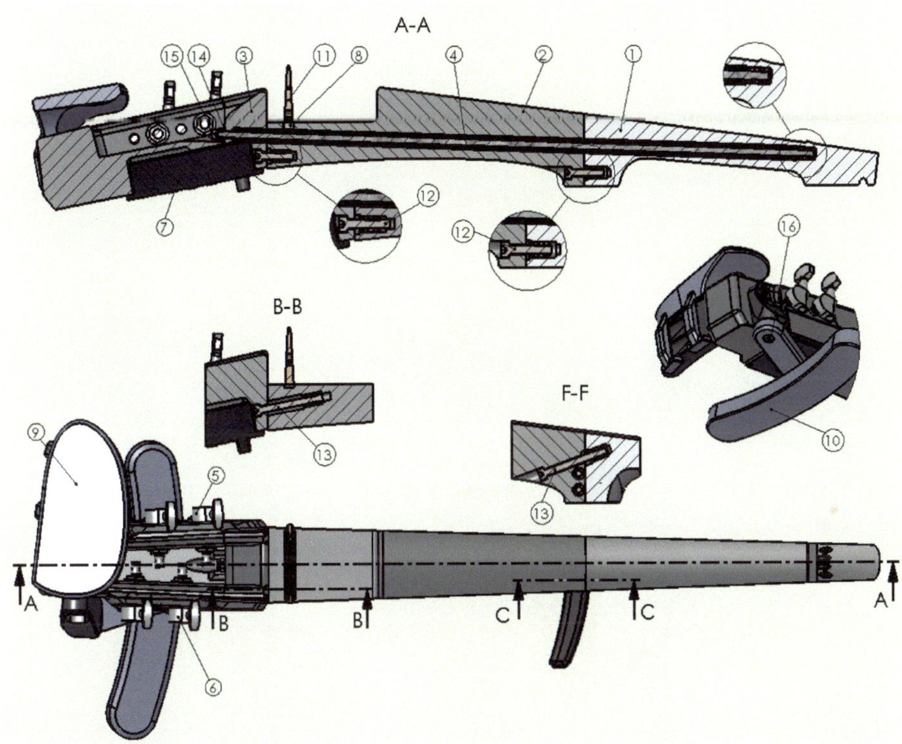

Bild 18.10 Zusammenbau der Geige

18.7 Verschraubungen

Bild 18.11 bis Bild 18.18 zeigen, welche Teile beim Zusammenbau der Geige miteinander verschraubt werden müssen.

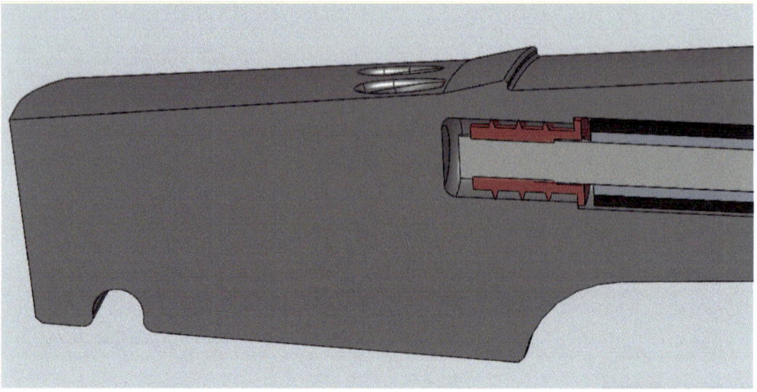

Bild 18.11 Das Rohr mit Gewindestange wird ans Vorderteil verschraubt.

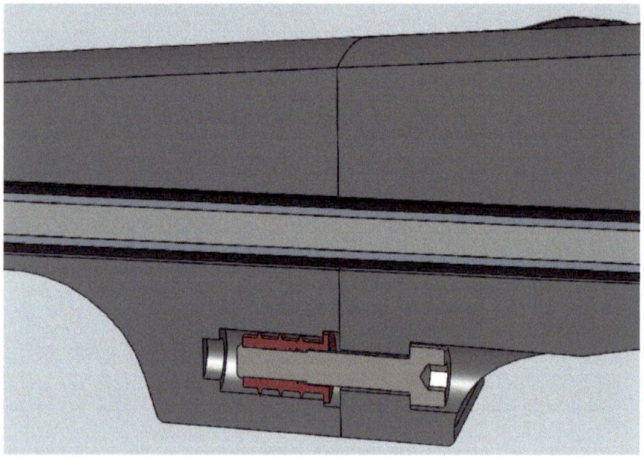

Bild 18.12 Mittlere Schraube der Verbindung zwischen Vorder- und Mittelteil

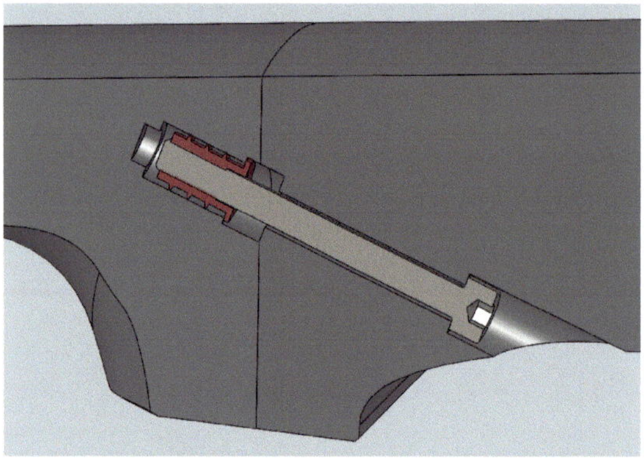

Bild 18.13 Seitliche Schrauben der Verbindung zwischen Vorder- und Mittelteil

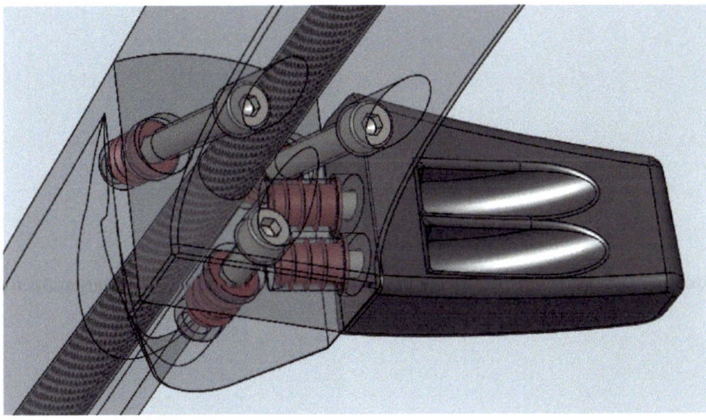

Bild 18.14 Anschraubung des Anschlags an das Mittelteil

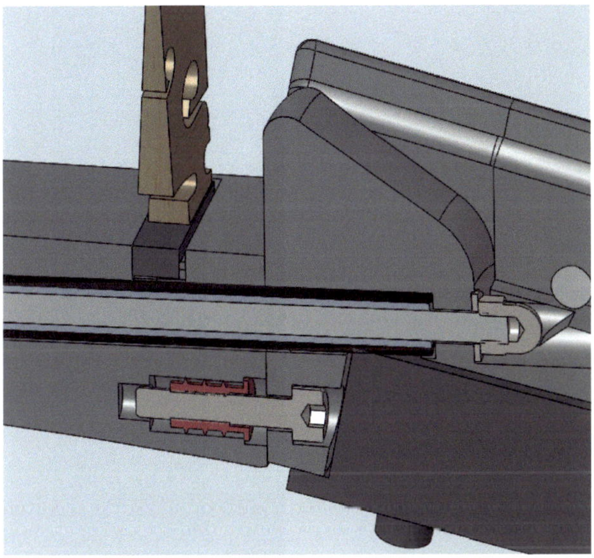

Bild 18.15 Die mittlere Verschraubung und das Rohr mit Gewindestange verschrauben das Mittelteil mit dem Hinterteil.

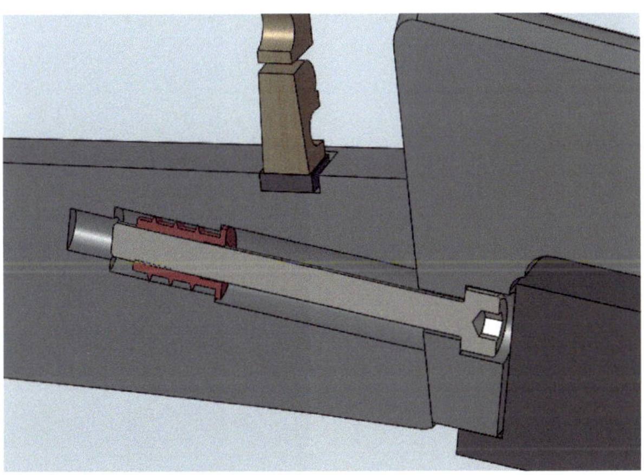

Bild 18.16 Seitliche Schrauben der Verbindung zwischen Mittel- und Hinterteil

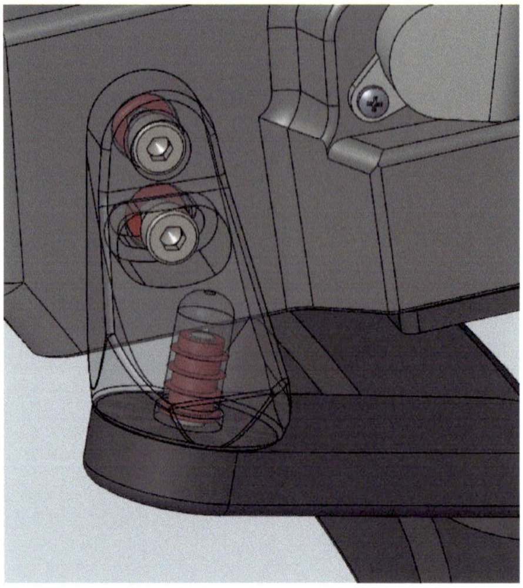

Bild 18.17 Verschraubung der Schulterstütze an das Hinterteil

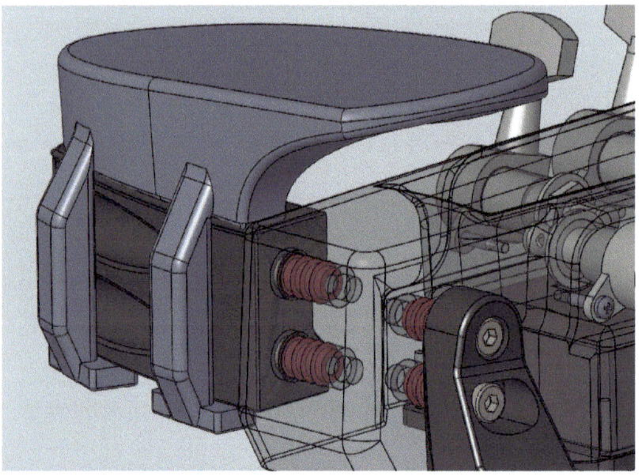

Bild 18.18 Anschraubung des Kinnhalters an das Hinterteil

Nach dem Zusammenbau der drei Hauptkörper solltest du die Oberseite des Vorderteils und des Mittelteils mit Schleifpapier abschleifen, bis absolut keine Unebenheiten mehr auf dem Griffbrett spürbar sind (Bild 18.19).

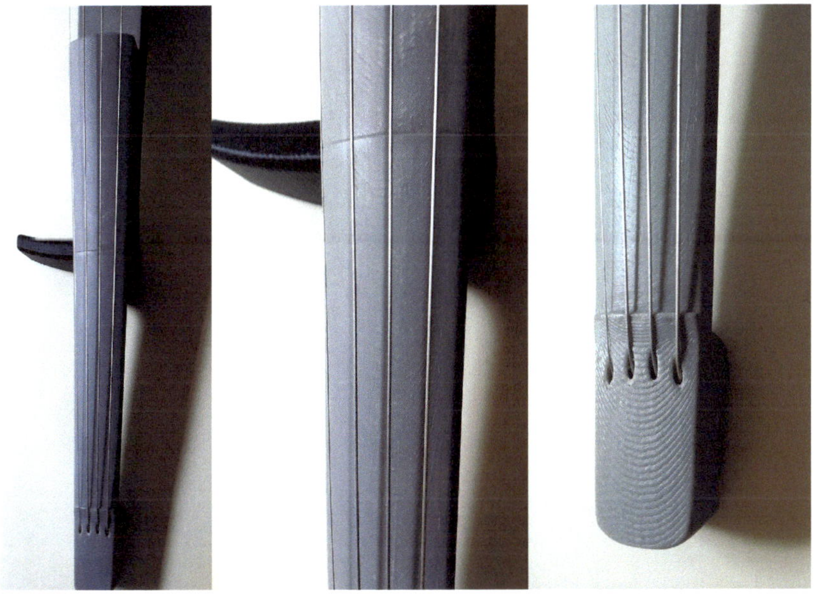

Bild 18.19 Das Griffbrett muss absolut glatt geschliffen werden.

Das Kabel des Tonabnehmers sollte noch vor der Montage des Rohres durch die dafür vorgesehene Bohrung (siehe Pfeil in Bild 18.20) gesteckt werden. Im nächsten Schritt steckt man das Kabel in der Elektronikbox an den einzigen Stecker an und verschraubt die Elektronikbox in die Vertiefung am Hinterteil.

Bild 18.20 Das Kabel des Tonabnehmers muss durch die Bohrung gesteckt werden.

Die vier Wirbel sind am Hinterteil der Geige zu befestigen (siehe Bild 18.21).

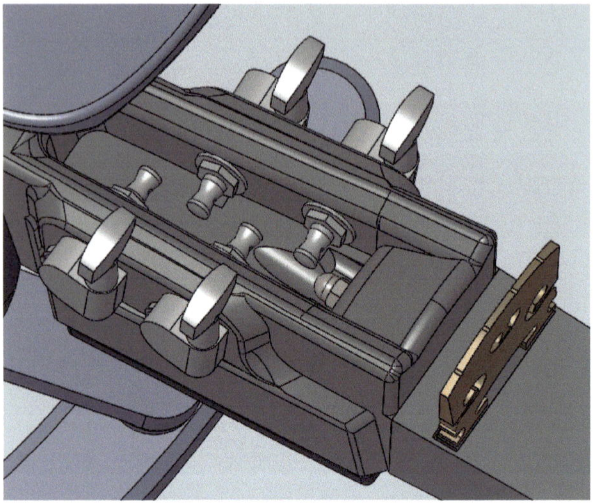

Bild 18.21 Wirbel und Steg

Die Saiten werden in die dafür vorgesehenen Bohrungen eingefädelt, bis die zylindrischen Anschläge der Saiten in der Rinne des Vorderteils sitzen. Danach wickelt man jede Saite um den Zapfen eines Wirbels und spannt diese, bis der Klang der Saiten passt. Zuvor muss noch der Steg auf den Tonabnehmer platziert werden (Bild 18.22). Die hier vorgeschlagenen Saiten sind die mit Abstand billigsten, die ich gefunden habe. Wenn du den Klang der Geige verbessern willst, dann musst du hochwertigere Saiten aufziehen (z. B. erhältlich bei Amazon, ASIN: B0054KN7OM oder ASIN: B003J39RPE, oder bei Thomann, Artikelnr. 164 171 oder Artikelnr. 136 016).

Bild 18.22 Einbau der Saiten

Nun befestigt man den Halter am Hinterteil der Geige. Am Halter wiederum befestigt man die Schulterstütze (Bild 18.23).

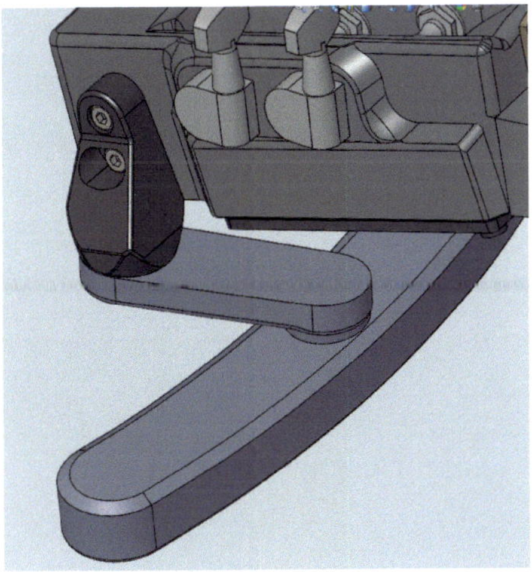

Bild 18.23 Schulterstütze

Auf der gegenüberliegenden Seite befestigt man den Kinnhalter am Halter (Bild 18.24).

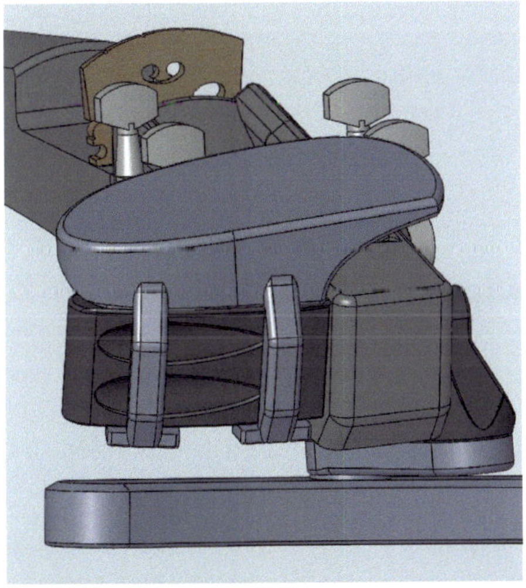

Bild 18.24 Kinnhalter

Bild 18.25 zeigt die 3D-gedruckte Kunststoffgeige im zusammengebauten Zustand. Das Ergebnis kann sich sehen lassen, oder?

Bild 18.25 Die fertige Geige

■ 18.8 Druckteile der Geige

Nachdem du nun weißt, aus welchen Teilen die Geige insgesamt besteht, und wie sich diese zusammensetzen, widmen wir uns im Folgenden den Druckteilen der Geige. Bild 18.26 bis Bild 18.29 zeigt die Druckteile in der Übersicht.

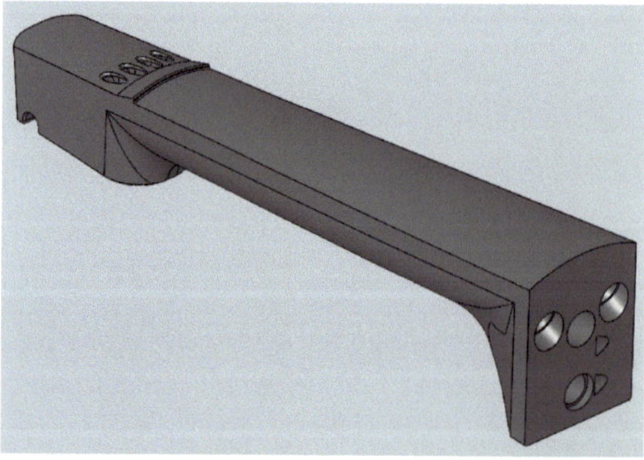

Bild 18.26 Unterbaugruppe Vorderteil: Vorderteil (Pos. 1)

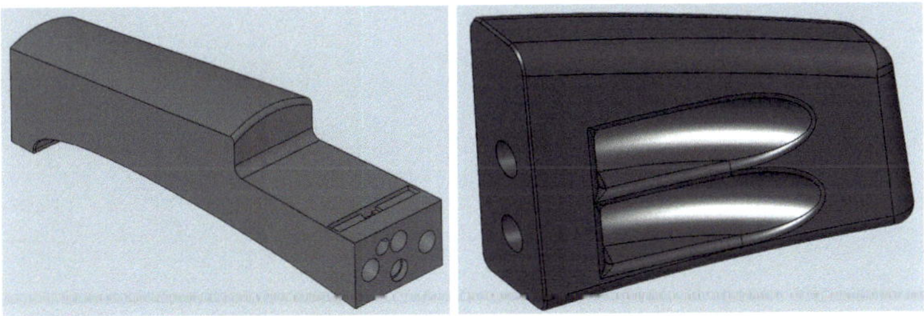

Bild 18.27 Unterbaugruppe Mittelteil: Mittelteil (Pos. 1, links) und Anschlag (Pos. 2, rechts)

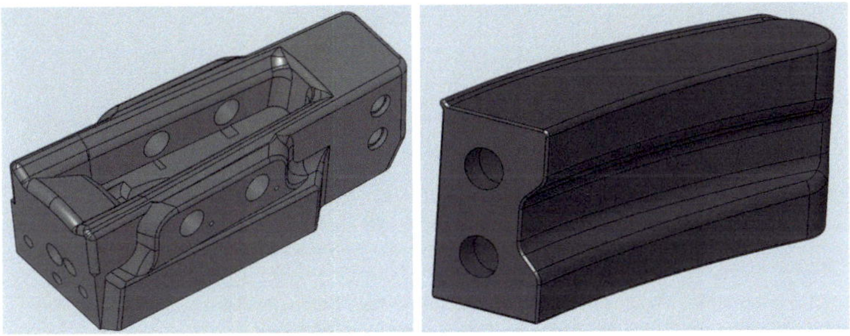

Bild 18.28 Unterbaugruppe Hinterteil: Hinterteil (Pos. 1, links) und Halter Kinnhalter (Pos. 2, rechts)

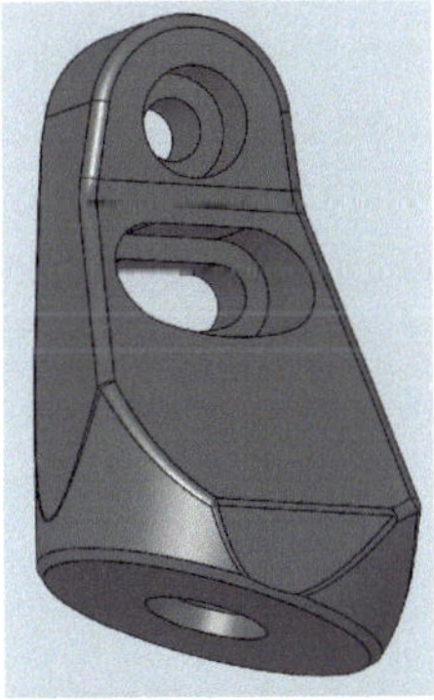

Bild 18.29 Unterbaugruppe Halter Schulterstütze: Halter Schulterstütze (Pos. 1)

18.8.1 Druckeinstellungen für das Vorderteil

Die Startpunkte des Vorderteils liegen auf der Anschraubfläche (siehe Pfeil in Bild 18.31). Da diese Fläche ohnehin eben geschliffen werden muss, werden die Narben der Startpunkte dort gleich mit weggeschliffen.

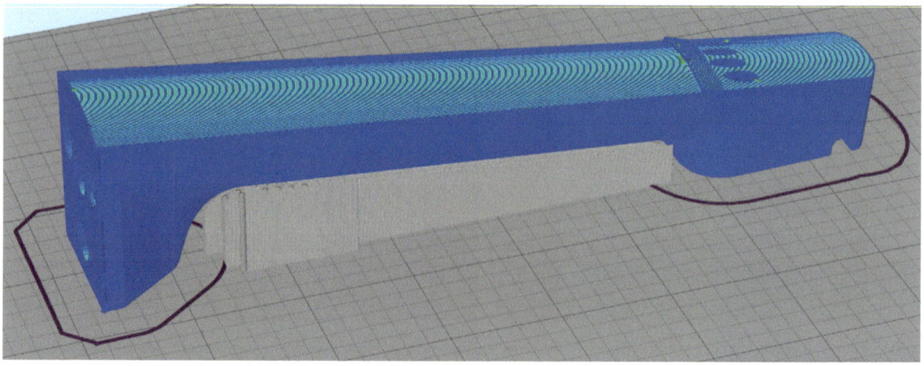

Bild 18.30 Vorderteil im Slicer

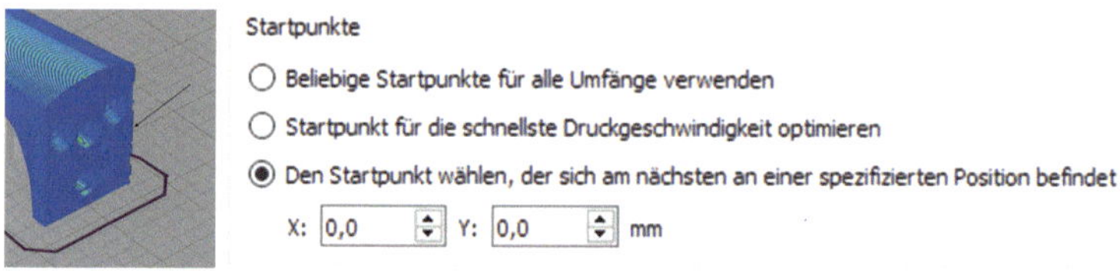

Bild 18.31 Startpunkte in die Verbindungsfläche legen

Ein Teil der Oberseite, welcher als Griffbrett dient, muss glattgeschliffen werden. Damit sich genügend Material an dieser Stelle befindet, wird unter *Schicht-Einstellungen* bei *Oberste feste Schichten* eine Schicht mehr als üblich gedruckt (= 4 Schichten). Um die Festigkeit des Vorderteils zu verbessern, habe ich auch die *Kontur-/Umfangshüllen* um eine Schicht erhöht und demnach ebenfalls auf 4 Schichten eingestellt (Bild 18.32).

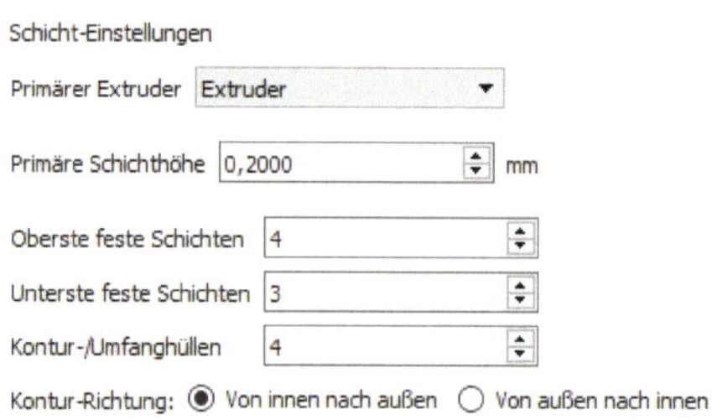

Bild 18.32 Äußere Schichteinstellungen

Bei der Geige spielt die Steifigkeit ihrer tragenden Bauteile eine wichtige Rolle. Die vier Saiten erzeugen eine sehr hohe Zugspannung, welche zu einem Verbiegen des Griffbrettes (hier: Vorderteil) führen kann. Um dem vorzubeugen, sollte neben dem Versteifungsrohr, das durch das Vorder- und Mittelteil geht, das Bauteil selbst mit einer möglichst hohen inneren Steifigkeit versehen werden. Im Folgenden erkläre ich anhand von Beispielen die Unterschiede in den Einstellungen der Füllung.

Möglichkeit 1

Bei einer herkömmlichen Einstellung der inneren Füllung wird pro Druckschicht nur ein Füllwinkel gedruckt. Sind zum Beispiel zwei Füllwinkel (45°, −45°) eingestellt, wechseln sich die beiden Füllwinkel in jeder Druckschicht ab (innerer Füll-Prozentsatz: 10 %, siehe Bild 18.33).

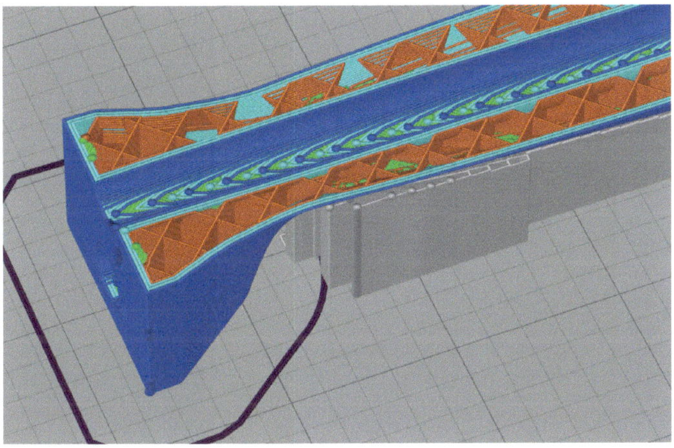

Bild 18.33 Füllung Rectilinear (10 %)

Die Druckbilder zweier aufeinander folgender Druckschichten sehen demnach so wie in Bild 18.34 dargestellt aus.

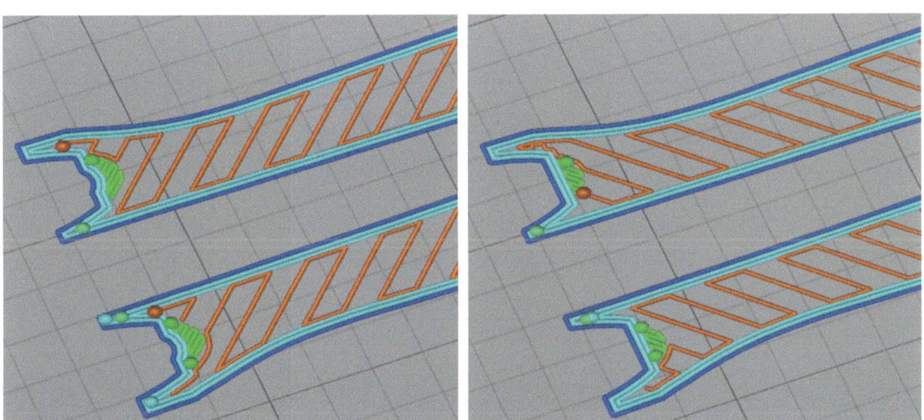

Bild 18.34 Druckbild der Füllung

Möglichkeit 2

Um eine höhere Stabilität des Bauteils zu erreichen, kann man den inneren Füll-Prozentsatz erhöhen (innerer Füll-Prozentsatz: 20 %, siehe Bild 18.35).

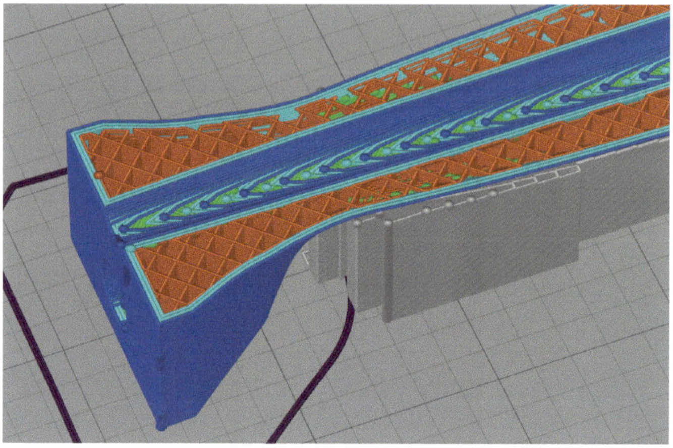

Bild 18.35 Füllung Rectilinear (20 %)

Möglichkeit 3

Oder man druckt pro Druckschicht jeden der eingestellten Füllwinkel (45°, −45°) bei gleichem inneren Füllgrad von 20 % (Bild 18.36). Dazu muss man den Haken bei *Jeden Infill-Winkel auf jeder Schicht drucken* setzen. Dies entspricht in der Auflösung einem Füllgrad von 10 % der Möglichkeit 1.

Bild 18.36 Füllung Rectilinear (20 %): Alle Füllungswinkel werden in einer Druckschicht gedruckt.

Das Druckbild jeder einzelnen Druckschicht sieht dann so wie in Bild 18.37 dargestellt aus.

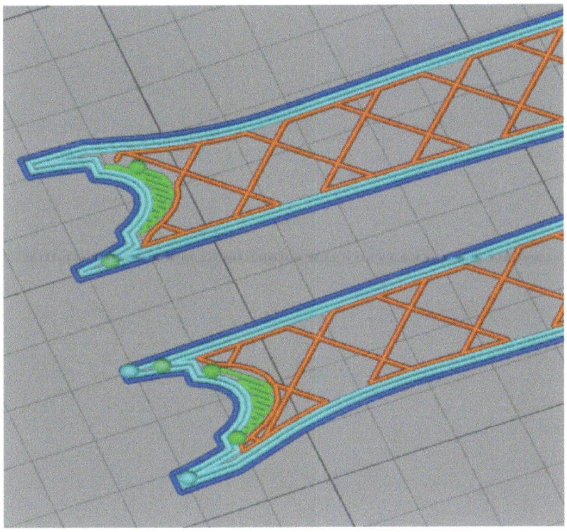

Bild 18.37 Druckbild der Füllung in einer Druckschicht

Möglichkeit 4

Um die Steifigkeit des Bauteils weiter zu erhöhen, kann man anstatt des Füllmusters mit geraden Drucksträngen (*Rectilinear*) das Bienenwabenmuster (*Full Honeycomb*) verwenden. Die *Füllwinkel innen* betragen für *Full Honeycomb* sinnvollerweise 0°, 120° und −120°. Der Füllgrad liegt hier bei 22 % (Bild 18.38).

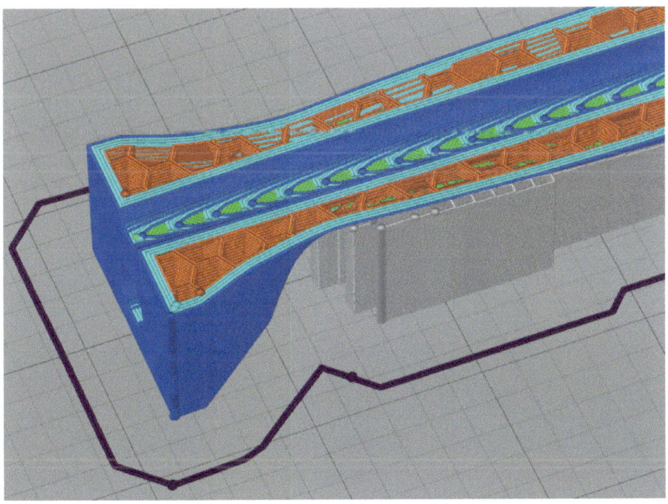

Bild 18.38 Füllung Full Honeycomb (22 %)

Die Druckbilder dreier aufeinander folgender Druckschichten sehen demnach so wie in Bild 18.39 dargestellt aus.

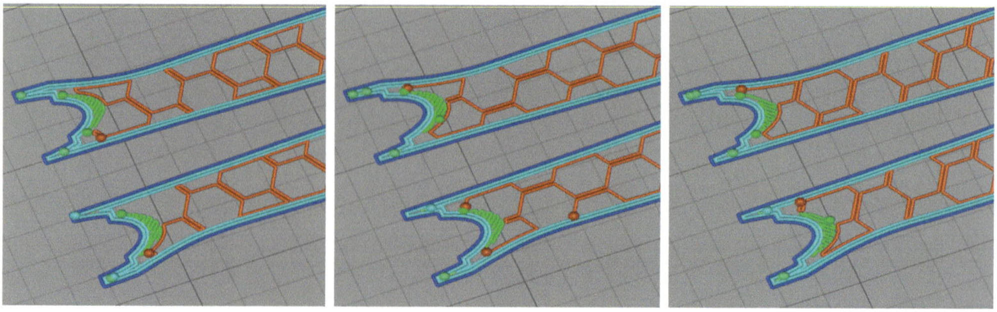

Bild 18.39 Druckbilder dreier aufeinander folgender Druckschichten

Möglichkeit 5

Bild 18.40 zeigt die optimalen Infill-Einstellungen für die maximale Steifigkeit eines Bauteils. Wichtig ist, dass auch der Haken bei *Jeden Infill-Winkel auf jeder Schicht drucken* gesetzt wird (Bild 18.40).

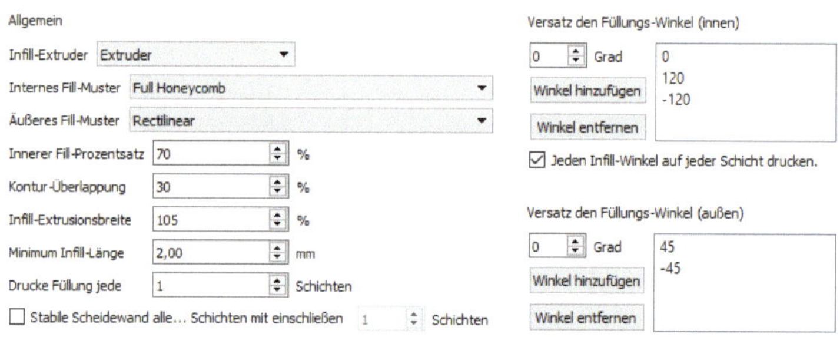

Bild 18.40 Einstellung der Füllung für Bauteile mit maximaler Steifigkeit

Bild 18.41 zeigt die bestmögliche Füllung für dieses Bauteil.

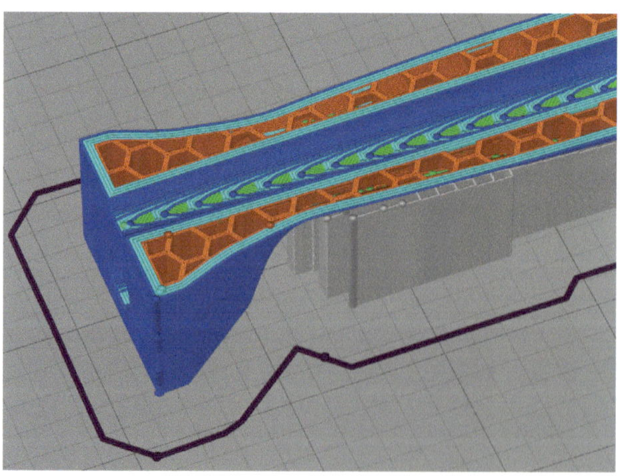

Bild 18.41 Füllung Full Honeycomb (70 %): Alle Füllungswinkel werden in einer Druckschicht gedruckt.

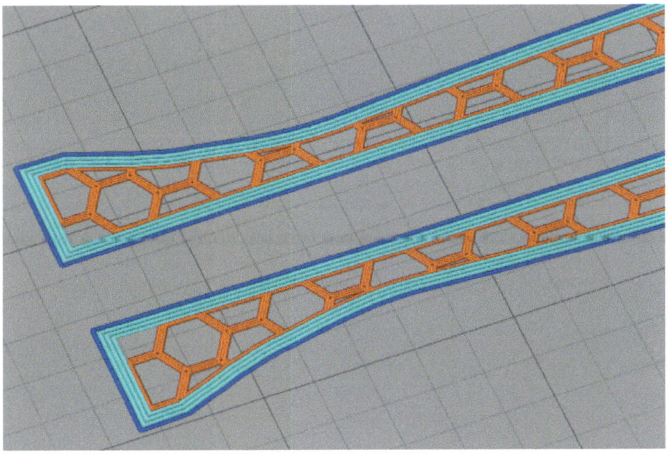

Bild 18.42 Druckbild der Füllung in einer Druckschicht

Es ist zu berücksichtigen, dass sich die Druckdauer bei diesen Infill-Einstellungen um mehr als 50 % im Vergleich zur Infill-Einstellung aus Möglichkeit 1 (= normale Einstellung) erhöht.

Folgende allgemeine Druckeinstellungen sind für das Vorderteil vorzunehmen:

- Druckgeschwindigkeit: 55 mm/s
- Schichthöhe: 0,20 mm
- innerer Füll-Prozentsatz: 70 % (Full Honeycomb)

18.8.2 Druckeinstellungen für das Mittelteil

Sämtliche Druckeinstellungen der Außenkonturen und der Füllung des Vorderteils gelten auch für das Mittelteil. Die Startpunkte habe ich in eine der beiden Anschraubflächen gelegt (Bild 18.44).

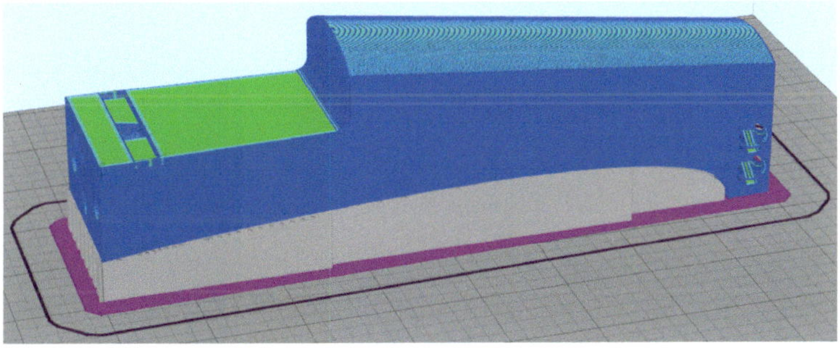

Bild 18.43 Mittelteil im Slicer

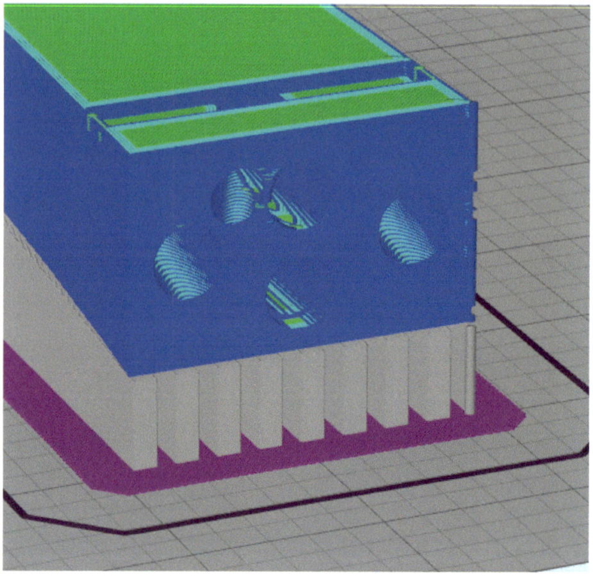

Bild 18.44 Startpunkte in eine der beiden Verbindungsflächen legen

Leider musste ich bei diesem Druckteil eine unschöne Erfahrung machen. Die kleine Auflagefläche vorne und die dünnen Stützstrukturen hatten nicht für ausreichend Haftung auf der Druckplattform gesorgt. Nach drei Stunden hat das Druckteil langsam angefangen, sich abzulösen. Deshalb musste ich beim nächsten Druck eine Haftfläche (Raft) unter das Druckteil drucken (Bild 18.45).

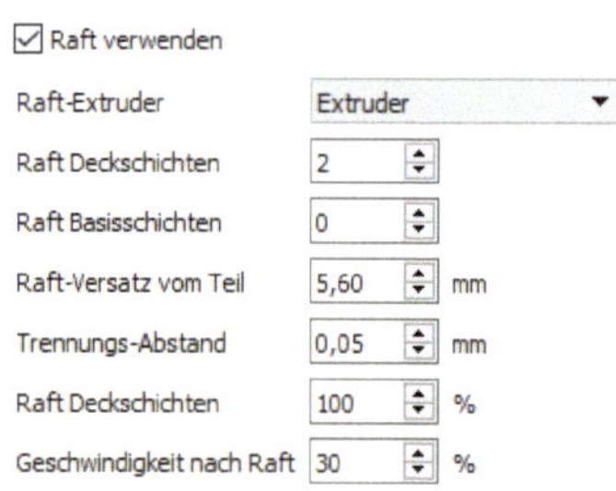

Bild 18.45 Raft-Einstellungen

Für dieses Teil sollte man sich viel Zeit nehmen. Die Druckdauer liegt bei über 10 Stunden. Auf der Filament-Rolle sollte sich deshalb noch mehr als ein viertel Kilo Filament befinden.

Folgende allgemeine Druckeinstellungen sind für das Mittelteil vorzunehmen:

- Druckgeschwindigkeit: 55 mm/s
- Schichthöhe: 0,20 mm
- innerer Füll-Prozentsatz: 70 % (Full Honeycomb)

18.8.3 Druckeinstellungen für das Hinterteil

Für das Hinterteil können sämtliche Druckeinstellungen der Außenkonturen und der Füllung des Vorderteils übernommen werden. Die Startpunkte habe ich in die Anschraubfläche gelegt (Bild 18.47).

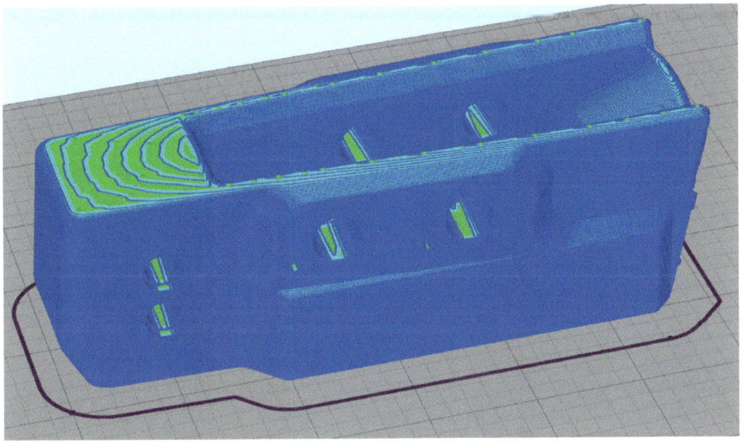

Bild 18.46 Hinterteil im Slicer

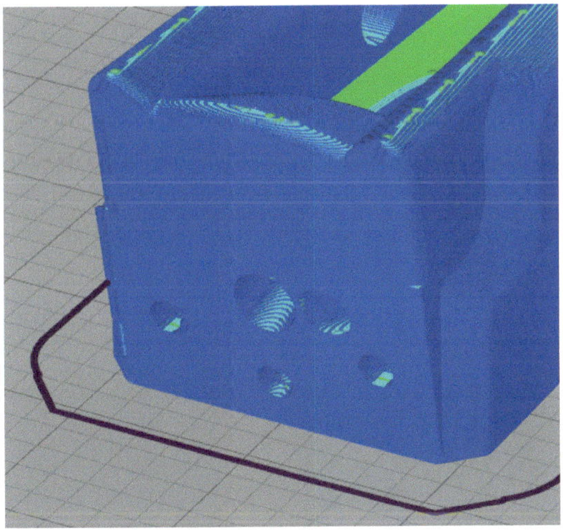

Bild 18.47 Startpunkte in die Verbindungsfläche legen

Als Erstes muss das Druckteil vom Slicing-Programm auf der Druckfläche positioniert werden. Das Teil muss um den Verdrehwinkel von 10,91 Grad, welcher durch die Konstruktion resultiert, um die y-Achse nach unten verdreht werden (Bild 18.48).

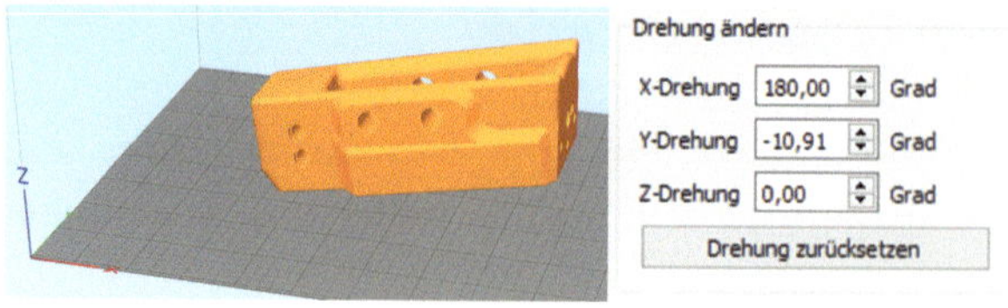

Bild 18.48 Positionierung des Druckteils auf der Druckplattform

Auf die Orientierung des Stützmaterials bezüglich der zu stützenden Ebenen und Konturen ist zu achten. Links in Bild 18.49 ist das Stützmaterial mit einem *Stütz-Infill-Winkel* von 0° dargestellt. Die Kontur, welche gestützt werden soll, liegt parallel zum Stützmaterial (rote Pfeile in Bild 18.49 links). Verändert man den *Stütz-Infill-Winkel* auf 90°, so ist der vordere Teil der Kontur parallel zum Stützmaterial (schwarzer Pfeil in Bild 18.49 rechts). In beiden Fällen gibt es Konturen, die ungestützt gedruckt werden.

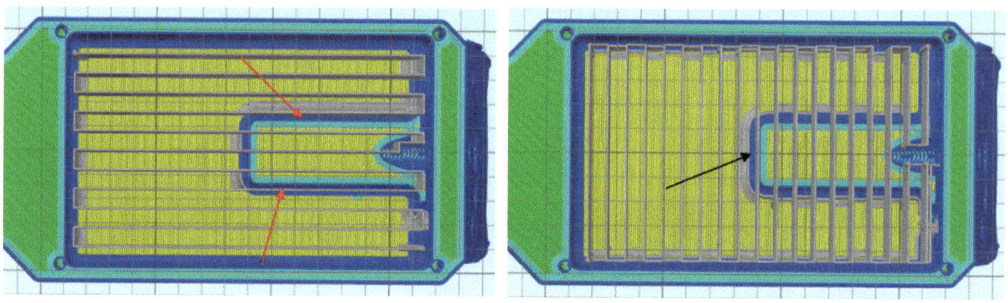

Bild 18.49 Stützstruktur: Stütz-Infill-Winkel von 0° (links) und Stütz-Infill-Winkel von 90° (rechts)

Um eine bessere Stützwirkung zu erhalten, sollte das Stützmaterial schräg zu den zu stützenden Konturen liegen (Bild 18.50 und Bild 18.51).

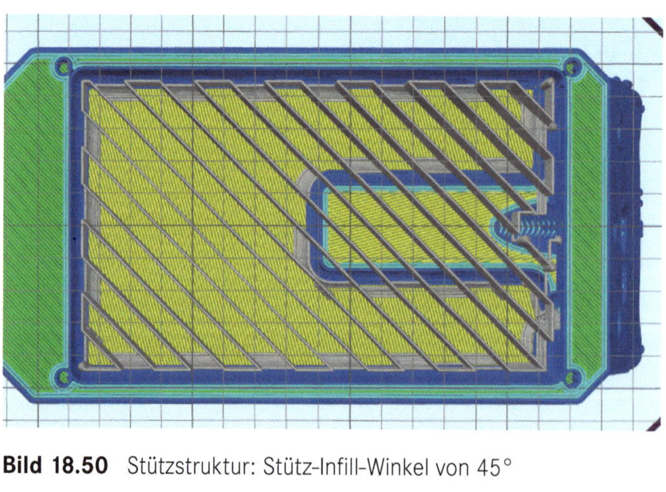

Bild 18.50 Stützstruktur: Stütz-Infill-Winkel von 45°

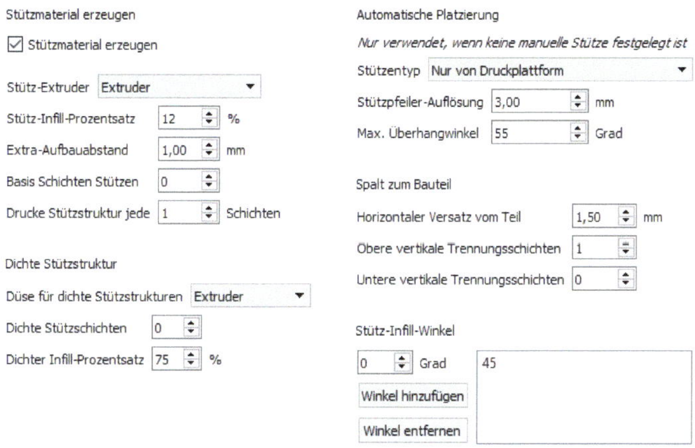

Bild 18.51 Einstellungen für das Stützmaterial

Folgende allgemeine Druckeinstellungen sind für das Hinterteil vorzunehmen:

- Druckgeschwindigkeit: 65 mm/s
- Schichthöhe: 0,20 mm
- innerer Füll-Prozentsatz: 70 % (Full Honeycomb)

18.8.4 Druckeinstellungen für den Anschlag

Auch der Anschlag muss erst in die richtige Position auf der Druckplattform gedreht werden. Die Verdrehwinkel sind je 2° um die x- und y-Achse (Bild 18.53).

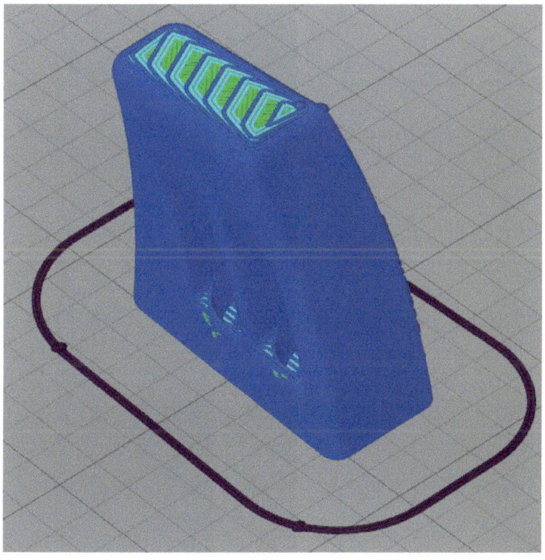

Bild 18.52 Anschlag im Slicer

Bild 18.53 Positionierung des Druckteils

Folgende allgemeine Druckeinstellungen sind für den Anschlag vorzunehmen:

- Druckgeschwindigkeit: 45 mm/s
- Schichthöhe 0,20 mm
- innerer Füll-Prozentsatz: 20 %

18.8.5 Druckeinstellungen für den Halter (Kinnhalter)

Folgende allgemeine Druckeinstellungen sind für den Halter (Kinnhalter) vorzunehmen:

- Druckgeschwindigkeit: 45 mm/s
- Schichthöhe 0,20 mm
- innerer Füll-Prozentsatz: 20 %

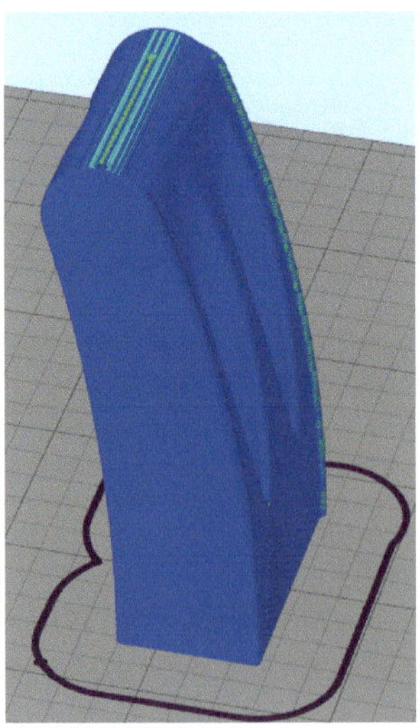

Bild 18.54 Halter Kinnhalter im Slicer

18.8.6 Druckeinstellungen für den Halter (Schulterstütze)

Der Halter in Version 1 hat gegenüber dem Halter in Version 2 eine um 15° verdrehte Anschraubfläche für die Schulterstütze (Bild 18.55).

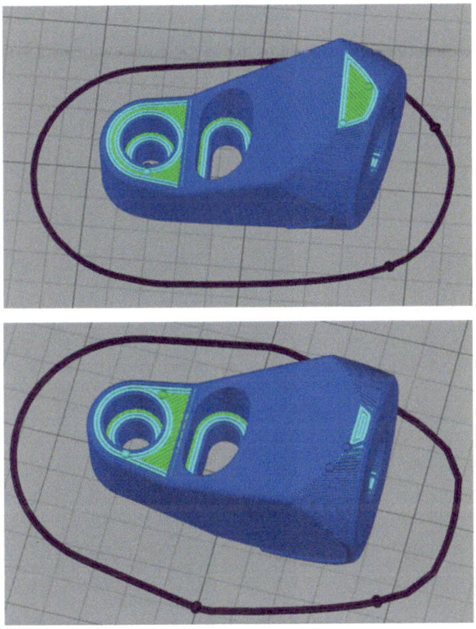

Bild 18.55 Oben: Halter Schulterstütze (Version 1), unten: Halter Schulterstütze (Version 2)

Folgende allgemeine Druckeinstellungen sind für den Halter (Schulterstütze) vorzunehmen:

- Druckgeschwindigkeit: 45 mm/s
- Schichthöhe: 0,20 mm
- innerer Füll-Prozentsatz: 20 %

18.8.7 Druckeinstellungen für den Steg

Der Steg überträgt die Vibrationen der Saiten an den Tonabnehmer. Dabei wirken Hohlräume im Inneren des Stegs als Schwingungsverminderer, wenn mit normalen Infill-Parametern gedruckt wird. Am besten druckt man den Steg als ein massives Teil, indem man *Stabile Scheidewand alle... Schichten mit einschließen* aktiviert und die Anzahl der Schichten auf 1 stellt (Bild 18.57).

Bild 18.56 Steg im Slicer

Bild 18.57 Einstellung für massive Füllung

Ich habe den 3D-gedruckten Steg noch nicht eingesetzt und kann daher keine Aussage zum Verhalten der Schwingungsübertragung und zur Stabilität machen. Sollte der 3D-gedruckte Steg nicht halten, was er verspricht, empfehle ich dir, einen fertigen Steg zu kaufen. Die Form der Auflageflächen ist dann aber für den gewölbten Geigenkörper gemacht. Deshalb müssen die Auflageflächen für den flachen Tonabnehmer erst plan geschliffen werden (Bild 18.58).

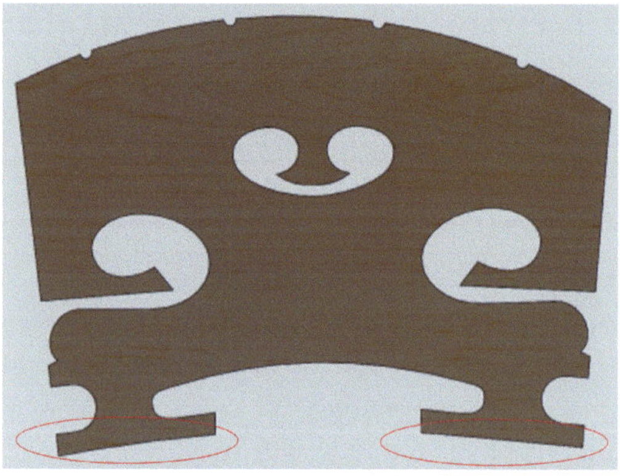

Bild 18.58 Planschleifen der Auflageflächen (= rot eingekreist) des gekauften Stegs

Folgende allgemeine Druckeinstellungen sind für den Steg vorzunehmen:

- Druckgeschwindigkeit: 35 mm/s
- Schichthöhe: 0,15 mm

Jetzt brauchst du nur noch einen USB-Lautsprecher mit einer Ausgangsleistung von mindestens 10 W RMS, damit du die Geige zum Klingen bringen kannst. Achte darauf, dass dieser Lautsprecher einen Klinkeneingang von 3,5 mm besitzt. Du kannst dir auch selbst einen Lautsprecher bauen. Unter *plus.hanser-fachbuch.de* findest du eine Bauanleitung für eine Lautsprecherbox aus Holz (MDF-Platten) mit zwei Lautsprechern und einem Verstärker mit kleinem Equalizer.

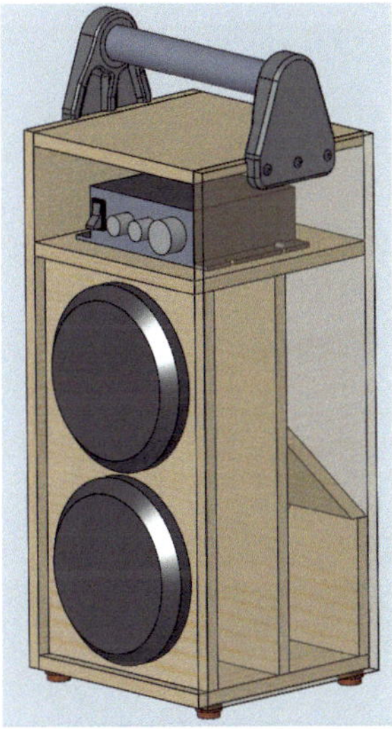

Bild 18.59 DIY-Lautsprecherbox für die Geige

19 Uhrenbeweger

In diesem Kapitel fertigen wir einen extravaganten Uhrenbeweger für Automatikuhren (Bild 19.1). Herkömmliche Uhrenbeweger besitzen eine Drehachse, um die sich die Uhr dreht. Der hier vorgestellte Uhrenbeweger hat eine kardanisch gelagerte Uhrenaufnahme. Dabei wird eine Dreh- und Schwenkbewegung erzeugt, welche einem Gyroskop (gyroscopic watch winder) nachempfunden ist.

Die im Netz zu findenden Modelle eines solchen Gyro-Uhrenbewegers haben einen für mich entscheidenden Nachteil: Dieser spektakuläre Mechanismus ist mit auffälligen Schraubverbindungen mit Einsteckmuttern übersät. Diese mindern die Ästhetik des Uhrenbewegers erheblich. Bei meinem Design habe ich fast alle Verschraubungen in nicht sichtbare Bereiche legen und die Einsteckmuttern durch Helicoil-Gewindeeinsätze ersetzen können.

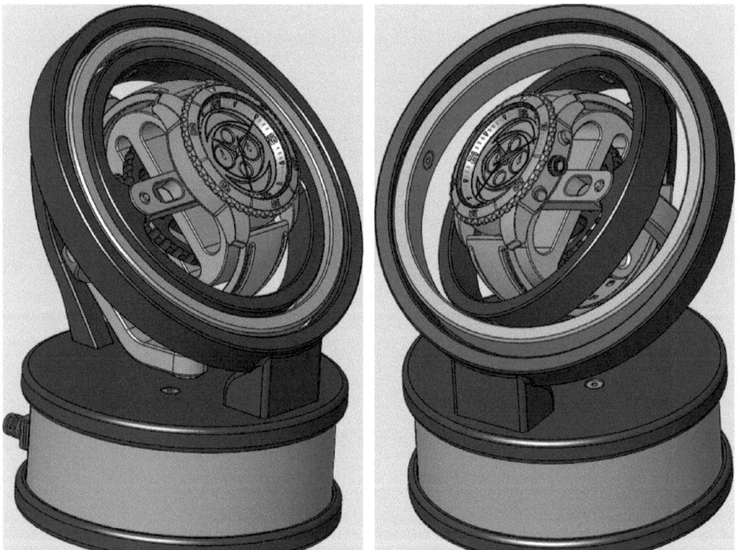

Bild 19.1 Gyro-Uhrendreher

Der Antrieb des Uhrenbewegers besteht aus einem Schrittmotor mit Treiberplatine und einem Arduino Nano Board. Als Stromversorgung wird eine digitale Zeitschaltuhr, ein handelsübliches Handynetzgerät (5 V DC) und ein USB-Kabel benötigt. Alles in allem bekommt man die gesamte Elektronik und die Schrauben und Helicoils schon für weniger als 50 €.

Nach dem Zusammenbau muss nur noch das mitgelieferte Arduino-Programm auf das Nano Board geladen werden. Das Programm kann selbstverständlich noch abgeändert werden. Zum Beispiel können die Drehzahl und die Stillstandzeit individuell angepasst werden. Folgender Bewegungsablauf ist voreingestellt: eine Drehzahl von 10 Umdrehungen pro Minute und alle 5 Umdrehungen ein Drehrichtungswechsel mit einer Stillstandzeit von 1,5 Sekunden. Dieses Programm würde sich so permanent wiederholen, wäre nicht eine digitale Zeitschaltuhr vorgeschaltet.

Um eine Uhr mit einem solchen Mechanismus aufzuziehen, sind ca. 650–850 Umdrehungen am Tag nötig, allerdings hängt das von dem Uhrentyp ab. Ich schlage folgende Einstellung an der Zeitschaltuhr vor: 1/4 h drehen und 1/4 h pausieren, d.h., mit der voreingestellten Drehzahl von 10 rev/min werden pro halbe Stunde 150 Umdrehungen erzeugt. Diesen Vorgang kann man mehrmals wiederholen. Somit erzeugt der Uhrendreher in 2 1/4 h 750 Umdrehungen.

19.1 Baugruppen des Uhrenbewegers

Das Design des Uhrenbewegers ist derart gestaltet, dass die Teile recht einfach zu drucken sind. Es sind z.B. keine Stützstrukturen notwendig. Außerdem unterscheiden sich die Druckeinstellungen der Druckteile kaum voneinander. Um eine bessere Übersicht über die Druck- und Kaufteile zu bekommen, habe ich diese in kleinere Unterbaugruppen aufgeteilt, die in der folgenden Liste aufgeführt sind. Bild 19.2 zeigt die Unterbaugruppen in der Übersicht. Anhand der Positionsnummern (Pos.) erkennst du, um welche Unterbaugruppe aus der Liste es sich jeweils handelt. Als Druckmaterial habe ich PLA verwendet.

Pos.	Menge	Unterbaugruppe
1	1	*Bg. Innenring*
2	1	*Bg. Mittelring*
3	1	*Bg. Aussenring*
4	1	*Bg. Uhrenhalter*
5	1	*Bg. Mitnehmer*
6	1	*Bg. Gehaeusedeckel*
7	1	*Bg. Gehaeusewand*
8	1	*Bg. Gehaeuseboden*

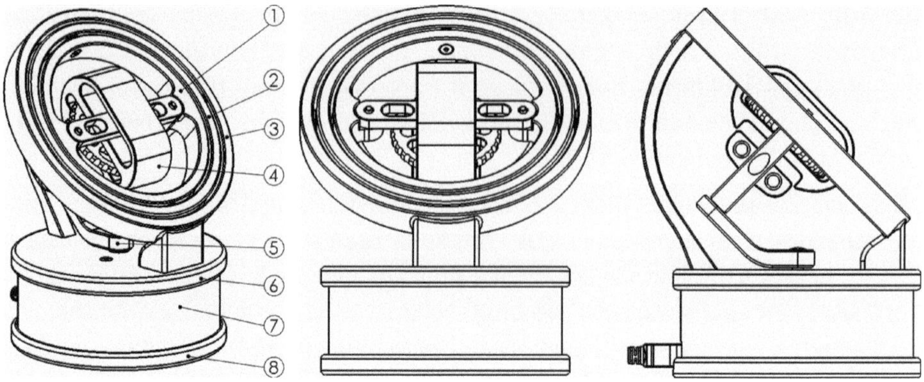

Bild 19.2 Unterbaugruppen des Uhrenbewegers

19.1.1 Unterbaugruppe Innenring

Übersicht der benötigten Teile

In der folgenden Liste findest du alles, was du für die Erstellung der Unterbaugruppe Innenring benötigst. Bild 19.3 zeigt die Einzelteile in der Übersicht. Anhand der Positionsnummern (Pos.) erkennst du, um welches Teil aus der Liste es sich jeweils handelt.

Pos.	Menge	Teil
1	1×	*Innenring.stl*
2	1×	*Bogen Innenring.stl*
3	2×	*Scheibe.stl*
4	3×	Helicoil M3 × 1,5 (4,5 mm)
5	2×	Senkschraube DIN 7991 - M3 × 10
6	4×	6kt-Mutter ISO 4032 - M3
7	4×	Zylinderschraube DIN 912 - M3 × 12

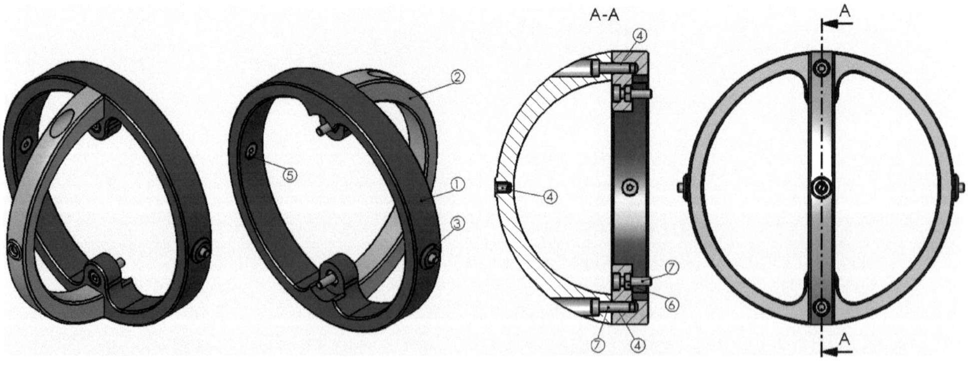

Bild 19.3 Aufbau des Innenrings

19.1.2 Unterbaugruppe Mittelring

Übersicht der benötigten Teile

In der folgenden Liste findest du alles, was du für die Erstellung der Unterbaugruppe Mittelring benötigst. Bild 19.4 zeigt die Einzelteile in der Übersicht. Anhand der Positionsnummern (Pos.) erkennst du, um welches Teil aus der Liste es sich jeweils handelt.

Pos.	Menge	Teil
1	1	*Mittelring.stl*
2	2	*Scheibe.stl*
3	2	Rillenkugellager DIN 623-2RS (Amazon, B078MWRGCS)*)
4	2	Senkschraube DIN 7991 - M3 × 10
5	2	6kt-Mutter ISO 4032 - M3
*) Rillenkugellager d3 · D10 · B4 mm		

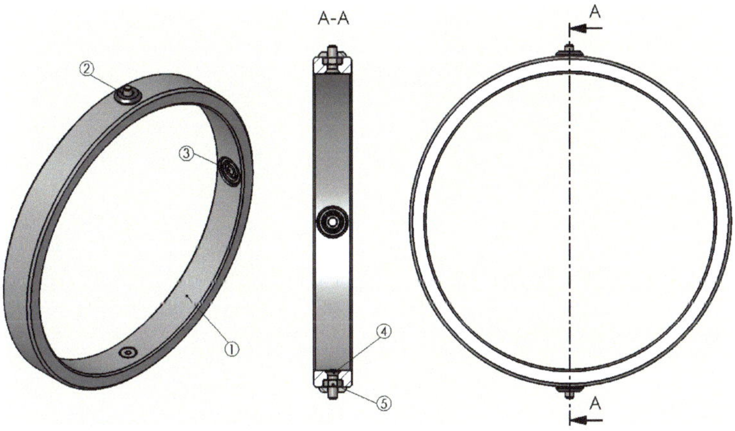

Bild 19.4 Aufbau des Mittelrings

19.1.3 Unterbaugruppe Außenring

Übersicht der benötigten Teile

In der folgenden Liste findest du alles, was du für die Erstellung der Unterbaugruppe Außenring benötigst.

Pos.	Menge	Teil
1	1	*Aussenring.stl*
2	1	*Halter Aussenring.stl*
3	5	Helicoil M3 × 1,5 (4,5 mm)
4	2	Rillenkugellager DIN 623-2RS (Amazon, ASIN: B078MWRGCS)*)
5	1	Zylinderschraube DIN 912 M3 × 10
*) Rillenkugellager d3 · D10 · B4 mm		

Bild 19.5 zeigt die Einzelteile in der Übersicht. Anhand der Positionsnummern (Pos.) erkennst du, um welches Teil aus der Liste es sich jeweils handelt.

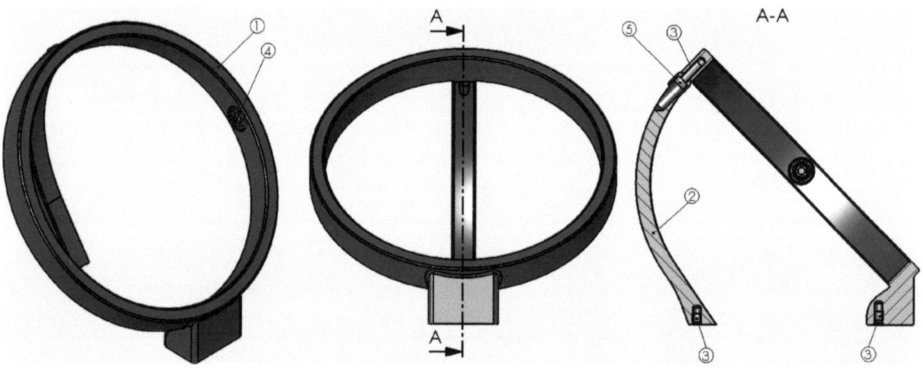

Bild 19.5 Aufbau des Außenrings

19.1.4 Unterbaugruppe Uhrenhalter

Übersicht der benötigten Teile

In der folgenden Liste findest du alles, was du für die Erstellung der Unterbaugruppe Uhrenhalter benötigst.

Pos.	Menge	Teil
1	1×	*Uhrhalter.stl*
2	1×	*Druckstueck.stl*
3	1×	*Raendelrad.stl*
4	1×	*Leiste.stl*
5	2×	Helicoil M3 × 1,5 (4,5 mm)
6	2×	6kt-Mutter ISO 4032 – M5
7	1×	Senkschraube DIN 7991 – M5 × 30
8	2×	Zylinderschraube DIN 912 M3 × 6

Bild 19.6 zeigt die Einzelteile in der Übersicht. Anhand der Positionsnummern (Pos.) erkennst du, um welches Teil aus der Liste es sich jeweils handelt.

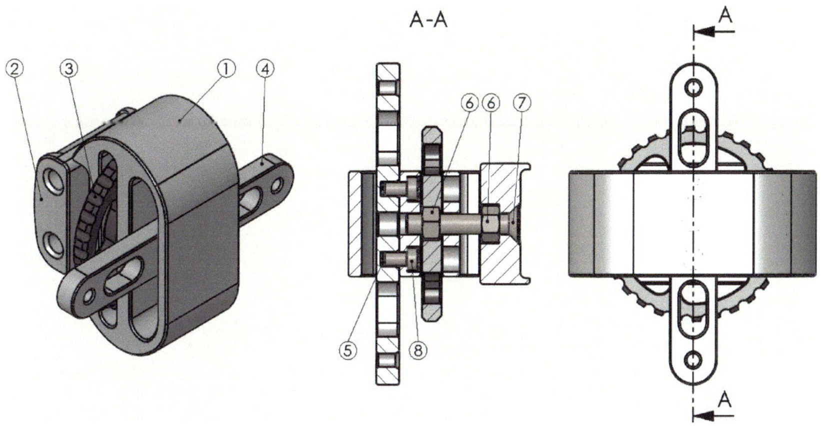

Bild 19.6 Aufbau des Uhrenhalters

19.1.5 Unterbaugruppe Mitnehmer

Übersicht der benötigten Teile

In der folgenden Liste findest du alles, was du für die Erstellung der Unterbaugruppe Mitnehmer benötigst.

Pos.	Menge	Teil
1	1×	*Mitnehmer.stl*
2	1×	Rillenkugellager DIN 623-2RS (Amazon, ASIN: B078MWRGCS)*)
3	1×	Helicoil M3 × 1,5 (4,5 mm)
4	1×	Zylinderschraube DIN 912 M3 × 10
5	1×	Senkschraube DIN 7991 – M3 × 10
6	1×	Unterlegscheibe DIN 125 – A 3.2
*) Rillenkugellager d3 · D10 · B4 mm		

Bild 19.7 zeigt die Einzelteile in der Übersicht. Anhand der Positionsnummern (Pos.) erkennst du, um welches Teil aus der Liste es sich jeweils handelt.

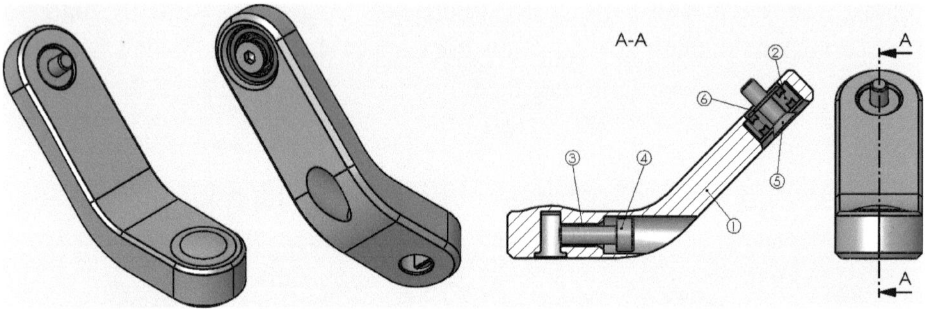

Bild 19.7 Aufbau des Mitnehmers

19.1.6 Unterbaugruppe Gehäusedeckel

Übersicht der benötigten Teile

In der folgenden Liste findest du alles, was du für die Erstellung der Unterbaugruppe Gehäusedeckel benötigst. Es genügt vollkommen, die Platine des Stepper Drivers (Pos. 3) mit nur zwei Schrauben zu befestigen.

Pos.	Menge	Teil
1	1×	*Gehaeusedeckel.stl*
2	1×	Schrittmotor 5 V DC 28BYJ-48 (Amazon, ASIN: B07B2TF2T8)*⁾
3	1×	Stepper Driver ULN2003 (Amazon, ASIN: B07B2TF2T8)*⁾
4	10×	Helicoil M3 × 1,5 (4,5 mm)
5	4×	Unterlegscheibe DIN 125 - A 3.2
6	4×	Zylinderschraube DIN 912 M3 × 10
7	4×	Zylinderschraube DIN 912 M3 × 6
8	2×	6kt-Mutter ISO 4032 - M3
9	2×	Senkschraube DIN 7991 - M3 × 10
*⁾ Schrittmotor und Stepper Driver werden zusammen geliefert.		

Bild 19.8 zeigt die Einzelteile in der Übersicht. Anhand der Positionsnummern (Pos.) erkennst du, um welches Teil aus der Liste es sich jeweils handelt.

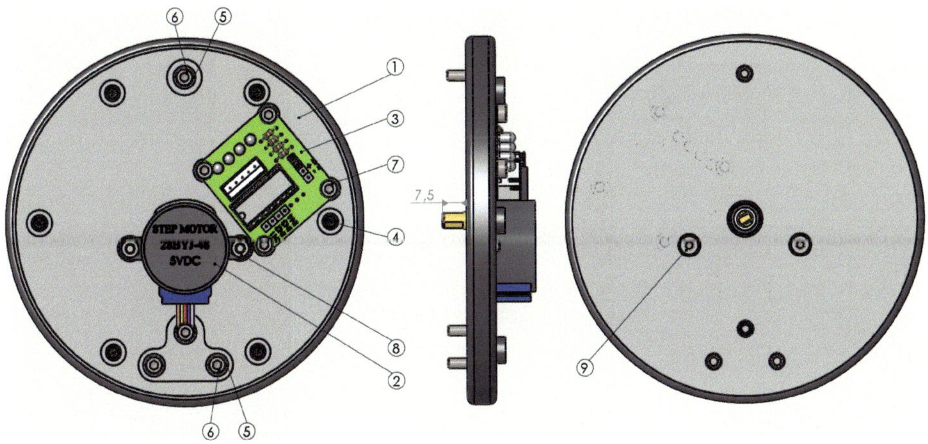

Bild 19.8 Aufbau des Gehäusedeckels

19.1.7 Unterbaugruppe Gehäusewand

Übersicht der benötigten Teile

In der folgenden Liste findest du alles, was du für die Erstellung der Unterbaugruppe Gehäusewand benötigst.

Pos.	Menge	Teil
1	1×	*Gehaeusewand.stl*
2	6×	Helicoil M3 × 1,5 (4,5 mm)
3	6×	Zylinderschraube DIN 912 M3 × 10

Bild 19.9 zeigt die Einzelteile in der Übersicht. Anhand der Positionsnummern (Pos.) erkennst du, um welches Teil aus der Liste es sich jeweils handelt.

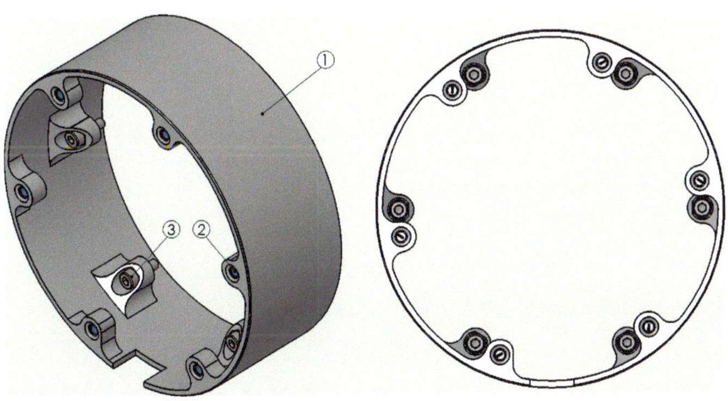

Bild 19.9 Aufbau der Gehäusewand

19.1.8 Unterbaugruppe Gehäuseboden

Übersicht der benötigten Teile

In der folgenden Liste findest du alles, was du für die Erstellung der Unterbaugruppe Gehäuseboden benötigst.

Pos.	Menge	Teil
1	1×	*Gehaeuseboden.stl*
2	1×	*Halter Nano.stl*
3	1×	Helicoil M3 × 1,5 (4,5 mm)
4	1×	NANO Board V3.0 CH340 (Amazon, ASIN: B01MS7DUEM)
5	7×	Zylinderschraube DIN 912 M3 × 10

Bild 19.10 zeigt die Einzelteile in der Übersicht. Anhand der Positionsnummern (Pos.) erkennst du, um welches Teil aus der Liste es sich jeweils handelt.

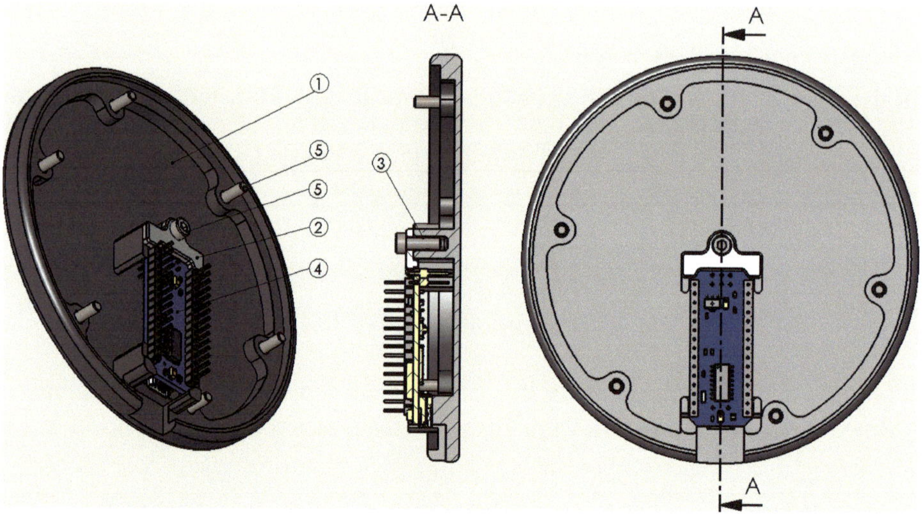

Bild 19.10 Aufbau des Gehäusebodens

19.1.9 Stücklisten des Uhrenbewegers

In Tabelle 19.1 bis Tabelle 19.3 sind alle Druck-, Norm- und Kaufteile für den gesamten Uhrenbeweger getrennt voneinander aufgeführt.

Tabelle 19.1 Stückliste der Druckteile

Menge	Druckteil	
1×	*Innenring.stl*	
1×	*Bogen Innenring*	
4×	*Scheibe.stl*	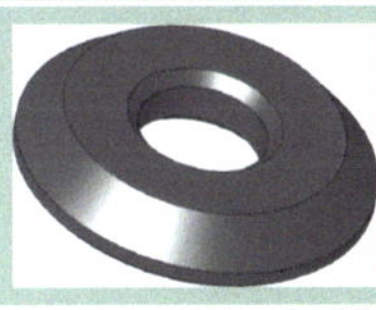
1×	*Mittelring.stl*	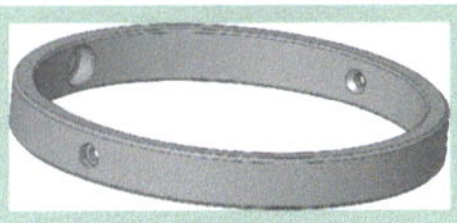
1×	*Aussenring.stl*	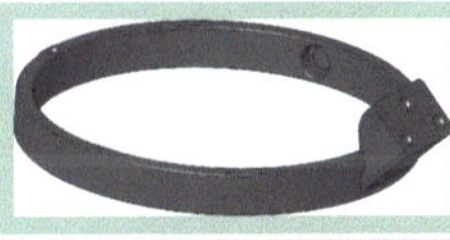
1×	*Halter Aussenring.stl*	
1×	*Uhrhalter.stl*	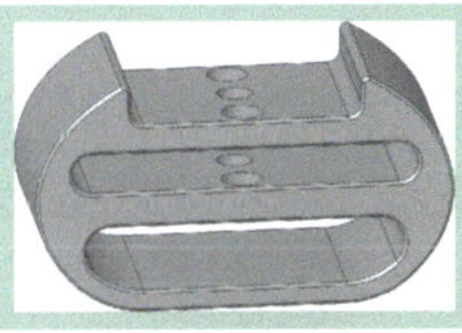
1×	*Druckstueck.stl*	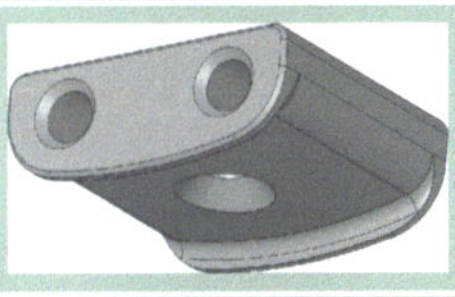
1×	*Raendelrad.stl*	
1×	*Leiste.stl*	
1×	*Mitnehmer.stl*	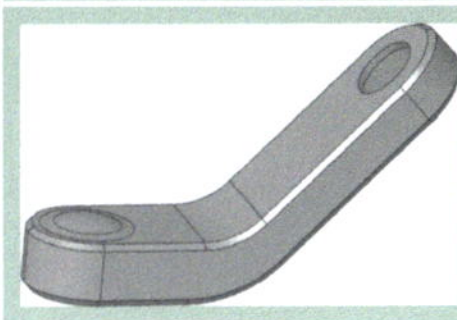

Tabelle 19.1 Stückliste der Druckteile (Forts.)

Menge	Druckteil	
1×	*Gehaeusedeckel.stl*	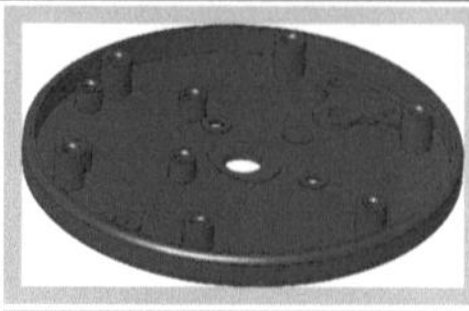
1×	*Gehaeusewand.stl*	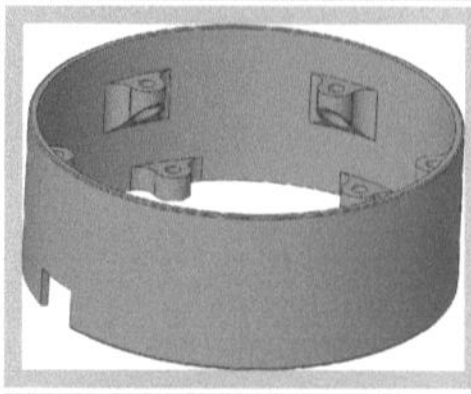
1×	*Gehaeuseboden.stl*	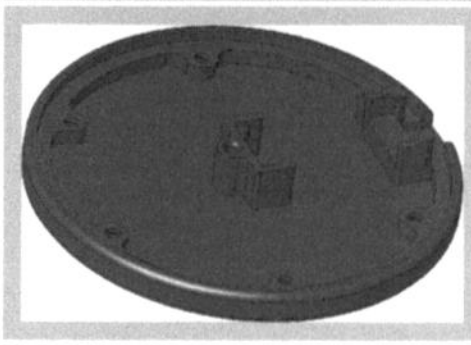
1×	*Halter Nano.stl*	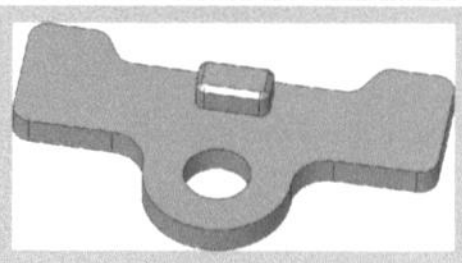

Tabelle 19.2 Stückliste der Normteile

Menge	Normteil	
7×	Senkschraube DIN 7991 - M3 × 10	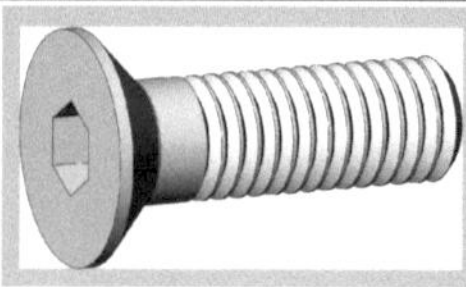
8×	6kt-Mutter ISO 4032 - M3	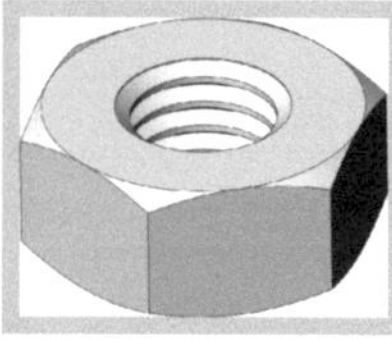
4×	Zylinderschraube DIN 912 - M3 × 12	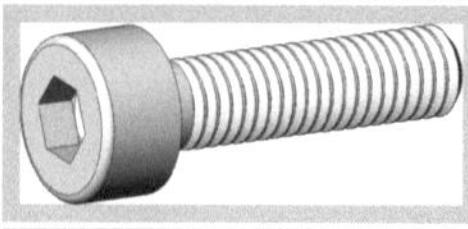
19×	Zylinderschraube DIN 912 - M3 × 10	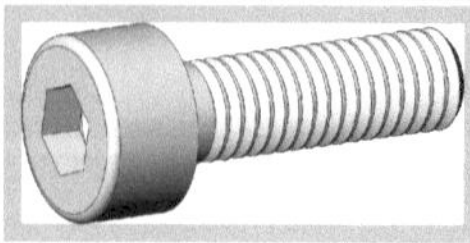

Menge	Normteil	
2×	6kt-Mutter ISO 4032 - M5	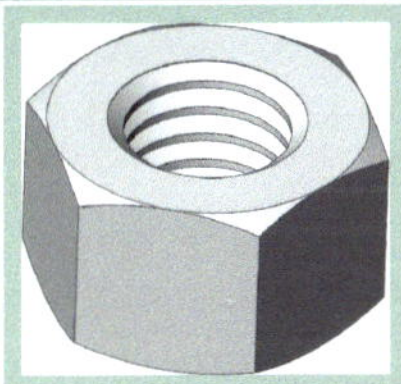
1×	Senkschraube DIN 7991 - M5 × 30	
6×	Zylinderschraube DIN 912 M3 × 6	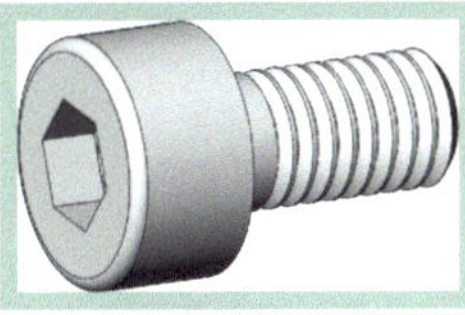
5×	Unterlegscheibe DIN 125 - A 3.2	

Tabelle 19.3 Stückliste der Kaufteile

Menge	Kaufteile	
28×	Helicoil M3 × 1,5 (4,5 mm)*)	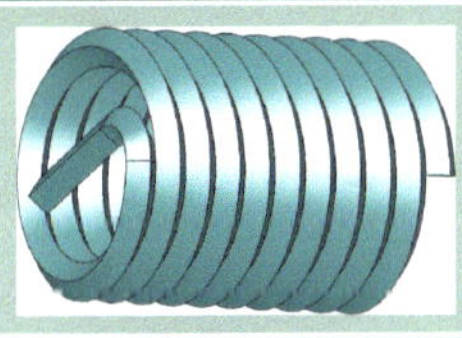
5×	Rillenkugellager (DIN 623-2RS) (Amazon, ASIN: B078MWRGCS)	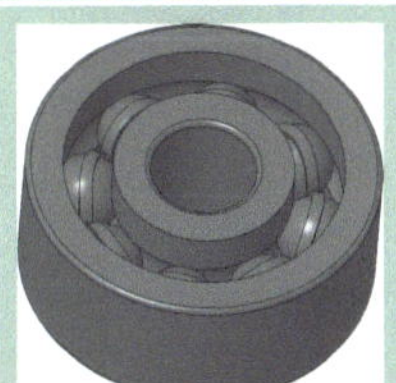
1×	Schrittmotor 5 V DC 28BYJ-48 (Amazon, ASIN: B07B2TF2T8)**)	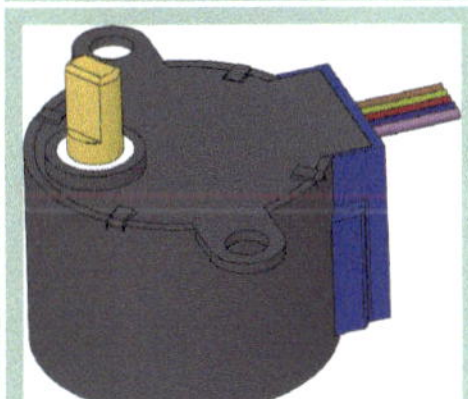

Tabelle 19.3 Stückliste der Kaufteile (Forts.)

Menge	Kaufteile	
1×	Stepper Driver ULN2003 (Amazon, ASIN: B07B2TF2T8)**)	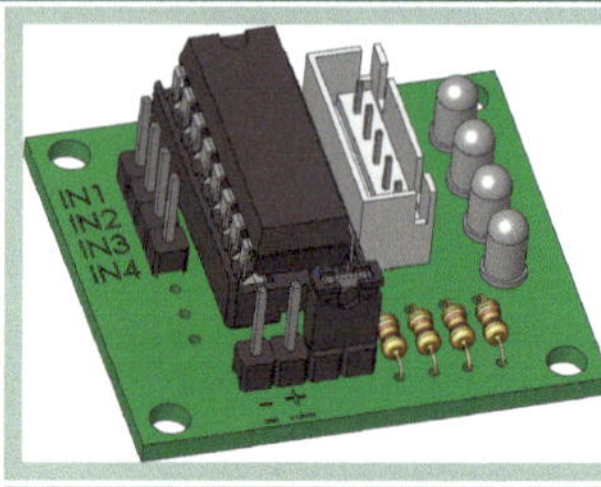
1×	NANO Board V3.0 CH340 (Amazon, ASIN: B01MS7DUEM)	
1×	Jumper-Kabel F2F 20 cm (Amazon, ASIN: B074P726ZR)	
1×	digitale, programmierbare Zeitschaltuhr (z.B. Amazon, ASIN: B07LB23KD4)	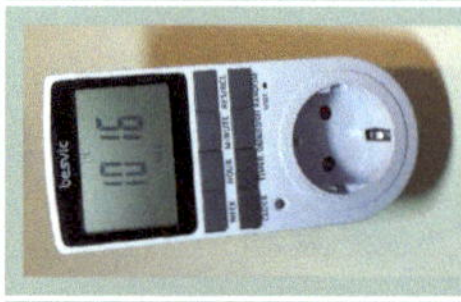
1×	nicht mehr verwendetes Handynetzgerät 5 V DC mit USB-A-Buchse (kein Kabel)	
1×	USB-Kabel-A Stecker-Buchse, 1-2 m	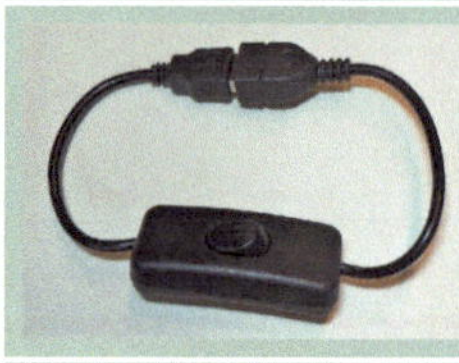
1×	Adapter USB-A-Stecker USB-B-mini-Stecker (z.B. Amazon, ASIN: B012G8JHV6)	

*) Helicoil-Set mit M3 bis M8, unter anderem mit 40 Stück M3 × 0,5 × 1,5D (Amazon, ASIN: B0B12HKY9P)
**) Schrittmotor und Stepper Driver werden zusammen geliefert.

Die Stücklisten habe ich nochmals in einer Excel-Datei zusammengefasst, welche unter *plus.hanser-fachbuch.de* zur Verfügung steht.

19.2 Verkabelung

Der Schrittmotor und der Microcontroller (NANO Board) werden mit 5 V Gleichspannung aus dem Netzgerät versorgt. Als Erstes ist der weiße Stecker des Schrittmotors auf den Schrittmotor-Treiber zu stecken (schwarzer Pfeil). Dann können mit Jumper-Kabeln die vier Pins des Schrittmotor-Treibers (IN1–4) mit den Pins des NANO Boards (D7–10) verbunden werden (Bild 19.11):

- IN1 → D7 (rot)
- IN2 → D8 (blau)
- IN3 → D9 (orange)
- IN4 → D10 (gelb)

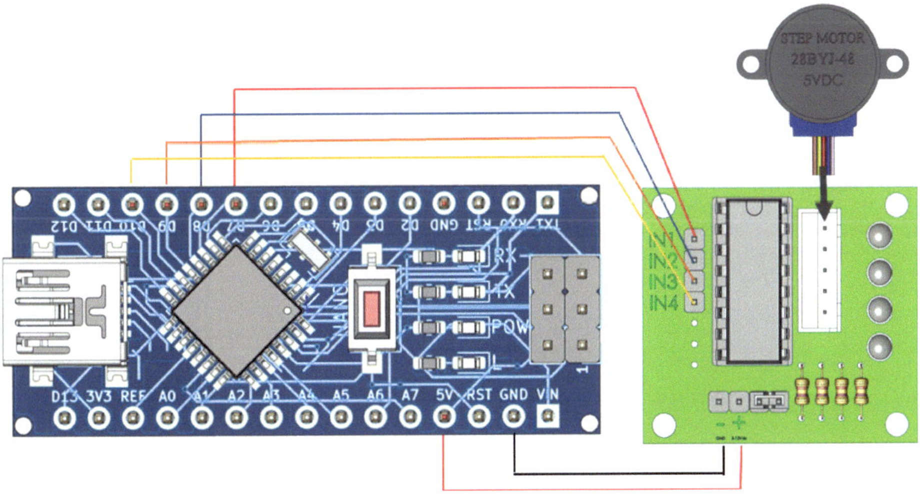

Bild 19.11 Verkabelung der Elektronik

Der +-Pol des Schrittmotor-Treibers ist mit dem 5-V-Pin des NANO Boards zu verbinden (rot). Der −-Pol des Schrittmotor-Treibers ist mit einem der beiden GND-Pins des NANO Boards zu verbinden (schwarz). Auf den beiden Pins neben den +/−-Polen steckt ein Jumper. Dieser sollte nicht entfernt werden (Bild 19.12).

Bild 19.12 Verkabelung

19.3 Programmierung

Um den Schrittmotor zum Laufen zu bringen, muss ein Steuerprogramm auf den Microcontroller (NANO Board) geladen werden. Für einen blutigen Anfänger ist das durchaus machbar. Ich habe das zuvor auch noch nicht gemacht und habe es geschafft. Zuerst muss das Arduino-Programm heruntergeladen und installiert werden[1]. Dafür geht man auf die Arduino-Webseite und lädt unter *https://www.arduino.cc/en/software* die geeignete Installationsdatei herunter. Nach dem Installieren sollte das mitgelieferte Programm *Schrittmotor_Arduino-Programm.ino* auf dem PC in einem leeren Ordner abgespeichert und dann mit einem Doppelklick geöffnet werden.

In Arduino müssen unter *Werkzeuge* zuallererst folgende Einstellungen vorgenommen werden (Bild 19.13 bis Bild 19.15):

- Board – Arduino AVR Boards: *Arduino Nano* auswählen
- Processor: *ATmega328P (Old Bootloader)* auswählen
- Port: *COM 1/COM 2/...* auswählen (das muss ausprobiert werden)

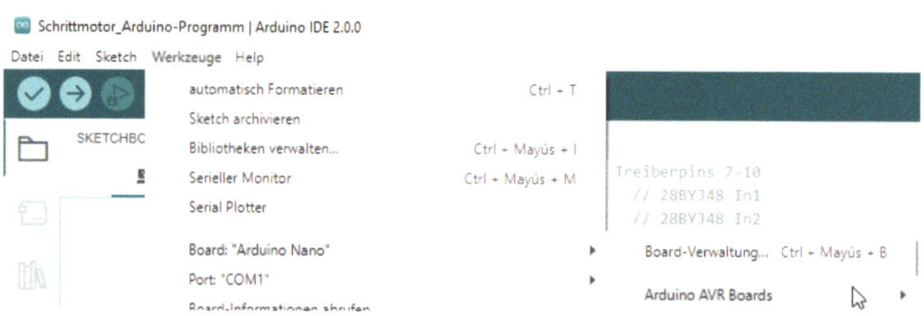

Bild 19.13 Einstellung: Board > Arduino AVR Boards > Arduino Nano

[1] Für den Fall, dass das NANO Board nicht reagiert, ist ein Treiber namens CH341SER zu installieren (unter: *http://www.wch-ic.com/downloads/CH341SER_ZIP.html*).

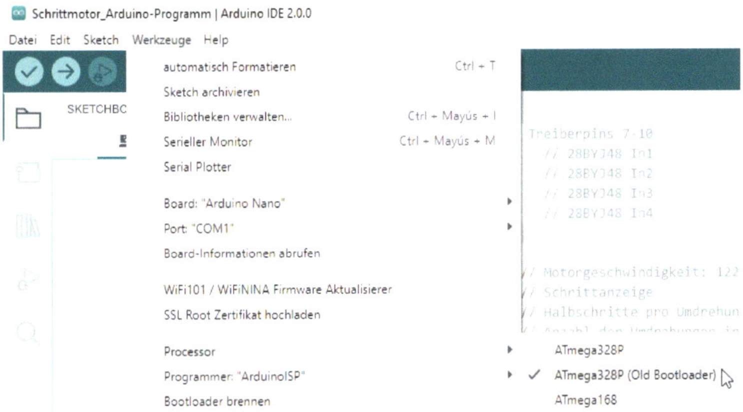

Bild 19.14 Einstellung: PROCESSOR > ATMEGA328P (OLD BOOTLOADER)

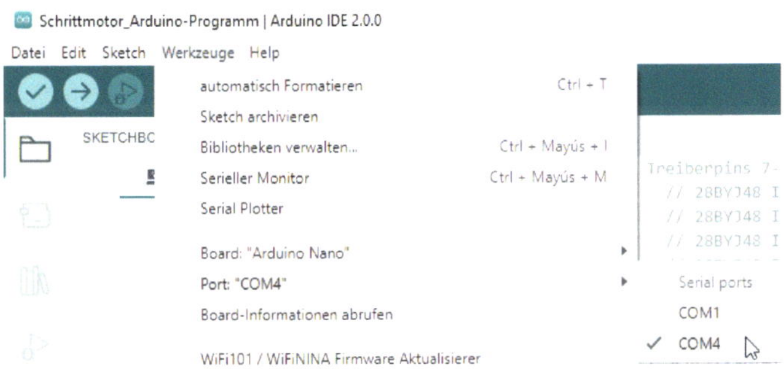

Bild 19.15 Einstellung: PORT > COM4 (beispielhaft)

Danach kann das Programm auf das NANO Board mit dem runden Schalter mit Pfeil hochgeladen werden (Bild 19.16).

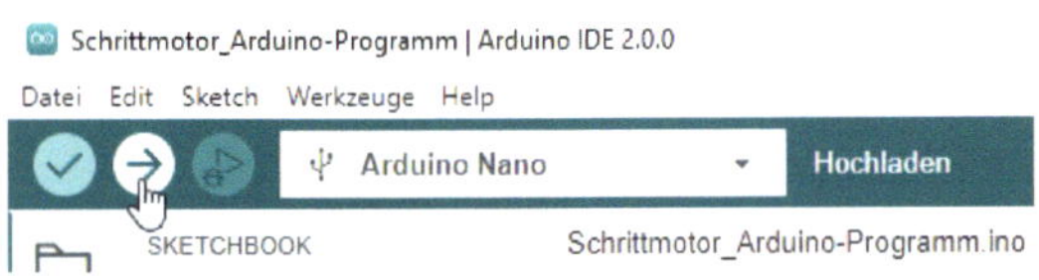

Bild 19.16 Programm auf das NANO Board laden

Wenn alles richtig angesteckt ist, sollte der Schrittmotor sich jetzt drehen. Die Voreinstellungen des Arduino-Programms sind folgende:

- 10 Umdrehungen pro Minute (`int motorSpeed`)
- alle 5 Umdrehungen wird ein Drehrichtungswechsel erzeugt (`int Umdrehungen`)
- vor jedem Drehrichtungswechsel wird der Uhrenbeweger 1,5 Sekunden angehalten (`int PauseDRW`)

Die Variablen in den Klammern können von dir angepasst werden. Alle anderen Werte sollten unverändert bleiben.

Im Folgenden zeige ich dir ein Beispiel, wie du selbst Änderungen am Programm vornehmen kannst. Möchtest du z.B. die Drehzahl von 10 auf 12 Umdrehungen pro Minute erhöhen, änderst du den Wert in der Zeile 21 `int MotorSpeed` von 1465 auf 1220. Dann dreht sich der Uhrenbeweger um 2 Umdrehungen pro Minute schneller. Bild 19.17 zeigt den alten Wert und Bild 19.18 den neuen Wert.

```
21    int motorSpeed = 1465;    // 1220 = 12rev/min /// 1465 = 10rev/min /// 1831 = 8rev/min
```

Bild 19.17 Drehzahlveränderung von 10 auf 12 Umdrehungen pro Minute (Teil 1)

```
21    int motorSpeed = 1220;    // 1220 = 12rev/min /// 1465 = 10rev/min /// 1831 = 8rev/min
```

Bild 19.18 Drehzahlveränderung von 10 auf 12 Umdrehungen pro Minute (Teil 2)

Danach sollte überprüft werden, ob es einen Fehler im Programm gibt. Dafür klickt man den runden Schalter mit dem Haken an (Bild 19.19). Erscheint am unteren linken Rand der Text *Kompilieren abgeschlossen*, ist das Programm fehlerfrei. Danach sollte das Programm unter einem neuen Namen mit DATEI > SAVE AS ... abgespeichert werden (Bild 19.20).

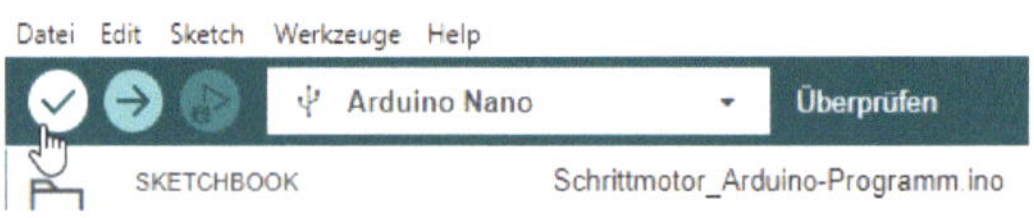

Bild 19.19 Überprüfung des veränderten Programms

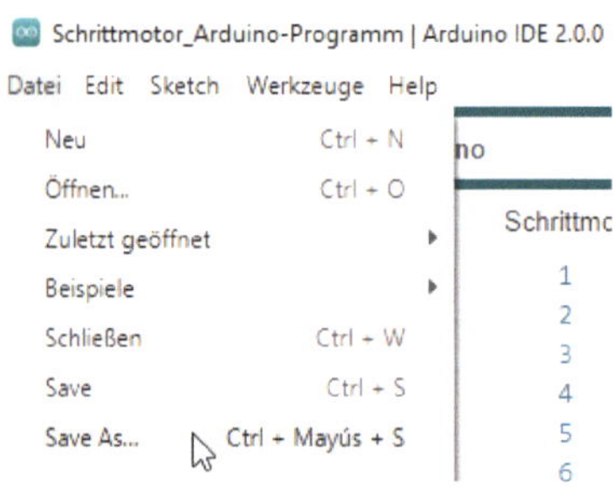

Bild 19.20 Abspeichern des veränderten Programms

Anschließend ist, wie in Bild 19.16 beschrieben, das veränderte Programm wieder auf das NANO Board hochzuladen.

Falls du noch Fragen hast, kannst du diese im Arduino-Forum (*https://forum.arduino.cc*) stellen. Weitere Informationen zur Ansteuerung des Schrittmotors findest du unter folgenden Links:

- *http://www.afug-info.de/Schaltungen-Eigenbau/Schrittmotor_28BYJ-48*
- *https://www.kollino.de/arduino/schrittmotor-28byj-48*

Das Arduino-Steuerprogramm (*Schrittmotor_Arduino-Programm.ino*) wird – so wie die 3D-Teile des Uhrendrehers – unter *plus.hanser-fachbuch.de* zur Verfügung gestellt (Bild 19.21).

```
// +++++++++++++++++++++++++++++++++++++++++++++++++++
// + Mach was mit 3D-Druck - Stephan Regele - 2023 +
// +++++++++++++++++++++++++++++++++++++++++++++++++++
//
// Uhrendreher mit Schrittmotor 28BYJ-48, Stepper Driver ULN2003 und NANO Board V3.0 CH340
//

// Motoranschluß IN1-4 an Treiberpins 7-10
const int motorPin1 = 7;    // 28BYJ48 In1
const int motorPin2 = 8;    // 28BYJ48 In2
const int motorPin3 = 9;    // 28BYJ48 In3
const int motorPin4 = 10;   // 28BYJ48 In4

// Definition Variablen
int stepCounter = 0;        // Schrittanzeige (Konstante)
int Umdrehungen = 5;        // Anzahl der Umdrehungen in jede Richtung
int PauseDRW = 1500;        // Pause zwischen Drehrichtungswechsel [Millisekunden] (1500ms = 1,5s)

// Phasenfolge - Halbschritte
                            // Motorgeschwindigkeit -> Pause zwischen den einzelnen Schritten [Microsekunden]:
int motorSpeed = 1220;      // 1220 = 12rev/min   1465 = 10rev/min   1831 = 8rev/min
int stepsPerRev = 4096;     // Halbschritte pro Umdrehung: 4096 (Konstante)
const int numSteps = 8;
const int stepsLookup[8] = { B1000, B1100, B0100, B0110, B0010, B0011, B0001, B1001 };

void setup()
{
  // Alle Pins in Modus Ausgang
  pinMode(motorPin1, OUTPUT);
  pinMode(motorPin2, OUTPUT);
  pinMode(motorPin3, OUTPUT);
  pinMode(motorPin4, OUTPUT);
}

void loop()
{
  for (int i = 0; i < stepsPerRev * Umdrehungen; i++)
  {
    clockwise();
    delayMicroseconds(motorSpeed);
  }
  delay(PauseDRW); // Pause vor Drehrichtungswechsel
  for (int i = 0; i < stepsPerRev * Umdrehungen; i++)
  {
    anticlockwise();
    delayMicroseconds(motorSpeed);
  }
  delay(PauseDRW); // Pause vor Drehrichtungswechsel
}

void clockwise()
{
  stepCounter++;
  if (stepCounter >= numSteps) stepCounter = 0;
  setOutput(stepCounter);
}

void anticlockwise()
{
  stepCounter--;
  if (stepCounter < 0) stepCounter = numSteps - 1;
  setOutput(stepCounter);
}

void setOutput(int step)
{
  digitalWrite(motorPin1, bitRead(stepsLookup[step], 0));
  digitalWrite(motorPin2, bitRead(stepsLookup[step], 1));
  digitalWrite(motorPin3, bitRead(stepsLookup[step], 2));
  digitalWrite(motorPin4, bitRead(stepsLookup[step], 3));
}
```

Bild 19.21 Das Arduino-Steuerprogramm *Schrittmotor_Arduino-Programm.ino*

19.4 Druckeinstellungen

Sämtliche Druckteile haben fast durchweg die gleichen Druckeinstellungen. Nur bei der Position der Startpunkte und der Druckgeschwindigkeit (größenabhängig) gibt es unterschiedliche Einstellungen. Außerdem sind weder Stützkonturen noch Rafts nötig.

19.4.1 Allgemeine Druckeinstellungen

Bild 19.22 zeigt die allgemeinen Druckeinstellungen.

Bild 19.22 Allgemeine Druckeinstellungen

19.4.2 Spezielle Druckeinstellungen

Für alle Druckteile können die allgemeinen Druckeinstellungen verwendet werden. Bei Teilen, welche eine Anpassung der Druckeinstellungen benötigen, wird die abgeänderte Druckeinstellung separat aufgeführt.

Die Startpunkte ergeben, wenn man sie übereinander legt, eine vertikale Wulst. Ich habe versucht, diese Wulst auf eine Kante zu legen, an der sie leicht wegzuschleifen ist, oder in einen nicht sichtbaren Bereich, wenn das betroffene Teil erst einmal verbaut ist. Den Ort der Startpunkte habe ich mit einer roten Ellipse markiert.

Innenring

Die Startpunkte des Innenrings sollten in eine der beiden Bohrungen für die Drehachse gelegt werden (Bild 19.23).

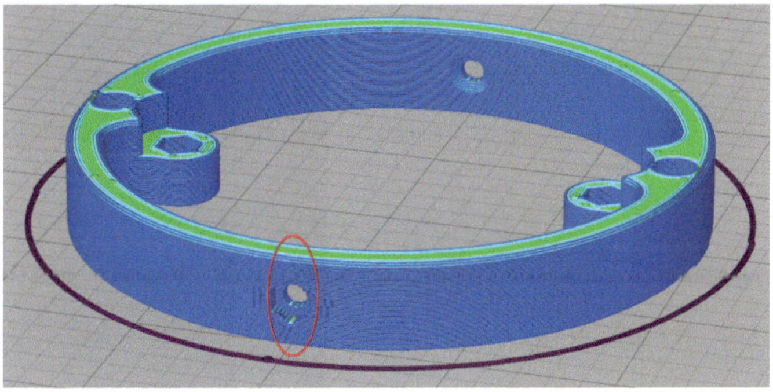

Bild 19.23 Innenring

Bogen des Innenrings

Beim Bogen des Innenrings sollten die Startpunkte auf einer der beiden Innenkanten der Auflageflächen liegen (Bild 19.24).

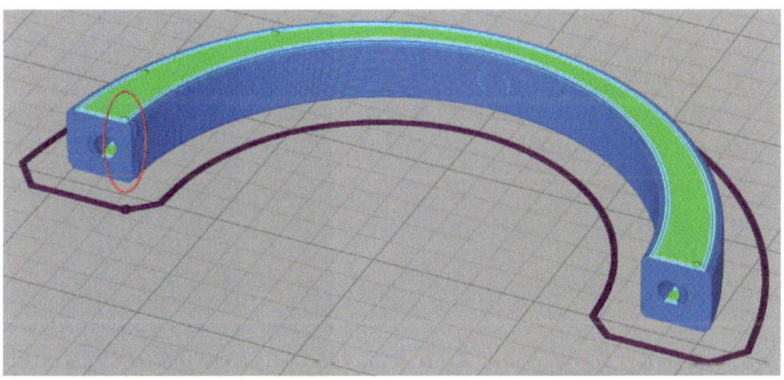

Bild 19.24 Bogen des Innenrings

Scheibe

Die Scheibe muss vier Mal gedruckt werden. Die Druckgeschwindigkeit bei einem solch kleinen Teil habe ich auf relativ niedrige 30 mm/s gestellt (Bild 19.25).

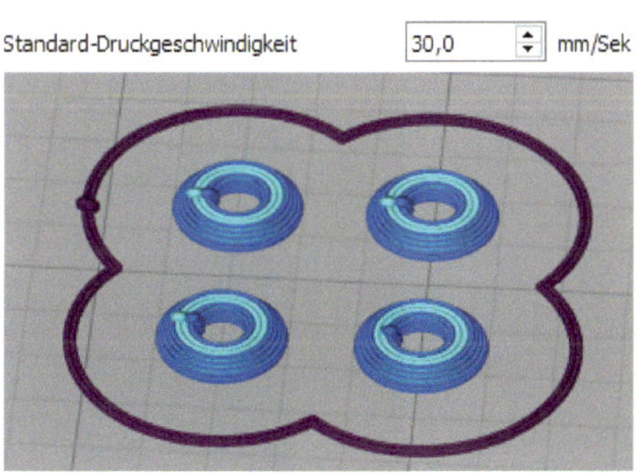

Bild 19.25 Scheibe: vier Mal, Druckgeschwindigkeit von 30 mm/s

Mittelring

Beim Mittelring sollten die Startpunkte, wie auch beim Innenring, in eine der beiden Bohrungen für die Drehachse gelegt werden (Bild 19.26).

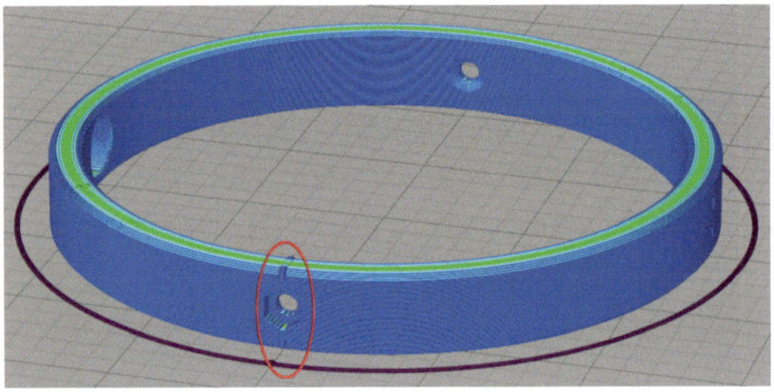

Bild 19.26 Mittelring

Außenring

Die Startpunkte beim Außenring liegen auf einer der beiden Vorderkanten der Halterung (Bild 19.27).

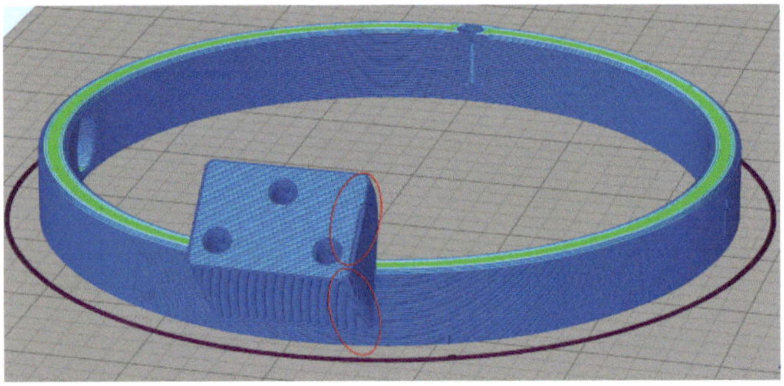

Bild 19.27 Außenring

Halter des Außenrings

Beim Halter des Außenrings liegen die Startpunkte auf der Hinterkante der Anschraubfläche (Bild 19.28).

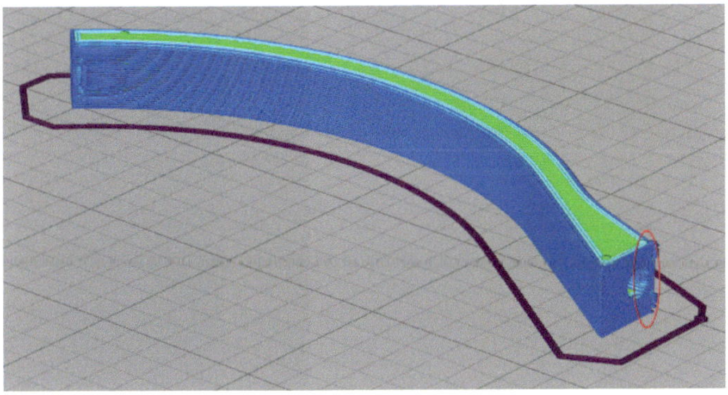

Bild 19.28 Halter des Außenrings

Uhrenhalter

Um die Festigkeit des Uhrenhalters zu erhöhen, habe ich die Anzahl der Kontur-/Umfangshüllen um eins erhöht. Die Startpunkte liegen auf einer der beiden hervorstehenden Kanten. Die Druckgeschwindigkeit habe ich etwas niedriger (bei 50 mm/s) angesetzt (Bild 19.29).

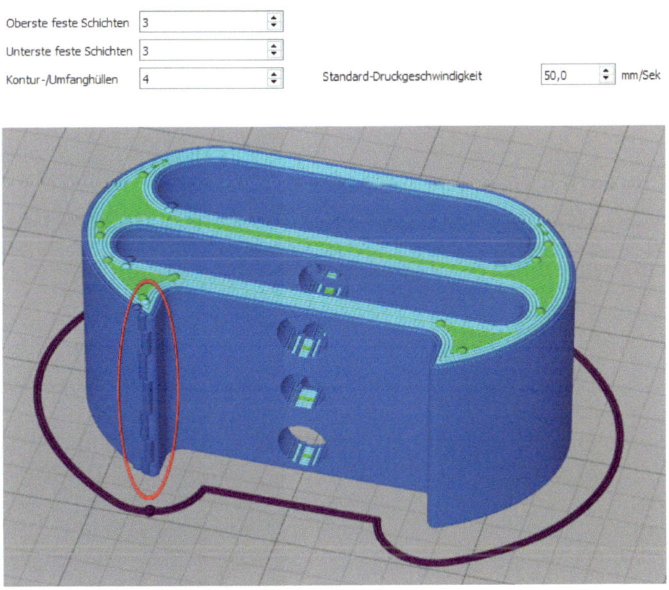

Bild 19.29 Uhrenhalter: 4 Kontur-/Umfangshüllen, Druckgeschwindigkeit: 50 mm/s

Druckstück

Auch beim Druckstück liegt die Druckgeschwindigkeit bei 50 mm/s. Die Startpunkte sollten auf einer der beiden Kanten liegen (Bild 19.30).

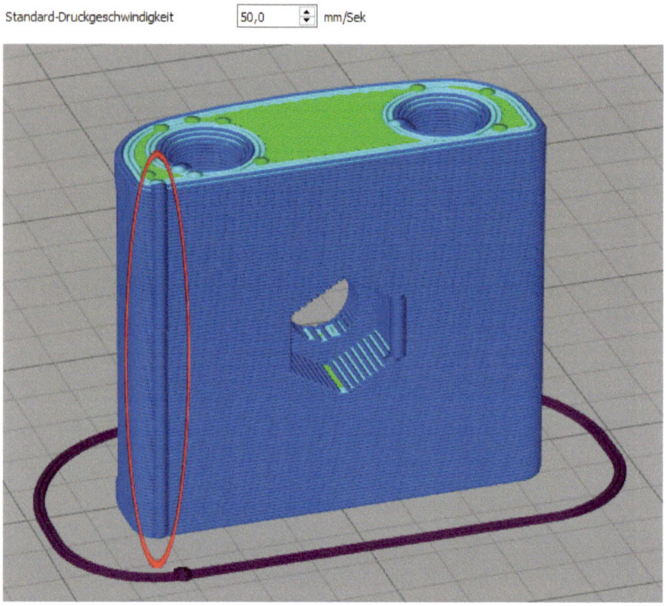

Bild 19.30 Druckstückbreite: Druckgeschwindigkeit von 50 mm/s

Rändelrad

Die Druckgeschwindigkeit für das Rändelrad liegt bei 45 mm/s. Das Infill habe ich etwas engmaschiger gemacht, damit sich überall gleichmäßig viel Infillmaterial befindet (Bild 19.31).

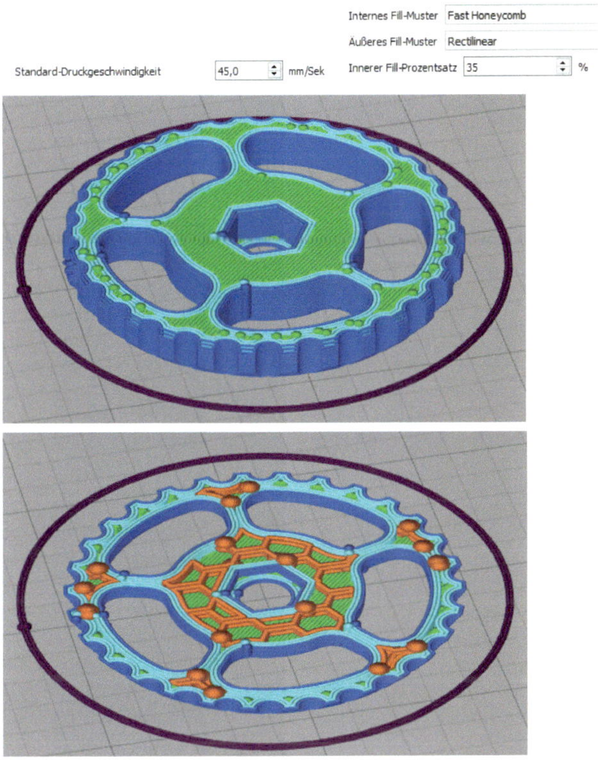

Bild 19.31 Rändelrad: Druckgeschwindigkeit von 45 mm/s, *Innerer Fill-Prozentsatz* 35 %

Leiste

Bei der Leiste liegt die Druckgeschwindigkeit bei 50 mm/s. Die Startpunkte sollten mittig auf einer der beiden vorderen Rundungen liegen (Bild 19.32).

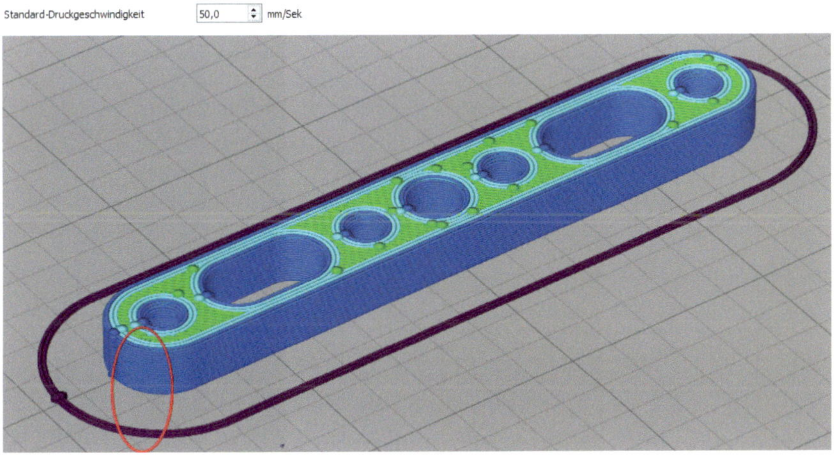

Bild 19.32 Leiste: Druckgeschwindigkeit von 50 mm/s

Mitnehmer

Beim Mitnehmer liegt die Druckgeschwindigkeit bei 45 mm/s. Die Startpunkte sollten auf der Unterseite des Radius liegen (Bild 19.33).

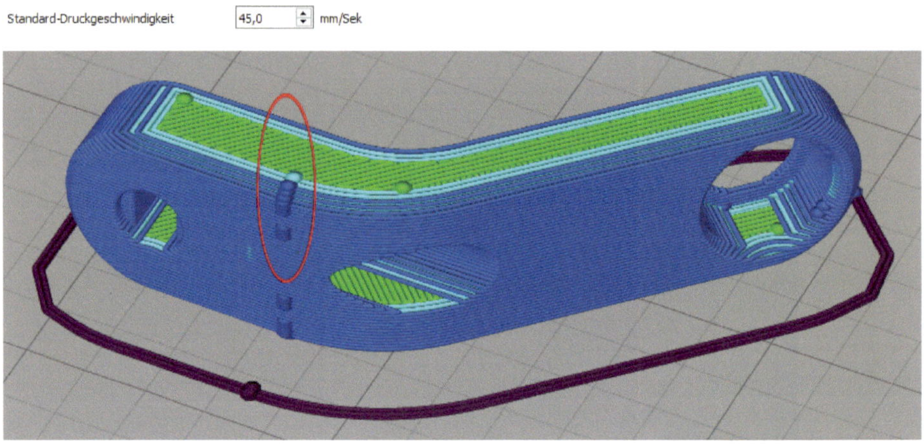

Bild 19.33 Mitnehmer: Druckgeschwindigkeit von 45 mm/s

Gehäusedeckel

Die Startpunkte sollten sich auf der Rückseite des Gehäusedeckels befinden. Zur Orientierung: Die Dreifach-Bohrung ist die Vorderseite, die gegenüberliegende Bohrung ist die Rückseite (Bild 19.34).

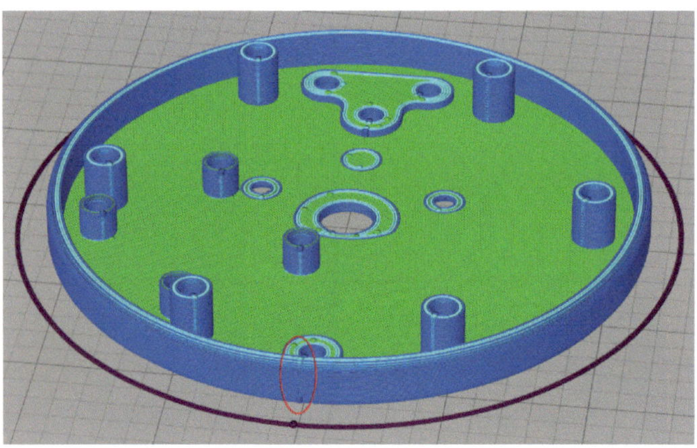

Bild 19.34 Gehäusedeckel

Gehäusewand

Bei der Gehäusewand liegen die Startpunkte genau mittig zur Öffnung für den USB-Stecker (Bild 19.35).

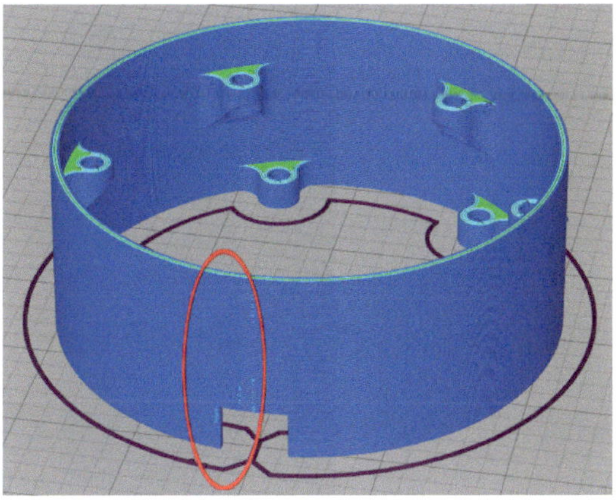

Bild 19.35 Gehäusewand

Gehäuseboden

Beim Gehäuseboden liegen die Startpunkte genau mittig zur Öffnung für den USB-Stecker (Bild 19.36).

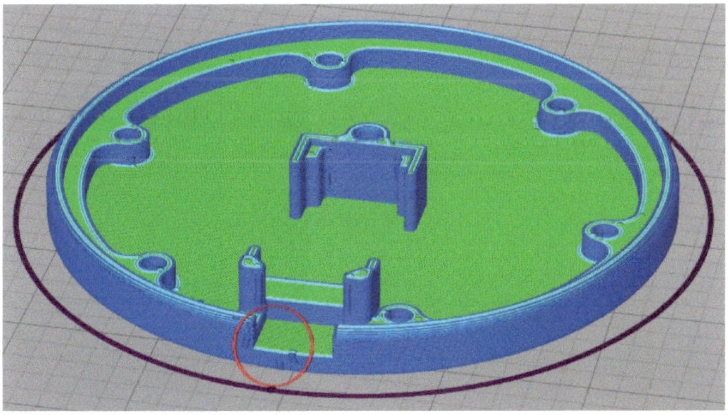

Bild 19.36 Gehäuseboden

Halter Nano

Der Halter Nano ist wegen seiner geringen Größe etwas langsamer zu drucken (Druckgeschwindigkeit: 35 mm/s, Bild 19.37).

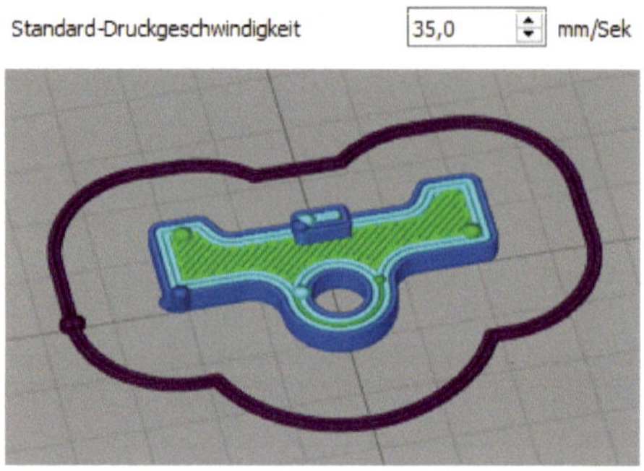

Bild 19.37 Halter Nano: Druckgeschwindigkeit von 35 mm/s

19.5 Nacharbeit und Zusammenbau

Um optisch schöne Druckteile zu bekommen, muss man praktisch jedes Teil nach dem Druck etwas überarbeiten, sei es mit einer Feile, mit Schmirgelpapier oder einem Cutter. Dabei entstehen auf den abgeschmirgelten Flächen unschöne helle Streifen. Wenn man die Teile komplett mit einem glänzenden (oder auch matten) Klarlack besprüht, verschwinden diese hellen Flecken und die Oberflächen werden gleichmäßig und einheitlich. Die abgeschliffenen Stellen sind dann garantiert nicht mehr zu erkennen.

Die Helicoils sind langsam und mit leichtem Druck einzudrehen, damit sich die Spirale nicht wie eine Feder dehnt, und damit der Mitnehmer am Helicoil während des Eindrehens nicht abbricht. Die Rillenkugellager sind mit leichtem Druck einzusetzen.

Montagereihenfolge

Zuerst wird die Baugruppe (Bg.) Innenring montiert (Bild 19.38).

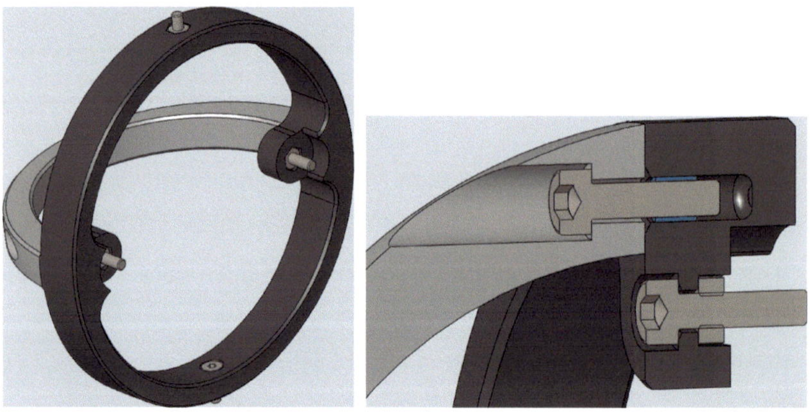

Bild 19.38 Innenring

Die Bg. Innenring wird in die Bg. Mittelring eingesetzt. Eine der beiden Senkschrauben ist fest montiert (Bild 19.40 links), die andere muss zum Einbau leicht herausgedreht werden (Bild 19.40 rechts). Den Innenring wird mit der festgezogenen Senkschraube in das Rillenkugellager eingeführt und erst, wenn die lose Senkschraube genau auf das Rillenkugellager zielt, kann diese festgeschraubt werden. Dabei sind die beiden Scheiben, wie im Bild 19.39 gezeigt, mit der abgefasten Seite zum Rillenkugellager einzubauen. Man sollte auf die Leichtgängigkeit der Drehung achten. Vergiss nicht, die Scheiben richtig herum einzusetzen (Bild 19.40). Die angefaste Seite der Scheibe zeigt auf das Rillenkugellager.

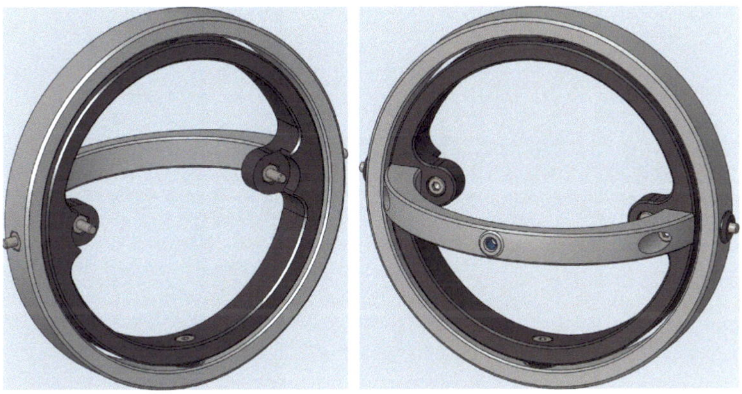

Bild 19.39 In Mittelring eingebauter Innenring

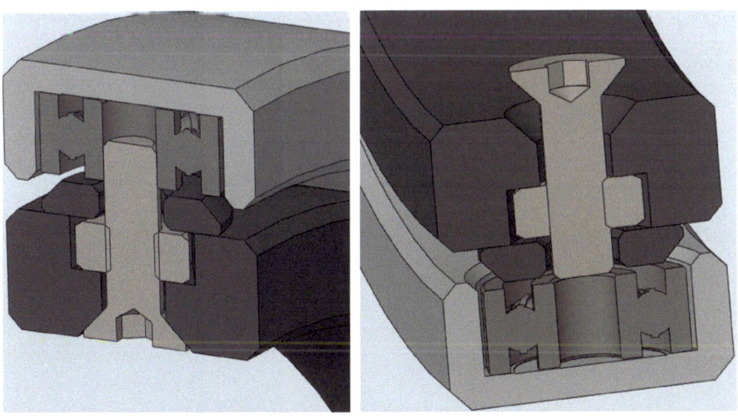

Bild 19.40 Einbau der Drehachse des Innenrings

Was die Drehachse betrifft, so ist beim Einbau des Mittelrings genauso zu verfahren wie beim Einbau des Innenrings (Bild 19.41). Bevor du weitermontierst, prüfe erst, ob die Innen- und Mittelringe sich auch leicht drehen lassen.

Beim Einbau des Schrittmotor-Treibers sollte man die Befestigungsschrauben nur leicht anziehen, damit die Platine keinen Schaden nimmt (Bild 19.42).

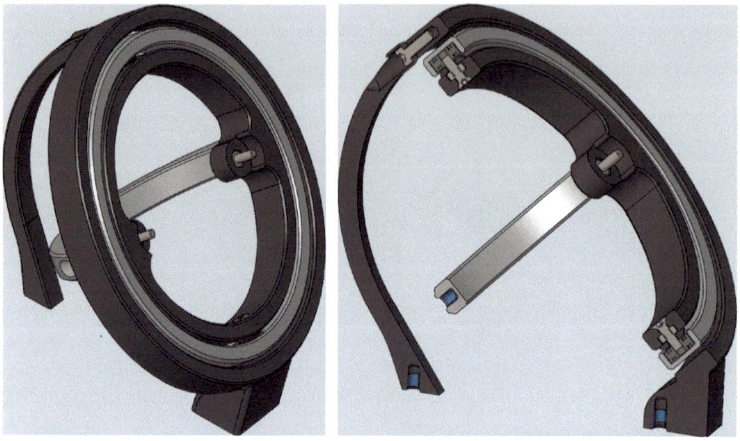

Bild 19.41 Einbau des Mittelrings in den Außenring

Bild 19.42 Montage des Gehäusedeckels

Nun wird der Gehäusedeckel mit dem Außenring mit vier Schrauben und Scheiben verschraubt (Bild 19.43). Danach wird die Gehäusewand am Gehäusedeckel befestigt. Die Öffnung für den USB-Stecker muss nach hinten zeigen (Bild 19.44).

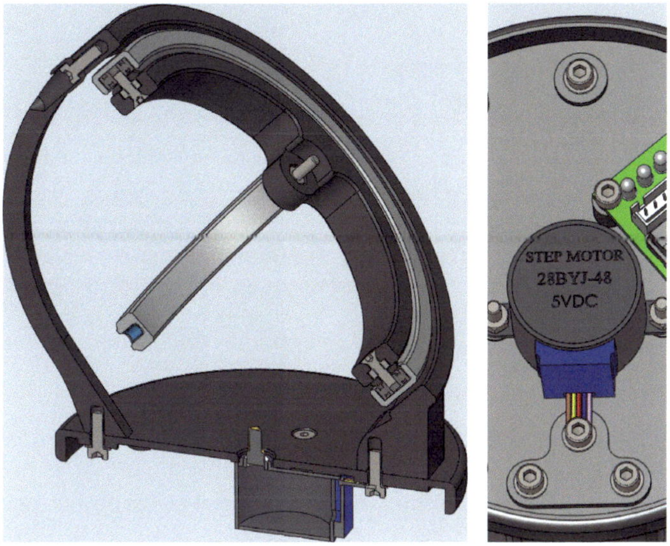

Bild 19.43 Gehäusedeckel mit Außenring verschrauben

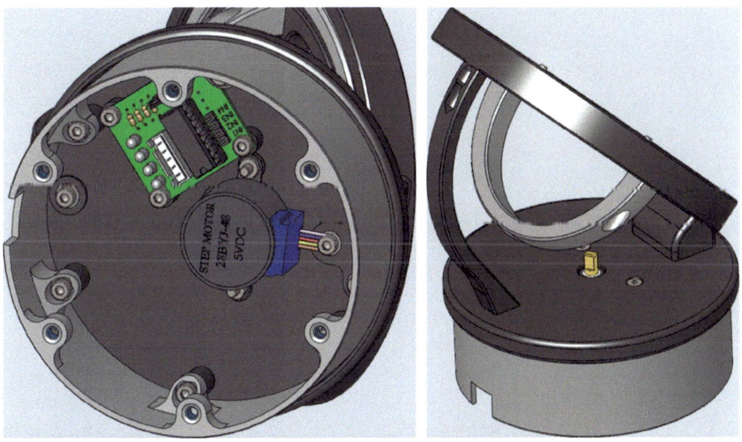

Bild 19.44 Gehäusewand am Gehäusedeckel befestigen

Jetzt wird der Microcontroller (NANO Board) in den Gehäuseboden eingebaut. Die beiden vorderen Ecken der Platine steckt man unter die beiden Laschen und mit dem Druckteil „Halter Nano“ wird die Platine auf der Rückseite befestigt (Bild 19.45). Diese sollte sich jetzt nicht mehr bewegen lassen.

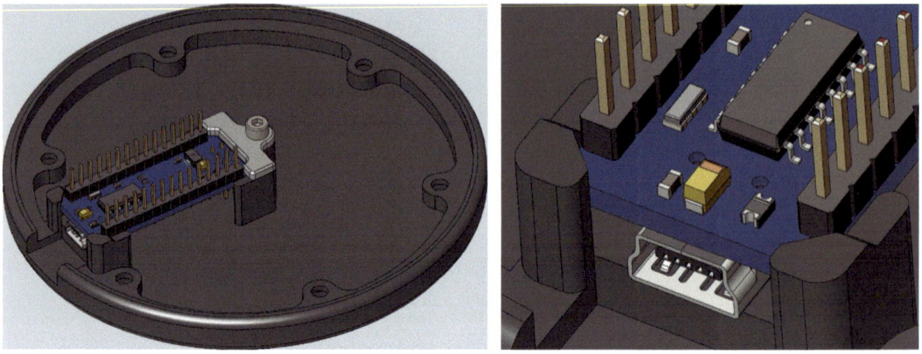

Bild 19.45 Gehäuseboden

Jetzt kann mit der Verkabelung (Abschnitt 19.2) und dem Aufspielen des Arduino-Programms auf den Microcontroller (Abschnitt 19.3) begonnen werden. Wenn der Motor, wie geplant, funktioniert, kann man den Gehäuseboden an der Gehäusewand befestigen (Bild 19.46).

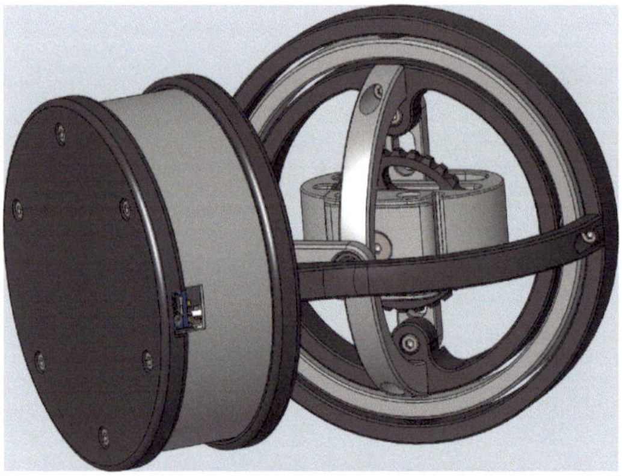

Bild 19.46 Montage des Gehäusebodens

Der Mitnehmer wird zuerst auf die Motorwelle gesteckt und noch nicht festgeschraubt. Danach wird die Senkschraube in das Rillenkugellager eingeführt (Bild 19.47 rechts), eine Scheibe eingesetzt und dann die Senkschraube leicht festgezogen. Jetzt kann auch die Zylinderschraube an der Motorwelle festgezogen werden.

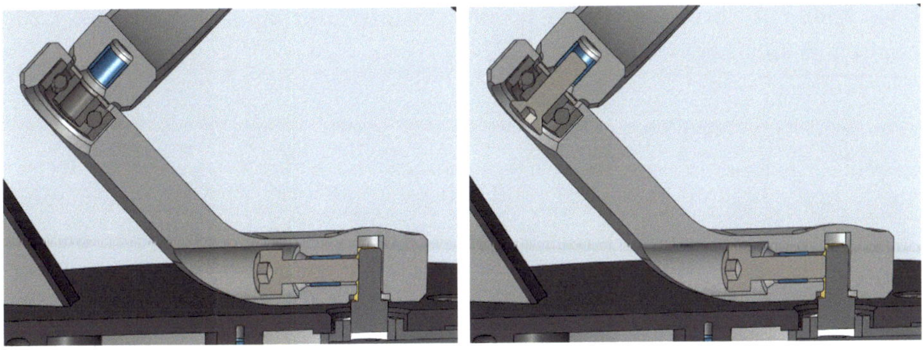

Bild 19.47 Montage des Mitnehmers

Der Uhrendreher sollte jetzt wie im Bild 19.48 aussehen. Nochmals empfiehlt es sich, eine letzte Funktionsprüfung dahingehend durchzuführen, ob sich der Mechanismus geräuscharm und ruckelfrei dreht und nichts mehr locker sitzt.

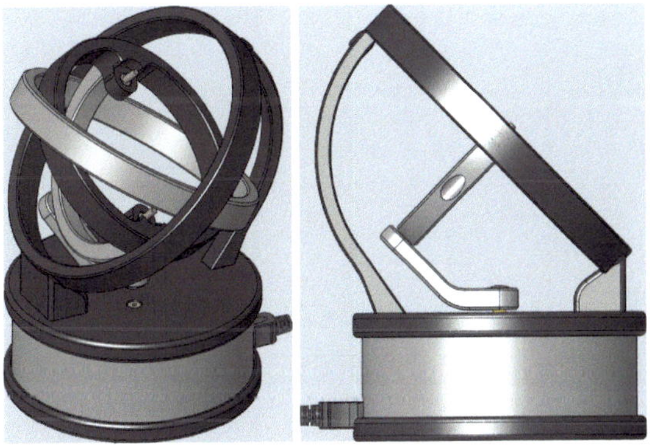

Bild 19.48 Fertig montierter Uhrendreher

Dann kann man die Automatikuhr um den Uhrenhalter legen und mit dem Rändelrad festspannen (Bild 19.49). Dabei wird das Druckstück nach außen gegen den Verschluss gedrückt. Die Uhr sollte sich jetzt nicht mehr auf dem Uhrenhalter bewegen können.

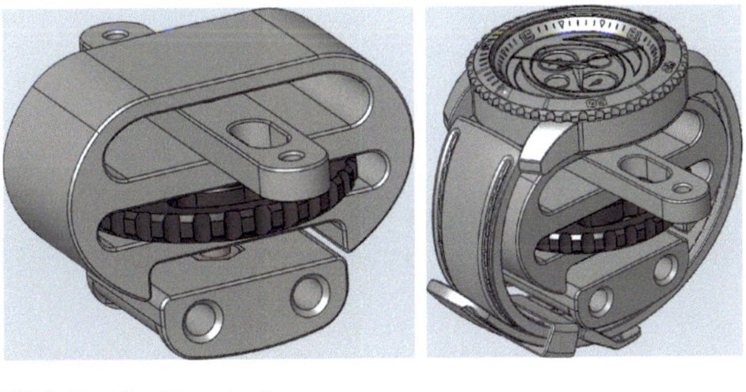

Bild 19.49 Uhrenhalter

Dann kann der Uhrenhalter mit der aufgespannten Uhr in die Aufnahme des Uhrendrehers eingesetzt werden (Bild 19.50).

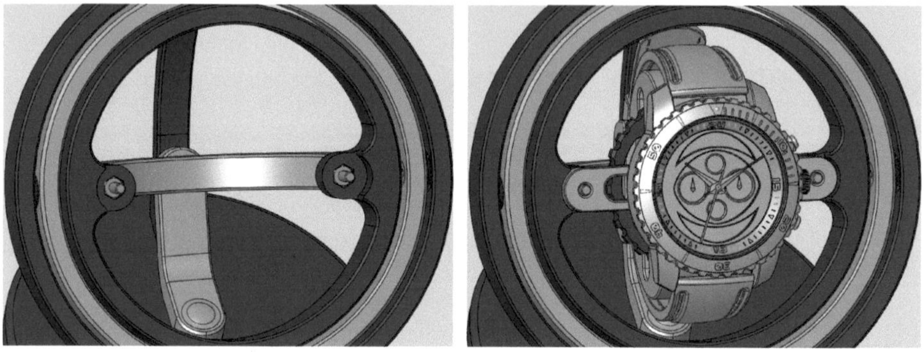

Bild 19.50 Aufnahme des Uhrenhalters

Bild 19.51 zeigt den fertigen Uhrendreher.

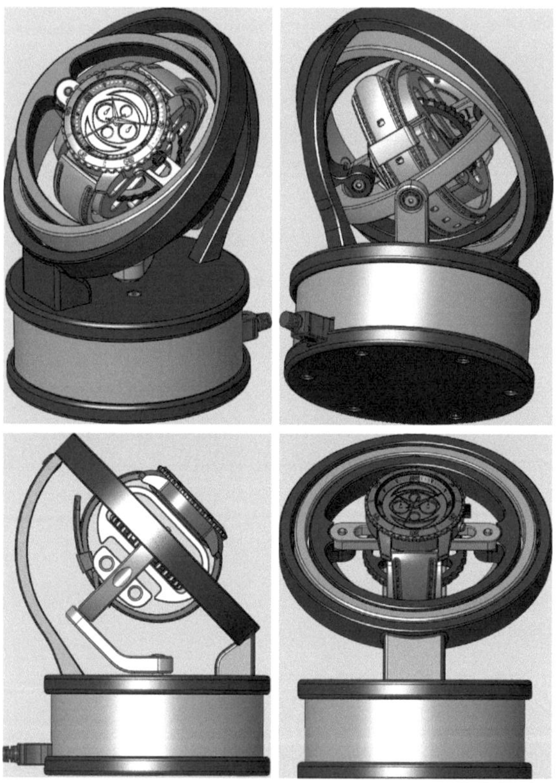

Bild 19.51 Komplett montierter Uhrenbeweger

19.6 Inbetriebnahme

Zeitschaltuhr

Das Arduino-Programm ist im Prinzip eine Endlosschleife von Befehlen. Einmal durchgearbeitet, fängt es wieder von vorne an. Um die Drehdauer und -zeit einzustellen, benötigt man für den Uhrendreher eine Zeitschaltuhr. Diese programmiert man auf die Start- und die Stillstandzeiten. Im Folgenden ist ein Beispiel aufgeführt.

Folgende Werte sind aus dem Arduino-Steuerprogramm zu entnehmen:

- `motorSpeed` = 1465 µs/Schritt = $1465 \cdot 10^{-6}$ s/Schritt (voreingestellt)
- `stepsPerRev` = 4096 Schritte/Umdrehung (konstanter Wert)

Die allgemeine Formel für die Anzahl der Umdrehungen pro Minute lautet:

$$\text{Anzahl der Umdrehungen pro Minute} = \frac{1}{\text{motorSpeed} \cdot \text{stepsPerRev}} \cdot \frac{60\ \text{s}}{\text{min}}$$

`motorSpeed` = 1465 µs/Schritt wird in die vorangegangene Formel eingesetzt:

$$\frac{\text{Umdrehungen}}{\text{min}} = \frac{10^6}{1465\frac{\text{s}}{\text{Schritte}} \cdot 4096\frac{\text{Schritte}}{\text{Umdrehung}}} \cdot \frac{60\ \text{s}}{\text{min}} = 10\frac{\text{Umdrehungen}}{\text{min}}$$

Die allgemeine Formel für einen beliebigen motorSpeed heißt dann:

$$\text{Anzahl der Umdrehungen pro Minute} = \frac{14648{,}4}{\text{motorSpeed}\frac{\mu s}{\text{Schritt}}} = n\frac{\text{Umdrehungen}}{\text{min}}$$

Das heißt, dass sich der Uhrendreher für die voreingestellte Motorgeschwindigkeit von 1465 [µs/Schritt] 10 Mal pro Minute dreht. Da nach allen 5 Umdrehungen (was einer Drehdauer von 30 Sekunden entspricht) ein Drehrichtungswechsel mit einer Stillstandzeit von 1,5 Sekunden programmiert ist, beträgt ein Drehintervall von 5 Umdrehungen genau 31,5 Sekunden. Um 150 Umdrehungen zu erzeugen, muss demnach die Zeitschaltuhr auf die Einschaltdauer von ca. 16 Minuten programmiert werden.

$$\text{Einschaltdauer} = 150\ \text{Umdrehungen} \cdot \frac{31{,}5\ \text{s}}{5\ \text{Umdrehungen}} \cdot \frac{\text{min}}{60\ \text{s}} = 15{,}75\ \text{min}$$

Um die gewünschte Anzahl der Umdrehungen von z.B. 750 am Tag zu erreichen, muss der Uhrendreher also insgesamt 80 Minuten lang drehen. Hersteller von Automatikuhren empfehlen nach einigen Minuten des Drehens der Uhr im Uhrenbeweger eine Pause einzulegen.

Dies ist mein Vorschlag für die Einstellung der Zeitschaltuhr (komplette Zeitspanne: 20^{00}–22^{16}):

1. Drehintervall von 20^{00}–20^{16}, danach 14 min Pause (150 Umdrehungen)
2. Drehintervall von 20^{30}–20^{46}, danach 14 min Pause (150 Umdrehungen)
3. Drehintervall von 21^{00}–21^{16}, danach 14 min Pause (150 Umdrehungen)
4. Drehintervall von 21^{30}–21^{46}, danach 14 min Pause (150 Umdrehungen)
5. Drehintervall von 22^{00}–22^{16}, Drehintervallende für diesen Tag (150 Umdrehungen)

Stromversorgung

Schließen Sie, so wie in Bild 19.52 dargestellt, den Adapter (USB-A/USB-B mini), das USB-Kabel mit Ein-/Aus-Schalter, ein weiteres USB-Kabel (1–2 m) und die programmierte Zeitschaltuhr an den Uhrendreher an – und los geht's. Der Ein-/Ausschalter dient der Unterbrechung des Programms, z.B., wenn man seine Uhr einsetzen möchte und der Uhrendreher sich schon bewegt. Man könnte das Programm auch unterbrechen, indem man die Zeitschaltuhr auf off stellt. Doch meist ist die Zeitschaltuhr nicht so leicht zu erreichen, deshalb existiert der Ein-/Aus-Schalter.

Bild 19.53 zeigt den fertigen Uhrenbeweger.

Bild 19.52 Installation des Uhrendrehers

Bild 19.53 Uhrenbeweger

Index

V

W

Z